国家社科基金项目"先秦都城制度研究"（项目编号：18XZS008）结项成果

终南思想文化丛书

潘明娟 著

先秦都城制度研究

A Study on the Regulation of the Capital City in Pre-Qin China

中国社会科学出版社

图书在版编目（CIP）数据

先秦都城制度研究／潘明娟著. —— 北京：中国社
会科学出版社，2024.10. —— （终南思想文化丛书）.
ISBN 978-7-5227-4413-1

Ⅰ. TU984.2

中国国家版本馆 CIP 数据核字第 20241557XR 号

出 版 人	赵剑英	
选题策划	宋燕鹏	
责任编辑	王正英	宋燕鹏
责任校对	李　硕	
责任印制	李寡寡	

出　　版	中国社会科学出版社	
社　　址	北京鼓楼西大街甲 158 号	
邮　　编	100720	
网　　址	http://www.csspw.cn	
发 行 部	010 - 84083685	
门 市 部	010 - 84029450	
经　　销	新华书店及其他书店	

印　　刷	北京明恒达印务有限公司	
装　　订	廊坊市广阳区广增装订厂	
版　　次	2024 年 10 月第 1 版	
印　　次	2024 年 10 月第 1 次印刷	

开　　本	710×1000	1/16
印　　张	27.5	
字　　数	363 千字	
定　　价	156.00 元	

凡购买中国社会科学出版社图书，如有质量问题请与本社营销中心联系调换
电话：010 - 84083683

《终南思想文化丛书》总序

　　《终南思想文化丛书》由西安电子科技大学人文学院主持编纂，旨在集中展现我校人文学科、尤其是哲学学科的学术成果，为学界提供一个了解理工类行业特色型高校人文学科发展的窗口。

　　当今时代，信息技术的发展方兴未艾，以人工智能和大数据为代表的新技术正在以前所未有的广度和深度重塑我们的社会形态和学术生态。在这样的背景下有一种观点认为，与这一技术大发展的时代相伴的是人文学科的没落和退场。这样的看法显然是片面的。事实上，大数据和人工智能技术正在从根本上改变着人类的存在样态，对人的自我理解和认知造成了深度冲击，也为人文学科提出了许多亟待解决的全新问题。例如，如何在一个"技术至上"的时代确立人的存在价值，使人得以摆脱技术的主宰，不至于沦为技术的奴仆；在人工智能特别是脑机接口蓬勃发展的今天，人类和机器的界限究竟是什么，人类存在的边界到底在哪里，又该如何确证自我的存在；如何解决由于个人数据精确化和数据画像不断完善而引发的隐私泄露风险，使人们在无孔不入的数字时代能够保有一块属于自己的心灵净土；如何化解人工智能引发的伦理和社会问题，引导人工智能始终走在造福人类的正确道路上；如何在社会高度扁平化、时空距离被充分缩短的时代实现不同文明的交流与合作，从而使技术能够真正助力"人类命运共同体"的构建；如何在新的时代背景下传承和弘扬中华优秀传统文化，增强做中国人的底气与骨气等。所有这一切，都是这个日新月异的时代向人文学科和人文学者提出的、不可回避的理论问题。自觉思考和回答这些问题，发现人类在信息时代面临的困境与出路，是人文学者责无旁贷的历史使命。

作为以电子信息学科为优势的全国重点大学，西安电子科技大学近年来高度重视人文学科的建设与发展，自 2023 年起开始实施"人文社科振兴计划"，大力探索电子信息类高校的人文社会科学特色发展之路。在这一大背景下，人文学院立足于自身的学科构成，提出了"一体三翼"的学科总体发展规划，融入学校国际化建设的大局，围绕"中西文明交流互鉴研究"这一主题，促进汉语言文学、历史学和艺术学等学科提升自身学术水平。

这套《终南思想文化丛书》集中收录和出版人文学院以哲学为主的各学科近年来取得的主要学术成果，反映了学院积极开展学科建设的重要进展。我们希望通过这套丛书的出版，向学术界展示我校电子信息学科与人文学科交叉融合的学术成果，为中国特色哲学社会科学学科体系、学术体系和话语体系的构建尽西电人文学科的绵薄之力。

是为序。

《终南思想文化丛书》编委会

序

王社教

　　都城，严格来讲是阶级社会的产物，是一个国家或政权的政治中心，在其带动和影响下，又成为一个国家或政权的经济和文化中心。现代意义上的都城，指的是首都，即一个国家或政权的中央政府所在地。但在我国古代，都城的名称和内涵要复杂得多。《左传·隐公元年》："都，城过百雉，国之害也。先王之制：大都，不过参国之一；中，五之一；小，九之一。"《左传·庄公二十八年》："凡邑，有宗庙先君之主曰都，无曰邑。邑曰筑，都曰城。"《周礼·太宰》郑玄注曰："大曰邦，小曰国，邦之所居亦曰国。"《周礼·大司徒》郑玄注云："都鄙，王子弟公卿大夫采地，其界曰都，鄙所居也。"贾公彦疏曰："公在大都，卿在小都，大夫在家邑。其亲王子母弟与公同在大都，次疏者与卿同在小都，次更疏者与大夫同在家邑。"由此可见，邦之都可以称国，邑有宗庙先君之主皆可曰都，都有大、中、小之分，其规模和封爵等级以及与国君的亲疏远近皆有严格规定。随着我国政治体制由邦国制向中央集权制的过渡，都城的内涵也越来越局限于一个国家或政权的政治中心，成为一个国家或政权最高权力机构所在地的专用名词。

　　由于都城在一个国家或政权政治生活中的地位极为重要，它的建立和覆灭实际上象征着一个政权的诞生和灭亡，因此自都城出现开始，就逐渐形成了一整套的规定和做法，即都城制度，这些制度包括都城选址、都城命名、都城规模、都城形态、都城建筑、都城结构、都城管理等，无非是为了保证都城独一无二的崇高地位、便于国家的行政管理、保证国家或政权最高权力机构的有效运行、保证都城的安全。先秦时期是我国古代都城制度确立和发展的重要时期，也是我国政治体制从邦国制向中央集权制演化的时期，都城制度的丰富和发展不仅体现了人们对于地理空间、自然环境的认识和利用，也代表着一个国家或政权对于疆土管控、行政治理的理念和水平，反映了特定政权的政治要求和政治目标。对先秦时期都城制度进行研究，搞清楚不同时期都城制度的发展和流变，对于进一步考察先秦时期社会变迁的阶段性和我国早期文明演进的历程具有重要意义。

潘明娟教授对于先秦都城有长期的研究，成果丰硕。早在2005年，其即以"先秦多都并存制度研究"作为博士学位论文的选题，于文中首次提出并论证阐释了"先秦多都并存制度"这一概念，答辩时得到评审专家的好评，之后根据评审专家的意见，继续收集材料，不断修改补充，于2018年由中国社会科学出版社出版，在学术界产生了较为广泛的影响。同年，潘明娟教授以"先秦都城制度研究"为题申报国家社科基金，顺利获得立项，本书即是其主持的国家社科基金项目的结项成果。在本书中，潘明娟教授根据历史文献资料的保存情况和考古发掘成果的现状，着重研究了先秦都城的选址制度、都城形态与建设制度、多都并存制度和都城的名实关系，对于历史文献资料记载较少，考古材料也无法支撑的都城管理制度则无涉及。在具体的研究中，作者充分运用二重证据法，几乎穷尽了先秦时期的历史文献材料和相关的考古资料，将二者紧密结合，纵横比较，条分缕析，提出了很多新见。如作者通过对"天下之中"概念的演变与"地中""土中""天下之中"的混同研究表明，西周初期，围绕新都洛邑的选址，出现了地中、土中、天下之中地理概念且均将其位置指向洛阳一带，展现了"中"与都城的密切关系，可见以"中"作为一个表示空间秩序的方位名词，将地中、土中、天下之中联系在一起。"中"即都城，择中立都就是先秦都城的选址观念，所表达的是一种特殊的具有政治文化意义的理念。地中、土中、天下之中概念侧重不同，地中是天文概念，与天时密切相关；土中是地理概念，与疆域密切相关；天下之中是政治观念，与周代出现的天下观念相联系。"中"字具有突出地理区域中心、政治统治中心、经济发展中心、文化融合中心的多重含义。随着"天下"概念的不断深化和疆域范围的巨大变化，天下之中的位置也在不断变化，地中、土中、天下之中的提法在文献中逐渐稀少，这可能表明了地域空间概念与政治中心概念的分离。通过对畿服制与择中立都的研究，将畿服制划分为三种类型：《国语》《荀子》仅有"五大层次"的五服描述，《禹贡》《夏本纪》形成了"五大层次、方五百里圈、等距离地带"的五服模式，《周礼》的畿服制则是"千里王畿为核心、九大层次、方五百里圈、等距离地带"的理想圈层结构模式。畿服制的圈层结构充分体现了理想状态下"中"的地理空间概念和政治核心概念的统一，这种居中而治的政治控制观，充分展现了政治统治的空间权衡。这些结论皆论证谨严，发前人所未发，令人耳目一新。

另外，对于多都制和多都并存的起因与作用的阐述，作者也在前期研究的基础上有进一步的发明；对都城名实关系的探讨，对先秦都城建设中的一些历时性特点和共时性特点的表述，也皆具有新意。

潘明娟教授治学很勤奋，也很严谨，勤于思考，善于从纷繁复杂的文献材料中发现问题的本质，从杂乱无章的历史事件中总结事物发展的阶段性。日本著名历史学家西嶋定生先生 1987 年在杨宽先生的《中国都城的起源和发展》日译本"序"中说："本书是一部充满了创见及其论证的著作，我想，在或仅有论证而没有创见或仅有创见而没有论证的论著为数不少的当今学术界，本书带来的效果将是巨大的。"潘明娟教授的《先秦都城制度研究》也是在往这个方向努力着，其带来的效果也将是巨大的。

是为序。

目　　录

第一章　绪论

都城是一个复杂的地理实体，具有鲜明的空间性。它首先是人们居住和生活的地方，同时又是"政治与文化之标征"[①]，作为一个国家或政权的政治、军事、宗教、经济、文化中心，具有超越物质层面的特殊含义。都城是国家政治权力中枢，是一个区域政治实体，承载着政治功能。复原古代都城选址、营建、设置等问题，对于研究古代及近现代的政治、经济、社会、文化发展都有着极其重要的意义。

第一节　问题的缘起

先秦时期是我国都城制度形成的时期，因此，研究先秦的都城制度有着重要的历史和现实意义。

一　先秦都城研究的重要性

都城是构成国家统一体要素的重要组成部分，没有都城的国家是不存在的。在中国古代，都城更是占据着社会政治生活的重要地位。它往往与政权的兴衰存亡有着直接的关系。正如刘庆柱所言："古代都城是古代国家的政治中心，是集中体现物化载体的国家政权

[①] 王国维：《殷周制度论》，《王国维遗书·观堂集林》卷十，商务印书馆 1940 年版，第 1 页。

形式，因此，一般而言都城的兴废与国家政权的建立、灭亡同步。古代王朝建立的第一行动和标志，往往是'定都'，而都城被攻陷、覆灭则意味着王朝的终结。"① 因此，可以说都城是一个政权最重要的城市，都城的地址选择、数目设置、都城与其他城市之间的关系等都是需要认真考虑的因素。

从都城发展的角度来看，我国历经几千年的政治变革和数十次的朝代变更，每一次重大的变革与变更几乎都伴随着相应的都城变迁。都城的区位选择总是以特定的社会背景为前提，以特定政权的政治要求和政治目标为基础，都城的建设、都城的数目设置及都城与其他城市、其他地域之间的关系等问题也是必须深思熟虑的。这中间包含着深刻复杂的政治、经济、军事、环境、文化传承等方面的考量。

都城是特殊的城市，一般是一个政权的首位城市。因此，研究先秦时期的都城，是历史时期城市研究的重要组成部分，对其他城市的研究也会有很大启发。

二 先秦都城制度研究的重要性

先秦是都城制度的滥觞期。这一时期都城的区位选址、营建规划及其表现出来的都城形态、都城的数量设置及其政治地位的升降等，都可能对后世的都城制度产生深远影响。然而，文献记载的先秦都城制度语焉不详，非常零散，因此，需要梳理分析文献资料及考古资料，尽可能推测、复原先秦时期不同政权的都城制度，并在案例研究的基础上进行相关探索。

都城制度是一个理论问题。从"学以致道"的角度来看，复原先秦都城制度，构建相关框架，就是问题研究的理论意义所在。首先，叙述和复原先秦都城制度的面貌，揭示其本质与规律，也是本书通过先秦都城选址制度、营建制度、多都并存制度以及都城的名

---

① 刘庆柱：《中国古代都城考古学研究的几个问题》，《考古》2000 年第 7 期。

实关系等方面的实证案例研究，试图叙述和复原先秦时期经过文献记载的或者约定俗成的都城制度，揭示都城制度与地理实体都城的空间联系，阐释都城制度与政治、经济、文化、思想等的内在关系。其次，古代都城是历史地理学一个重要的研究领域，而研究古代都城制度及都城的发展规律又是古代都城研究中的一个不可或缺的方面。通过对古代都城制度的深入研究，可以扩展历史地理学的研究领域，丰富和发展历史地理学理论。

都城制度也是一个具有现实意义的重要问题。从"学以致用"的角度来看，学术研究要观照现实，为现实服务，这是问题研究的现实意义。首先，都城是构成国家统一体要素的重要组成部分，研究国家初期的都城制度，都城的地址选择、营建规则、数目设置、都城命名等，对后世都城尤其是现代都城制度有一定影响。其次，都城是特殊的城市。都城研究是历史时期城市研究的重要组成部分，对其他城市的研究也会有很大启发。最后，都城制度是传统文化的重要一环，都城选址制度研究的政治管理视角的"中"即都城观念、先秦"天下之中"观念、"因天材就地利"选址观念，都城营建制度中的《考工记》营国制度、等级营建观念，多都并存制度中的圣都制度等，在一定程度上揭示了中华民族部分传统观念的认同过程。总之，以史为鉴，为现实的都城城市发展与都城区域发展服务，发扬光大相关传统文化。

第二节　相关研究成果述评

国内外学界对先秦都城的研究从不同的研究目的、视角、方法出发，形成了多种研究思路，取得了丰硕的研究成果，总结为以下几点。

一　古代都城的研究成果

都城历来是一个王朝或政权在政治、经济、社会、文化等方面最集中的表现。对于古代都城的研究是历史地理和城市史的重要课题，长期受到历史地理学界诸多学者的关注，在对我国古代都城的研究方面，出版、发表了一批论著。

对古代都城的研究，有通论性质的著述。如史念海先生的《中国古都和文化》① 对古都的内涵、古都形成的因素等问题进行了总结与探讨。《中国历代都城》②《中国古代都城》③ 等均介绍了中国古代都城的概况。马正林《中国城市历史地理》④ 是研究古代城市地理的一部论著，涉及古代的大部分都城的形状、规模、平面布局等。此外，叶骁军《中国都城发展史》⑤《中国都城研究文献索引》⑥ 及《中国都城历史图录》⑦ 为研究都城做了资料和图片的整理工作。李孝聪《历史城市地理》⑧、张晓虹《匠人营国：中国历史上的古都》⑨ 也从不同角度总结与探讨了中国历史上的都城。

特定时期都城和特定都城的研究更加深入。陈正祥《中国文化地理》⑩ 对中国古代城市和都城尤其是北京和南京给予了特别关注；谢敏聪《北京的城垣与宫阙之再研究（1403—1911）》⑪ 研究了特定的都城——北京。日本学者也开始进行中国古代都城的比较研究，主要有平冈武夫的《长安与洛阳》⑫ 等，为我们进行深入

---

① 史念海：《中国古都和文化》，中华书局 1998 年版。

② 李洁萍编著：《中国历代都城》，黑龙江人民出版社 1994 年版。

③ 吴松弟：《中国古代都城》，中共中央党校出版社 1991 年版。

④ 马正林编著：《中国城市历史地理》，山东教育出版社 1998 年版。

⑤ 叶骁军：《中国都城发展史》，陕西人民出版社 1988 年版。

⑥ 叶骁军编：《中国都城研究文献索引》，兰州大学出版社 1988 年版。

⑦ 叶骁军编：《中国都城历史图录》第一集，兰州大学出版社 1986 年版；《中国都城历史图录》第二集，兰州大学出版社 1986 年版；《中国都城历史图录》第三集，兰州大学出版社 1987 年版。

⑧ 李孝聪：《历史城市地理》，山东教育出版社 2007 年版。

⑨ 张晓虹：《匠人营国：中国历史上的古都》，江苏人民出版社 2020 年版。

⑩ 陈正祥：《中国文化地理》，生活·读书·新知三联书店 1983 年版。

⑪ 谢敏聪：《北京的城垣与宫阙之再研究（1403—1911）》，台北学生书局 1989 年版。

⑫ ［日］平冈武夫著，杨励三译：《长安与洛阳》，陕西人民出版社 1957 年版。

研究提供了比较的思维与方法。美国的都城制度虽然与中国的传统文化不一样，但也出版了研究论集《中华帝国晚期的城市》①一书，收录了研究中国古代都城的论文，为我们提供了不同的视角。

二　先秦都城的研究成果

涉及先秦时期都城的考古资料比较丰富。考古工作者对先秦都城遗址进行了全方位的、持续不断的考古调查、发掘与研究，商代早期都城偃师商城遗址②、郑州商城遗址③和商代晚期的安阳殷墟遗址④，西周时期的周原遗址⑤、丰镐遗址⑥、洛邑遗址⑦、北京琉璃河燕国都城遗址⑧，春秋战国时期的王城遗址⑨、秦都雍城遗址⑩、晋

① ［美］施坚雅主编，叶光庭等译：《中华帝国晚期的城市》，中华书局2000年版。

② 杜金鹏、王学荣主编：《偃师商城遗址研究》，科学出版社2004年版；杜金鹏：《偃师商城初探》，中国社会科学出版社2003年版。

③ 杨育彬：《郑州商城初探》，河南人民出版社1985年版；河南省文物研究所编：《郑州商城考古新发现与研究（1985—1992）》，中州古籍出版社1993年版。

④ 李济：《安阳》，河北教育出版社2000年版；段振美：《殷墟考古史》，中州古籍出版社1991年版。

⑤ 陈全方：《周原与周文化》，上海人民出版社1988年版。

⑥ 中国社会科学院考古研究所、陕西省考古研究院、西安市周秦都城遗址保护管理中心编著：《丰镐考古八十年》，科学出版社2016年版；中国社会科学院考古研究所、陕西省考古研究院、西安市周秦都城遗址保护管理中心编著：《丰镐考古八十年·资料篇》，科学出版社2018年版。

⑦ 中国社会科学院考古研究所洛阳发掘队：《洛阳涧滨东周城址发掘报告》，《考古学报》1959年第2期；中国社会科学院考古研究所：《洛阳发掘报告（1955—1960年洛阳涧滨考古发掘资料）》，北京燕山出版社1989年版；中国社会科学院考古研究所：《中国考古学·两周卷》，中国社会科学出版社2004年版。

⑧ 北京市文物研究所：《琉璃河西周燕国墓地》，文物出版社1995年版；北京市文物研究所、北京大学考古系：《1995年琉璃河遗址周代居址发掘简报》，《文物》1996年第6期。

⑨ 中国社会科学院考古研究所洛阳发掘队：《洛阳涧滨东周城址发掘报告》，《考古学报》1959年第2期；叶万松等：《洛阳市东周王城城墙遗迹》，《中国考古学年鉴（1987年）》，文物出版社1987年版。

⑩ 徐锡台、孙德润：《秦都雍城遗址勘查》，《考古》1963年第8期；尚志儒、赵丛苍：《秦都雍城布局与结构探讨》，《考古学研究》编委会编《考古学研究》，三秦出版社1993年版。

都新田遗址①、鲁都曲阜遗址②、齐都临淄遗址③、赵都邯郸遗址④、秦都咸阳遗址⑤、楚都纪郢遗址⑥、燕下都遗址⑦、郑韩故城遗址⑧等均发表或出版了考古发掘报告，为笔者研究先秦都城提供了考古学的资料与视角。

古代都城研究中，先秦都城的著述也不少。总论性的研究，有曲英杰《先秦都城复原研究》⑨《史记都城考》⑩分析先秦文献记载，讨论诸多都城的地望与平面布局，为本书提供了先秦都城的素材与资料；许宏《先秦城市考古学研究》⑪《先秦城邑考古》⑫对先秦城市的性质、特征、演变规律等进行了全面深刻的论述，涉及先秦都城性质的界定。

针对特定时期、特定政权的都城研究，王豪《夏商城市规划和

① 山西省考古研究所侯马工作站编：《晋都新田》，山西人民出版社 1996 年版。

② 山东省文物考古研究所等编：《曲阜鲁国故城》，齐鲁书社 1982 年版。

③ 群力：《临淄齐故城勘探纪要》，《文物》1972 年第 5 期；山东省文物考古研究所：《临淄齐故城》，文物出版社 2013 年版；曲英杰：《齐都临淄城》，齐鲁书社 1997 年版。

④ 段宏振：《赵都邯郸城研究》，文物出版社 2009 年版；赵树文、燕宇编著：《赵都考古探索》，当代中国出版社 1993 年版；北京大学、河北省文化局邯郸考古发掘队：《1957 年邯郸发掘简报》，《考古》1959 年第 10 期。

⑤ 王学理：《秦都咸阳》，陕西人民出版社 1985 年版；王学理：《咸阳帝都记》，三秦出版社 1999 年版。

⑥ 湖北省博物馆：《楚都纪南城的勘察与发掘》上，《考古学报》1982 年第 3 期；湖北省博物馆：《楚都纪南城的勘察与发掘》下，《考古学报》1982 年第 4 期；郭德维：《楚都纪南城复原研究》，文物出版社 1999 年版。

⑦ 河北省文化局文物工作队：《河北易县燕下都故城勘察和试掘》，《考古学报》1965 年第 1 期。

⑧ 河南省博物馆新郑工作站、新郑县文化馆：《河南新郑郑韩故城的钻探和试掘》，《文物资料丛刊》第 3 辑，文物出版社 1980 年版；蔡全法：《郑韩故城与郑文化考古的主要收获》，河南博物院编著《群雄逐鹿：两周中原列国文物瑰宝》，大象出版社 2003 年版，第 202—211 页；蔡全法：《郑韩故城韩文化考古的主要收获》，河南博物院编著《群雄逐鹿：两周中原列国文物瑰宝》，大象出版社 2003 年版，第 117—123 页。

⑨ 曲英杰：《先秦都城复原研究》，黑龙江人民出版社 1991 年版。

⑩ 曲英杰：《史记都城考》，商务印书馆 2007 年版。

⑪ 许宏：《先秦城市考古学研究》，北京燕山出版社 2000 年版。

⑫ 许宏：《先秦城邑考古》，西苑出版社 2017 年版。

布局研究》①探讨了夏商时期主要都城的选址、城垣、功能区划及宫殿制度、城郭制等问题，徐卫民《秦都城研究》②分析了春秋战国时期秦国的九座都城，探讨了秦国都城的发展演变及其特点，均为本书提供了可贵的研究思路和秦国都城的研究素材。上述具体都城的考古报告，如《赵都邯郸城研究》《临淄齐故城》《曲阜鲁国故城》《晋都新田》《楚都纪南城复原研究》，以及何为《东周时期楚国都城形制研究》③等对相应都城布局形态各方面也有深入研究。

针对特定区域的都城研究有《周秦时期关中城市体系研究》④，该书从先秦时期关中地区的城市体系（涉及都城体系）及互动的视角研究先秦都城。

还有一些论著侧重利用文献和考古资料确定先秦某些城镇的都城性质。城镇与都城是不同的概念，要确定城镇遗址是不是都城，一方面需要文献对都城地望的考证；另一方面，需要从考古学的视角，通过宫殿、防御设施、祭祀遗迹等确定。王震中⑤、杜金鹏⑥、徐团辉⑦、曹玮⑧、陈星灿⑨、田亚岐⑩、李自智⑪、许顺湛⑫、渠川

① 王豪：《夏商城市规划和布局研究》，郑州大学硕士学位论文，2014年。
② 徐卫民：《秦都城研究》，陕西人民教育出版社2000年版。
③ 何为：《东周时期楚国都城形制研究》，中国建筑设计研究院硕士学位论文，2010年。
④ 潘明娟：《周秦时期关中城市体系研究》，人民出版社2009年版。
⑤ 王震中：《商代都邑》，中国社会科学出版社2010年版。
⑥ 杜金鹏：《夏商分界研究中"都城界定法"的理论与实践》，《三代考古》2006年第1期。
⑦ 徐团辉：《战国时期韩国三大都城比较研究》，《中原文物》2011年第1期。
⑧ 曹玮：《也论金文中的"周"》，北京大学考古文博学院编《考古学研究（五）》，科学出版社2003年版，第581—603页。
⑨ 刘莉、陈星灿：《城：夏商时期对自然资源的控制问题》，《东南文化》2000年第3期。
⑩ 田亚岐：《秦都雍城布局研究》，《考古与文物》2013年第5期；田亚岐、张文江：《秦雍城置都年限考辨》，《文博》2003年第1期。
⑪ 李自智：《先秦陪都初论》，《考古与文物》2002年第6期。
⑫ 许顺湛：《中国最早的"两京制"——郑亳与西亳》，《中原文物》1996年第2期。

福①、程妮娜②、李令福③、马世之④、潘明娟⑤等对不同时期、不同政权的都城做了有益的实证探索，确定了某些先秦遗址的都城性质，为本书提供了基础观点。

三 都城制度的研究成果

都城制度是人类社会早期各种制度的一个方面，中国古代社会与文化乃至中国古代历史进程中许多特征的形成都与都城制度的发展有关。王国维先生首先重视先秦制度研究，作《殷周制度论》，提出"都邑者，政治与文化之标征也"⑥，然未涉及具体的都城制度。

关于都城制度，在论文方面，张光直先生《夏商周三代都制与三代文化异同》⑦ 提出了都城制度问题，并且认为三代实行圣都俗都制度；巫鸿明确提出"两城制"（The Double City）问题。⑧ 国内学者也关注都城制度的研究。杨宽⑨、尹钧科⑩、丁海斌⑪等从不同角

---

① 渠川福：《我国古代陪都史上的特殊现象——东魏北齐别都晋阳略论》，中国古都学会编《中国古都研究》第四辑，浙江人民出版社 1989 年版，第 340—353 页。

② 程妮娜：《金代京、都制度探析》，《社会科学辑刊》2000 年第 3 期。

③ 李令福：《周秦都邑迁徙的比较研究》，《中国历史地理论丛》2000 年第 4 期。

④ 马世之：《关于楚之别都》，《江汉考古》1985 年第 1 期。

⑤ 潘明娟：《从郑州商城和偃师商城的关系看早商的主都和陪都》，《考古》2008 年第 2 期。

⑥ 王国维：《殷周制度论》，《王国维遗书·观堂集林》卷十，商务印书馆 1940 年版。

⑦ ［美］张光直：《夏商周三代都制与三代文化异同》，《中国青铜时代》，生活·读书·新知三联书店 1999 年版。

⑧ ［美］Wu Hung（巫鸿），"Art and Architecture of the Warring States Period", *The Cambridge History of Ancient China*, Cambridge University Press, 1999 年版，第 660—665 页。

⑨ 杨宽：《商代的别都制度》，《复旦学报（社会科学版）》1984 年第 1 期；杨宽：《中国古代都城制度史研究》，上海人民出版社 2003 年版。

⑩ 尹钧科：《中国古代都城制度及其在古都学研究中的地位》，中国古都学会编《中国古都研究》第十一辑，山西人民出版社 1994 年版，第 114—130 页；尹钧科：《中国古代都城制度略说》，中国古都学会徐州古都学会编《中国古都研究》第十七辑，三秦出版社 2001 年版，第 355—359 页。

⑪ 丁海斌：《中国古代陪都十大类型论》，《辽宁大学学报（哲学社会科学版）》2011 年第 4 期。

度、不同程度对都城制度进行了理论探讨。其中，叶骁军、朱士光的《试论我国历史上陪都制的形成与作用》①探讨了陪都制度的起源、多京制的形成与发展、陪都的类型地位和作用、陪都的地理位置等问题；李令福《周秦都邑迁徙的比较研究》②有意识地从都城体系的角度看待都城的迁徙和都城地位，是一个可取的尝试；丁海斌《中国古代陪都十大类型论》③把中国古代陪都分为十种类型，认为它们表现出不同的历史背景、类型特征和功能特点；吴长川《先秦陪都功能初论》④认为先秦时期的陪都具有军事、政治、祭祀三方面的功能，但复原、界定具体陪都的力度不够。

古代都城制度研究的著作主要有《中国古代都城制度史研究》⑤《夏商时代都城制度研究》⑥《先秦多都并存制度研究》⑦。其中，杨宽先生的《中国古代都城制度史研究》被认为是"中国古代都城城市形态史研究中，涉及面最广、影响力最大的著作之一"⑧，研究主要集中在我国古代都城的方位朝向制度、城郭制度及城市形态结构等方面。张国硕《夏商时代都城制度研究》是先秦都城制度研究的开拓性著作，从主辅都制度、离宫别馆、都城选址、都城军事防御、都城规划布局等五个角度深入研究了夏商都城。潘明娟《先秦多都并存制度研究》对夏商周王朝的多都并存制度和春秋战国时期秦、晋、齐、楚、燕、赵等诸侯国的多都并存现象进行了细致研究，并对先秦多都并存制度产生的原因及流变做了深刻探讨。

---

① 叶骁军、朱士光：《试论我国历史上陪都制的形成与作用》，中国古都学会编《中国古都研究》第四辑，浙江人民出版社 1989 年版，第 66—85 页。
② 李令福：《周秦都邑迁徙的比较研究》，《中国历史地理论丛》2000 年第 4 期。
③ 丁海斌：《中国古代陪都十大类型论》，《辽宁大学学报（哲学社会科学版）》2011 年第 4 期。
④ 吴长川：《先秦陪都功能初论》，西北大学硕士学位论文，2008 年。
⑤ 杨宽：《中国古代都城制度史研究》，上海人民出版社 2003 年版。
⑥ 张国硕：《夏商时代都城制度研究》，河南人民出版社 2001 年版。
⑦ 潘明娟：《先秦多都并存制度研究》，中国社会科学出版社 2018 年版。
⑧ 成一农：《中国城市史研究》，商务印书馆 2020 年版，第 100 页。

四　先秦都城形态的研究成果

考古工作者对先秦大部分都城遗址进行了考古发掘与研究，包括可能是夏代都城的偃师二里头遗址，商代早期的偃师和郑州遗址，商代中晚期的殷墟遗址，西周初期的周原和丰镐遗址，秦的雍城、栎阳及咸阳遗址，燕国都城北京琉璃河遗址、燕下都遗址等，发表、出版了很多新的先秦城镇考古研究成果，如《晋都新田研究》《临淄齐故城》《郑州商城遗址考古研究》《夏商城市规划和布局研究》《东周时期楚国都城形制研究》《夏都斟寻研究》《偃师商城遗址研究》《楚都纪南城复原研究》等。

都城形态的比较研究是学界热点之一，先秦都城形态的比较研究主要有《大都无城——论中国古代都城的早期形态》①《周代都城比较研究》②《东周列国都城的城郭形态》③《战国都城形态的东西差别》④《春秋战国时代的城郭》⑤ 等论文，关注不同时段、区域和专题。《东周楚国城邑类型和分布研究》从类型学角度出发进行分类和分布讨论的研究。⑥

以上成果为笔者研究先秦都城制度相关问题积累了丰富的材料，提供了新的思路和视角。但是，目前的研究也存在一定的问题与不足：第一，与都城相关的概念界定不清。在文献记载相对模糊的情况下，要通过考古学的视角清晰界定都邑和都城、主都和陪都、圣都与俗都等相关概念。第二，先秦时期都城选址观念、都城营建过程与形态特征及名实关系研究稍显不足，未能从"制度"视角进行复原与探究。第三，先秦时期不同都城之间的互动

① 许宏：《大都无城——论中国古代都城的早期形态》，《文物》2013年第10期。
② 曲英杰：《周代都城比较研究》，《中国史研究》1997年第2期。
③ 李自智：《东周列国都城的城郭形态》，《考古与文物》1997年第3期。
④ 梁云：《战国都城形态的东西差别》，《中国历史地理论丛》2006年第4期。
⑤ ［日］佐原康夫撰，赵丛苍摘译：《春秋战国时代的城郭》，《文博》1989年第6期。
⑥ 毕重阳：《东周楚国城邑类型和分布研究》，南京大学硕士学位论文，2020年。

关系研究不足，需要科学地论述早期国家都城政治地位的升降，以及主都、陪都之间的互动过程。第四，研究视角和研究方法单一。国内对相关问题的探讨多执着于考古或历史的语境，易形成固有的思维方式，研究方法单一，影响问题探讨的深度和广度。同时，不同政权的都城体系没有进行比较，因此，无法上升到普适性的理论高度。

以上研究成果为本书提供学术基础，存在的不足正是本书力图去解决的问题。

第三节　基本概念的界定

先秦都城制度的研究中涉及先秦时期都城与都城制度等基本概念，在案例研究开始之前要进行界定。同时，先秦文献会有相关词语，包括"国""都""邑""城"等，本节也试图探讨其内涵的同与不同。

一　城与都城

马克思主义认为城市是经济发展的必然产物。《现代汉语词典（修订本）》中"城市"的定义是："人口集中、工商业发达、居民以非农业人口为主的地区，通常是周围地区的政治、经济、文化中心。"[①] 按照这个定义来界定，城市要包括人口（人口集中、居民以非农业人口为主）、工商业（工商业发达、经济中心）、政治（一定区域的政治中心）、文化（文化中心）等多方面的因素，比较难以操作。目前学术界还没有类似的界定方式。现代语境下的"城市"（city）是一种聚落形态，与乡村相对应。

刘易斯·芒福德认为城市是由乡村演化而来，"村庄，连同周围

---

① 中国社会科学院语言研究所词典编辑室编：《现代汉语词典（第7版）》，商务印书馆2016年版，第169页。

的田园，构成了新型聚落……这时期中人们便以静态的围墙形式代替警戒武器来抵御外来侵扰"①。在人类社会进入文明时代后，人们逐渐学会原始农业和手工业，出现最初的建筑物，包括房屋、公共道路、集会场地等。"人类改造大地正是后来形成城市的一个重要组成部分，而且是先于城市而进行的。"② 柴尔德则认为在城市形成因素中，有很大的文化因素：早期城市的特征是一定规模的聚落，一定数量的人口，大型建筑、剩余产品的出现，统治阶级的出现，产生文字、科学与艺术，出现社会组织，这其中大型建筑、文字、科学与艺术明显属于文化的范畴。③ 马克斯·韦伯认为一个聚落要成为城市，需要具备以下五个特征：防御功能，商品交换功能，法律裁判功能（或者至少有部分的自治法律），相关社团的组织功能，公民自治权（或者至少享有部分的公民自治权）。④ 同时他认为中国古代城市的首要功能是行政性的，在政治中处于从属地位，是帝国中央行政管理的分支机构。

中国早期文献中，最早将"城市"二字合说的应该是《战国策》。《赵策一·秦王谓公子他》中，韩国准备割让"城市之邑七十"⑤ 给赵国；《赵策四·燕封宋人荣蚠为高阳君》中，赵国割让"城市邑五十七以与齐"⑥。但这里"城市"的意思应该是指既有城墙又有市场的邑，是重要且繁华的邑。《韩非子·爱臣》中也提到了"城市"："大臣之禄虽大，不得藉威城市。"⑦ 从句读角度来看，这

① ［美］刘易斯·芒福德著，宋俊岭、倪文彦译：《城市发展史——起源、演变和前景》，中国建筑工业出版社 2005 年版，第 12—13 页。

② ［美］刘易斯·芒福德著，宋俊岭、倪文彦译：《城市发展史——起源、演变和前景》，中国建筑工业出版社 2005 年版，第 16—17 页。

③ V. Gordon Childe, "The Urban Revolution", *Town Planning Review*, Vol. 21, No. 1 (1950), pp. 3 – 17.

④ 转引自成一农《欧亚大陆上的城市——一部生命史》，商务印书馆 2015 年版，第 7 页。

⑤ 《战国策》，上海古籍出版社 1985 年版，第 615 页。

⑥ 《战国策》，上海古籍出版社 1985 年版，第 751 页。

⑦ （清）王先慎撰，钟哲点校：《韩非子集解》，中华书局 1998 年版，第 25 页。

里的"城市"应该是"城、市",指的是城中的市场,是商业区的意思。因此,虽然有"城市"之名,但并不是我们现代意义中的城市(city)或都城(capital)。学界对古代的"城市"有诸多思考。[①] 对于城市起源的研究,学术界有诸多争论;[②] 早期城市特征应该是怎样的,学界也有不同看法,张光直先生认为中国早期城市的五大特征表现为:防御性的夯土城墙、战车、兵器;政治性的宫殿、宗庙、

---

① 李孝聪《历史城市地理》(山东教育出版社 2007 年版)给出"城市"的定义。成一农在《欧亚大陆上的城市——一部生命史》(商务印书馆 2015 年版)中也思考了城市的内涵。

② 关于中国古代城市的起源,第一种意见认为,原始社会后期的龙山文化,就是中国城市出现的具体时代,从考古上已经发现了龙山文化的古城,就是中国城市的雏形,或早期的城市(如杜瑜:《中国城市的起源与发展》,《中国史研究》1983 年第 1 期);第二种意见认为,中国城市出现于原始社会的三次大分工之后,城市是由市直接发展而形成的,市是城市的前身(如傅崇兰:《中国运河城市发展史》,四川人民出版社 1985 年版,第 8—11 页);第三种意见认为,中国最早筑的城,实际上是有围墙的村落,具有真正规模的城市出现于春秋后期,战国时才得到了广泛的发展(如郑昌淦:《关于中国古代城市兴起和发展的概况》,《教学与研究》1962 年第 2 期);还有人认为,中国城市出现的时代应该是西周,因为西周的都城内已经设市(如马正林:《中国城市历史地理》,山东教育出版社 1998 年版,第 19 页)。这几种意见均有自己的依据,第一种意见是从城市形态学的角度来说明城市起源的问题,认为有了"城墙"的形态就算是有了城市;第二种意见是从城市经济学的角度来考虑,把城市看作商品经济发展的结果;第三种意见把城市学与经济学相结合,认为"城"与"市"的结合才是城市。拘泥于"城市"一词的字面含义,使学界对城市概念的界定多有歧义。也就是说,从不同的角度,依据不同的标准,来看待城市的起源问题,可以得出不同的看法和意见。因此,对于本书要论述的城市与都城问题,我们必须首先确定看待问题的角度和依据。依笔者的理解,"城"是人们在聚落上构筑的防御性设施及拥有这种设置的聚落。这种防御性设施一般为墙垣,但也包含其他如壕沟、栅栏等利用自然地形的防御系统。如果说城是人类社会发展到一定阶段的产物,那么,它的出现首先应是原始人类同自然斗争的结果和农业产生后人类各部落之间掠夺战争的产物。因此,城应该是伴随着农业和定居生活的出现而出现的,它的诞生与文明、国家的出现并无太大联系。当然,在现代汉语中,"城"常常用来借指城市,从语源上也可以看出中国古代城市与防御设施"城"之间的密切关系。但是,应该说,在中国城市发展的早期阶段,并不是所有的城市都有防御设施"城",同样,也不是所有拥有防御设施的"城"就是城市。"市"是人们进行交易的场所。这种场所有的固定,有的不固定。它是一个地方存在由于产业分工而导致的非农业生产活动的标志,而城市从开始就存在着由于产业分工的不同而导致的非农业生产活动,因此,市的存在与否并不是城市产生的必要条件。所以,城市既不是"城",也不是"市",更不是"城"与"市"的简单组合,过分强调城市的军事职能和商贸职能不符合中国古代社会发展的实际情况。

陵寝；宗教性的祭祀法器、祭祀遗址；经济性的手工业作坊；形态方面表现出的聚落在定向与规划上的规整性。① 郭正忠则强调城市必须同时具备军事防御和经济贸易两大功能。②

笔者认为，对城市与都城内涵的界定，需要从政治学和考古学两个方面入手。

（一）城市与都城的政治学内涵

中国古代早期的城市不是简单的"城墙＋市场"的地理实体，其既可以没有城墙，也不一定有市场。但是，城市这个概念，必然是与"村落"的概念相对应的，它区别于村落的特征就应该是它的本质特征，即：城市应该具有一定的非农业经济，如手工业和商业；具有较多的非农业人口，如管理者、手工业者、商人；具有与农村不同的景观，如宫庙、陵寝、公共道路等。这样看来，城市与都城出现的时间应该确定为阶级社会出现后。在阶级出现之前，应该就有了手工业脱离农业的第一次大分工，有了一定的非农业经济。但是只有在阶级出现之后，才有统治阶级及服务于国家机器的军队等大量非农业人口的出现，才会有与农村聚落景观截然不同的城市聚落景观。

笔者认为，判断城市不应拘泥于外在形式，而应从城市内涵入手。城市先是作为政治中心存在的，它具有政治中心的"都邑"的内在属性，具有权力（神权或王权）的象征意义。从政治学的角度来考虑，在中国城市发展的早期阶段，城市是一种以政治职能为主的、作为权力中心的聚落形态。

《周礼·春官·典命》将城市分为三级：第一级是王城，即周天子的都城；第二级是诸侯的城邑，是诸侯国之都；第三级为"邑"，有时也称"都"，一般为宗室和卿大夫的采邑。③ 当然，《左传·庄

---

① ［美］张光直：《关于中国初期"城市"这个概念》，《文物》1985 年第 2 期。

② 郭正忠：《城郭·市场·中小城镇》，《中国史研究》1989 年第 3 期。

③ （清）孙诒让撰，王文锦、陈玉霞点校：《周礼正义》，中华书局 1987 年版，第 1606 页。

公二十八年》："凡邑，有宗庙先君之主曰都，无曰邑。"① 可见，"都"与一般的邑又有不同，都的地位要高一些。

从政治学的角度来看待古代城市，它首先是阶级统治的堡垒，是随着阶级的产生而产生的。也就是说，早期的城市主要是政治中心，因此，笔者认为，城市是在阶级社会产生后，统治阶级为加强统治、镇压内部反抗、防御外来政权的侵犯而修建的堡垒。其次，城市的"维护统治"的意义导致城市可能具有一系列的军事防御设施。最后，一个政权的统治离不开统治者和被统治者，众多不同阶层的人生活在城市之中，这种现象要求城市必须是一个生活场所，有维持生活必需的设施。

由于中国早期的城市是作为政治中心存在的，从而它在某种程度上就与"都城"的内涵重叠。都城作为统治中心，首先是城市。随着阶级社会的确立，统治阶级的最大的统治堡垒即首要的政治中心城市就成为都城。都城是一个国家的首都，当然也是国家的主要政治中心。从政治学的角度来看，国家作为政治统一体，一般需要具备四要素，即：人民、政府、领土和管辖权。"领土"是国家的空间要素，都城是国家领土的主要组成部分，是将人民与政府、领土与管辖权紧密凝结在一起的国家政治中枢和国家政权机构的"集装器"。现代意义的都城是国家最高政权机关所在地，是全国的政治中心。②

古代都城的含义是什么？《左传·庄公二十八年》记载："凡邑，有宗庙先君之主曰都。"③《说文解字》云："有先君之旧宗庙曰都。"④《帝王世纪》有："天子所居宫曰都。"⑤《释名》："都者，国

① 杨伯峻编著：《春秋左传注》，中华书局1981年版，第242页。
② 中国社会科学院语言研究所词典编辑室编：《现代汉语词典（修订本）》，商务印书馆2001年版，第308页。
③ 杨伯峻编著：《春秋左传注》，中华书局1981年版，第242页。
④ （汉）许慎撰，（清）段玉裁注：《说文解字注》，上海古籍出版社1981年版，第283页。
⑤ 《太平御览》卷一五五引，见《太平御览》，中华书局1960年版，第753页。

君所居，人所都会也。"① 笔者可以这样认为，都（都城）是国家的统治者（君或国君）对全国进行统治及其生活的地方，也是国家的祭祀中心。

（二）城市与都城的考古学内涵

既然都城与城市的内涵有一定的重叠，我们必须在确定城市的基础之上，来确定古代都城。根据确定城市的条件，笔者认为确定都城的条件有两大方面。

第一，文献上有明确的记载，如"以某地为都""都某地"，甚至"作宫邑于某地"，因为宫殿在进入阶级社会后一般是统治阶级居住的地方，可以说是统治阶级的象征，在一定意义上宫殿代表着统治阶级的统治与政权。有宫殿的地方，其政治地位是不言而喻的。

第二，考古意义上的都城。早期文献记载相对简略，所以除以文献记载确定为主之外，还要从考古的角度来判断某地是不是都城。张光直认为确定中国古代都城应该有五条标准：夯土城墙、战车、兵器；宫殿、宗庙与陵寝；祭祀法器与祭祀遗址；手工业作坊；聚落布局在定向与规划上的规则性。② 这实际上说的是古代都城的要素。这五条标准主要包括三个意思：城市是军事防御中心；城市是政治与宗教中心；城市是手工业商业中心。都城作为特殊的城市，应该具备几个必需的功能：首先，要有"宗庙先君之主""先君之旧宗庙"或先君陵墓等祭祀设施或祭祀法器等，也就是说，都城要有宗教祭祀功能；其次，要有统治者居住的地方，即"天子所宫"或"国君所居"，我们姑且称之为宫室区，这表明都城要有统治和行政功能；再次，这里是大量普通居民居住、生活的地方，即"人所都会"之地，则都城应包括日常生活功能；最后，与以上功能相匹配的其他设施或活动，如保护统治者不受攻击的军事防御设施、维护生活运转及众人消费的经济活动等。

---

① 《太平御览》卷一五五引，见《太平御览》，中华书局1960年版，第753页。
② [美]张光直：《关于中国初期"城市"这个概念》，《文物》1985年第2期。

因此，考古意义上的都城应有如下条件：一是有高规格的祭祀场所或大型王陵。《礼记·曲礼下》："君子将营宫室，宗庙为先，厩库为次，居室为后。"① 《墨子·明鬼下》："昔者虞夏商周三代之圣王，其始建国营都日，必择国之正坛，置以为宗庙。"② 以宗庙为宫室之先，将宗庙建筑作为都城建筑的重要规划，是我国古代都城建设规划的通则。不仅中国，世界各地上古时代的都城建设也莫不如此。"从本质上说，它（早期城市）原是一种纪念性的仪典中心，是一个由宫殿、庙宇圣祠构成的复合体。"③ 文明之初城市的突出特征，就是以大规模的宫殿和偶像崇拜建筑设施为核心。二是有大型夯土遗址被确认为宫殿。三是有居民区遗迹、手工业作坊、出土商品或市遗址、平民陵墓等代表平民居住和生活痕迹的设施。四是有城墙、城壕等防御设施。城市作为统治者的据点，政治统治的中心，必须有一系列防御设施，确保城市的安全。

都城有一个发展的过程。早期的都城并不是如同后期都城一样成熟。但是，既然都城是一个王朝或政权的统治中心，那么其包含的要素是大致相同的。我们就从城市是否包含都城要素来判断这个城市是不是一座都城。

二 先秦文献中的相关概念

本书的主题是先秦都城制度，主要依据的传世文献为先秦文献，因此，有必要对先秦文献中涉及的都城记载进行梳理。

（一）"国"与"都"

先秦时期都城的概念是用"国"与"都"来表示的。

先秦文献中，有关"国"与"都"的记载很多。"国"是指主

---

① 《十三经注疏·礼记注疏》，艺文印书馆2001年版，第75页。

② 吴毓江撰，孙启治点校：《墨子校注》，中华书局1993年版，第340页。

③ ［美］刘易斯·芒福德著，宋俊岭、倪文彦译：《城市发展史——起源、演变和前景》，中国建筑工业出版社1989年版，第35页。

都。《周礼》郑玄注曰："大曰邦，小曰国。邦之所居，亦曰国。"①
在这里，"国"有两个含义，一是指国家，二是指"邦之所居"，即
国都、都城。《周礼》有不少关于国家都城的记载。如："距国五百
里曰都"②，这里的"国"是指国家的都城；"若国有大故，则致万
民于王门"③，此"国"当是指国家的都城；"惟王建国，辨方正位，
体国经野，设官分职"④，这是说建立天子所居之城应该怎样做；
"匠人营国，方九里，旁三门；国中九经九纬，经涂九轨；左祖右
社，面朝后市"⑤，这里记载的是建立国都（天子所居之城）应该怎
样做。其他的典籍也有关于"国"即都城的记载。《左传·隐公元
年》载："先王之制：大都，不过叁国之一。"⑥《管子·度地》有：
"圣人之处国者，必于不倾之地，而择地形之肥饶者。"⑦《吕氏春
秋·知度》也有："古之王者，择天下之中而立国，择国之中而立
宫，择宫之中而立庙。"⑧由以上文献记载，可以得出结论："国"
是指天子所居的都城，到战国时期，随着礼乐崩坏，有些诸侯国君
的都城也开始称"国"。

"都"的含义是什么呢？根据先秦文献记录，"都"有两层含
义，一曰都城，二曰都域。都域的含义，见《周礼·地宫·小司
徒》："四县为都，四井为邑。"⑨在这里，"都"指"都域"，为行
政区划概念。"都"意为都城的含义在先秦比较常见，主要指的是诸
侯的国都。《左传·庄公二十八年》："筑郿，非都也。凡邑，有宗

① 《十三经注疏·周礼注疏》，艺文印书馆 2001 年版，第 26 页。
② （清）孙诒让撰，王文锦、陈玉霞点校：《周礼正义》，中华书局 1987 年版，第
97 页。
③ 《十三经注疏·周礼注疏》，艺文印书馆 2001 年版，第 161 页。
④ 《十三经注疏·周礼注疏》，艺文印书馆 2001 年版，第 8—11 页。
⑤ 《十三经注疏·周礼注疏》，艺文印书馆 2001 年版，第 643 页。
⑥ 杨伯峻编著：《春秋左传注》，中华书局 1981 年版，第 11 页。
⑦ 黎翔凤撰，梁运华整理：《管子校注》，中华书局 2004 年版，第 1050—1051 页。
⑧ 陈奇猷校释：《吕氏春秋新校释》，上海古籍出版社 2002 年版，第 1119 页。
⑨ 《十三经注疏·周礼注疏》，艺文印书馆 2001 年版，第 170 页。

庙先君之主曰都，无曰邑。邑曰筑，都曰城。"① 按照《左传》的意
思，"都"是指有先君宗庙的"邑"，不必是国家的政治中心，只是
宗教祭祀之地即可。《释名》："都者，国君所居，人所都会也。"②
这里的"国君"及"宗庙先君之主"并非专指天子，亦可及于分封
诸侯和公卿（采邑）。《周礼》注曰："甸，去国二百里；稍三百里；
县四百里；都五百里。"③ 可见，距国五百里曰都。《周礼·大司徒》
注曰："都鄙，王子弟大夫公卿采地。"疏曰："公在大都，卿在小
都，大夫在家邑。其亲王子母弟与公在大都，次疏者与卿同在小都，
次更疏者与大夫同在家邑。"④ "大曰都，小曰邑，虽小而有宗庙先
君之主曰都，尊其所居而大之也。"⑤ 按这种说法，"都"不是指国
家的都城，而是较都城小一级的"采地"，地位最高的贵族"采地"
而已，距都城五百里，是区域性的政治中心。《战国策·燕策一·燕
王哙既立》载齐宣王"因令章子（匡章）将五都之兵，以因北地之
众以伐燕"⑥。这里的"五都"是指齐国的五个都城。《左传·隐公
元年》："都，城过百雉，国之害也。先王之制：大都，不过参国之
一；中，五之一；小，九之一。"⑦ 这里的"都"是指有宗庙的陪
都，"国"是国都。可见，与"国"相比，"都"的概念要宽泛
一些。

　　关于"都"与"国"的关系，上述《左传·隐公元年》有描
述："都，城过百雉，国之害也。"《管子·霸言》也有类似的说法：
"国小而都大者弑。"⑧ 比较"国"与"都"的区别，可以看出：同

---

① 杨伯峻编著：《春秋左传注》，中华书局 1981 年版，第 242 页。
② 《太平御览》卷一五五引，见《太平御览》，中华书局 1960 年版，第 753 页。
③ 《周礼注疏》，上海古籍出版社 1990 年版，第 98 页。
④ 《周礼注疏》，上海古籍出版社 1990 年版，第 155 页。
⑤ （汉）许慎撰，（清）段玉裁注：《说文解字注》，上海古籍出版社 1981 年版，第
283 页。
⑥ 《战国策》，上海古籍出版社 1985 年版，第 1061 页。
⑦ 杨伯峻编著：《春秋左传注》，中华书局 1981 年版，第 11 页。
⑧ 黎翔凤撰，梁运华整理：《管子校注》，中华书局 2004 年版，第 472 页。

一个政权内可以有"国"有"都","国"与"都"的政治地位和规模规格均不同，一般来说，"国"为较大规模、较高规格的都城，政治地位较高；而"都"的规模要小得多，地位相对较低。"国"与"都"就是主都与陪都之间的关系，一般性的"都"从规模上不能超过"国"。表1-1做了简单的比较。

表1-1　　　　　　　早期文献中"国"与"都"的区别

	国	都
政治地位	主要政治中心，"邦之所居"	次要政治中心，"采地"
城市规模	较大	较小
都城地位	主都	陪都或者具有祭祀功能的邑

（二）《管子》记载中的都、邑、城

"都"与"邑"也有区别，杜预《春秋释例》云："《周礼》：四县为都，四井为邑，此周公本制小大之别也。若邑有先君之宗庙，则虽小曰都，尊其所居而大之也。"[1] 杜预所说的都与邑相互区分的标准主要是两个，一是尊与卑的区分，二是大与小的区分。尊与卑尤为重要。我们以《管子》的记载为例，分析"都、邑、城"的区别与联系。

在《管子》记载中，都、邑、城不是同一个概念，其内涵各有侧重。

在《管子》中"城"出现66次，[2] 与郭相连16次。《权修》有："地之守在城，城之守在兵，兵之守在人，人之守在粟。"[3]《八观》有："大城不可以不完……故大城不完，则乱贼之人谋。"[4] 这

---

① （晋）杜预：《春秋释例》卷三，清武英殿聚珍版丛书本，第41页。
② 《管子》66次"城"的记载中，有2次是记载"王子城父"（人名），2次"城阳"（城市名称）。
③ 黎翔凤撰，梁运华整理：《管子校注》，中华书局2004年版，第52页。
④ 黎翔凤撰，梁运华整理：《管子校注》，中华书局2004年版，第256页。

应该是"城"的典型用法。《说文解字》解释城的意思"以盛民也"①。段玉裁《说文解字注》解释:"以盛民也。言盛者,如黍稷之在器中也。……《左传》曰:圣王先成民而后致力于神。"② 如上述文献记载,"城"是指城墙或有城墙的人口聚居地,主要是从军事防御的角度来界定的。

"都"在《管子》中出现38次,③ 其中,与"国"相连、指代都城4次。《乘马》有:"上地方八十里,万室之国一,千室之都四。"④ 这应该是《管子》"都"的典型用法。《说文解字》解释:"有先君之旧宗庙曰都。"⑤ 段玉裁《说文解字注》对于这句话的注释是:"《左传》曰:凡邑,有宗庙先君之主曰都,无曰邑。《周礼·大司徒》注曰:都鄙者,王子弟公卿大夫采地。其畍曰都;鄙,所居也。载师注曰:家邑,大夫之采地;小都,卿之采地;大都,公之采地。王子弟所食邑也。大宰八则注曰:都鄙,公卿大夫之采邑,王子弟所食邑。周召毛聃毕原之属在畿内者,祭祀者其先君社稷五祀。按:据杜氏释例:大曰都,小曰邑,虽小而有宗庙先君之主曰都,尊其所居而大之也。又按:左氏言有宗庙先君之主曰都,许改云有先君之旧宗庙,则必如晋之曲沃故绛而后可称都,恐非左氏意也,左氏与周官合。"⑥ 因此,在《管子》中,有先君之宗庙或旧宗庙的"都"可能是各级官吏的采邑,人口应该相对较为集中("千室之都")。

"邑"在《管子》出现48次,其中指代都城的"国邑"为4

① (汉)许慎撰,(清)段玉裁注:《说文解字注》,上海古籍出版社1981年版,第688页。

② (汉)许慎撰,(清)段玉裁注:《说文解字注》,上海古籍出版社1981年版,第688页。

③ 《管子》38次"都"的记载中,有2次"都匠"(官职),3次"方都"(应该是蓄水池的意思),还有4次"国都"指都城。

④ 黎翔凤撰,梁运华整理:《管子校注》,中华书局2004年版,第104页。

⑤ (汉)许慎撰,(清)段玉裁注:《说文解字注》,上海古籍出版社1981年版,第283页。

⑥ (汉)许慎撰,(清)段玉裁注:《说文解字注》,上海古籍出版社1981年版,第283—284页。

次。《治国》有："舜一徙成邑，贰徙成都，参徙成国。"① 《说文解字》解释邑："国也，从囗。先王之制，尊卑有大小，从卪。凡邑之属皆从邑。"② 段玉裁《说文解字注》："国也。郑庄公曰：吾先君新邑于此。《左传》凡称人曰'大国'，凡自称曰'敝邑'。《白虎通》曰：夏曰夏邑，商曰商邑，周曰京师。《尚书》曰西邑夏、曰天邑商、曰作新大邑于东国雒皆是。《周礼》：四井为邑。《左传》：凡邑，有宗庙先君之主曰都，无曰邑。此又在一国中分析言之。……先王之制，尊卑有大小，从卪。尊卑，谓公侯伯子男也；大小，谓方五百里、方四百里、方三百里、方二百里、方百里也。土部曰：公侯百里、伯七十里、子男五十里。从孟子说也。尊卑大小出于王命。故从卪。"③ 因此，"邑"可能是都城，也可能是采邑。在某种程度上，"都"与"邑"可能是通用的，上文所谓的"凡邑，有宗庙先君之主曰都，无曰邑"或"大曰都，小曰邑"在各文献应用中并没有严格执行。

《管子》中，有 1 次提到了"都邑"一词。《立政》篇中，阐明了应该谨慎的四个方面，其中就有一条：（有一些）"不好本事，不务地利而轻赋敛"（的官员），"不可与都邑"。④ 那么，"都邑"应该是具有一定级别的行政区划，这级行政区划的政治机构所在地应该是人口聚居区。反过来说，"好本事、务地利、重赋敛"者就能够管理都邑，在一定程度上也说明都邑是作为经济中心存在的。

应该说，都、邑或都邑不仅指代政治中心城市，有时也是一定级别的行政区域，当然，这个行政区的政治中心仍是人口聚居地和经济中心的城市。

① 黎翔凤撰，梁运华整理：《管子校注》，中华书局 2004 年版，第 926 页。
② （汉）许慎撰，（清）段玉裁注：《说文解字注》，上海古籍出版社 1981 年版，第 283 页。
③ （汉）许慎撰，（清）段玉裁注：《说文解字注》，上海古籍出版社 1981 年版，第 283 页。
④ 黎翔凤撰，梁运华整理：《管子校注》，中华书局 2004 年版，第 62 页。

《管子》一书，不是一人一时所记，而是后世流传过程中，又有诸多舛误校订，因此上述概念内涵较为混乱。笔者不能完全廓清《管子》记载中都、邑、城及国都、国邑、都邑等概念的内涵。都、邑、城等各有侧重，规模不等，但是总的来说，都、邑、城均指人口聚居地，是一个区域的行政中心，有各级官吏或贵族进行管理，当然也是经济中心或者军事中心，它不是自然形成的，需要政府的营造、建设及维护。

《管子》记载的都、邑、城能否与现代的"城市"相对应呢？笔者认为是可以的。目前学界对"中国早期的城市是什么样"这个问题有不同意见。① 一种意见从城市形态学的视角来看待城市的起源，认为"城"的出现就意味着城市的出现，龙山文化的古城就是中国城市的雏形或早期的城市；② 第二种意见从城市经济学的角度来考虑，认为"市"的出现标志着城市的诞生，城市是由市直接发展而形成的，市是城市的前身，城市诞生于原始社会的三次大分工之后；③ 第三种意见把城市学与经济学相结合，认为城市应该是城与市的结合，城市的出现可能是西周时期，④ 也可能是出现于春秋后期，到战国时才得到了广泛的发展。⑤

《现代汉语词典》定义的城市是现代概念，指"人口集中、工商业发达、居民以非农业人口为主的地区，通常是周围地区的政治、经济、文化中心"⑥。笔者可以界定早期城市的内涵应该是：人口较为集中且行政管理类人员或军事人员占一定比例，有一定手工业和工商业，是行政中心所在地。

---

① 潘明娟：《先秦多都并存制度研究》，中国社会科学出版社 2018 年版，第 13 页。

② 杜瑜：《中国古代城市的起源与发展》，《中国史研究》1983 年第 1 期。

③ 傅崇兰：《中国运河城市发展史》，四川人民出版社 1985 年版，第 8—11 页。

④ 马正林：《中国城市历史地理》，山东教育出版社 1998 年版，第 19 页。

⑤ 郑昌淦：《关于中国古代城市兴起和发展的概况》，《教学与研究》1962 年第 2 期。

⑥ 中国社会科学院语言研究所词典编辑室编：《现代汉语词典（第 7 版）》，商务印书馆 2016 年版，第 169 页。

三　先秦都城制度

在先秦时期有没有都城制度呢？笔者认为是有的。

（一）关于制度

"制"字自古已有。《荀子·非十二子》："上则法舜、禹之制，下则法仲尼子弓之义。"① 《荀子·王制》记载："明王始立而处国有制。"② 即管理国家从开始就要确立规矩和法式，要有制度。"制度"二字连用，在先秦文献中有一部分是动宾词组，"制"是动词，制定、框定的意思，"制度"是制定某种约束和规范。《荀子·儒效》有："缪学杂举，不知法后王而一制度，不知隆礼义而杀诗、书。"③ 《左传·襄公二十八年》有："且夫富，如布帛之有幅焉，为之制度，使无迁也。"④ 就是对社会上的财富要以制度加以规范、限制、控制。《商子》卷三："凡将立国，制度不可不时也，治法不可不慎也。"⑤ 这里的"制度"与"治法"一样是动宾词组，应该是制定制度的意思。《尉缭子》卷四："故先王明制度于前，重威刑于后。"⑥ 《管子·兵法》、"号令制度，因彼而发。"⑦ 这两处的"制度"应该是名词了，是指一定的规则或者法令习俗，包含有制度体系的意思。

按照现代的定义，制度是指在一定历史条件下形成的政治、经济、文化等方面的体系。⑧ 钱穆曾对政治制度有过精辟论断：

---

① （清）王先谦撰，沈啸寰、王星贤整理：《荀子集解》，中华书局 2012 年版，第 96 页。

② （清）王先谦撰，沈啸寰、王星贤整理：《荀子集解》，中华书局 2012 年版，第 151 页。

③ （清）王先谦撰，沈啸寰、王星贤整理：《荀子集解》，中华书局 2012 年版，第 138 页。

④ 杨伯峻编著：《春秋左传注》，中华书局 1981 年版，第 1150 页。

⑤ 《商子》卷三，四部丛刊三编景明本，第 23 页。

⑥ 《尉缭子》，续故逸丛书景宋刻武经七书本，第 34 页。

⑦ 黎翔凤撰，梁运华整理：《管子校注》，中华书局 2004 年版，第 317 页。

⑧ 中国社会科学院语言研究所词典编辑室编：《现代汉语词典（修订本）》，商务印书馆 2001 年版，第 1622 页。

在史学里，制度本属一项专门学问。首先，要讲一代的制度，必先精熟一代的人事。若离开人事单来看制度，则制度只是一条条的条文，似乎干燥乏味，无可讲。而且已是明日黄花，也不必讲。第二，任何一项制度，决不是孤立存在的。各项制度间，必然是互相配合，形成一整套。否则那些制度各各分裂，决不会存在，也不能推行。第三，制度虽像勒定为成文，其实还是跟着人事随时变动。某一制度之创立，决不是凭空忽然地创立，它必有渊源，早在此制度创立之先，已有此项制度之前身，渐渐地在创立。某一制度之消失，也决不是无端忽然地消失了，它必有流变，早在此项制度消失之前，已有此项制度之后影，渐渐地在变质。……第四，某一项制度之逐渐创始而臻于成熟，在当时必有种种人事需要，逐渐在酝酿，又必有种种用意，来创设此制度。这些，在当时也未必尽为人所知，一到后世，则更少人知道。但任何一制度之创立，必然有其外在的需要，必然有其内在的用意，则是断无可疑的。纵然事过境迁，后代人都不了解了，即其在当时，也不能尽人了解得，但到底这不是一秘密。在当时，乃至在不远的后代，仍然有人知道得该项制度之外在需要与内在用意，有记载在历史上，这是我们谈论该项制度所必须注意的材料。否则时代已变，制度已不存在，单凭异代人主观的意见和悬空的推论，决不能恰切符合该项制度在当时实际的需要和真确的用意。第五，任何一制度，决不会绝对有利而无弊，也不会绝对有弊而无利。所谓得失，即根据其实际利弊而觉出。而所谓利弊，则指其在当时所发生的实际影响而觉出。因此，要讲某一代的制度得失，必需知道在此制度实施时期之有关各方面意见之反映。……第六，我们讨论一项制度，固然应该重视其时代性，同时又该重视其地域性。推扩而言，我们应重视其国别性。在这一国家，这一地区，该项制度获得成立而推行有利，但在另一国家与另一地区，则未必尽然。正因制度是一种随时地而适应的，不能推之四海而皆准，正如不能行之百世而无弊。①

　　这段文字比较长，笔者之所以摘录这些文字，是希望根据钱穆先生对制度不厌其烦地从各个角度进行解释与说明，进而深思制度的内涵。从以上钱穆的论断可以看出，制度包括成文的规定和不成文的约定俗成的政府行为。因此，普遍存在的都城现象均可称为都城制度。在古代，都城制度就是政治制度之一，政治制度与都城制度之间有着千丝万缕的关系，我们可以通过钱穆对政治制度论断的视角，来研究都城制度，研究此制度的变迁、与别种制度之间的联系、制度创立的过程及制度的利弊和制度的演变特征。在这里，需要强调的是制度的过程性，由于每一种制度都不会是突然而生又戛然而逝的，它有一个逐渐积累、逐步完善的过程。在渐进的过程中，制度的发展有阶段性的特点。另外需要强调的是制度的地域性，由于文化背景、政治背景的不同，各国家、各地区的同一项制度会有所不同，其推行情况也有差异。

　　（二）关于先秦都城制度

　　先秦时期有现代意义上的"制度"吗？答案是肯定的，只不过由于文献的缺失，我们不能详细梳理出成文的规定，但是，可以从文献记载的只言片语中略知一二。如《史记·齐太公世家》记载："太公至国，修政，因其俗，简其礼。"②《史记·鲁周公世家》载："鲁公伯禽之初受封之鲁，三年而后报政周公。周公曰：'何迟也？'伯禽曰：'变其俗，革其礼，丧三年然后除之，故迟。'"③ 太公"因其俗，简其礼"以及伯禽"变其俗，革其礼"的统治政策，都是制度的问题，只不过太公是法令习俗的不变，而伯禽是法令习俗的改变，究其实质也是制度的变革。

---

　　① 钱穆：《中国历代政治得失》，生活·读书·新知三联书店2001年版，前言第4—7页。
　　② 《史记》，中华书局1959年版，第1480页。
　　③ 《史记》，中华书局1959年版，第1524页。

先秦都城制度，陈桥驿先生是这样定义的："即按儒家礼仪制定的、要求各诸侯国共同遵守的都城建设准则。形成于周代。据《逸周书》《尚书大传》《考工记》等书记载：上自天子，下至诸侯、卿大夫，在营建都城时，其地址、面积、城墙高度、城郭门数、道路宽狭、宫室种类、市场分布等均有严格的规定，原则上'小不得僭大，贱不得逾贵'。如在面积上，一般是天子都城 9 里、王宫 3 里、郭 27 里，诸侯都邑方 7 里，卿大夫采邑方 5 里。城墙高度，王城 9 仞，诸侯 7 仞，卿大夫则为 5 仞或 3 仞。后世的都城制度大多以此为准则，并由其演变而来。"① 可见，先秦都城制度包含着严格的都城营建等级规定。

先秦都城制度的文献资料一直缺失严重。因此，有学者不认为先秦都城领域包括都城选址、都城规划和建设、多都并存等方面存有相关制度。这在笔者博士学位论文《先秦多都并存制度研究》答辩时非常明显。

笔者认为先秦都城是有制度的。先秦都城制度，根据是否有文献记载分为两种情况。一种是有明确的文献记载，是成文的规定。如《左传》多次提到的"先王之制"以及晋人常璩《华阳国志》记载的战国时期成都"与咸阳同制"②。李孝聪说："大量历史文献显示，当时人们曾极其认真地进行城市制度的讨论，并假定规章，载之经典。"③ 典籍中的相关记载，充分说明了在当时统治阶层的思想中存在着"都城应该是怎样的"之类的观念。这就具象出相关制度。另一种没有明确的文献记载，是不成文的，但却是约定俗成的政府行为，是先秦时人默认的观念，研究者可以透过现象考察其内在的制度设定，由众多习以为常的"现象"而抽象出来不同政权共同认可的制度行为。

---

① 陈桥驿主编：《中国都城辞典》，江西教育出版社 1999 年版，第 4 页。
② （晋）常璩：《华阳国志》卷三《蜀志》，四库丛刊景明钞本，第 29 页。
③ 李孝聪：《历史城市地理》，山东教育出版社 2007 年版，第 65 页。

　　都城的各种现象包括都城选址、都城规划和建设、多都并存等，在先秦时期普遍存在，既有成文的记载，也有不成文的政治行为。以多都并存制度为例。先秦的多都并存制度，有些案例是有成文记载的，如西周初期营建"新大邑"洛的成文记载，是与"旧"都的对照；春秋时期晋国称陪都曲沃为"下国"的说法以及战国时期燕国"下都"的记载，均为与"上"都的对应；齐国"五都"的记载也明确标示出多都并存的现象。当然，也有不成文而约定俗成的案例，包括夏商政权的多都并存以及春秋战国时期大部分政权没有明确记载而实际施行的多座都城同时存在的制度。① 由此，可以确定先秦时期存在多都并存制度。再如都城选址制度。文献记载有择"中"立都的说法。《荀子·大略》有："欲近四旁，莫如中央，王者必居天下之中，礼也。"② 《吕氏春秋·慎势》有："古之王者，择天下之中而立国，择国之中而立宫，择宫之中而立庙。"③《五经要义》曰："王者受命创始建国，立都必居中土，所以总天下之和，据阴阳之正，均统四方，以制万国者也。"④ 其中《荀子》认定的"礼"、《吕氏春秋》"古之王者"的选择以及《五经要义》"王者受命创始建国"之后的做法，应该都是先秦时期关于都城选址方面的成规和制度。⑤《管子·度地》也有"故圣人之处国者，必于不倾之地"⑥ 的记载，在一定程度上也代表了先秦时人都城选址的观念和要求。⑦ 又如都城规划和建设制度《考工记》和《管子》的相关记载，可以看作官方的记载和后世的总结，毫无疑问

---

① 潘明娟：《先秦多都并存制度研究》，中国社会科学出版社 2018 年版，第 271 页。
② （清）王先谦撰，沈啸寰、王星贤整理：《荀子集解》，中华书局 2012 年版，第 470 页。
③ 陈奇猷校释：《吕氏春秋新校释》，上海古籍出版社 2002 年版，第 1119 页。
④ 《太平御览》卷一五六，中华书局 1960 年版，第 759 页。
⑤ 具体研究见本书第二章第一节第二节。
⑥ 黎翔凤撰，梁运华整理：《管子校注》，中华书局 2004 年版，第 1050—1051 页。
⑦ 具体研究见本书第二章第三节。

是先秦都城制度中的重要部分。① 而东汉时期张衡作《西京赋》，说汉长安城在建设过程中"览秦制，跨周法"②，也可见当时人们确实认为周秦在都城营造方面均有一定的规则和制度，而且这些制度在不同时期是有区别的。

综上，笔者认为，先秦时期在都城选址、都城营建、都城设置等方面已经形成制度体系，是由历史表象行为上升至制度层面的规则。

第四节 研究内容和方法

本节界定本书的研究对象、主要内容及研究方法。

一 研究对象

"无论任何学科，对于企图说明的事物，总要划定时间界限，考察封闭系统。"③ 对于先秦都城制度的研究，必须先对时间、空间和内容进行明确的界定。

从时间上来说，由于本书研究对象为都城制度，都城是阶级社会特有的产物，是政治统治中心，因此，本书研究的上限为国家产生之初的夏王朝，下限大致为战国结束，由于在战国时期，本书对不同政权的都城体系分别进行研究，则本书的具体下限为各政权被秦消灭的时间。对于秦国的都城制度来说，本书的下限则延伸至秦统一之后。

从空间上来说，虽然中国历史地理一直把中国历史上疆域最大时期的范围作为自己的空间范围，但对于本书来说，研究的空间范围随着研究阶段、研究王朝或政权的不同而变化。夏商西周时期，

---

① 具体研究见本书第三章第一节。
② （南朝梁）萧统：《文选》，中华书局 1997 年版，第 38 页。
③ ［日］菊地利夫著，辛德勇译：《历史地理学的理论与方法》，陕西师范大学出版社 2014 年版，第 75 页。

本书的空间范围是每个王朝所控制的疆域范围；春秋战国时期，本书不可能把每一个政权的都城制度都进行研究，只能选择几个现象典型且实力较强的政权做实证研究，这样，对这一时期研究的空间范围来说，应是作为例证政权的疆域范围。

从内容上来说，都城作为地理实体、社会实体和历史实体，是一个可从多重视角来研究的对象。对于都城制度，笔者注重以下方面：一是都城的选址制度。先秦时期，择中立都和"因天材，就地利"的两种观念已经成为先秦都城选址的规则。二是都城的规划与营建。在都城规模、城圈形态、城郭分立、宫庙分离等方面形成约定俗成的政府行为。三是多都并存制度。在圣都与俗都、军事性都城设置、政治地位及相互关系方面，有成文与不成文的规范。除此之外，先秦时期都城的名实关系尤其是同名异地与同地异名现象也比较明显，然而可能并没有形成共同的制度，这应该是商周时期地名使用不规范而造成的；到战国后期，地名逐渐规范，都城的同名异地与同地异名现象逐渐消失。当然，都城制度还有一个重要的专题，即都城的管理制度，由于文献资料记载较少，考古资料也无法复原都城是如何管理的，因此，本书不涉及这一专题。

二 研究思路

通过实证案例研究，复原先秦时期的都城制度，探索先秦都城制度的规律。

梳理相关考古资料和文献资料，研究商、西周、晋、楚、秦、齐、燕、赵、魏、韩等先秦政权的都城迁移与选址情况、都城形态与营建、都城设置及其政治地位等问题，通过现象研究提升至制度研究。这是本书着力研究的内容。

关注都城制度在某个特定时期的发展与流变以及在不同时期的特征，找出其阶段性和差异性，对都城制度的发展与流变得出结论与认识：从都城制度的表现形式来看，先秦时期可以划分为商周时期、春秋战国时期两个阶段，在春秋战国时期，都城制度呈现出空间分异的特点。这是在案例研究基础上的分析整理与深入思考。

三 主要内容

本书主要包括两部分的内容，分别是都城各方面制度的案例研究及都城制度发展流变研究。

（一）都城制度的实证研究

都城制度的案例研究主要包括都城选址制度、都城规划与建设制度、多都并存制度、名实关系等。

都城选址制度表现为理想状态下的都城选址观念及现实状态下的都城选址制度。在先秦时期，都城的选址观念主要有两种：一种是择中立都的观念，这应该是理想状态下都城位置的选定观念；另一种是"因天材，就地利"的观念，这可能是现实状态下的都城选址制度。以上两种选址观念在文献中都有相关记载，涉及对自然地理环境和人文地理要素的不同侧重与选择。首先，探讨畿服制与择中立都的问题。作为理想政治蓝图的畿服制，圈层结构是其最突出的特点。从空间和时间的视角来观察，这种圈层结构都表现出王都居中、权力独尊的向心性政治格局；从经济视角来观察，畿服制缴纳贡赋的数量和质量，与距离有密切联系，与杜能环较为相似；从政治视角来观察，畿服制是一种典型的等级政治管理模式，通过圈层结构显示出天下归心的大一统主张。其次，研究"地中""土中""天下之中"等与"中"相关的概念。西周初期，围绕新都洛邑的选址，所出现的地中、土中、天下之中地理概念，均将其位置指向洛阳一带。"中"即都城，择中立都就是先秦都城的选址观念，所表达的是一种特殊的具有政治文化意义的理念。"中"字的表达，具有突出地理区域中心、政治统治中心、经济发展中心、文化融合中心的多重含义。最后，研究"因天材，就地利"的选址方式，论述的是先秦都城对山水形势的依赖。通过分析早商时期的郑州商城、偃师商城，晚商时期的殷墟，西周初期的岐周、宗周、成周以及诸侯国都城曲阜、临淄、新郑、纪郢、雍城、新田、邯郸、咸阳、燕下都、寿郢等的山水形势、区域形势、微地理环境及相关文献论述，发现先秦都城的城址选择，有一定的相似性：依山、傍水、地形肥饶，符合《管子·度地》对山水形势的要求。

都城的规划与建设制度主要利用文献与考古材料进行研究。我们可以通过早期文献主要是《周礼·考工记》和《管子》的相关记载，研究先秦时期都城营建与规划的观念；通过考古材料可以复原先秦都城的形态，从中分析都城布局的相关共性做法，包括都城规模、城圈形态、大小城或城郭的布设、中轴线的布设、不同功能分区的布设等问题。这个研究的前期观念是：先秦都城营造有一定的制度可循。之后，从都城的面积规模、城圈形态、城郭分立、功能分区、城市轴线等视角，以都城的二维平面为对象进行都城形态的静态考察。从传世文献记载以及都城考古资料来看，先秦都城建设包括都城规模的划定、城圈形态的差异、功能区的划分以及轴线存在与否等方面，都是遵循一定规制的。从都城形态来看，先秦都城有其明显的特征：第一，都城规模的差异。第二，先秦都城的城圈形态差异较大。这里涉及一个重要问题：城郭制。第三，先秦时期已经出现都城的功能分区。笔者特别讨论了都城营建过程中的宫室主导与宗庙主导的不同以及宫、庙分离的阶段。第四，都城轴线并不明显。第五，都城有其持续营造的过程。

先秦的多都并存制度，笔者已有充分研究。本书关注多都并存制度中的两组都城：圣都与俗都、行政性主都与军事性陪都。研究先秦时期实行圣都俗都制度的西周、秦国、晋国的都城体系，探讨商代前期偃师商城，西周时期成周洛邑，齐国五都，楚国陈、蔡、不羹以及燕国下都等军事性陪都。

都城的名实关系非常复杂，大致包括三个方面：第一，政权名称与都城名称互相影响，有都城名称与政权名称一致的现象，也有二者不同的现象。第二，都城名称有同地异名现象。第三，都城名称也有同名未必一地的现象，即"同名异地"。

（二）都城制度的发展与形成原因

这是在案例研究基础上的分析整理与深入思考。在案例复原研究的基础上，关注都城制度在特定时期的发展与流变以及在不同时期的特征，试图找出其阶段性和差异性，对都城制度的发展与流变得出结论与认识。之后，分析影响都城制度的因素。政治、地理环境、经济基础、历史文化民族、都城功能等五个方面均对都城制度产生较大影响。

四 研究方法

为完成上述关于先秦时期多都并存制度的研究任务，必须选择有效的研究途径。

从宏观的视野与思维角度来看，首先，需要多维视野的研究和思维方法。根据不同的特点，思维可以分成一维、二维、三维、四维等。一维方法是纵向的、直线的思维方法，这种方法往往关注单线的因果关系，极力构造一种因果链。二维方法是横向的、平面的、比较的思维方法，横向可以扩大视野，平面的观察大于直线的视角，比较的视野可以摆脱绝对的认识，因此，这种思维方法与一维方法相比是一个大的飞跃。三维方法是纵横统一的、立体的思维方法，注重解析研究对象的内部结构，注重形成系统化的视角。四维方法是时空统一的、螺旋式的、相对互补的思维方法。各种思维方法各有利弊，综合运用就可以形成多维视野。本书研究的实体为都城及都城制度，涉及多学科的综合内容，当然必须借助多种学科、多维视野的不同研究方法对复杂的历史现象进行多维透视。本书以城市历史地理学的研究方法为主，借鉴考古学、历史学、政治学等学科的研究理论与研究成果，特别是将古文字学包括铭文、甲骨文、简帛文字和相关都城考古的最新研究成果运用到研究中去，尽量从不同的视角来审视研究目标。其次，需要系统分析的方法。贝塔朗菲指出："普通系统论是对整体性和完整性的科学探索。"① 系统论的观点表明：任何事物都是由各要素按一定秩序组成的有机整体。系统论提供了事物整体与部分、部分与部分之间相互关系的科学规律，主要表现为整体与部分的有机结合。在研究中，部分的具体的案例研究是十分重要也是最基础的工作，一切结论都应当来自对基本问题的探讨。但是，部分研究必须有宏观理论和宏观视野的指导，案例研究之后还要将"部分"研究成果进行理论性概括，上升到普适性的较为完整的认识。

具体来说，本书的具体研究方法包括：

第一，比较研究法。

比较分析运用于整个研究过程，比较分析不同文献，比较分析不同案例，比较分析不同时期的案例，比较分析不同区域的案例，不断求同求异。

笔者在《古罗马与汉长安城给排水系统比较研究》②中解释过比较研究的价值和意义。法国学者马赛·德提安内（Marcel Detienne）认为："比较活动自有其伦理价值。对多种文化的比较，可以使我们了解不同文化是如何理解自己、又是如何互相理解的。认识不同文化在构造方面的差别，把一种文化置于另一种文化的视野之中进行观察和研究，是一项很好、很精彩的事业，从中我们甚至可以学会如何和其他人相处。"③ 比较的目的不仅仅在于要比较对象之间的关联性，当然，如果清晰地辨别出其关联性更好，如果没有，还可以进行差异性的研究。细究下来，比较可以分为同上求同、同上求异、异上求同、异上求异、同上求异同、异上求异同六种类型。因此，

---

① ［美］I. V. 贝塔朗菲：《普通系统论的历史与现状》，中国社会科学院情报研究所编译《科学学译文集》，科学出版社1980年版，第314页。

② 潘明娟：《古罗马与汉长安城给排水系统比较研究》，《中国历史地理论丛》2017年第4期。

③ ［法］Marcel Detienne, *Comparer l'incomparable*（比较不可比之事），Paris：Le Seuil，2000，第59页（转引自马克、吕敏著，李国强译《文明的邂逅：秦汉与罗马帝国之比较研究》，《法国汉学》丛书编辑委员会编《古罗马与秦汉中国——风牛马不相及乎》，中华书局2011年版）。

比较研究能帮助我们区分和解释一般和特殊的现象，进行横向的（空间的）和纵向的（时间的）比较分析。将比较法应用于本书，就是根据特定的标准把彼此有某种联系的王朝或政权的都城现象加以对照分析，通过对夏、商、西周及春秋战国各政权的都城实证案例中都城选址、建设、设置及都城地位变化的比较，研究先秦都城制度的表现、结构、功能、本质甚至发展趋势。

第二，案例分析法。

案例分析法是对真实世界的某个具有典型特征性事例进行实际描述和理论分析的方法。案例分析重在从个案中抽象出普遍性原理，也就是把个案普适化。矛盾的普遍性寓于矛盾的特殊性之中，个案分析一般包括以下四个步骤：一是搜寻有意义的个案命题。二是如实地描述特定事物间的来龙去脉。个案素材要真实客观，尽量少掺杂个人主观和偏见，不论研究结果对于最初的假设是起支持作用还是起否定作用，均应确保价值中立。三是对各个变量进行横向与纵向对比，并借助逻辑的力量证实或证伪某个结论、理论模型或范式。四是使个案研究结论普适化，推而广之。

关于先秦时期都城制度的研究就必须遵循案例分析法的要求，选取先秦时期的商、西周、晋、齐、楚、燕、秦等政权的都城选址、都城营建、都城设置等问题进行复原研究和实证研究。通过上述个案研究，抽象出先秦时期都城制度的表现、存在原因、影响等结论。

第三，二重证据法。

1925 年，王国维先生提倡用"纸上之材料"与"地下之新材料"相结合，以考证古代历史文化，由此，二重证据法成为历史研究的重要方法。运用二重证据法，将地下材料与文献材料相结合，二者互相释证以达成研究目标。

先秦都城的研究有其独特性。先秦时期不同于史前史研究和秦汉以后的研究。史前史研究主要依靠考古学材料，辅之以少量的古史传说及民族学、人类学材料，而真正可依据的传世文献资料寥寥无几。与史前史截然不同的是，秦汉以后的历史地理研究，主要依据传世文献记载，依据对文献的分析考证，辅之以考古材料。而先秦历史地理的研究，既有史前史的特点，又有秦汉以后历史的特点，既要广泛采用考古材料，又要充分采用东周、秦汉以后的文献记载。先秦历史的文献记载可以使研究者大概了解这一时期历史发展的轮廓，但由于记载简略又混乱，许多问题梳理不清，尤其是细节问题可能根本没有任何记载，这就需要大量依据考古获得的材料来进行证实和推测。因此，先秦都城的研究应在坚持唯物主义史观的基础上，密切结合文献材料和考古材料，进行综合研究，才能得出较为科学、较为公允的研究结论。

第二章　都城选址制度

在何处营建都城的问题包含宏观和微观两个层面。从宏观层面来说就是选择将国都置于整个国家的哪个区域。

在原始社会，原始人根据自己的探索与实践，在聚落选址中已经总结出了一些共同的原则，刘景纯将其概括为三个：第一，近水原则。进入新石器时代，随着原始农业的出现，原始人类开始依赖水系进行生产和生活。第二，干燥舒适原则。近水自然可以取水方便，但近到何种程度，却是在生活实践中逐步取得的经验。距离河水远近不同，则地形高低也不同，考古学发现的大量原始聚落和遗迹，大部分集中在河流的二级阶地。第三，安全原则。①

进入国家阶段，出现了统治中心都城，都城的选址较之原始社会的聚落选址更加重要。关于古代都城选址，学界有诸多研究。史念海先生《中国古都和文化》第四部分从六个方面探讨了"中国古代都城建立的地理因素"；② 马正林《中国城市历史地理》第二章"中国城市的城址选择"也总结了城址选择的原则。③ 李孝聪《历史

---

① 刘景纯：《中国古代早期都邑选址的观念和思想》，中国古都学会编《中国古都研究》第三十八辑，陕西师范大学出版社 2020 年版，第 12—18 页。

② 史念海先生从"探求国土的中心点""利用交通冲要的位置""凭恃险要的地势""地利因素与对外策略""接近王朝或政权建立者的根据地""政治中心与经济中心的关系"六个方面阐释都城选址的要素。（史念海：《中国古都和文化》，中华书局 1998 年版，第 213—240 页）

③ 马正林先生认为，城址选择的原则主要包括：平原广阔、水陆交通便利、地形有利水源丰富、地形高低适中、气候温和物产丰盈等。（马正林：《中国城市历史地理》，山东教育出版社 1998 年版，第 22—27 页）

城市地理》第二章"中国城市的起源及先秦城市的选址与形态"也
述及先秦城市的选址:"城址多选址于两种地貌的结合部,平原地区
依托黄土台地、岗丘或河流的阶地,并选择水陆交通便利的地带筑
城。"① 许多学者就特定时期、特定区域、特定都城的选址做了具体
考察。②

　　笔者认为,都城选址制度包括选址观念及选址实践。文字的出
现为政治家和士人思考并发表相关意见提供了保障,因此,我们可
以了解先秦都城选址的相关思想和观念。从典籍记载来看,都城选
址观念有理想主义与现实主义的双重表现。在先秦时期,都城选址
观念主要包括两种:一种是择中立都的观念;另一种是"因天材,
就地利"的观念。

第一节　畿服制与择中立都③

　　关于择中立都,先秦文献有诸多记载,如《荀子·大略》有:
"王者必居天下之中,礼也。"④《吕氏春秋·慎势》有:"古之王者,
择天下之中而立国,择国之中而立宫,择宫之中而立庙。"⑤《五经
要义》曰:"王者受命创始建国,立都必居中土,所以总天下之和,
据阴阳之正,均统四方,以制万国者也。"⑥

　　① 李孝聪:《历史城市地理》,山东教育出版社2007年版,第89页。
　　② 唐由海:《先秦华夏城市选址研究》,西南交通大学博士学位论文,2020年;郑
国奇:《夏商时期都城选址简析》,《文物鉴定与鉴赏》2019年第15期;赵立瀛、赵安
启:《简述先秦城市选址及规划思想》,《城市规划》1997年第5期;徐良高:《周都选址
丰镐的奥妙》,《三代考古》2013年第1期;张建锋:《从丰镐到长安——西安咸阳地区
都城选址与地貌环境变迁的关系初探》,《南方文物》2020年第3期。
　　③ 本部分论述已发表,见潘明娟《畿服制与择中立都》,《中国历史地理论丛》
2022年第1期。
　　④ (清)王先谦撰,沈啸寰、王星贤整理:《荀子集解》,中华书局2012年版,第
470页。
　　⑤ 陈奇猷校释:《吕氏春秋新校释》,上海古籍出版社2002年版,第1119页。
　　⑥ 《太平御览》,中华书局1960年版,第759页。

　　"择中立都"在先秦应该是一个成熟的选址观念。① 畿服制的设想就是以王都为中心展开的，呈现出理想状态下的都城居中观念。

　　所谓畿服制，顾颉刚先生解释："古代王者有其直接管辖之地区，名之曰'畿'，《诗·商颂》之'邦畿千里'及秦、汉之'内史'、'三辅'皆是也。又有并其附属之地言之者，秦、汉以下为京兆、郡、县，为属国，为羁縻州，而商、周间则名之曰'服'。服者，事也，谓政事之设施也。设施有差别，故服名亦有其等次。《酒诰》云'内服'、'外服'，内服指王朝言，外服指诸侯言，是其义也。"② 见于先秦秦汉文献记载的畿服制主要涉及二服③、三服④、五服⑤、六服⑥、九服⑦、九畿⑧等，近人研究较多的为五服制度以及畿服制出现和实施的年代，如"五服制度的实质是指大禹确立的中央

---

　　① 笔者注：关于"中"的理解应该有两方面：第一，天下、国、宫等词语毫无疑问是区域概念，则"中"应该也是区域的概念，而非"点"。择中立都的意思应该是都城在"中"这个区域内，当然，在"中"这个区域之中，都城所在应该有很多选择。第二，"中"不是一个绝对的概念，是相对于其他参照物而言的，因此，"中"之前会有一些限定性词汇，如"天下"之中、"国"之中、"宫"之中、"地中""土中"等。在不同参照物、不同语境下，"中"所指也可能并不相同。

　　② 顾颉刚：《畿服》，《史林杂识初编》，中华书局1963年版，第1页。

　　③ 《尚书·酒诰》："越在外服，侯甸男卫邦伯。越在内服，百僚庶尹惟亚惟服宗工。"（《十三经注疏·尚书正义》，艺文印书馆2001年版，第209页）《尚书·酒诰》分政治空间为二服，内服为邦内官长；外服为四方诸侯，有侯甸男卫邦伯等差别。

　　④ 《逸周书·王会》："内台西面者正北方，应侯、曹叔、伯舅、中舅。比服次之，要服次之，荒服次之。西方东面正北方，伯父中子次之。方千里之内为比服，方千里之内为要服，三千里之内为荒服。是皆朝于内者。"（黄怀信、张懋镕、田旭东：《逸周书汇校集注》，上海古籍出版社1995年版，第863—866页）这里提出了自内而外的比服、要服、荒服等三服。

　　⑤ 《尚书·皋陶谟》："天命有德，五服五章哉。"（《十三经注疏·尚书正义》，艺文印书馆2001年版，第62页）这应该是先秦秦汉文献中最早的"五服"说法。其他文献如《国语·周语上》《荀子·正论》《尚书·禹贡》《史记·夏本纪》等均记载了五个具体的服名，未明确称"五服"。

　　⑥ 《周礼·秋官·大行人》未明确提出"六服"的说法，只记载了"邦畿"之外的六个具体的服名。（《十三经注疏·周礼注疏》，艺文印书馆2001年版，第564—565页）

　　⑦ 《周礼·夏官·职方氏》明确提出了"九服"的说法，其后记载了具体的服名。（《十三经注疏·周礼注疏》，艺文印书馆2001年版，第501页）

　　⑧ 《周礼·夏官·大司马》明确提出"九畿"的说法，其后记载了具体的名称。（《十三经注疏·周礼注疏》，艺文印书馆2001年版，第441页）

与地方各大小诸侯及四夷远近亲疏的关系"①，可以与龙山时代考古文化格局对应；《禹贡》的五服制反映了夏代的社会政治体制和社会结构；② 顾颉刚先生认为在西周实行过《国语》记载的五服制。③ 陈明远认定五服制度可能在周朝实行过，到战国时代消亡，《禹贡》的作者是春秋战国后人，构拟了"五服"制又有所改进；《周礼》所述的"九服""六服""九畿"不符合历史真实，是在《禹贡》五服制的原有基础上扩充而成，半真半伪、半虚半实，多有杜撰之处。④ 对于畿服制的大部分研究为各文献互证、诸服互证，将文献记载的五服、九服等混为一谈，显得较为附会。⑤

　　除了畿服制何时出现、实行与否等问题，从政治管理的角度来看，学界的关注点还有：畿服制表现的中央与地方关系⑥、华夷秩序⑦、天下格局⑧、历史政区的圈层结构⑨等，这些研究为笔者关注的都城视角的畿服制即择中立都的问题提供了理论支撑。

---

　　① 赵春青：《〈禹贡〉"五服"的考古学观察》，北京联合大学考古学研究中心编《早期中国研究（第1辑）》，文物出版社2013年版，第58—84页。

　　② 岳红琴：《〈禹贡〉五服制与夏代政治体制》，《晋阳学刊》2006年第5期。

　　③ 顾颉刚：《畿服》，《史林杂识初编》，中华书局1963年版，第2页。

　　④ 陈明远：《殷商王朝的权力和官制》，《社会科学论坛》2015年第6期。

　　⑤ 仅顾颉刚先生将《国语》《尚书》《周礼》记载的畿服制分开来分析，没有各文献互相引证。因此，顾颉刚先生的观点非常清晰：《国语》的五服"兹以周代史实观之，虢、毕、祭、郑皆畿内国，甸服也；齐、鲁、卫、燕受封于王，其国在王畿外，侯服也；杞、宋、陈皆先代遗裔，宾服也；邾、莒、徐、楚者，中原旧国，惟非夏、商之王族与周之姻亲，辄鄙为'蛮夷'，要服也；至于山戎、赤狄、群蛮、百濮之伦，来去飘忽无常，异于要服诸国之易于羁縻，惟有听其自然，斯为荒服矣。此之分别，大体上犹合当时局势，非纯出臆想"。"《国语》尚近事实，而《禹贡》多处想象，非事实所许可也。""《禹贡》之五服已支离矣，而《周礼·夏官·职方氏》之九服则更谬戾。"（顾颉刚：《畿服》，《史林杂识初编》，中华书局1963年版，第2、7、8页）

　　⑥ 彭林：《〈周礼〉畿服制所见中央与地方的关系》，《史学月刊》1990年第5期；张利军：《五服制视角下西周王朝治边策略与国家认同》，《东北师大学报（哲学社会科学版）》2017年第6期。

　　⑦ 熊义民：《略论先秦畿服制与华夷秩序的形成》，《东南亚纵横》2002年第3期。

　　⑧ 李宪堂：《九州、五岳与五服——战国人关于天下秩序的规划与设想》，《齐鲁学刊》2013年第5期；齐义虎：《畿服之制与天下格局》，《天府新论》2016年第4期。

　　⑨ 郭声波：《从圈层结构理论看历代政治实体的性质》，《云南大学学报（社会科学版）》2018年第2期；《中国历史政区的圈层架构研究》，《江汉论坛》2014年第1期。

一 先秦秦汉文献记载的畿服制

先秦秦汉文献记载了三种类型的畿服制度。

（一）《国语》和《荀子》记载的五服

关于五服，《国语·周语上》《荀子·正论》《尚书·禹贡》《史记·夏本纪》的记载较为具体，其中，《国语》和《荀子》的相关记载，没有明确出现"五服"二字，但是二者的记载大体一致。

《国语·周语上》记载："邦内甸服，邦外侯服。侯、卫宾服，夷蛮要服，戎狄荒服。甸服者祭，侯服者祀，宾服者享，要服者贡，荒服者王。日祭，月祀，时享，岁贡，终王。"①

《荀子·正论》记载："封内甸服，封外侯服，侯卫宾服，蛮夷要服，戎狄荒服。甸服者祭，侯服者祀，宾服者享，要服者贡，荒服者终王。日祭，月祀，时享，岁贡，终王。"②

比较二者的记载，差异较小，《国语·周语上》说的是"邦内甸服"，《荀子·正论》的记述则是"封内甸服"。

邦，《说文解字》释："国也，从邑丰声。"段玉裁解释为："周礼注曰：大曰邦，小曰国，析言之也。许云邦国也，国邦也，统言之也。周礼注又云：……古者城郭所在曰国曰邑而不曰邦，邦之言封也。古邦封通用。……周礼故书乃分地邦而辨其守地，邦为土界。杜子春改邦为域，非也。"③《国语·周语上》记载的邦内邦外，徐元诰解释为："邦内，谓天子畿内千里之地也。……京邑在其中央。""邦外，邦畿之外也。"④

封，《说文解字》释："爵诸侯之土也，从之土从寸，守其制度

① 徐元诰撰，王树民、沈长云点校：《国语集解》，中华书局2002年版，第6—7页。
② 《荀子》，商务印书馆1936年版，第377—378页。
③ （汉）许慎撰，（清）段玉裁注：《说文解字注》，上海古籍出版社1981年版，第1129页。
④ 徐元诰撰，王树民、沈长云点校：《国语集解》，中华书局2002年版，第6页。

也，公侯百里伯七十里，子男五十里。"段玉裁注："……然则之土言是土也，其义之土故其字从之土，引申为畛域之称。大司徒注曰：封起土界也。封人注曰：聚土曰封，谓壝塓埒及小封疆也。冢人注曰：王公曰丘，诸臣曰封。又引申为大也，又引申为缄固之称。"①唐代杨倞对于《荀子·正论》记载的封内封外解释为："（封内）王畿之内也。……案：《周语》封俱作邦，古封邦通用"，"（封外）畿外也"。②

可见，从字义来看，段玉裁认为邦和封均有封地、土界之意，邦封通用。《国语集解》《荀子注》也都认为邦内封内均为王畿之内，邦外封外都是王畿之外。可以认为《国语·周语上》和《荀子·正论》关于五服的记载应该是同一资料来源。

上述五服自内而外的顺序为：甸服—侯服—宾服—要服—荒服，分为五个圈层，其中甸服为内服，其余各服为外服，每一圈层的大小没有述及。每一服都有自己的政治责任：甸服日祭；侯服月祀；宾服时享；要服岁贡；荒服终王。表2-1进行了简单总结。

表2-1　　　《国语·周语上》和《荀子·正论》的五服

从内向外的圈层	相对位置	政治责任
甸服	邦内（封内）	日祭
侯服	邦外	月祀
宾服	侯卫	时享
要服	夷蛮	岁贡
荒服	戎狄	终王

《国语·周语中》规定了甸服的空间："昔我先王之有天下也，

---

① （汉）许慎撰，（清）段玉裁注：《说文解字注》，上海古籍出版社1981年版，第2748页。

② 《荀子》，商务印书馆1936年版，第377页。

规方千里以为甸服，以供上帝山川百神之祀，以备百姓兆民之用，以待不庭不虞之患。其余以均分公侯伯子男，使各有宁，以顺及天地，无逢其灾害。"① 这可以看作对《国语·周语上》的相关补充。按照这种说法，甸服（内服）"方千里"，天下的"其余"才均分给其他。

（二）《尚书·禹贡》和《史记·夏本纪》记载的五服

《尚书·禹贡》② 和《史记·夏本纪》也有五服的相关记载，与上述《国语》《荀子》有所不同。

《尚书·禹贡》记载："五百里甸服：百里赋纳总，二百里纳铚，三百里纳秸服，四百里粟，五百里米。五百里侯服：百里采，二百里男邦，三百里诸侯。五百里绥服：三百里揆文教，二百里奋武卫。五百里要服：三百里夷，二百里蔡。五百里荒服：三百里蛮，二百里流。"③

《史记·夏本纪》有类似的文字："令天子之国以外五百里甸服：百里赋纳总，二百里纳铚，三百里纳秸服，四百里粟，五百里米。甸服外五百里侯服：百里采，二百里任国，三百里诸侯。侯服外五百里绥服：三百里揆文教，二百里奋武卫。绥服外五百里要服：三百里夷，二百里蔡。要服外五百里荒服：三百里蛮，二百里流。"④

根据《尚书·禹贡》及《史记·夏本纪》的记载，做表 2-2 如下。

---

① 徐元诰撰，王树民、沈长云点校：《国语集解》，中华书局 2002 年版，第 51—52 页。

② 自宋代以来，众多学者纷纷给《禹贡》五服做注。其中，集大成者有宋代蔡沈撰写的《书经集传·夏书》之《禹贡》篇，明代茅瑞征的《禹贡汇疏》和清代胡渭的《禹贡锥指》等。近人研究《禹贡》者以顾颉刚先生研究水平最高。1959 年，顾颉刚先生发表《禹贡注释》。《尚书·禹贡》五服制是学术界长期以来争论不休的重要论题之一。关于五服制的真伪、年代及其所反映的政治观念，近世诸多学者已进行阐释。容天伟、汪前进《民国以来〈禹贡〉研究综述》［《广西民族大学学报（自然科学版）》2010 年第 1 期］对相关研究做了详细整理。

③ 《十三经注疏·尚书正义》，艺文印书馆 2001 年版，第 91—92 页。

④ 《史记》，中华书局 1959 年版，第 75 页。

表 2 - 2　　《尚书·禹贡》和《史记·夏本纪》记载的五服

从内向外的圈层	相对位置		政治责任	备注①
	天子之国②、王城③			
甸服	五百里	百里	纳总	孔安国曰：……禾藁曰总，供饲国马也。
		二百里	纳铚	孔安国曰：所铚刈谓禾穗。
		三百里	纳秸服	孔安国曰：秸，藁也，服藁役。
		四百里	（纳）粟	孔安国曰：为天子（之）服治田。
		五百里	（纳）米	孔安国曰：所纳精者少，麤者多。
侯服	五百里	百里	采	马融曰：采，事也。各受王事者。
		二百里	男邦（《史记》为"任国"）	孔安国曰：侯，候也。斥候而服事也。 孔安国曰：任王事者。
		三百里	诸侯	孔安国曰：三百里同为王者斥候，故合三为一名。
绥服	五百里	三百里	揆文教	孔安国曰：绥，安也。服王者政教。 孔安国曰：揆，度也。度王者文教而行之，三百里皆同。
		二百里	奋武卫	孔安国曰：文教之外二百里奋武卫，天子所以安。
要服	五百里	三百里	夷	孔安国曰：要束以文教也。 孔安国曰：守平常之教，事王者而已。
		二百里	蔡	马融曰：蔡，法也。受王者刑法而已。
荒服	五百里	三百里	蛮	马融曰：政教荒忽，因其俗而治之。 马融曰：蛮，慢也。礼简怠慢，来不距，去不禁。
		二百里	流	马融曰：流行无城郭常居。

---

① 备注中的解释出自《史记集解》，见《史记·夏本纪》，中华书局 1959 年版，第 75—77 页。

② 《史记·夏本纪》有"令天子之国以外五百里甸服"，则甸服之内有"天子之国"。（《史记·夏本纪》，中华书局 1959 年版，第 75 页）

③ 《史记集解》：甸服"孔安国曰：为天子（之）服治田，去王城面五百里内"。（《史记·夏本纪》，中华书局 1959 年版，第 76 页）

《尚书·禹贡》与《史记·夏本纪》的文字基本相同，五服名称完全一致，各服圈层大小及二级层次划分相同，各服政治责任相同。当然，二者也有两点不同。第一，《史记·夏本纪》明确五服的核心为"天子之国"即王都，《尚书·禹贡》没有提及；第二，《尚书·禹贡》侯服中二级层次为"男邦"，《史记·夏本纪》侯服的二级层次为"任国"。二者意思应该是相同的。男邦，《尚书正义》解释为："〔疏〕传，男，任也，任王者事。〇正义曰：男，声近任，故训为任。任王者事，任受其役，此任有常，殊于不主一也。言邦者，见上下皆是诸侯之国也。"① 关于"任国"，《史记集解》解释："孔安国曰：任王事者。"② 另外，关于"男"与"任"的解释，《白虎通》有："男者，任也。"③ 可见，"男"与"任"音相似，"男邦"与"任国"意相同。

《尚书·禹贡》和《史记·夏本纪》的五服形成了"五大层次、方五百里圈、等距离地带"的理想政治结构模式，每一层次中又分成数个二级层次。两段记载的文字内容相差不多，可以认为这两段关于五服的记载应该是同一资料来源。

（三）《周礼》的九畿、九服、六服

《周礼》的"夏官"和"秋官"均述及畿服制。

1. 《周礼·夏官》的九畿和九服

《夏官·大司马》明确提出"九畿"："乃以九畿之籍施邦国之政职，方千里曰国畿；其外方五百里曰侯畿；又其外方五百里曰甸畿；又其外方五百里曰男畿；又其外方五百里曰采畿；又其外方五百里曰卫畿；又其外方五百里曰蛮畿；又其外方五百里曰夷畿；又其外方五百里曰镇畿；又其外方五百里曰蕃畿。"④ 自内而外的圈层顺序为：国畿—侯畿—甸畿—男畿—采畿—卫畿—蛮畿—夷畿—镇

---

① 《十三经注疏·尚书正义》，艺文印书馆2001年版，第92页。
② 《史记》，中华书局1959年版，第76页。
③ （清）陈立撰，吴则虞点校：《白虎通疏证》，中华书局1994年版，第10页。
④ 《十三经注疏·周礼注疏》，艺文印书馆2001年版，第441页。

畿—蕃畿，共十个圈层。

《夏官·职方氏》明确提出"九服"："乃辨九服之邦国：方千里曰王畿，其外方五百里曰侯服，又其外方五百里曰甸服，又其外方五百里曰男服，又其外方五百里曰采服，又其外方五百里曰卫服，又其外方五百里曰蛮服，又其外方五百里曰夷服，又其外方五百里曰镇服，又其外方五百里曰蕃服。"[①] 自内而外的顺序为：王畿—侯服—甸服—男服—采服—卫服—蛮服—夷服—镇服—蕃服，共十个圈层。

这里有个问题应该注意，《夏官》的两种畿服制的记载，虽然有差异，但是与其他记载相比，差异最小。

2. 《周礼·秋官·大行人》的六服

《秋官·大行人》没有明确提及"六服"的说法，但是记载除"邦畿"之外的六个圈层："邦畿方千里；其外方五百里谓之侯服，岁一见，其贡祀物；又其外方五百里谓之甸服，二岁一见，其贡嫔物；又其外方五百里谓之男服，三岁一见，其贡器物；又其外方五百里谓之采服，四岁一见，其贡服物；又其外方五百里谓之卫服，五岁一见，其贡材物；又其外方五百里谓之要服，六岁一见，其贡货物。九州之外谓之蕃国，世一见，各以其所贵宝为挚。"[②] 自内而外的顺序为：邦畿—侯服—甸服—男服—采服—卫服—要服—蕃国，共八个圈层。

3. 《周礼》畿服制的比较

《周礼》中关于畿服制的说法是自相矛盾的。矛盾之处在于：第一，畿服制最内圈层的"王畿"称呼各异，分别为国畿、王畿、邦畿；第二，圈层数量各异，《夏官》的"大司马"和"职方氏"明确提出九畿、九服，圈层数量为十，《秋官》"大行人"没有明确指出"六服"，圈层数量为八；第三，《夏官》和《秋官》各服具体名称有细微区别；第四，《秋官》记载了各服的觐见时间及贡物。

---

① 《十三经注疏·周礼注疏》，艺文印书馆 2001 年版，第 501 页。
② 《十三经注疏·周礼注疏》，艺文印书馆 2001 年版，第 564—565 页。

导致上述矛盾的原因可能是夏官和秋官职责不同，夏官系统负责军事，秋官系统负责刑罚，对于畿服制的关注点可能也有所不同。① 也可能是《夏官》与《秋官》的著者并非一人，导致《周礼》畿服制的描述前后不统一。

比较《周礼》记载的畿服制，做表 2 - 3。

表 2 - 3　　　　　　　　　《周礼》畿服制的三种说法

出处	从内到外的圈层									
《夏官·大司马》	国畿	侯畿	甸畿	男畿	采畿	卫畿	蛮畿	夷畿	镇畿	蕃畿
《夏官·职方氏》	王畿	侯服	甸服	男服	采服	卫服	蛮服	夷服	镇服	蕃服
《秋官·大行人》	邦畿	侯服	甸服	男服	采服	卫服	要服	(蕃国)		
备注	1. 畿服制最内圈层的"王畿"称呼各异。 2. 《夏官·职方氏》和《夏官·大司马》各服的具体称呼是一致的。 3. 《秋官·大行人》的第六服"要服"和《夏官·职方氏》《夏官·大司马》的"蛮服""蛮畿"不同。									

《周礼》的九服、六服、九畿虽然有差异，但是，都明确了核心政治圈层（国畿、王畿、邦畿）的存在，各服的具体名称（侯、甸、男、采、卫等）基本一致且顺序也基本一致，核心政治圈层的大小（方千里）及各服大小（方五百里）一致。因此，可以断定这三条关于畿服制的文献记载应该可能是同一资料来源。

三种说法的差别在于：第一，如上所述，畿服制最内圈层的"王畿"称呼各异；第二，《夏官·职方氏》和《夏官·大司马》各服的具体称呼是一致的；第三，《秋官·大行人》的第六服"要服"和《夏官·职方氏》《夏官·大司马》的"蛮服""蛮畿"不同；第四，《秋官·大行人》记载了不同服的觐见时间及贡物。

晋代杜预也注意到了《周礼》前后记载的差异，并且试图进行

————————

① 当然，对于这种矛盾之处的另一个合理解释是：畿服制就是一种没有实施的政治构想，因此导致记载的前后不一致。

调和，给出系统的九服："周公斥大九州，广土万里，制为九服。邦畿方千里，其外每五百里谓之一服，侯、甸、男、采、卫、要六服为中国，夷、镇、蕃三服为夷狄。《大司马》谓之九畿，言其有期限也。《大行人》谓之九服，言其服事王也。"[1] 按照杜预的调和，《周礼》的记载形成了"千里王畿为核心、九大层次、方五百里圈、等距离地带"的理想圈层结构模式。

二　不同记载的畿服制比较

我们知道，文献记载的历史不是绝对的史实，它经过了重新加工和建构。这也解释了为什么不同时期文献的记载有所差别。

（一）两种五服类型的比较

比较前述两种五服类型，可以得出三点不同：

第一，从空间结构来看，关于甸服的记载有所不同。

《史记·夏本纪》明确指出在甸服之内有一个圈层"天子之国"，《国语》和《荀子》记载的甸服为"邦内（封内）"，是最内的圈层，《尚书·禹贡》则对甸服的空间位置没有界定。虽然后世的集解、注释基本认同甸服之内有一个政治核心——孔安国称之为"王城"，杨倞称之为"王畿"，徐元诰称之为"京邑"，但最早明确记载政治核心的应该是司马迁，指明五服围绕"天子之国"而展开。

《国语》和《荀子》的五服涉及内外服问题，《尚书·禹贡》没有明确指出内外服，后世学者有从各圈层的权利义务及空间大小判断内外服的划分。[2]

第二，绥服和宾服的不同。

《尚书·禹贡》《史记·夏本纪》五服的圈层顺序自内而外为：（天子之国）—甸服—侯服—绥服—要服—荒服，与上述《国语》

---

[1] 《十三经注疏·春秋左传正义》，艺文印书馆2001年版，第97页。

[2] 顾颉刚先生认为《禹贡》的甸服、侯服、绥服为内三服，见顾颉刚《畿服》，《史林杂识初编》，中华书局1963年版，第14页。

《荀子》相比，第三服是"绥服"与"宾服"的差别。

笔者认为，绥与宾表现了视角的不同。宾是从王的视角出发，对诸侯的敬语；绥则是从诸侯的视角，表现出对王的尊敬。绥服与宾服的名称不同，徐元诰《国语集解》解释曰："谓之宾服，常以服贡宾见于王也。……汪远孙曰：宾服，禹贡作'绥服'。孔疏云：绥者，据诸侯安王为名；宾者，据王敬诸侯为名。又引韦昭云：以文物教卫为安，王宾之，因以名服。"① 据此，绥与宾表现了角度的不同，宾是从王的角度，对诸侯的敬语；绥则是从诸侯的角度，是对王的尊敬。

第三，政治责任的不同。

《国语》《荀子》的五服制定的朝贡制度"甸服日祭，侯服月祀，宾服时享，要服岁贡，荒服终王"，主要是以祭祀的频率和祭祀对象为标准。这似乎也是用"宾服"的原因，因为诸侯的祭祀是从血缘宗法角度出发的，"宾服"充分表现了周天子对诸侯的尊敬；而《尚书·禹贡》《史记·夏本纪》五服的朝贡制度是以纳贡服役为主，包含了政治、经济、军事、文化礼仪等各方面的权益。两相对比，《国语》《荀子》五服的朝贡制度记载相对较为简略，但是在"国之大事，在祀与戎"② 的社会背景下，以祭祀对象和频率为标准的朝贡制度也更加严厉。

笔者着眼于畿服制与择中立都之间的关联，有两点需要强调：

第一，《尚书·禹贡》《史记·夏本纪》的"五大层次、方五百里圈、等距离地带"空间结构模式，较之《国语·周语上》《荀子·正论》仅有"五大层次"的五服描述更为具体，但是"方五百里圈、等距离地带"的界定也更加不可能，因此，这应该是一种理想状态下的圈层政治结构。

第二，五服制度表明圈层核心天子之国的政治控制力在空间上

---

① 徐元诰撰，王树民、沈长云点校：《国语集解》，中华书局 2002 年版，第 6 页。
② 杨伯峻编著：《春秋左传注》，中华书局 1981 年版，第 891 页。

不断递减。《尚书·禹贡》《史记·夏本纪》不仅明确记载了五服的空间位置，各服内部的空间差异也有详细体现，而且明确了各服的权利和义务。从空间位置来看，每一服的内部又划分有二级层次，但是随着各服距离政治核心的"天子之国"越来越远，服内的层次划分越发随意，政治责任也越来越单纯。

甸服距离天子之国最近，内部的区域划分也最为详尽，每隔一百里划分为一个区域，每个区域缴纳的贡赋也不相同，从"总"到"铚"到"秸服"到"粟"和"米"，贡赋主要集中在粮食和草料，一百里之内的贡赋是最全最多的，什么都得缴纳，到甸服的最远距离五百里的区域，缴纳得最少，只需精米即可。甸服之外的侯服则分了三个区域，分别为一百里之内、一百里至二百里、二百里至五百里的范围。侯服对王畿权利和义务主要是服役，一百里之内的区域，按照马融的解释，要"各受王事"，接受王的各种命令，一百里至二百里的区域"任王事"，承担王的要求，二百里至五百里的区域"同为王者斥候"即可。再之外的绥服、要服、荒服的内部则笼统划分为二个区域，分别是前三百里、后二百里的范围。

这种越来越随意的服内层次划分和越来越单纯的政治责任界定，在一定程度上表明了位于核心的天子之国政治控制力在空间上的不断递减。这种政治控制力的递减也表现在时间间隔上，《国语·周语上》《荀子·正论》五服祭祀的"日、月、时、岁、终"的频率上。

（二）五服与九服的比较

五服制度的记载应该以《尚书·禹贡》最为典型，而九服就是《周礼·夏官·职方氏》的记载相对有代表性。表2-4做了简单比较。

表2-4 《尚书·禹贡》五服与《周礼·夏官·职方氏》九服的比较

出处	从内到外的圈层结构								
《尚书·禹贡》	中邦	甸服	侯服	绥服	要服	荒服			
《周礼·夏官·职方氏》	王畿	侯服	甸服	男服	采服	卫服	蛮服	夷服	镇服	蕃服

第一，政治核心不同。《禹贡》未有涉及，而《夏官》明确了"千里王畿"。

第二，圈层数目不同。《禹贡》记载的五服只有五个圈层，而《夏官》的九服在核心的王畿之外，共计十个圈层。并且，对应圈层名称也不一致。

第三，空间范围不同。《禹贡》的空间范围为方二千五百里，比较符合商周时期的疆域范围。《夏官》的空间范围为方五千五百里。

第四，政治责任不同。《禹贡》明确记载各服的贡赋责任，且由其不同表明天子之国政治控制力在空间上的不断衰减。《夏官》未涉及各服的政治责任。

可以看出：五服与九服的原始资料来源差异较大，或者二者形成时间的间隔较长，有一个长期的建构过程。

《国语》《荀子》《尚书》《史记》《周礼》等文献对畿服制各有不同记载，按照各服的名称、相对位置、政治责任等细节记载，可以划分为三种类型：第一种类型应为《国语》《荀子》记载的畿服制，五服分为内外服，其中甸服为内服，没有圈层大小，可能也不是规规矩矩的理想圈层结构，以祭祀频率为各服的政治责任；第二种类型是《尚书》《史记》记载的畿服制，制有五服，每服五百里，以贡赋徭役为各服的政治责任；第三种类型是《周礼》的畿服制，明确规定有千里王畿，之外有九服，每服方五百里。

比较畿服制各文献记载的异同，包括圈层结构的数量、各服的名称、顺序和位置等，对比文献出现年代的差异，我们可以得出：畿服制的观念在不断地扩充建构，不断地补充细节，最终成为一种理想化的政治构想。《国语》《荀子》还只是描述"先王之制"，到《禹贡》五服的细节就有所变化，同时更加充实；《周礼》的"九服""六服""九畿"本就不能统一，更像是在《禹贡》五服的基础上扩充构撰，半真半假，多有杜撰之处。[①] 顾颉刚先生也认为：

① 陈明远：《殷商王朝的权力和官制》，《社会科学论坛》2015 年第 6 期。

"《国语》尚近事实，而《禹贡》多处想象，非事实所许可也。"
"《禹贡》之五服已支离矣，而《周礼·夏官·职方氏》之九服则更
谬戾。"①

　　三种类型的记载年代不一、各有侧重，在一定程度体现了畿服
制观念的建构历程（虽然由于资料较少，我们无法复原完整的建构
历程），因此，在研究过程中不能互为引证。孙诒让说："禹之九州
五服为五千里，周之九州王畿并六服为七千里，每面益地千里，差
较无多，理所宜有。至于蕃国三服，地既荒远，不过因中土畿服之
制，约为区别，王会所及，盖有不能尽以道里限者矣。要之，《禹
贡》《职方》，服数既异。不宜强为比傅，诸家之说，削趾适履，鉏
鋙益甚，今无取焉。"② 笔者认为"不宜强为比傅"的结论是较为恰
当的。

三　畿服制体现的择中立都观念

　　《国语》《荀子》《尚书》《史记》《周礼》等不同文献记载的畿
服制，根据与畿的密切程度，服可以由近及远分为多个层次，在空
间上形成一个方方正正的圈层结构，除王畿之外的每一圈层均为
"方五百里"。虽然其时空规模差别很大，圈层数量也不同，但都是
圈层结构，③ 构想了整齐划一的理想政治蓝图，在一定程度上反映了
先秦士人的天下观念。有学者称"整个畿服制便是以王城为中心的
一套政治空间之差序格局"④，形成一套各部分相互依存并保持内在
统一的系统。

　　（一）畿服制的内外服与"天下"

　　不管是五服还是九服，畿服制的政治结构主要包括处于最中间的

---

① 顾颉刚：《畿服》，《史林杂识初编》，中华书局 1963 年版，第 7—8 页。
② （清）孙诒让撰，王文锦、陈玉霞点校：《周礼正义》，中华书局 1987 年版，第
2295 页。有学者称之为"序列化的同心方结构"，见李宪堂《九州、五岳与五服——战国
人关于天下秩序的规划与设想》，《齐鲁学刊》2013 年第 5 期。
③ 齐义虎：《畿服之制与天下格局》，《天府新论》2016 年第 4 期。

政治核心、实际控制的疆域、尚未完全控制的区域三个圈层。五服中的"夷蛮要服""戎狄荒服"、九服中的"夷服""镇服""蕃服"及"九州之外谓之蕃国"应该就是尚未完全控制的区域。从宏观角度来看，实际控制的疆域与尚未控制的区域隐然以"内""外"分之。

在虞舜时期就已经隐约出现了"内""外"的区分。《尚书·尧典》记载舜巡狩四岳："辑五瑞，既月乃日，觐四岳群牧，班瑞于群后。岁二月，东巡守，至于岱宗，柴，望秩于山川，肆觐东后。协时月正日，同律度量衡。修五礼、五玉、三帛、二生、一死贽，如五器，卒乃复。五月，南巡守，至于南岳，如岱礼。八月，西巡守，至于西岳，如初。十有一月，朔巡守，至于北岳，如西礼。归，格于艺祖，用特。五载一巡守，群后四朝。"① 这里明确指出南岳、西岳、北岳，还有未点明的东岳岱宗。舜巡狩四岳的顺序依次为东岳、南岳、西岳、北岳。虽然文献资料较少，但是这条资料仍透露出一定的信息。虞舜特意巡狩四岳，说明政治统治与四岳之间有一定的关联。虞舜巡狩的地方应该是能够控制的区域。将四岳作为一个界限来看待，就会有四岳之内、四岳之外的区分。这种记载与《尚书·虞夏书》所谓的"邦内畿服、邦外侯服"、《尚书·酒诰》的"内服""外服"、《周礼·秋官·大行人》的九州与"九州之外"相对应，似乎还有些牵强。

殷商时代，出现了明确的王都居内、居中的记载。甲骨卜辞《合集》590 记载的"殷亡忧……外亡忧"，表明了"以殷为内，其余为外"的思维。② 同时，殷墟甲骨卜辞出现"东土""南土""西土""北土"等称谓，③ 说明商代的"土"可能已经成为"统治区

---

① （清）孙星衍撰，陈抗、盛冬铃点校：《尚书今古文注疏》，中华书局 1986 年版，第 41—50 页。

② 张惟捷：《从卜辞"亚"字的一种特殊用法看商代政治地理——兼谈"殷"的地域性问题》，《中国史研究》2019 年第 2 期。

③ 中国社会科学院历史研究所：《甲骨文合集》（第 12 册：片号 36975），中华书局 1983 年版。

域"或"势力范围"的意思，商王朝统治的区域由东土、南土、西土、北土组成，东土、南土、西土、北土及位于中央的"中商"的方位对比形成了商王朝的政治统属关系。商人以自己的都城"大邑商"为中心，从殷墟晚期黄组卜辞《粹》907和历组卜辞《佚》653可以看出，"大邑商"与东土、西土、南土、北土是相对的关系，大邑商应该是确立四土方位的中心坐标，称"中商"①。商人以安阳殷墟为政治地理中心来确定"中"和四方的位置，按照距离中商地理位置的远近，"四方"接受商王不同程度的制约。② 正如《尚书·立政》记载的："其在商邑，用协于厥邑；其在四方，用丕式见德。"③"商邑"与"四方"呈明显的对应关系，也说明商代都城应该居四方之中。显然，在商人的意识中，商代以都城为中，其统治区域有东土、南土、西土、北土等四土或四方组成。甚至殷周之际的周人，也展现出非常强烈的"西土"意识，如《尚书·酒诰》："乃穆考文王，肇国在西土。"④《尚书·牧誓》："逖矣，西土之人。"⑤《逸周书·度邑解》："四方赤宜未定我于西土。"⑥ 这可能是周人长期居于殷商西方疆域而出现的政治意识。由此，商人的政治空间结构主要是都城（又称商邑、中商、大邑商、殷）及以四土为代表的实际控制区域。

西周时期出现了"天下"的概念，这与畿服制的内、外服有很大的相似之处。《国语·周语上》记载的邦内邦外，徐元诰解释为：

---

① 连劭名：《殷墟卜辞所见商代的王畿》，《考古与文物》1995年第5期。

② 潘明娟：《地中、土中、天下之中的演变与认同：基于西周洛邑都城选址实践的考察》，《中国史研究》2021年第1期。

③ （清）孙星衍撰，陈抗、盛冬铃点校：《尚书今古文注疏》，中华书局1986年版，第471页。

④ （清）孙星衍撰，陈抗、盛冬铃点校：《尚书今古文注疏》，中华书局1986年版，第375页。

⑤ （清）孙星衍撰，陈抗、盛冬铃点校：《尚书今古文注疏》，中华书局1986年版，第284页。

⑥ 黄怀信、张懋镕、田旭东撰：《逸周书汇校集注》，上海古籍出版社1995年版，第503页。

"邦内，谓天子畿内千里之地也。……京邑在其中央。""邦外，邦畿之外也。"① 同时，《国语·周语中》对甸服的空间有了规定："昔我先王之有天下也，规方千里以为甸服，以供上帝山川百神之祀，以备百姓兆民之用，以待不庭不虞之患。其余以均分公侯伯子男，使各有宁，以顺及天地，无逢其灾害。"② 这可以看作对《国语·周语上》的相关补充。按照这种说法，甸服（内服）"方千里"，天下的"其余"才均分给其他。

这一时期的"天下"似乎与"疆域"概念有一定的区别，"天下"是大于实际控制疆域的，包括尚未完全控制的区域。③ 这与畿服制的内服外服有异曲同工之处，畿服制的本质就是不论实际控制与否，将内与外看作一个整体，把九州与九州之外整合在同一种空间构架之中，从对于中央的价值上判断地方或边缘地区存在的价值和意义。④ 九州与九州之外应该就是实际控制的疆域与尚未控制的疆域，统称为"天下"。这可能是先秦士人理想中的天下秩序，通过圈层结构显示出天下归心的大一统主张。

（二）圈层结构体现的择中立都

畿服制，不论是《禹贡》的五服制，还是《周礼》的九服制，二者细节上或许有所不同，但均将王都置于圈层结构的中心点，充分体现了理想状态下"中"的疆域空间概念和政治核心概念的统一，正如彼得·伯克所说："'中心'（centre）这个术语有时使用它字面（在地理上）的意思，但在其他时候又使用比喻（政治上或经济上）的意思。"⑤

---

① 徐元诰撰，王树民、沈长云点校：《国语集解》，中华书局2002年版，第6页。
② 徐元诰撰，王树民、沈长云点校：《国语集解》，中华书局2002年版，第51—52页。
③ 潘明娟：《地中、土中、天下之中概念的演变与认同：基于西周洛邑都城选址实践的考察》，《中国史研究》2021年第1期。
④ 李宪堂：《九州、五岳与五服——战国人关于天下秩序的规划与设想》，《齐鲁学刊》2013年第5期。
⑤ ［英］彼得·伯克著，姚朋、周玉鹏、胡秋红等译：《历史学与社会理论》，上海人民出版社2001年版，第99页。

第一，空间视角的圈层结构。

畿服制应该在一个理想的地理空间之内。这个地理空间是统一的，形状紧实，内部条件相对均匀，无大江大河高山湖泊等自然体的阻隔。各圈层内部除了地理条件一致之外，语言、宗教、文化、经济等方面也较为一致。各圈层的边界均是人为的几何边界。张惟捷分析《国语·周语》关于五服的记载时认为畿服观念虽然具有一定的想象成分，但是"其间透露出某种政治地理的规律性层次概念"①。

畿服制的圈层结构按照地理空间的圈层分布来经营政治，包括三个方面：区位、距离、政治实体之间的关系。圈层政治结构的空间格局，在区位上意味着同一个核心及不同层次的差异，"圈"实际上象征着向心性，"层"则体现了层次分异的等级特征。也就是说，畿服制关于空间等级的圈层描述，蕴含向心的政治空间结构，核心必然会有一个居中的空间——王都。王都的核心区位指向权力核心的"拱极""独尊"地位。②由此，畿服制的圈层结构指向了都城的核心地位，是以王都作为中心而向四方扩展的。在距离上，意味着随着距离核心区位越来越远，层次和等级分异也越来越大。同时，随着距离的远近差异，不同圈层的政治实体与位于王都的中央政府的关系也有很大不同，文献记载中的政治职责实际上表明了各圈层政治实体的等级差异。当然，距离核心区越远的圈层承担的政治职责越小，这也代表了中央的政治控制力在空间上的不断衰减。距离王都核心越远，受到王都的政治控制力越小。郭声波认为："在多民族国家一般可分为中心区和边缘区，中心区又可分为直辖区、普通区两个类型的基本圈层，可以统视之为直接行政区；边缘区可分为自治区、统领区两个类型的基本圈层，可统视之为间

---

① 张惟捷：《从卜辞"亚"字的一种特殊用法看商代政治地理——兼谈"殷"的地域性问题》，《中国史研究》2019 年第 2 期。

② 孙娟：《〈禹贡〉篇章艺术及地理思想价值探析》，《山东农业大学学报（社会科学版）》2018 年第 3 期。

接行政区。"①

因此，畿服制的空间政治格局就是以王都为中心、以圈层状空间分布为特点逐步向外发展的向心状等级结构。畿服制的核心区位是王都，则国家建立伊始，在特定的地理空间，选择其中心点建设王都以保证对所有区域的统治，就成为关键的问题。这就是都城的择中立都原则。而畿服制居中的政治核心与西周初期的"中国"和周人在天下观的基础上形成的"天下之中"一样，均指向王都。正如《荀子·大略》："王者必居天下之中，礼也。"②《吕氏春秋·慎势篇》也有："古之王者，择天下之中而立国，择国之中而立宫，择宫之中而立庙。"③ 与"天下之中"概念几乎同时出现的是"中国"。周成王时期的何尊首次出现了"中国"一词："余其宅兹中或（国），自之义民。"④《尚书·梓材》也有："皇天既付中国民，越厥疆于先王。"⑤《诗经·大雅·民劳》有："惠此中国，以绥四方……惠此京师，以绥四国。"⑥《史记》卷一《五帝本纪》也出现"中国"一词："诸侯朝觐者不之丹朱而之舜，狱讼者不之丹朱而之舜，讴歌者不讴歌丹朱而讴歌舜。舜曰：'天也！'夫而后之中国践天子位焉，是为帝舜。"其中的"中国"，《集解》引刘熙解释为："帝王所都为中，故曰中国。"⑦ 可见"中国"一词，早期的意思应为位于疆域中心的都城，是天下之中，是畿服制的政治核心。这种择中立都、居中而治的政治控制观，充分展现了政治统治的空间

① 郭声波：《从圈层结构理论看历代政治实体的性质》，《云南大学学报（社会科学版）》2018年第2期。

② 《荀子》，商务印书馆1936年版，第567页。

③ 《吕氏春秋·慎势篇》称："古之王者，择天下之中而立国，择国之中而立宫，择宫之中而立庙。"见陈奇猷校释《吕氏春秋新校释》，上海古籍出版社2002年版，第1119页。

④ 李民：《何尊铭文补释——兼论何尊与洛诰》，《中州学刊》1982年第1期。

⑤ （清）孙星衍撰，陈抗、盛冬铃点校：《尚书今古文注疏》，中华书局1986年版，第389页。

⑥ 《十三经注疏·毛诗正义》，艺文印书馆2001年版，第930—932页。

⑦ 《史记》，中华书局1950年版，第31页。

权衡。

将国都建在区域空间之中，毫无疑问其理论色彩是十分鲜明的，然而实际上无法操作。以择中立都为原则的空间秩序也是一种空间选择，即都城必须处于一个均质空间范围的几何中心。现实中的各个区域都不可能是均质的，从地形方面来说，有高山、深谷、河流、平原等不同地貌；从经济方面来说，有经济发达和欠发达区域，有发展速度较快和发展迟缓区域的区别；从人口分布方面来说，有人口稠密区和人口稀少区的差异；从文化方面来说，也有不同内涵文化的差异；等等。区域的广域性和非均质性，必然导致区域内存在多个不同的重心，如经济重心、人口重心、文化重心等。这些重心只有在均质理想空间状态下才可能与区域几何中心重合。

现实中王都的选址应该在权衡空间秩序的基础上，考虑不同重心的差异。因此，从空间视角来看畿服制的择中立都原则，很明显这是一种理想化的空间选择。

第二，时间视角的圈层结构。

值得注意的是，有些文献记载的畿服制体现了圈层政治结构在时间轴上的分布。

《国语·周语上》和《荀子·正论》规定了五服的政治职责，主要是祭祀方面：甸服日祭—侯服月祀—宾服时享—要服岁贡—荒服终王。从时间间隔来看，甸服是每日都要"祭于祖、考"，侯服每月"祀于曾、高"，宾服按季节"时享于二祧"，要服每年"岁贡于坛、墠"，荒服则"朝嗣王即位而来见"，也有解释说终王的意思是"终者，谓孝子三年丧终，则禘于大庙，以致其新死者也"①。

《周礼·秋官·大行人》记载的各服朝觐和贡赋的时间间隔是不同的，从政治责任来看，侯服"岁一见"，甸服"二岁一见"，男服、采服、卫服，分别为三年、四年、五年朝觐一次，直到要服"六岁一见"，九州之外的"蕃国"甚至"世一见"，即新的天子即

---

① 徐元诰撰，王树民、沈长云点校：《国语集解》，中华书局2002年版，第7页。

位才至王都朝觐。

虽然两种记载中各圈层祭祀朝觐的时间间隔完全不同，但是总的来看，祭祀朝觐时间间隔的短长与空间上距离王都近远的顺序是一致的，"近者频来而远者希（稀）至"[1]，可以说，圈层结构在政治方面建立了一种空间与时间的统一秩序。这可以看作位于核心的中央政府对各圈层政治实体谋求控制平衡的措施。

无论从空间还是从时间来观察，这种多圈层结构都表现出王都居中、权力独尊的向心性政治格局。

第三，经济视角的圈层结构。

随着距离王都远近的变化，各圈层的作物贡赋也在发生递变。《尚书·禹贡》和《史记·夏本纪》记载的五服和《周礼·秋官·大行人》记载的六服都提到了贡赋，其中五服中的甸服贡赋，从农业经济角度来看，反映了距离远近与贡赋之间的关系。

《尚书·禹贡》和《史记·夏本纪》记载的五服向王都承担的政治职责各有不同，其中五百里甸服是承担经济职能的，划分为五个区域，由里向外贡赋缴纳分别为"总""铚""秸服""粟""米"，数量由多到少，质量由粗到精。缴纳贡赋的数量和质量，与距离有密切联系。"近者多贡而远者希（稀）献"[2]，与王都之间的距离越远，数量越少，质量越精。这种经济圈层在一定意义上与近代德国经济地理学者冯·杜能的杜能环较为相似。[3] 结合杜能环来看，甸服之内的五个区域根据各自距离王都的远近不同来缴纳不同贡赋，可能也是从当时的交通条件来考虑的。葛剑雄也认为："在生产力低下、运输相当困难的情况下，王（天子）对臣民的贡品的征收不得不随距离的远近而改变。"[4]

---

[1] 顾颉刚：《畿服》，《史林杂识初编》，中华书局1963年版，第3页。

[2] 顾颉刚：《畿服》，《史林杂识初编》，中华书局1963年版，第3页。

[3] ［德］约翰·冯·杜能著，吴衡康译：《孤立国同农业和国民经济的关系》，商务印书馆1986年版，第19页。

[4] 葛剑雄：《统一与分裂：中国历史的启示》，商务印书馆2013年版，第5页。

这里需要强调的是，所有的贡赋都必须集中于圈层结构的中心，人为地在王都形成一个经济中心。这样，达成了空间中心、政治中心、经济中心的合一。

无论是从空间、时间视角还是从经济视角来观察畿服制这种圈层结构，都可以看出：从整个天下的视域角度，区分出内与外，选择空间的中心位置来确定王都，再置身于王都的中心位置向外辐射，在政治控制力不断衰减的情况下划分出空间近远不同、时间间隔不同及贡赋缴纳不同的各服。这种择中立都的政治观念体现了权力独尊的向心性政治格局。

（三）畿服制择中立都的蓝图很难实现

畿服制的政治构想在一定程度上凸显了择中立都的观念。

从政治管理的视角来观察，畿服制勾画了理想的天下秩序。国家是一个高级的完善的政治性组织，它建立了明确的秩序，包括清晰的疆界、统一的政府以及保证政府权力能够顺利执行的强制力量。在国家中，不仅需要复杂的政治机构、管理制度及固定的官僚系统，还需要一套体现统治阶级利益的思想意识形态。畿服制就是这样一种体现大一统理想秩序的思想意识形态。畿服制体现出大一统的目标，天下归心、权力独尊是每一个政权都希望达到的目标。

然而，农业经济状态下经济圈层或许成立，等级管理也可能存在，以国都为中心的圈层政治构想则太过虚幻。从政治职责来看，从内到外的圈层只有统治与服从，这样的天下秩序是单向的，是理想化的；从空间来看，畿服制规定的圈层结构是在虚拟的理想地理空间架设出来的，很难落到现实层面。

西周初期，围绕营建洛邑的政治行为，出现了"天下之中"的概念。这应该是对择中立都的强调，却淡化了政治管理的圈层结构的布设，千里王畿是在丰镐和洛邑之间，其外才是诸侯环绕。可以说，营建洛邑突出的是择中立都而不是畿服制度。圈层结构所凸显的择中立都的蓝图是很难实现的。

第二节 地中、土中、天下之中的混同与
西周洛邑选址实践①

在"择中立都"这个观念中，"中"是非常关键的问题，与之相关的包括天文概念的地中、空间概念的土中，以及由此产生的政治空间概念"天下之中"。

西周初年，为了营建新都洛邑，进行了一系列的都城选址活动，形成了关于都城选址的表述。如《周礼·地官·大司徒》说明洛邑为"地中"；《尚书·召诰》《逸周书·作雒解》记载洛邑为"土中"；何尊铭文指出洛邑为"中或（国）"；《史记·周本纪》则明确洛邑为"天下之中"；等等。这些表述，均有"中"的因素，说明都城选址与"中"有密切关联。可以说，西周初年围绕新都洛邑的选址，原本作为表示空间秩序方位名词的"中"，串联起地中、土中②、天下之中等各有侧重的概念。

学界在论述西周初期新都洛邑选址并由此申述"择中立都"的选址观念时，大都把地中、土中、天下之中这几个概念混为一谈。③通过上述梳理，笔者认为，这应该是由于几个概念均指向同一个地点——洛邑而造成的，并且这几个概念确实有其相似之处，但地中、土中、天下之中各有不同的内涵和不同的侧重。

关于"中"的含义，《说文解字》卷一"丨部"解释为："内

---

① 本部分论述已发表，见潘明娟《地中、土中、天下之中概念的演变与认同：基于西周洛邑都城选址实践的考察》，《中国史研究》2021年第1期。

② "土中"又称"中土"。为了与书中提到的"地中"和"天下之中"相配合，本书用"土中"一词，如出现"中土"，则为引用。

③ 李久昌：《周公"天下之中"建都理论研究》，《史学月刊》2007年第9期；黄世杰：《"天下之中"在广西大明山新考》，《思想战线》2009年第5期；王邦维：《"洛州无影"与"天下之中"》，《四川大学学报（哲学社会科学版）》2005年第4期；龚胜生：《试论我国"天下之中"的历史源流》，《华中师范大学学报（哲学社会科学版）》1994年第1期。

也。从口。丨，上下通。"① 则"中"是指"中央，四方之中"，是一个方位名词。从词源学看，甲骨文中有"中"的字型，为🚩，罗振玉、唐兰、高鸿缙等诸位先生各有解释。萧良琼在分析诸位先生的观点后，认为"中字的结构象征着一根插入地下的杆子，一端垂直在四四方方的一块地面当中。从它的空间位置来说，从上到下，垂直立着，处于地上和地下之间，所以又有从上到下的顺序里的上、中、下的中的含义。同时，它又立在一块四方或圆形的地面的等距离的中心点上"。最后，她提出"中"就是圭表。② 冯时也持此观点。③ 何驽基本同意这一说法，只是对"圭表"之说有一定调整，他发表系列论文认为甲骨文的"中"是测量日影的工具，具体来说，不是圭表，而是圭尺。"甲骨文'中'字多写作'🚩'，与甲骨文的'旂'字颇为不类，应当就是类似陶寺圭尺的漆木圭尺，但不是表。"④ "中"字不论释为"建中集众之旗"⑤，还是圭表或圭尺"测中"，都逐渐引出"中央、居中"之意。

一　寻找地中

古代的先民，在意自己居住、活动的地方位于世界或宇宙的什么位置，是很自然的事。把自己所处的位置看作"中"，⑥ 由中及外，逐渐扩大自己的活动范围。

---

① （汉）许慎撰，（清）段玉裁注：《说文解字注》，上海古籍出版社 1981 年版，第 20 页。

② 萧良琼：《卜辞中的"立中"与商代的圭表测景》，中国天文学史整理研究小组编《科技史文集》第 10 辑，上海科学技术出版社 1983 年版，第 27—44 页。

③ 冯时：《〈保训〉故事与地中之变迁》，《考古学报》2015 年第 2 期；《中国天文考古学》，社会科学文献出版社 2001 年版，第 55 页。

④ 何驽：《山西襄汾陶寺城址中期王级大墓 IIM22 出土漆杆"圭尺"功能试探》，《自然科学史研究》2009 年第 3 期。

⑤ 唐兰：《殷虚文字记》，中华书局 1981 年版，第 53—54 页。

⑥ 这种情况，不止在古代中国表现得很突出，在外国也是如此。（王邦维：《"都广之野"、"建木"以及"日中无影"》，《中华文化论坛》2009 年 11 月增刊）

（一）"中"之端倪

河南濮阳西水坡发掘了一座仰韶文化时期的墓，距今应该六千多年，墓穴大致呈南圆北方的形状。墓主人的脚端有蚌塑的三角形图案，其下配置了两根人的胫骨。考古学者判断这是一个明确可识的北斗图像。[1]

冯时认为，这个北斗图像证实了"仰韶先民对宇宙模式的初步认识"，反映了"仰韶时期的宇宙理论"。[2] 伊世同研究认为："濮阳天文图中北斗的呈现，表明在六七千年前，古人已通过斗转星移，找到了北天极，认可其在宇宙核心主宰万物的地位，进而对它臣服崇敬，并给予最隆重的祭祀，奉献牺牲……六七千年前，北斗本身就是天极的象征，也是天极（天帝的）崇拜者、保卫者，具有多重身份。当然，它更代表着人，人们可以通过北斗敬天、敬神；人们又可通过北斗礼地、法祖。"[3] 可见，六千多年前的先民们应该对天体已有了一定程度的认识，可能确立了天体崇拜的观念，天体崇拜具体物化于天上的"北斗"。在墓主人的北侧脚端摆放着的"北斗"图案，刘庆柱认为其中的"两根胫骨"代表了"周髀"，是先民们测定"天"与"地"的"槷表"。[4] 这显示出远古先民对天文秩序的一种追寻和认识。

六千多年前的先民站在大地上观测天空，太阳、月亮、星辰东升西落，周而复始，只有北极恒居于天之中，接受群星拱卫。先民这种对天文秩序的初步认识，虽然没有明确的文字表述，但也可能在一定程度上表露了他们对于北斗居于天之中的秩序的肯定，表达了先民对"中"的初步理解。由居于天之中的"北斗"，可以看出

---

[1] 详参冯时《河南濮阳西水坡 45 号墓的天文学研究》，《文物》1990 年第 3 期；伊世同《北斗祭——对濮阳西水坡 45 号墓贝塑天文图的再思考》，《中原文物》1996 年第 2 期。

[2] 冯时：《河南濮阳西水坡 45 号墓的天文学研究》，《文物》1990 年第 3 期。

[3] 伊世同：《北斗祭——对濮阳西水坡 45 号墓贝塑天文图的再思考》，《中原文物》1996 年第 2 期。

[4] 刘庆柱：《历史上的"天人合一"政治意义》，《当代贵州》2016 年第 31 期。

"中"的概念可能在这一时期初露端倪。

当然,天文秩序"中"的观念,与地理疆域"中"的选择应该是有一定关联的。

(二)寻找地中

在北半球夏至时影长最短,根据人为制定的夏至影长标准测到的地点就是地中。地中的概念与天文和地理都有关联,是天文投射到地域的点。地中强调的是"人为制定"的夏至影长标准。

测量夏至影长需要的工具是圭表或圭尺。根据上述萧良琼、冯时、何驽等人的观点,甲骨文的"中"就是测量日影的工具——圭表或圭尺。李约瑟《中国科学技术史》认为,"在所有的天文仪器中,最古老的是一种简单、直立在地上的杆子,至少在中国可说是如此"①,这里的"直立在地上的杆子"指的应该就是圭表或圭尺。

距今四五千年的陶寺遗址发现了测量影长的工具。2002年,山西襄汾陶寺城址中期王墓 IIM 22 的头端墓室东南角,出土了一件漆木杆 IIM 22:43,有学者认为这是当时测影所用的圭表或圭尺。② 通过陶寺遗址的圭表或圭尺观测日影,确定农时节令,其中夏至的日影长度最短。

地中的夏至影长标准是人为规定的,如《周髀算经》记载夏至影长一尺六寸,《周礼》则认为夏至影长"尺有五寸"。《周髀算经》规定的地中应该是一条东西向的线,《周礼》的地中也应如此。由于影长"一尺六寸"或"尺有五寸"的标准不同,地中所在的纬度也

---

① [英]李约瑟著,梅荣照等译:《中国科学技术史·数学、天学和地学》,科学出版社2018年版,第266页。

② 持这种观点的有黎耕、孙小淳(《陶寺 IIM 22 漆杆与圭表测影》,《中国科技史杂志》2010年第4期)和何驽(《山西襄汾陶寺城址中期王级大墓IIM22出土漆杆"圭尺"功能试探》,《自然科学史研究》2009年第3期)以及冯时(《陶寺圭表及相关问题研究》,考古杂志社编《考古学集刊》第19辑,科学出版社2013年版,第27—58页)。当然,也有学者认为"目前判断其为观测日影的圭尺尚存困难",观点见李勇《暑影测年:以陶寺疑似圭尺为例》,《自然科学史研究》2016年第4期。本书以黎耕、何驽、冯时等见解为基础展开论述。

不尽相同。陶寺遗址出土的圭表或圭尺，其上第 11 号刻度与其他刻度颜色不同，似乎是重点强调的一个刻度。为什么会重点强调第 11 号刻度？何努认为可能是规定日影长度，进一步确定地中的标准："陶寺遗址中期元首墓 IIM22 出土测日影的圭尺，其上第 11 号红漆彩刻度长度为 39.9 厘米，按照 1 陶寺尺等于 25 厘米基元折算近乎就是 1.6 尺，这是《周髀算经》记载的夏至影长数据，这个数据类同于《周礼》'1.5 尺夏至影长'地中标准，是陶寺文化对外宣称的'地中'标准。"①

测量夏至影长，是为了确定天时；而规定一定的日影长度，确定某一特定纬度，进而在这一纬度的东西向的线上确定"地中"所在的那一点，这应该掺杂了某些政治意图。这种行为象征着陶寺时期某一部落对其他部落的影响力和号召力。也就是说，实力较强的部落通过向外宣布自己所在地点的地中标准，确立其政治影响力，由此建立了"地中"与政治影响的联系。

虽然陶寺时期的圭表或圭尺实物有特殊的第 11 号刻度，这可能就是陶寺对外宣称的地中标准，但是，由于没有明确的文字记载，陶寺时期的圭表或圭尺实物与寻找地中的关系只能是推测。到了商代，甲骨卜辞出现了"立中"的记载，谁能对外宣称地中的标准，谁就能拥有"立中"的权利，至此，圭表（或圭尺）测影与地中标准的确定有了明确的关联。②

《周礼·地官·大司徒》也明确记载了以圭尺测影寻求地中的方法："以土圭之法，测土深，正日景（影），以求地中。日南则景短，多暑；日北则景长，多寒；日东则景夕，多风；日西则景朝，多阴。日至之景，尺有五寸，谓之地中。"郑玄解释为："土圭之长，尺有五寸。以夏至之日，立八尺之表，其影适与土圭等，谓之

---

① 何努：《中国早期文明路线图——陶寺：帝尧时代的中国》，《光明日报》2013 年 12 月 9 日第 15 版。

② 萧良琼：《卜辞中的"立中"与商代的圭表测景》，中国天文学史整理研究小组编《科学史文集》第 10 辑，上海科学技术出版社 1983 年版，第 27—44 页。

地中。"① 可见，用圭尺（或圭表）测影来寻求地中，一直是先民的传统。

我们知道，在明确的夏至影长标准下，可以产生一条东西向的纬度线，线上有无数的点，因此，依靠规定夏至影长来指定地中，在某种程度上其实是不确定的。陶寺时期和商代的"立中"，可能是在符合人为规定的影长标准情况下，强行指定某一点为地中，毕竟天文意义的"中"投影的是地理方位的"中"。

地中随着政治实体的变化而不断变迁。陶寺时期的地中在陶寺，之后，地中的具体地点有几次变迁。冯时《〈保训〉故事与地中之变迁》认为，清华简《保训》提到的"中"就是指地中。《保训》一文讲述了舜求地中于历山，之后，商汤的六世先祖上甲微"逫中于河"，改变了地中所载地点，认定地中在河洛一带的有易之地。"其重要原因即在于当时形成了一种不同于氏族社会的新的政治制度。夏代以前的早期社会，夷、夏两族东、西分治，其时之地中因受政治版图之所限，唯有求诸南、北地理的中点，其东、西之中央实际并不具有真正意义上的中央。然而自夏代家天下的封建政治建立之后，南、北、东、西四至的测量构成了决定天地之中的新的空间基础，居中而治再不限于同族内部的权力象征，而反映了以华夏民族为中心的居中统驭四夷的新的政治结构与政治观念。显然，在这样的政治与时空背景下，放弃早期的地中并建立新的地中实为势之所必然，而商祖上甲微于河洛有易之地重建天地之中的事实，正是这一历史变革的具体体现。"② 《保训》不仅说明了早期地中变迁的史实，同时，由于它是周文王临终前告诫武王执中而受天命的道理，这种政治遗言还体现着周初政治家们居地中而治的政治史观，由此也引出西周初年寻找地中的政治实践。

西周时期，对如何确定"地中"有了进一步的限定。西周初年，

---

① （清）孙诒让：《周礼正义》第五册，中华书局校刊本1936年版，第13—16页。

② 冯时：《〈保训〉故事与地中之变迁》，《考古学报》2015年第2期。

地中的概念较诸之前都有所延伸，含义更加丰富。当然，这也可能是文献资料较诸西周之前更为详尽造成的。前述《周礼·地官·大司徒》在记载圭尺测影的方法之后，对地中有了进一步的限定："（地中）天地之所合也，四时之所交也，风雨之所会也，阴阳之所和也。然则百物阜安，乃建王国焉，制其畿方千里，而封树之。"①由此可见，《周礼》对地中的规定更加详细而明确，地中不仅要符合夏至影长标准，还必须具备天时、地利、人和各方面的优势。

首先，从天时因素来看，地中的夏至影长应该能够达到"尺有五寸"这一标准。当然，这里的"尺有五寸"标准是何时出现的？由哪一个政治实体规定的？限于文献记载的原因，笔者推测是西周初期制定的标准，详见下文。

其次，从地利因素来看，《周礼》规定的地中应该是天地、四时、风雨、阴阳和合交汇之所在，即所谓的"天地之所合也，四时之所交也，风雨之所会也，阴阳之所和也"。根据这样的标准，应该更有利于在一条纬度线上确定适合的点，与圭表（或圭尺）测影只能单纯规定日影长度的做法相比较，限定地中天地、四时、风雨、阴阳等各方面的标准，更能明确地将地中指向特定地域。

最后，从人和的角度来看，地中还有一定的经济基础，即"百物阜安"，这就需要人口、农业、商业、聚落等要素了。

符合以上三点，才能达到《周礼·地官·大司徒》规定的地中标准，这样的地中才可以"建王国"，成为政治中心。

二 追寻土中

如果说地中与天时有关，土中则与地域密切相关，体现出方位与空间秩序，主要表现在土中与四土、四方相对应，出现了方位关系，表现出抽象的"中"对四方的统治，并逐渐显示土中与疆域的对应关系。

---

① （清）孙诒让：《周礼正义》第五册，中华书局校刊本1936年版，第16页。

（一）中岳与四岳的对应

东、西、南、北四个方向，起源很早。[1] 王振铎先生认为，我国古代四向（即东西南北，笔者注）之发生，可能其起源非同时。太阳与人之关系深矣，东、西二向可能发生为早。汉许慎解"东""西"即云："日在木中为东，鸟栖巢曰西。"南北之观念，或由寒暑冬夏、阴阳向背而发。[2]

东西南北观念出现之后，"中"作为空间秩序的概念也会应运而生。

从文献资料可以看出，虞舜时期，在"东西南北"与"中"的基础上，出现了"四岳"的称谓，即东岳、南岳、西岳、北岳，中的概念隐然而现。《尚书·尧典》记载舜巡狩四岳："辑五瑞，既月乃日，觐四岳群牧，班瑞于群后。岁二月，东巡守，至于岱宗，柴，望秩于山川，肆觐东后。协时月正日，同律度量衡。修五礼、五玉、三帛、二生、一死贽，如五器，卒乃复。五月，南巡守，至于南岳，如岱礼。八月，西巡守，至于西岳，如初。十有一月，朔巡守，至于北岳，如西礼。归，格于艺祖，用特。五载一巡守，群后四朝。"[3] 这里明确指出南岳、西岳、北岳，还有未点明的东岳岱宗。舜巡狩四岳的顺序依次为东岳、南岳、西岳、北岳。虽然文献资料较少，但是这条资料仍透露出一定的信息。虞舜特意巡狩四岳，说明政治统治与四岳之间有一定的关联。既然有东、西、南、北四岳，就会有四岳之中的理念，但这里并没有"中岳"的记载，说明在空间秩序方面"中"还没有凸显出来。

《史记·封禅书》也记载了虞舜巡狩的事情，与《尚书》记载

---

[1] 《尚书·尧典》多次出现"四岳""四海""四方"的说法，其中的"四"应该是东、西、南、北四个方向的简称。

[2] 王振铎：《司南指南针与罗经盘——中国古代有关静磁学知识之发现及发明（上）》，《中国考古学报》第 3 册，1948 年版，第 207 页。

[3] （清）孙星衍撰，陈抗、盛冬铃点校：《尚书今古文注疏》，中华书局 1986 年版，第 41—50 页。

的文字基本相似，但是，多出了巡狩中岳的记载，且明确指出了五岳的具体名称："《尚书》曰，舜在璇玑玉衡，以齐七政。遂类于上帝，禋于六宗，望山川，偏群神。辑五瑞，择吉月日，见四岳诸牧，还瑞。岁二月，东巡狩，至于岱宗。岱宗，泰山也。柴，望秩于山川……五月，巡狩至南岳。南岳，衡山也。八月，巡狩至西岳。西岳，华山也。十一月，巡狩至北岳。北岳，恒山也。皆如岱宗之礼。中岳，嵩高也。五载一巡狩。禹遵之。"①

与《尚书·尧典》相比，《史记·封禅书》的记载有如下特点：第一，与《尧典》一样，明确指出南岳、西岳、北岳等，未点明的仍然是东岳。第二，两条记载的顺序都是二月巡东岳、五月巡南岳、八月巡西岳、十一月巡北岳，突出的都是东岳的特殊地位，因为对南岳、西岳、北岳的祭祀"皆如岱宗之礼"，这可能是因为东岳在当时政治生活中占有较为重要的地位而引起的。当然，这也可能是因为虞舜巡狩的顺序不同而引起的。第三，《史记·封禅书》多了"中岳，嵩高也"的记载，但没有巡狩中岳的时间，说明这段文字是西汉时期加入的，也表明"中"的概念逐渐凸显。

随着后世对虞舜巡狩事件的不断解读，中岳与其他四岳隐约凸显出中央与地方的政治联系，包含了一定的方位信息和政治信息。例如，王充《论衡·书虚篇》也有虞舜巡狩的记载："《尧典》之篇，舜巡狩东至岱宗，南至霍山，西至太华，北至恒山，以为四岳者。四方之中，诸侯之来，并会岳下。"② 这里明确出现了"东西南北"及"四方之中"的概念。用现代的政治语言解释，应该是虞舜巡狩四岳，视察国土，行使国家主权；"四方之中，诸侯之来，并会岳下"可能是四方诸侯在中岳朝觐虞舜的情形。《白虎通》也有："中央之岳独加高字者何？中央居四方之中而高，故曰嵩高山。"③

① 《史记》，中华书局1959年版，第1355—1356页。
② （汉）王充：《论衡》卷四《书虚篇》，《四库丛刊初编》影印本，上海商务印书馆1919年版，第二册第3页。
③ （清）陈立撰，吴则虞点校：《白虎通疏证》，中华书局1994年版，第300页。

五岳之中，嵩山居"中而高"，可见其相对于东西南北的中央地位。中岳与其他四岳的关系，应该是中央与东、西、南、北四方的方位关系。《史记·封禅书·索隐》对中岳的解释："独不言'至'者，盖以天子所都也。"①解释了没有巡狩中岳时间的问题，并且明确天子居中的观念。这些记载应该是汉唐时期人们对"中岳"的认识。

（二）对土中的确定

上述四岳与中岳的对比关系显示出初步的方位信息和后世建构的尧舜禹时代的政治从属关系，殷墟甲骨卜辞提到"东土""南土""西土""北土"与"中商"等称谓则进一步明确了一定区域范围内的方位关联和中央对地方的统治，但是，这一时期仍没有明确的"土中"一词。

殷墟甲骨卜辞提到"东土""南土""西土""北土"等称谓，②说明商代的"土"可能已经成为"统治区域"或"势力范围"的意思，商王朝统治的区域由东土、南土、西土、北土组成，东土、南土、西土、北土及位于中央的"中商"的方位对比形成了商王朝的政治统属关系。

商人以自己的都城"大邑商"为中心，从殷墟晚期黄组卜辞《粹》907和历组卜辞《佚》653可以看出，"大邑商"与东土、西土、南土、北土是相对的关系，大邑商应该是确立四土方位的中心坐标，称"中商"③。商人以安阳殷墟为政治地理中心来确定"中"和四方的位置，四土按照距离中商地理位置的远近接受商王不同程度的制约。这说明统治区域中心与四方的概念在殷商时期已经确切形成。

甲骨卜辞中出现"中商""大邑商""东土""西土""南土""北土""东方"等称谓。此外，商人还有其他表示中与四土、四方

---

① 《史记》，中华书局1959年版，第1356页。

② 中国社会科学院历史研究所：《甲骨文合集》（第12册：片号36975），中华书局1983年版。

③ 连劭名：《殷墟卜辞所见商代的王畿》，《考古与文物》1995年第5期。

的方位关系及政治从属关系的记载。如，"殷"的含义。盘庚迁都安阳，开始改"商"为"殷"。《太平御览·帝盘庚》有记录："《纪年》曰：'盘庚旬自亳迁于北蒙，曰殷。'《帝王世纪》曰：'帝盘庚徙都殷，始改商曰殷。'"① 盘庚改"殷"，表明"殷"字极其重要。"殷"字何意？《尔雅·释言》有"殷，齐，中也"②的记载，殷就是"齐、中"的意思。文献关于"齐"字解释较多，如《尔雅·释地》有："岠齐州以南戴日为丹穴。"郭璞注："岠，去也；齐，中也。"③ 如此看来，"殷"字解释为"中"是没有疑义的。甲骨卜辞《合集》590 记载的"殷亡忧……外亡忧"，也表明了"以殷为内，其余为外"的思维。④ 盘庚改"商"为"殷"，应该表示商都"殷"居天下之中，与甲骨卜辞中的"中商"概念是基本一致的。再如，"商邑"与四方的关系。《诗经·殷武》记载："商邑翼翼，四方之极。"毛传解释的是："商邑，京师也。"郑氏笺："极，中也。"⑤ 上述"商邑""四方""极"的概念，说明商代的京师居四方之中。《尚书·立政》记载："其在商邑，用协于厥邑；其在四方，用丕式见德。"⑥ "商邑"与"四方"呈明显的对应关系，也说明商代都城应该居四方之中。

　　显然，在商人的意识中，商代以都城为中，其统治区域有东土、南土、西土、北土等四土或四方组成。甚至殷周之际的周人，也展现出非常强烈的"西土"意识。如《尚书·酒诰》："乃穆考文王，

---

　　① （宋）李昉：《太平御览》卷八三《皇王部八》，上海古籍出版社 2008 年版，第792 页。

　　② （清）邵晋涵：《邵晋涵集》第一册，浙江古籍出版社 2016 年版，第 180 页。

　　③ （清）邵晋涵：《邵晋涵集》第三册，浙江古籍出版社 2016 年版，第 660 页。

　　④ 张惟捷：《从卜辞"亚"字的一种特殊用法看商代政治地理——兼谈"殷"的地域性问题》，《中国史研究》2019 年第 2 期。

　　⑤ （清）马瑞辰撰，陈金生点校：《毛诗传笺通释》，中华书局 1989 年版，第1183 页。

　　⑥ （清）孙星衍撰，陈抗、盛冬铃点校：《尚书今古文注疏》，中华书局 1986 年版，第 471 页。

肇国在西土。"①《尚书·牧誓》:"逖矣,西土之人。"②《逸周书·度邑解》:"四方赤宜未定我于西土。"③ 这应该是周人长期居于殷商西方疆域而出现的政治意识。

西周时期,"土中"的概念明确出现于文献之中,见于《尚书·召诰》《逸周书·作雒解》。

与之前相比,西周时期"土中"的概念有了进一步的发展,不仅明确了土中就是"疆域之中"的含义,还特别指出土中具有祭祀的含义。《尚书·召诰》记载:"王来绍上帝,自服于土中,且曰:'其作大邑,其自时配皇天,毖祀于上下,其自时中乂,王厥有成命治民,今休。'"④ 这里的土中有两个内涵。第一,土中指疆域之中。孙星衍疏:"土中,谓王城,于天下为中也。《论衡·杂岁篇》云:'儒者论天下九州,以为东西南北,尽地广长。九州之内五千里,竟三河土中。周公卜宅,经曰:王来绍上帝,自服于土中。雒则土之中也。《水经·河水注》引《孝经·援神契》曰:八方之广,周洛为中,谓之洛邑。'"可以说,土中就是疆域之中,这是古今学者公认的。孔《传》对《召诰》"土中"的解释是:"言王今来居洛邑,继天为治,躬自服行教化于地势正中。"《尚书·召诰》明确指出"土中"就是营建成周洛邑的地方。第二,土中具有一定的祭祀意义。营建大邑于土中的作用就是"时配皇天,毖祀于上下",将都城置于土中,上配皇天,以求获得"天保"(天命)。建都洛邑可以居疆域之中,得到空间"居中"的优势,还可以沟通"天神",以获天命。这种情况下,在土中营建都城,"时配皇天,毖祀于上下",

---

① (清)孙星衍撰,陈抗、盛冬铃点校:《尚书今古文注疏》,中华书局1986年版,第375页。

② (清)孙星衍撰,陈抗、盛冬铃点校:《尚书今古文注疏》,中华书局1986年版,第284页。

③ 黄怀信、张懋镕、田旭东撰:《逸周书汇校集注》,上海古籍出版社1995年版,第503页。

④ (清)孙星衍撰,陈抗、盛冬铃点校《尚书今古文注疏》,中华书局1986年版,第397—398页。

是重要的与上天沟通的地点。

与此同时，开始出现了土中与天下之中的初步混同。《逸周书·作雒解》有："周公敬念于后曰：'予畏周室克追，俾中天下。'及将致政，乃作大邑成周于土中……（大邑）南系于洛水，地因于郏山，以为天下之大凑。"① 将"土中"与"俾中天下"联系在一起，即洛邑是土中，也是天下之中。

三　天下之中及其与地中、土中的混同

天下之中是在"天下"观念确定之后，在天下的范围内（而不是在疆域范围内）寻找"中"。天下之中的理念是西周初年形成的系统完整的政治理论，并进行了建都实践。

商人在疆域范围之内寻找并确定土中，并在"殷"营建大邑商。这可以看作寻中建都的初步实践，但是，翻检这一时期的文献，没有明确表达"天下之中"的理念。可以说，商人对中的追寻，还没有系统理论的支撑。直到西周初年，周人明确表达出"天下之中"的理念，将之发展成为较为成熟完整的理论并付诸实践。

西周时期出现了"中国"一词。② 1963 年，陕西省宝鸡县出土的何尊，首次出现了"中国"一词："余其宅兹中或（国），自之乂民。"伊藤道治指出，武王廷告于天"宅兹中或（国）"建立都城的行为，"与其说是实施的政策，不如说是克殷之后作为政治方针向苍天发出的誓言"③。

---

① 黄怀信、张懋镕、田旭东撰：《逸周书汇校集注》，上海古籍出版社 1995 年版，第 559—564 页。

② 笔者在写作本书的过程中，阅读了田广林、翟超所撰《从多元到一体的转折：五帝三王时代的早期"中国"认同》一文（见《陕西师范大学学报（哲学社会科学版）》2018 年第 1 期），文章认为"中国"概念是"文化认同和政治认同的产物"，这个观点笔者完全同意。但是，对"中国"概念的阐述笔者有不同意见。笔者认为，"中国"最早的解释应为都城，而非"早期的'中国'之称，不仅是地域上所处区位居中，更重要的是政治上的兼有天下、协和诸邦"。

③ ［日］伊藤道治撰，蔡凤书译：《西周王朝与雒邑》，《华夏考古》1994 年第 3 期。

　　除"中国"① 之外，围绕西周营建洛邑的政治行为，出现了"天下之中"的概念。巴新生认为，周人首先创造了"天"的概念，来取代殷商的"帝"，试图合理解释"小邦周"推翻"大邦殷"的行为。由此，也产生了周人自己的天下观，周王作为"天子"拥有对天下的统治权。②"天下"应该是天所覆盖的整个下界。《诗经·小雅·北山》有："溥天之下，莫非王土；率土之滨，莫非王臣。"③这可能是关于"天下"的较早记载。

　　《逸周书·作雒解》可能是营建洛邑时期的文献，记载了周人关于"天下"的理解："周公敬念于后曰：'予畏周室克追，俾中天下。'及将致政，乃作大邑成周于土中……（大邑）南系于洛水，地因于郏山，以为天下之大凑。"之后，周成王年长之后，周公训诫成王的《尚书·召诰》又一次提到了"天下"的概念："其惟王位在德元。小民乃惟刑用于天下，越王显。"④《尚书·顾命》是周康王即位的册文，有"燮和天下，用答扬文武之光训"⑤ 的说法。《荀子》也有西周时期分封诸侯"兼制天下，立七十一国，姬姓独居五十三人"⑥ 的记载。当然，这一时期的"天下"似乎与"疆域"概念有一定的区别。

　　钟春晖认为："中国古代的'天下观'，是一种世界政治秩序的概念。它是古代的中国人认识和理解世界的一种观念——尤其是关于政治世界的理论构思，尽管古人对世界的理解并没有超出中国的

---

　　① 《史记》卷一《五帝本纪》也出现"中国"一词："诸侯朝觐者不之丹朱而之舜，狱讼者不之丹朱而之舜，讴歌者不讴歌丹朱而讴歌舜。舜曰：'天也！'夫而后之中国践天子位焉，是为帝舜。"（《史记》，中华书局 1959 年版，第 30 页）其中的"中国"，《集解》引刘熙解释为："帝王所都为中，故曰中国。"可见，"中国"一词，早期的意思应为位于疆域之中的都城。

　　② 巴新生：《西周伦理形态研究》，天津古籍出版社 1997 年版，第 25 页。

　　③ （清）马瑞辰撰，陈金生点校：《毛诗传笺通释》，中华书局 1989 年版，第 688 页。

　　④ （清）孙星衍撰，陈抗、盛冬铃点校：《尚书今古文注疏》，中华书局 1986 年版，第 400 页。

　　⑤ （清）孙星衍撰，陈抗、盛冬铃点校：《尚书今古文注疏》，中华书局 1986 年版，第 502 页。

　　⑥ （清）王先谦：《荀子集解》影印本，上海商务印书馆 1933 年版，第二册第四卷第 1 页。

范围。"① 因此，周人的"天下"是大于实际统治疆域的。

周人的"天下"概念与商人的"四方"概念应该有很大的不同。商人的"四方"是由中央和诸侯组成的比较完整统一的疆域，以都城为中心视角，向不同方向扩散来划分四至。而周人的"天下"则强调"无外"原则，没有疆界，即所谓的"王者无外""天下无疆"。"我自夏以后稷，魏、骀、芮、岐、毕，吾西土也。及武王克商，蒲姑、商奄，吾东土也。巴、濮、楚、邓，吾南土也。肃慎、燕、亳，吾北土也。吾何迩封之？有文、武、成、康之建母弟，以蕃屏周。"② 这里的东、西、南、北四土可能就是周人心目中的天下范围，但是在周初，巴、楚、肃慎等地并没有纳入周的疆域之中。因此，周人的"天下"是大于实际统治疆域的。

周人从整个天下的视域角度，试图选择最佳的空间位置来确定新的统治中心，并由此诞生了"天下之中"的观念和寻找"天下之中"的实践。成周洛邑的兴建就是周人寻求天下之中并用于建都实践的过程。《史记·周本纪》记载："成王在丰，使召公复营洛邑，如武王之意。周公复卜申视，卒营筑，居九鼎焉。曰：'此天下之中，四方入贡道里均。'"③ 这条资料，对"天下之中"进一步解释为"四方入贡道里均"，说明"天下之中"不仅仅是疆域之中，还有便于中央有效统治四方的意思。

综上所述，《周礼·地官·大司徒》确定洛邑为"地中"，《尚书·召诰》《逸周书·作雒解》记载洛邑为"土中"，何尊铭文指出洛邑为"中或（国）"，《史记·周本纪》则明确洛邑为"天下之中"。围绕西周初期新都洛邑的兴建，地中、土中、中或（国）、天下之中的地理位置均指向洛阳一带，确定了"中"与都城的密切关系。

至此，在周初建都洛邑的选址实践过程中，相关文献所表达的

① 钟春晖：《从"西土"到"中国"——周初天下观的形成和实践》，《紫禁城》2014 年第 10 期。
② （清）洪亮吉：《春秋左传诂》，中华书局 1987 年版，第 688 页。
③ 《史记》，中华书局 1959 年版，第 133 页。

地中、土中、天下之中等概念的含义由原来的各有侧重转变为逐渐混同，中即都城的理念被认可。居中而治、择中立都，上承尧所说的"咨！尔舜！天之历数在尔躬，允执其中"[1] 的禅让制度，下启武王"余其宅兹中或，自之乂民"的封邦建国制度。

综合以上对地中、土中、中或（国）、天下之中的记载，可以看出西周时期对于天下之中的系统认识。西周时期，地中、土中、天下之中等含义虽然逐渐混为一谈，但是通过上文的梳理，我们可以看到地中、土中、天下之中，其概念是有不同侧重的，地中是天文概念，与天时密切相关；土中是地理概念，与地域密切相关；天下之中是政治观念，与周代初期成熟的天下观念相联系。最终，这些"中"的混同，突出了地理区域中心、政治统治中心、经济发展中心、文化融合中心的多重含义。[2]

首先，"中"表现出一定的天文秩序。天文秩序应该是天下之中最原始、最基本的依据。先民对于天文秩序的观察和确定，从而萌发了"中"的思想，确立"地中"。随着地中、土中、天下之中概念的演变，天文秩序在"天下之中"理论中占有的比重越来越小，最后表现为都城规划的"法天思想"。都城作为天下之中的具象，其规划建设过程中，法天思想一直是重要的一环。

其次，"中"表现出强烈的地理秩序。中与四方、中与天下的对应，是"中"在空间上的地理构想，表现为从整个天下（而非当时的疆域）的空间视域出发，再选择适中地理位置的观念和行为，显示出明显的中心地思想。

再次，"中"表现出空间权衡的政治秩序。这是天下之中的核心

---

① （清）刘宝楠撰，高流水点校：《论语正义》，中华书局 1990 年版，第 756 页。

② 现代学者基本上从地理、宗教等方面进行阐述。如李学勤说："该观念实包含两重意义：当地是天下大地的中心，便于对四方的治理，诸侯方国纳贡职道里均等，这是地理上的意义；便于敬配皇天，对上下神灵进行祭祀，这是宗教上的意义。在周人的心目里，这两重意义是相结合的、相一致的。"见李学勤《令方尊、方彝与成周的历史地位》，洛阳市文物工作队编《洛阳考古四十年——1992 年洛阳考古学术研讨会论文集》，科学出版社 1996 年版，第 208 页。

意义，体现出"居天下之中以统四方"的政治集权思想。中国很早就有寻"中"并择中立都、居中而治的政治传统。《吕氏春秋·慎势》有："古之王者，择天下之中而立国，择国之中而立宫，择宫之中而立庙。"①《太平御览》卷一五六也有："《五经要义》曰：王者受命创始建国，立都必居中土，所以总天下之和，据阴阳之正，均统四方，以制万国者也。"② 这是以都城为中心的政治控制观，涉及政治统治的空间权衡，在中心地之外，还要天时地利人和"天地之所合""四时之所交""风雨之所会""阴阳之所和"及"百物阜安"等优越条件。

最后，"中"还表现出附属的经济和文化秩序。天下之中所表现出的经济秩序体现为地方向中央缴纳贡赋的经济关系。"四方入贡道里均"，说明在西周初年统治者已经着手建立中央与四方经济关系的有效运转机制，来强化都城在经济方面聚集财富和辐射四方的中心功能。同时，"定天保，依天室"所表露的傍依天室求得佑助的宗教思想，导致都城成为文化秩序上的"天下之中"。

四 "中"包含的疆域空间概念与政治中心概念的分离

可以说，"中"表达了一种特殊的具有政治文化意义的理念，中的指向就是都城，择中立都是先秦都城的选址观念。③ 正如王震中所

---

① （汉）高诱注，（清）毕沅校：《吕氏春秋》，上海古籍出版社 2014 年版，第 399 页。

② 《太平御览》卷一五六，上海古籍出版社 2008 年版，第 759 页。

③ 除了上述政治中心有"地中""土中""天下之中"的记载之外，翻检文献，我们还可以看到其他"天下之中"的记载。如《山海经》《吕氏春秋》《淮南子》等文献记载"天地之中"——都广之野，与"日中无影"的天文现象有密切关系；再如，《史记·货殖列传》及《史记·越世家》记载了陶朱公选择的"陶"，不过，陶作为天下之中是从商业角度而非政治角度来描述的。史念海先生在《释〈史记·货殖列传〉所说的"陶为天下之中"——兼论战国时代的经济都会》（《人文杂志》1958 年第 2 期）一文中做了详细阐述。又如，明代丘浚、章潢、李濂等学者认可的"天下之中"——南襄盆地，仅仅是当时基本经济区的"天下之中"，见于龚胜生《试论我国"天下之中"的历史源流》[《华中师范大学学报（哲学社会科学版）》1994 年第 1 期]。另外还有"天地之中"的诸多记载，如《水经注》《尚书讲义》《太平寰宇记》《明一统志》等。

说："王朝的政治中心即国都，与所谓'土中'和'国中'具有同一性。"① 西周初期，围绕新都洛邑选址和营建的实践活动，地中、土中、天下之中、中或（国）等概念逐渐混同。"居中"成为中国传统的权力表达的关键性空间方式。到战国时期，甚至出现了"关中"② 等地域性空间中心的表达。

战国秦汉时期，《禹贡》提出五服制，《周礼》提出九服制，二者细节上或许有所不同，但均将都城置于圈层结构的中心点，充分体现了理想状态下"中"的疆域空间概念和政治中心概念的统一。③

秦统一六国，都城咸阳并不在疆域空间的中心，而是在传统意义上"五岳、四渎"以西的位置。关于这点，《汉书·郊祀志》记载得很清楚："昔三代之居皆在河洛之间，故嵩高为中岳，而四岳各如其方，四渎咸在山东，至秦称帝，都咸阳，则五岳、四渎皆并在东方。"为了获得地域空间和政治空间皆"中"的位置，取得"中"的疆域空间概念和政治中心概念的统一，秦始皇对名山大川的秩序进行了重新梳理和调整："令祠官所常奉天地名山大川鬼神可得而序也。于是自崤以东，名山五，大川祠二。曰太室。太室，嵩高也。恒山，泰山，会稽，湘山。水曰济，曰淮……自华以西，名山七，名川四。曰华山，薄山。薄山者，襄山也。岳山，岐山，吴山，鸿冢，渎山。渎山，蜀之岷山也。水曰河，祠临晋；沔，祠汉中；湫渊，祠朝那；江水，祠蜀……霸、产、丰、涝、泾、渭、长水，皆

---

① 王震中：《从华夏民族形成于中原论"何以中国"》，《信阳师范学院学报（哲学社会科学版）》2018 年第 2 期。

② "关中"一词最早可能出现于战国晚期。《战国策·秦策四》记载，黄歇对秦昭王说："王襟以山东之险，带以河曲之利，韩必为关中之侯。"这是对"关中"最早的文献记载。秦汉之际，对"关中"及其所辖区域的记载频繁起来。（《战国策》，上海古籍出版社 1985 年版，第 256 页）《史记·货殖列传》有："关中自汧、雍以东至河、华。"（《史记》，中华书局 1959 年版，第 3261 页）《史记·高祖本纪》有"先入关中者王之"之语。（《史记》，中华书局 1959 年版，第 356 页）

③ 《禹贡》五服制和《周礼》九服制体现的"中"的疆域空间概念和政治中心概念的统一。（潘明娟：《畿服制与择中立都》，《中国历史地理论丛》2022 年第 1 期）

不在大山川数，以近咸阳，尽得比山川祠，而无诸加。"① 这样人为地在方位上造成了名山大川环卫都城咸阳的格局。这应该是秦王朝居中而治、择中立都政治观念的实践。

到了两汉时期，大部分学者多从地理、文教、政治统治的角度理解和阐释"中"。董仲舒在《春秋繁露·三代改制质文》中阐释："天始废始施，地必待中，是故三代必居中国，法天奉本，执端要以统天下、朝诸侯也。"② 班固《白虎通》解释"土中"："王者必即土中者何？所以均教道，平往来，使善易以闻，为恶易以闻，明当惧慎，损于善恶。"③《汉书·地理志下》记载："昔周公营洛邑，以为在于土中，诸侯蕃屏四方，故立京师。"④ 由此可知，"中"除了常用的地域空间概念之外，在政治上明确指向为都城，出现"梁王念太后、帝在中，而诸侯扰乱……"⑤ 的记载，关于"中"，《正义》解释："京师在天下之中。"这里的"中"就是指都城。《白虎通》也有"京师，四方之中也"⑥ 的说法。

可见，秦汉时期都城选择的实践表明"中"并不仅仅简单地指向洛阳一带，它是随着都城选址的变化而变化的，反映了当时人们在政治上对"中即都城"观念的普遍认同。同时，都城并不在疆域空间中心的事实也表明，"中"的疆域空间概念与政治中心概念正在逐渐分离。

随着人们越来越多地将"中"运用于"东西南北中""上下左右中"等空间概念，地域空间的"中"与政治中心的"中"不再混同。

北朝时期，以鲜卑统治者规划营建北魏洛阳城的议论和实践为

① 《汉书》，中华书局1962年版，第1205—1207页。
② （汉）董仲舒撰，（清）凌曙注：《春秋繁露》，中华书局1975年版，第242页。
③ （清）陈立撰，吴则虞点校：《白虎通疏证》，中华书局1994年版，第157页为
④ 《汉书》，中华书局1962年版，第1650页。
⑤ 《史记》，中华书局1959年版，第2858页。
⑥ （清）陈立撰，吴则虞点校：《白虎通疏证》，中华书局1994年版，第296页。

标志，说明对政治上"中"的认同已经涵盖了农业民族和游牧民族。鲜卑政权的政治中心几经变迁，从大兴安岭到盛乐，又从盛乐到平城，尔后孝文帝从塞北平城徙都洛阳。孝文帝就迁都洛阳事宜与拓跋桢、李冲的对话可见，洛阳当时被鲜卑统治者普遍认同为"土中"。① 同期的李韶对洛阳也有"土中"的认同。② 从这些记载可以看出，鲜卑统治者认同土中洛阳"九鼎旧所，七百攸基"的文化传承以及"实均朝贡"的经济中心地位，从而决定将"土中"建设为政治中心。

值得一提的是，洛阳当时并非北魏疆域空间意义上的中心，但是，洛阳为土中的理念已经被广泛认同。魏孝文帝迁都土中洛阳这一政治行为承袭了先秦时期就已经完善的"择中立都"的理念，认同并且进一步深化、突出都城作为国家政治中心的"中"之观念。有学者认为"孝文帝最后放弃邺，而选择洛阳，完全是为了实现他的文化理想"③。在迁都洛阳后，孝文帝实施了多项汉化措施，并且多次巡幸各地，以正统之君的姿态祭奠历代皇帝、忠臣以及孔子等儒家前贤，并祭祀各高山大川。④ 这些行为进一步表明了鲜卑政权对夏商周以来逐渐形成和不断发展的中华文化尤其是中华政治文化的高度认同。

北魏时期对洛阳"土中"的评价，有三点需要注意：第一，土中等同于天下之中。在孝文帝时期，洛阳并非北魏疆域空间意义上

---

① 魏孝文帝要求迁都洛阳："若不南銮，即当移都于此，光宅土中。"拓跋桢赞同："廓神都以延王业，度土中以制帝京，周公启之于前，陛下行之于后，固其宜也。"李冲也赞成："陛下方修周公之制，定鼎成周。然营建六寝，不可游驾待就；兴筑城郭，难以马上营讫。愿暂还北都，令臣下经造，功成事讫，然后备文物之章，和玉銮之响，巡时南徙，轨仪土中。"此段引文见《魏书》卷五三《李孝伯李冲传》，中华书局1974年版，第1183页。

② 《魏书》卷三九《李宝附承子韶传》："高祖将创迁都之计，诏引侍臣访以古事。韶对：洛阳九鼎旧所，七百攸基，地则土中，实均朝贡，惟王建国，莫尚于此。高祖称善。"（中华书局1974年版，第886页）

③ 逯耀东：《从平城到洛阳》，中华书局2006年版，第131页。

④ 《魏书》，中华书局1974年版，第173页。

的中心。这说明土中之"土"的格局并非局限于一时的统治疆域，而是等同于"天下"，表现为南北一体的世界政治秩序。第二，北朝时期的"天下"范围，较之西周初期要大得多，它包括当时人们意识中的农业区域和游牧区域。第三，不论是农业民族还是游牧民族，都认同洛阳的"土中"地位，这表明对中华政治文化的深度认同。

五 洛邑选址与周人规定地中

先秦时期规定特定的夏至日影长度为"地中"，并以此为政治中心，居中而治。这反映了以华夏民族为中心的居中统驭四夷的政治结构与政治观念。[①] 地中随着统治集团政治中心的变迁而改变，舜求地中于历山，之后，商汤的六世先祖上甲微"遐中于河"，[②] 周人灭商之后则宣告了新的地中标准："日至之景，尺有五寸。"[③] 这个标准指的就是北纬34°附近。当然，周人对地中做了进一步限定："（地中）天地之所合也，四时之所交也，风雨之所会也，阴阳之所和也。然则百物阜安，乃建王国焉，制其畿方千里，而封树之。"[④] 即：地中不仅要符合夏至影长标准，还必须具备天时、地利、人和各方面的优势。[⑤] 由此，确定了成周洛邑的位置。

然则周人为何规定"尺有五寸"的地中标准？笔者认为，这应该与西周初年另外两座都城周原、丰镐的日至之影有密切关联。

笔者发现，西周初期的三座都城周原、丰镐、洛邑在纬度选择

---

① 关于地中的概念及其与政治中心的关系，笔者有详细论述，见潘明娟《地中、土中、天下之中概念的演变与认同：基于西周洛邑都城选址实践的考察》，《中国史研究》2021 年第 1 期。

② 冯时：《〈保训〉故事与地中之变迁》，《考古学报》2015 年第 2 期。

③ （清）孙诒让：《周礼正义》第五册，中华书局校刊本 1936 年版，第 15 页。

④ （清）孙诒让：《周礼正义》第五册，中华书局校刊本 1936 年版，第 16 页。

⑤ 关于地中的概念及其与政治中心的关系，笔者有详细论述，见潘明娟《地中、土中、天下之中概念的演变与认同：基于西周洛邑都城选址实践的考察》，《中国史研究》2021 年第 1 期。

上有相近性，从都城的坐标来看，周原坐落于东经 107.87 度、北纬 34.48 度左右，丰镐在东经 108.77 度、北纬 34.24 度左右，洛邑位于东经 112.48°、北纬 34.68°左右。周原、丰镐、洛邑三座都城所在的纬度相差不到 1 度。这是什么概念？在西周初期，周人观测日影的仪器为主表或圭尺，其精确度完全不如现在。从这一点可以推测，周人可能认为三座都城是位于同一纬度的。

那么，三座都城纬度的相似，是巧合还是有意为之？由于文献资料较少，笔者试做推测。

翻检文献，可以发现周人测定日影辨认方位的技能早已有之。《诗·大雅·公刘》记载公刘迁豳时有："既景乃冈，相其阴阳，观其流泉。"《毛传》云："既景乃冈，考于日影，参之高冈。"[1] 这应该就有测定日影辨认方位的步骤。应该说，周人可能已具备测定日影的能力与技术。

周人从豳迁到周原，经过慎重的勘察与占卜，[2] 之后，周人在周原进入早期国家阶段。[3] 同时，当时的关中有着老牛坡这样相对先进的大型聚落，虽然没有明确的文献记载，但从这一时期的周原器物表现出明显的商化来推测，周人可能向先进的老牛坡学到了更多的科技知识与技能。加上周人在豳地时期就已有的技术能力，可以合理推测，周人在周原时期已掌握到测定日影的技术。不过，这时的周人尚且处于学习商人阶段，无居中而治的能力，也无确立地中的实力。

周文王灭掉老牛坡、建丰立镐，仍然只是商王朝的诸侯，位于殷商西方疆域，应该还是以方伯自居，没有居中而立的意识。甚至

---

① 《十三经注疏·毛诗正义》，艺文印书馆 2001 年版，第 620 页。
② 《诗·大雅·绵》，见《十三经注疏·毛诗正义》，艺文印书馆 2001 年版，第 547—548 页。
③ 《史记·周本纪》有："于是古公乃贬戎狄之俗，而营筑城郭室屋，而邑别居之。作五官有司。"记载了早周时期周族的首领古公亶父（即后世所称的太王）在岐周设置政治中心、大置宫室及设立属官的史实。

殷周之际的周人还时不时表现出非常强烈的"西土"意识。① 因此，推测周人建立丰镐时可能还没有确立地中的意识。当然，文王建丰、武王营镐之际，周人仍然没有居中而治的实力。

周人灭商之后拥有对"天下"的统治权，称天子。这时候周人才能有意识地居中而治，宣告新的地中标准。然则"尺有五寸"的地中标准如何确定？可能就是周人以旧都周原和丰镐的夏至影长来规定的。由此来表明周人政治中心的夏至影长一以贯之，是受上天庇佑的。当然，由于资料较少，笔者推测：随着周人政治实力不断发展，最后拥有天下居中而治，周人的政治中心周原和丰镐纬度相似应为巧合，洛邑与前两座都城纬度相近则应该是有意为之。

西周初年建都洛邑是明显的择中立都的选址实践活动。除此之外，先秦都城尤其是商周都城的选址也"基本上是遵循国都应设在天下之中的政治法则进行的"，"都城的兴建，必须要选择在天下的中央，天子要从天下的中央地区，来治理天下所有的民众"，商代"安阳殷都基本上是处于殷商王室实际控制疆域的中心地区"，"周人早期都城岐周、丰、镐城址的选择也是本着居天下之中的政治法则确定的"②。

第三节　"因天材，就地利"的选址观念与实践

地域环境是城址选择的首要因素。③ 先秦都城的城址选择，有一定的相似性，都选在气候适宜、地势较高、地形平坦、依山靠水、

---

① 例如，《尚书·酒诰》："乃穆考文王，肇国在西土。"《尚书·牧誓》："逖矣，西土之人。"［（清）孙星衍撰，陈抗、盛冬铃点校：《尚书今古文注疏》，中华书局1986年版，第375、284页]《逸周书·度邑解》："四方赤宜未定我于西土。"（黄怀信、张懋镕、田旭东撰：《逸周书汇校集注》卷五，上海古籍出版社1995年版，第503页）

② 卢连成：《中国古代都城发展的早期阶段——商代、西周都城形态的考察》，中国社会科学院考古研究所编著《中国考古学论丛——中国社会科学院考古研究所建所40周年纪念》，科学出版社1993年版，第231—232页。

③ 史念海：《中国古都和文化》，中华书局1998年版，第211页。

生态环境较好的区域，这些区域可能是国土的中心点，也有很大可能不是。《管子》对于城址选择的地理环境因素非常看重，表述得很清晰："因天材，就地利。"充分体现了在都城选址过程中尊重自然、顺应自然、天人合一的理念，因势利导、就地取材。

一 《管子》都城选址的地理要求

《管子·度地》记述了对都城选址的地理要求："故圣人之处国者，必于不倾之地。而择地形之肥饶者，乡山，左右经水若泽，内为落渠之写，因大川而注焉。乃以其天材，地之所生利，养其人以育六畜。"① 同时，《管子·乘马》也有："凡立国者，非于大山之下，必于广川之上。高毋近旱而水用足；下毋近水而沟防省。因天材，就地利，故城郭不必中规矩，道路不必中准绳。"②

当然，这里的"圣人"应该是指周天子，这段文献论述的是周王择都的要求，诸侯"不如霸国者国也，以奉天子"。但是在春秋战国，各诸侯国中心城市的选址应该也是在国域范围内从山水形势等地理方面去选择的。

强调国都与地形的关系，都城必须建在山下的河流冲积扇之上，地势不高也不低，"高勿近旱""下勿近水"，背后有大山，左右有河流或湖泊，最好背山面水。换句话说，区域的地形尽可以无比复杂，而城市的地形要相对平坦；区域的河流可多可少，而城市的水源要远近适宜。

良好的山水地形，会有雄厚的经济实力来支撑。一方面，都城选在"地形肥饶"之地，拥有地利。河流冲积扇土壤肥沃，利于发展农业，而充足的农产品能保障城市人口的衣食所需和繁育六畜，吸引更多的人口集中，即"以其天材，地之所生利，养其人以育六

---

① 黎翔凤撰，梁运华整理：《管子校注》，中华书局 2004 年版，第 1050—1051 页。
② 黎翔凤撰，梁运华整理：《管子校注》，中华书局 2004 年版，第 83 页。

畜"①。同时，周遭的山川又可提供天然资源即"天材"，都城能够得到更充足的物质保障。另一方面，强调都城与水的关系。城市的发展必不可少的一个因素是水，城市对水的需求包括生活用水、农业用水、交通用水等，要求取用方便、排放方便，"大山之下，广川之上"的地势及山水关系会更便于"水用足""沟防省"。

合适的山水地形，还可以使都城具备有效的军事防守能力。都城作为区域中心，也是行政中心、经济中心、人口中心，因此也是极易被掠夺的地理实体，从而，都城的防御作用就显得非常突出，墨子与公输班论战就证明了这一点。②《度地》论述得很简单，都城要处于"不倾之地"。军事防守一定会利用都城周边的山水地形。"乡山，左右经水若泽"的山水环抱形势也有利于城市防守；背靠大山作为天然军事屏障，可保证后方安全；天然河流作为壕沟，可增大防御强度，又节约开挖人工城壕的人力。

都城是一个政权重要的地理空间。在一定程度上来说，"乡山，左右经水若泽"的山水地形、自然资源等地理因素构成都城的物质空间。先秦时期，由于生产力发展水平的限制，都城选址更多考虑周遭的山水形势，也即自然环境。优越的自然环境始终是决定城市选址的必要条件，有学者甚至认为自然环境的重要意义伴随着人类城市发展的整个历史而存在。③由都城的物质空间向深层次扩展，就包括各种各类人文地理要素在内的地表环境及人地关系，在先秦时期主要以农业经济发达、人口众多等因素，"择地形之肥饶者""以其天材，地之所生利，养其人以育六畜"。向更深层次扩展，就是政权与政权的关系空间，在先秦时期表现为对都城军事防守能力的地形选择，"故圣人之处国者，必于不倾之地"。

从物质空间到地表环境到关系空间，都城的地理要求是步步深

---

① 黎翔凤撰，梁运华整理：《管子校注》，中华书局 2004 年版，第 1050—1051 页。
② 吴毓江撰，孙启治点校：《墨子校注》，中华书局 1993 年版，第 764—765 页。
③ 刘立欣、刘绘宇：《城市的足迹——非自然因素在中国古代都城选址中的重要作用》，《华中建筑》2009 年第 8 期。

人的。"因天材，就地利"的地理选址观念，在一定程度上展示了由都城的物质空间到地表环境人地关系顺应了天地之道，强调了人与天调的思想。

二 "因天材，就地利"的都城选址实践

对于"因天材，就地利"的地理选址要求，文献中有类似的记载，如荀子论述秦国都城选址："其固塞险，形埶便，山林川谷美，天材之利多，是形胜也。"[①] 现代很多学者也都研究过都城选址的地理环境问题。史念海先生高度重视都城的自然环境，"都城的设置是不能离开自然环境的，如果忽略了自然环境，则有关都城的一些设想就无异成为空中楼阁，难得有若何着落"[②]。张国硕也撰文认为早期城市选址的地理环境包括气候条件、土地资源、水资源以及地貌方面的择高而建、临近河流与湖泊、周围存在一定的自然屏障等。[③]

本书试按都城选址的时间顺序举例分析先秦都城选址的地理实践。

（一）早商都城的地理环境

根据考古发掘资料，目前被指为早商都城的遗址主要有两处，即郑州商城和偃师商城。两座商城均已有考古发掘资料面世。[④]

早期商都建在黄河下游河南一带，这里有着优越的区位优势，地处中华腹地，九州之中，四方辐辏，生态环境优越，自古就是人文荟萃的地方。

郑州商城位于东经 113.69 度、北纬 34.74 度左右，现属北温带

---

① （清）王先谦撰，沈啸寰、王星贤整理：《荀子集解》，中华书局 2012 年版，第296 页。

② 史念海：《中国古都和文化》，中华书局 1998 年版，第 180 页。

③ 张国硕：《中原地区早期城市综合研究》，科学出版社 2018 年版，第 72—80 页。

④ 杜金鹏：《偃师商城初探》，中国社会科学出版社 2003 年版；杜金鹏、王学荣主编：《偃师商城遗址研究》，科学出版社 2004 年版；杨育彬：《郑州商城初探》，河南人民出版社 1985 年版；河南省文物研究所编：《郑州商城考古新发现与研究（1985—1992）》，中州古籍出版社 1993 年版。

大陆性季风气候区。

康熙《郑州志》对此形胜之地有记载:"西望太室,东临巨薮,梅峰峙其南,汴水环其北,通衢四达,冠盖络绎。"郑州北临黄河,西有嵩山,东南面是广阔的黄淮平原地带。郑州所在区域的山川形势较为平旷,由此而产生的军事防守能力较差,《战国策·魏策一》有:"(魏)地四平,诸侯四通,条达辐凑,无有名山大川之阻。"①顾祖禹也评价说:"川原平旷,水陆都会。"②

从微地理环境来看,郑州商城西面和南面为起伏的丘陵高地,东面和北面为地势较低洼的沼泽地,熊耳河在其南,金水河在其北。早商时期的郑州属于暖温带气候,较为温暖湿润,周遭地势平坦,土壤肥沃,适合早期农业以及早期畜牧业的发展。

偃师商城位于东经 112.77 度、北纬 34.72 度,与郑州商城几乎处于同样的纬度。现属北温带大陆性季风气候区。

《史记·封禅书》记载"昔三代之(君)[居]皆在河洛之间"③,河洛之间即洛阳盆地一带。这里"河山拱戴,形势甲于天下"④,有效利用周边山水地形就能进行防御,是理想的帝王建都之地。洛阳盆地也是西周时期的成周、东周时期的王城所在。成周选址之前,周武王与周公讨论周遭地势:"南望三涂,北望岳鄙,顾瞻有河,粤瞻伊洛。"⑤《战国策·魏策一》记载,战国时期吴起评价这里:"夏桀之国,左天门之阴,右天豁之阳,庐、睪在其北,伊、洛出其南。"⑥甚至汉代初年,也有人评价河洛一带:"雒阳东有成

---

① 《战国策》,上海古籍出版社 1985 年版,第 792 页。
② (清)顾祖禹撰,贺次君、施和金点校:《读史方舆纪要》卷四十七,中华书局 2005 年版,第 2137 页。
③ 《史记》,中华书局 1959 年版,第 1371 页。
④ (清)顾祖禹撰,贺次君、施和金点校:《读史方舆纪要》卷四十八,中华书局 2005 年版,第 2214 页。
⑤ 《史记》,中华书局 1963 年版,第 129 页。
⑥ 《战国策》,上海古籍出版社 1985 年版,第 782 页。

皋，西有殽黾，倍河，向伊雒，其固亦足恃。"① 这里北依北邙，南向六岳，东阻成皋，西挡崤函，伊、洛、瀍、涧横贯其间。偃师商城即位于洛阳盆地东隅，黄河和洛河之间，② 西洛河北岸的尸乡沟一带。

《诗·商颂·殷武》记载："商邑翼翼，四方之极。赫赫厥声，濯濯厥灵，寿考且宁，以保我后生。陟彼景山，松柏丸丸，是断是迁，方斫是虔，松桷有梴，旅楹有闲，寝成孔安。"③ 说明夏商之际，偃师商城周边的生态环境是极好的。在这样优越的环境中，偃师商城兴起并发展了起来。

（二）殷墟的地理环境

殷墟位于河南省安阳市殷都区小屯村周围，地理坐标为东经114.32度、北纬36.12度左右。现在属北温带大陆性季风气候区。

殷墟位于太行山波状复背斜东翼与华北平原的过渡地带，地处太行山东麓，西北有矿窟山，西南有九龙山，三面环山，一面为开阔平原，地势由西南向东北倾斜，横跨于洹河两岸。《战国策》记载吴起评价这里："左孟门，而右漳、釜，前带河，后被山。"④《魏都赋》也有："南瞻淇澳……北临漳滏。"⑤ 军事地理形势较好。

根据对殷墟动物骨骼的考古研究及甲骨卜辞研究可以看出，三千年前这里生态环境非常优越。⑥

---

① 《史记》，中华书局1959年版，第2043页。

② 考古资料显示，偃师商城南城墙紧贴现洛河北堤。（陈旭：《商周考古》，文物出版社2001年版，第134页）

③ 《十三经注疏·毛诗正义》，艺文印书馆2001年版，第805—806页。

④ 《战国策》，上海古籍出版社1985年版，第782页。

⑤ 张启成、徐达等译注：《文选》（一），中华书局2019年版，第351页。

⑥ 李建党：《生态环境对商代都城的影响》，《殷都学刊》1999年第3期；陈朝云：《顺应生态环境与遵循人地关系：商代聚落的择立要素》，《河南大学学报（社会科学版）》2004年第6期；郭玮：《地理文化环境与殷都安阳的兴起》，《中州大学学报》2007年第4期。

（三）西周都城的地理环境

西周初期有三座都城：岐周、① 宗周、② 成周。③ 其中岐周为圣

---

① 《史记·周本纪》："（古公亶父）乃与私属遂去豳，度漆沮，逾梁山，止于岐下。豳人举国扶老携弱，尽复归古公于岐下。及他旁国闻古公仁，亦多归之。于是古公乃贬戎狄之俗，而营筑城郭室屋，而邑别居之。作五官有司。"记载中的"作五官有司"，是建立政治机构、设置官僚吏属，形成初具规模的国家制度。说明这一部族已经进入早期国家阶段，正式建立了国家，而岐周是其政治中心。岐周是周人作为一方诸侯时期的政治中心，是周族发迹的都城，在文王迁丰甚至武王灭商后仍作为都城存在，是周人的圣都。岐周在文献中有不同的称呼，有"岐下"（《诗·大雅·绵》有："古公亶父，来朝走马，率西水浒，至于岐下。"见《十三经注疏·毛诗正义》卷十六，艺文印书馆2001年版，第547页）"岐阳"（《诗·鲁颂·閟宫》有："后稷之孙，实维大王。居岐之阳，实始剪商。"见《十三经注疏·毛诗正义》卷二十，艺文印书馆2001年版，第777页）"岐周"（《孟子·离娄下》："文王生于岐周，卒于毕郢，西夷之人也。"见《四书章句集注·孟子集注》卷八，中华书局1983年版，第289页）等。本节述及此地均以"岐周"称之。

② 成王时期"宗周"之名开始出现。"宗周"之名应该始见于成王时期的铜器献侯鼎。时代晚于献侯鼎的西周铜器如大盂鼎、作册麦尊、善鼎、大克鼎、小克鼎、史颂鼎等诸器铭文都有"宗周"。周代铜器中多次记载"王在宗周"。传世文献也有"宗周"的记载。如《诗·正月》云："赫赫宗周，褒姒灭之。"《尚书·多方》记载："惟五月丁亥，王来自奄，至于宗周。"《史记·周本纪》曰："成王自奄归，在宗周，作《多方》。"《史记·鲁周公世家》曰："诸侯咸服宗周。""宗周"的称谓，具有明显的"诸侯宗之"（《长安志》卷三引皇甫谧《帝王世纪》）的政治含义。相关都邑名称还有丰和镐。丰，传世文献与西周铭文均有记载。《诗·大雅·文王有声》有记载："文王受命，有此武功。即伐于崇，作邑于丰。"《尚书·周书》有："成王既黜殷命，灭淮夷。还归在丰，作《周官》。"《史记·周本纪》也有："明年，伐崇侯虎。而作丰邑，自岐下而徙都丰。明年，西伯崩。"西周铜器召公大保戈、小臣宅簋、作册魖卣等均有记载。镐，传世文献有记载。《诗·大雅·文王有声》："考卜维王，宅是镐京。维龟正之，武王成之。"《国语·周语上》有："杜伯射王于鄗。"《竹书纪年》也有帝辛三十六年："西伯使世子发营镐。"西周铜器未见有"镐"的记载，但是卢连成认为从武王初治镐至成王初年，铜器铭文均将"镐"作"蒿"，如德方鼎铭文（卢连成：《西周金文所见蒿京及相关都邑讨论》，《中国历史地理论丛》1995年第3期）。然镐与丰实不可分，从时间上来看，丰、镐相继营建，间隔不长；从方位来看，丰、镐各据沣河西东，相距不远；从考古发掘来看，"整个西周时期，沣东、沣西的西周遗存构成一个整体，显示丰镐是作为一个整体在发挥着都城的作用"（中国社会科学院考古研究所、陕西省考古研究院、西安市周秦都城遗址保护管理中心编著：《丰镐考古八十年》，科学出版社2015年版，第14页）。因此，虽然文献记载中的宗周指的是镐京，但可以将丰与镐看作一座都城的两个部分。为与岐周、成周并称，本节将丰镐统称"宗周"。

③ 成周是西周时期的陪都。成周刚建成之初，被周人称为"新大邑""新邑"或"东国洛"，如上述的《尚书·康诰》有"惟三月哉生魄，周公初基，作新大邑于东国洛"，《尚书·多士》有"周公初于新邑洛"，《鸣士卿尊》有铭文"丁巳，王才新邑"，王奠新邑鼎铭文有"王来奠新邑"，卿鼎有"公违省自东，才新邑，臣卿易（锡）金"的记载。《尚书·康诰》有："作新大邑于东国洛。"在这里，"洛"可称东"国"，即东都，由此也可看出这个新邑的都城地位。在整个西周时期，洛邑有个正式的称呼——成周。

都，宗周为主都，成周为陪都。[1]

从都城的坐标来看，周原坐落于东经 107.87 度、北纬 34.48 度左右，丰镐在东经 108.77 度、北纬 34.24 度左右，洛邑位于东经 112.48 度、北纬 34.68 度左右。周原、丰镐、洛邑三座都城所在的纬度相差不到一度。本章第一节已经论述了三座都城纬度选择的相似性，可能与地中的选择有关。

从都城的周边地势来看，三座都城的选址选择均为依山傍水型，是背山环水的地理格局。岐周、宗周位于关中，坐落于秦岭北麓平原地带，岐周北依岐山、南望渭河，宗周南靠秦岭、北临渭河；成周则坐落于洛阳盆地，北依邙山，南临洛水。从微地貌选址来看，三者与小型河流的关系更加密切，均体现了傍水性，见图 2－1、图2－2、图 2－3。岐周东边为美阳河，西边是祁家沟，南边是三岔

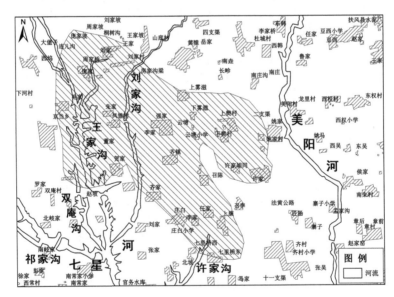

图 2－1　周原遗址核心区与河流的关系[2]

① 潘明娟：《西周都城体系的演变与岐周的圣都地位》，《陕西师范大学学报（哲学社会科学版）》2008 年第 4 期。

② 根据宋江宁《对周原遗址凤雏建筑群的新认识》（《考古学研究》2016 年第 3 期）改绘。

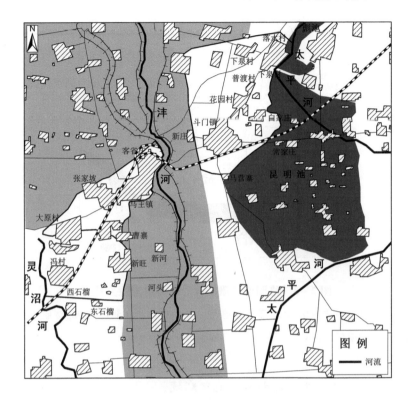

图 2 - 2　丰镐遗址核心区与河流的关系①

河，王家沟、刘家沟从中部流过。宗周丰镐隔沣河分居东、西两岸，西有灵沼河，东临太平河，北望渭河。②成周洛邑以瀍水为城市内河，南临洛水，西濒涧水。细究三座都城的城水关系，可以发现西周时期的都城均有城市内河，都城在王家沟、刘家沟、沣河、瀍水两岸发展起来，在城市的东、西两侧，也有河水流过。三座都城的山水地形选择在一定程度上应该显示出周人都城选址观念的连续性。

---

① 根据《丰镐考古八十年》图版二（中国社会科学院考古研究所、陕西省考古研究院、西安市周秦都城遗址保护管理中心编著：《丰镐考古八十年》，科学出版社 2016 年版）改绘。

② 中国社会科学院考古研究所、陕西省考古研究院、西安市周秦都城遗址保护管理中心编著：《丰镐考古八十年》，科学出版社 2016 年版，第 14 页。

图 2-3 洛阳西周遗址核心区与河流的关系①

1. 建筑基址（东花坛）。2. 手工业遗存：A. 铸铜作坊（北窑）；B. 窑址（供销学
校）。3. 祭祀遗存（林校）。

（四）东周时期主要都城的地理环境

1. 鲁都曲阜的地理环境

鲁都曲阜的地理坐标是东经 116.34 度，北纬 35.34 度，属半湿润半干旱的北温带大陆性季风气候区。

曲阜地处鲁中南山地丘陵区向华北平原的过渡地带，位于鲁西平原东缘，北有泰岱。从微地貌选址来看，曲阜北、东、南三面环山，有凤凰山、九仙山、石门山、防山、尼山等，附近主要有泗河、沂河、蓼河、崄河四条河流，其中，泗河从北、西两面绕过，沂河从南面西流注入泗河。因此，曲阜的基本地势东北高、西南低。曲阜周围土地肥沃，利于农业生产。

2. 齐都临淄的地理环境

齐国临淄的地理坐标是东经 118.36 度，北纬 36.88 度，属半湿

---

① 引自桑栎、陈国梁《宅兹中国：聚落视角下洛阳盆地西周遗存考察》，《考古》
2021 年第 11 期。

润半干旱的北温带大陆性季风气候区。

苏秦评价："齐南有泰山，东有琅邪，西有清河，北有勃海，此所谓四塞之国也。"① 临淄城所在的淄潍（滩）小平原位于齐国腹地，是"地形之肥饶者"所在。这里南有鲁余山脉的余脉牛山和稷山，是为"乡山"；东临淄水，西有系水，是两道天然的护城河，堪称"左右经水若泽"。临淄城就是选择地势高平、河床稳定之处傍河建城，地势南高北低，向东北倾斜，利于排水；且东、北、西三面皆为大平原，自然条件优越。可以说，临淄城的山水形势完全符合《管子》的要求。《史记·货殖列传》："临淄亦海岱之间一都会也。"② 可见，临淄在先秦时期擅利鱼盐，经济实力也是雄厚的。

3. 郑都新郑的地理环境

马俊才探讨了郑韩故城的选址因素。③

从大区域来看，"韩北有巩、成皋之固，西有宜阳、商阪之险，东有宛、穰、洧水，南有陉山"④。

郑都新郑的地理坐标为东经 113.73 度，北纬 34.40 度，属半湿润半干旱的北温带大陆性季风气候区。

郑都新郑一带位于中原腹地，是豫西山区向东过渡地带，地势西高东低，中部高，南北低。从微地貌选址来看，郑城东濒溱水，南临颍淮，西靠隗山，北靠黄河，古洧水（双洎河）自西北向东南穿郑城而过。这里为富饶的平原地区，小部分为半丘陵地带，土壤为次生黄土，松软肥沃，宜于耕作，加上气候温润，利于农业生产。

4. 楚都纪南城的地理环境

有学者研究纪南城选址优势。⑤

---

① 《史记》，中华书局 1959 年版，第 2256—2257 页。

② 《史记》，中华书局 1959 年版，第 3265 页。

③ 马俊才：《郑、韩两都平面布局初论》，《中国历史地理论丛》1999 年第 2 期。

④ 《史记》，中华书局 1959 年版，第 2250 页。

⑤ 邓玉婷、肖国增：《楚都纪南城布局与规划理念的探究》，《城乡建设》2021 年第 18 期；杨旭莹：《楚都纪南城与渚宫江陵区位考析》，《湖北大学学报（哲学社会科学版）》1988 年第 4 期。

楚都纪南城的地理坐标东经 112.18 度，北纬 30.42 度，属亚热带季风气候区。

纪南城位于长江中游、江汉平原腹地。纪南城北距纪山约 11 千米；南距长江约 10 千米，西有沮漳河与八岭山，东为低矮丘陵及湖泊，再向东是宽广富饶的江汉平原。军事地势较好，诸葛亮评价"荆州北据汉、沔，利尽南海，东连吴会，西通巴蜀，此用武之国也"[1]。

纪南城位于富饶的江汉平原，地形以平原地区为主体，光能充足、热量丰富、无霜期长，有足够的气候资源供农作物生长。同时，地处交通要道，司马迁所谓"江陵故郢都，西通巫、巴，东有云梦之饶"[2]，顾祖禹也高度评价这里"控巴夔之要路，接襄、汉之上游，襟带江、湖，指臂吴、越""地衍而物丰"，[3] 经济实力雄厚。

5. 秦都雍城的地理环境

秦都雍城故址位于东经 107.41 度、北纬 34.49 度，属北温带大陆性季风气候区，半湿润半干旱。

秦雍城位于关中盆地西部。"居四山之中，五水[4]之会，陇关西阻，益门南扼，当关中之心膂，为长安之右辅。"[5]

雍城一带的地形，总的来说可以概括为：北面为山，南面为塬，西面是河流谷地。具体来说，北部山区是千山余脉，横水河由北向南流汇入浍河，千河由北向南流汇入渭河。还有一条河流雍水河，自西北向东南流，将雍城周遭的原面自然切割成两大块，南边的原面是黄土台塬，土壤肥沃，适宜耕作；北边的原面属于山前洪积扇平原，相对来说，平坦完整。雍城就坐落在雍水河以北、纸坊河以

---

① 《三国志》，中华书局 1964 年版，第 912 页。

② 《史记》，中华书局 1959 年版，第 3267 页。

③ （清）顾祖禹撰，贺次君、施和金点校：《读史方舆纪要》卷七十八，中华书局 2005 年版，第 3652 页。

④ "五水"指的是汧、渭、漆、岐、雍。

⑤ （清）顾祖禹撰，贺次君、施和金点校：《读史方舆纪要》卷五十五，中华书局 2005 年版，第 2635 页。

西的黄土台塬上。顾祖禹认为雍之得名，可能与其地势有关，即"四面积高为雍也"①。宋祁曰："岐州地形险阻，原田肥美，物产富饶。"② 这里地势起伏不大，土壤也比较肥沃，土质疏松，透水性好，适宜于旱作物（小米）的生长。③

田亚岐、宋江宁等复原了秦代雍城的地貌，"从地貌学角度分析雍城城址选址的具体原因"。研究者将凤翔小盆地"5 米分辨率的数字表面模型和雍城城址、堰塘遗址、河流结合起来"，复原盆地内的地貌格局："中部一个南北向'台地'，其南端宽阔，河流汇集，水源丰富。西侧缓平，河流蜿蜒。东侧为冲积扇，河流多笔直而下。"④ 应该说，雍城城址占据了这一区域最理想的建城位置。

6. 晋都新田的地理环境

新田位于临汾盆地南缘，东经 111.31 度，北纬 35.62 度，属于北温带季风气候区。

临汾盆地西有吕梁山，北有塔儿山，东有太岳山，南有紫金山，四面环山，中有汾河、浍河穿过。从微地形来看，新田城址位置在汾浍之交，是临汾绛山、峨嵋岭以北，塔儿山以南，乌岭山以西，西北是吕梁山的南部，地势北高南低。顾祖禹评价这里"东连上党，西略黄河，南通汴、洛，北阻晋阳，宰孔所云：'景霍以为城，汾、河、涑、灰以为渊。'而子犯所谓'表里山河'者也。……曹魏置郡于此，襟带河、汾，翼蔽关、洛，推为雄胜"⑤。从较大区域的山水形势来看，军事防守能力也不错。

---

① （清）顾祖禹撰，贺次君、施和金点校：《读史方舆纪要》卷五十五，中华书局2005 年版，第 2635 页。

② 转引自（清）顾祖禹撰，贺次君、施和金点校《读史方舆纪要》卷五十五，中华书局 2005 年版，第 2636 页。

③ 周全霞：《古代中国地理环境的特征及其变迁对食品生产的影响》，《安徽农业科学》2007 年第 7 期。

④ 田亚岐、宋江宁：《秦雍城持久置都原因及其地貌学观察》，未刊稿。

⑤ （清）顾祖禹撰，贺次君、施和金点校：《读史方舆纪要》卷四十一，中华书局2005 年版，第 1872 页。

　　关于新绛选址，史书有记载。《左传·成公六年》："晋人谋去故绛。诸大夫皆曰：'必居郇、瑕氏之地，沃饶而近盐，国利君乐，不可失也。'……（韩献子）对曰：'不可。郇瑕氏土薄水浅，其恶易觏。易觏则民愁，民愁则垫隘，于是乎有沉溺重膇之疾。不如新田，土厚水深，居之不疾，有汾、浍以流其恶，且民从教，十世之利也。夫山、泽、林、盐，国之宝也。国饶，则民骄佚。近宝，公室乃贫。不可谓乐。'公说，从之。"①

　　晋景公十五年（前585），晋人商量迁都之事。当时，新都地址有两个选择，一是"郇、瑕氏之地"（现山西临猗西南），二是新田（现山西侯马）。郇、瑕氏之地的优势在于"沃饶而近盐"，孔颖达解释："土田良沃，五谷饶多，民禀则国利，财多则君乐，其处不可失也。"②即这里土地肥沃、物产丰饶又邻近盐池，选址于此则"国利君乐"，既对国家有利，国君也会比较高兴；劣势在于这里"土薄水浅，其恶易觏"，应该是涑水盆地的地下水位较高，导致地表潮湿，地上河流的径流落差比较小，致使生产生活污水容易聚集，百姓易得疾病"沉溺重膇"，"沉溺"即湿疾，"重膇"即足肿。比较而言，新田有两点优势：第一，地理环境优势。"土厚水深，居之不疾，有汾、浍以流其恶"，新田地势较高，土壤层厚，地下水深，又有地上河流汾浍排出生产生活污水。③第二，"民从教"，百姓比较

---

　　①《左传·成公六年》，见杨伯峻编著《春秋左传注》，中华书局1981年版，第827—829页。

　　②《十三经注疏·春秋左传正义》，艺文印书馆2001年版，第441页。

　　③关于"恶"的解释，有两种说法。马保春认为是因农业收成不好而导致的饥荒之年（马保春：《"有汾、浍以流其恶"之"恶"解》，《晋阳学刊》2006年第6期）；杜预注释则认为"有汾、浍以流其恶"之"恶"为"垢秽"（《十三经注疏·春秋左传正义》，艺文印书馆2001年版，第442页）。本书从杜注。上文除"有汾、浍以流其恶"中有"恶"之外，还有"其恶易觏"之"恶"。杜预注释为"疾疢"，孔颖达正义详细解释："下云'土厚水深，居之不疾'，此云'土薄水浅'，必居之多疾。以此知'恶'是疾疢也。《尔雅》训'觏'为'见'。杜以'恶'为疾疢。疾疢，非难见之物，唯苦其病成耳。故训'觏'为'成'，言其易成，由水土恶故也。"（《十三经注疏·春秋左传正义》，艺文印书馆2001年版，第441页）。

好管理,有统治基础。最终晋国君臣选择新田为新都,可见新田的地理环境还是很优越的。

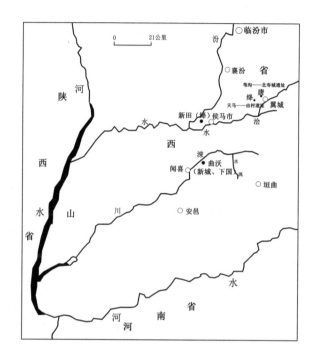

图 2-4 新田与河流的关系

7. 赵都邯郸的地理环境

有学者探讨了赵选择邯郸建都的地理因素。①

赵都邯郸的地理坐标为东经 114.43 度,北纬 36.57 度,属半湿润半干旱的北温带大陆性季风气候区。

邯郸一带西依太行山,东连华北大平原,地势高低悬殊,西部有低山丘陵,中部为盆地,东部为洪积冲积平原,自西向东呈阶梯状下降。《战国策·赵策一》:"赵万乘之强国也,前漳、滏,右常山,左河间,北有代。"苏秦亦曰:"西有常山,南有河漳,东有清

---

① 郝红暖:《赵国定都邯郸的主要因素分析》,《邢台学院学报》2014 年第 2 期。

河,北有燕国。"① 军事地理形势极其优越。

从微地形来看,邯郸位于沁河冲积扇,漳水支流牛首水岸边。
"邯郸"得名可能与山有关。《汉书·地理志》中三国时魏国人张晏
的注释为: "邯郸山,在东城下,单,尽也,城廓从邑,故加邑
云。"② 果若如此,邯郸之"邯"应为"邯山";"郸"应从"单"
(单,尽也。指山的尽头),因为指的是城邑,故在"单"旁加
"阝"成"郸",则邯郸应位于邯山尽头。《史记·货殖列传》:"然
邯郸亦漳、河之间一都会也,北通燕、涿,东有郑、卫。"③ 由于东
连华北平原,农业生产较好,加之交通位置优良,是南北要道,故
而邯郸作为"都会"拥有雄厚的经济实力。

8. 秦都咸阳的地理环境

秦都咸阳的地理坐标为东经 108.86 度,北纬 34.41 度,属半湿
润半干旱的北温带大陆性季风气候区。

咸阳位于关中平原腹地。关中平原为四塞之国,苏秦说秦惠王
曰:"秦四塞之国,被山带渭,东有关河,西有汉中,南有巴蜀,北
有代马,此天府也。"④ 战国时楚、汉间韩生说项羽曰:"关中阻山
河四塞,地肥饶,可都以霸。"⑤ 汉初娄敬说汉高祖:"秦地被山带
河,四塞为固。"⑥《史记·留侯世家》记载张良评价:"关中左崤
函,右陇蜀,沃野千里,南有巴蜀之饶,北有胡苑之利,阻三面而
守,独以一面东制诸侯。"⑦

咸阳位于泾河、九嵕山以南,渭河以北。咸阳得名与山水形势
密切相关,依照《三辅黄图》的解说,咸阳在九嵕山南、渭水北,

---

① 《战国策》,上海古籍出版社 1985 年版,第 711 页。
② 《汉书》,中华书局 1962 年版,第 2247 页。
③ 《史记》,中华书局 1959 年版,第 3264 页。
④ 《史记》,中华书局 1959 年版,第 2242 页。
⑤ 《史记》,中华书局 1959 年版,第 315 页。
⑥ 《史记》,中华书局 1959 年版,第 2716 页。
⑦ 《史记》,中华书局 1959 年版,第 2044 页。

山水俱为阳，故名咸阳。① 从微地形来看，咸阳地势西北高、东南低，高差极大。北部黄土台塬最高，海拔 527 米；南部渭河平原最低，海拔 380 米，高差 147 米，从北至南呈阶梯状向渭河倾斜。黄土台塬原面开阔，土层深厚，主产粮、棉兼其他经济作物。渭河平原地势平坦，土质肥沃，井渠密布，旱涝保收，是蔬菜、棉、油等经济作物区，经济实力雄厚。

9. 燕下都的地理环境

燕下都的地理坐标东经 115.53 度，北纬 39.31 度，属温带季风气候区。

燕下都位于太行山北端东麓，华北平原北部，"关山险峻，川泽流通。据天下之脊，控华夏之防，钜势强形，号称天府。……金梁襄言：'燕都地处雄要，北倚山险，南压区夏，若坐堂皇而俯视庭宇也。'"② 从微地形来看，燕下都处于是太行山区向华北平原过渡倾斜地带，北有北易水，南有中易水，位于两水之间，东部连接河北平原。燕下都地势相对比较险要，地形居高临下，在军事上便于防守。从地理形势和所处的地理位置看，燕下都位于燕国上都通向齐、赵等诸侯国的咽喉要地，是燕国南部的政治、经济和军事重镇。③

10. 楚都寿郢的地理环境

寿郢的地理坐标为东经 116.78 度，北纬 32.57 度，属季风性亚热带半湿润气候区。

寿郢地处黄淮平原的南部，淮河中游的南岸，其主体地形地貌为平原与低矮丘陵、小型山地相间分布的状态。④ 军事地形并不险峻。

---

① 何清谷校注：《三辅黄图校注》，三秦出版社 2006 年版，第 1—3 页。
② （清）顾祖禹撰，贺次君、施和金点校：《读史方舆纪要》，中华书局 2005 年版，第 440 页。
③ 张超华：《论燕下都的军事防御体系》，《文物春秋》2019 年第 5 期。
④ 蔡波涛、张钟云：《楚都寿春城水利考古研究的探索与思考》，《文物鉴定与鉴赏》2019 年第 1 期（上）。

从微地形来看,寿郢北面有天然屏障八公山,东淝水从城东、北两面流过,形成天然护城河,西南则河湖水网密布,良田沃野千里。寿郢经济实力雄厚,正如伏滔在其《正淮论》中所言:"彼寿阳者,南引荆汝之利,东连三吴之富;北接梁宋……西援陈许……外有江湖之阻,内保淮肥之固。龙泉之陂,良畴万顷,舒六之贡,利尽蛮越,金石皮革之具萃焉,苞木箭竹之族生焉。山湖薮泽之隈,水旱之所不害,土产草滋之实,荒年之所取给。"①

三 先秦都城对山水形势的要求

综合上述都城的地理环境选择,先秦部分都城山水形势见表 2 – 5。

表 2 – 5 先秦部分都城山水形势

都城	选址时期	山水形势及地形	经纬度
郑州商城	商代早期	区域形势:北临黄河,西有嵩山,东南面是广阔的黄淮平原地带。 微地理环境:郑州商城西面和南面为起伏的丘陵高地,东面和北面为地势较低洼的沼泽地,熊耳河在其南,金水河在其北。	东经 113.69 度,北纬 34.74 度
偃师商城	商代早期	区域形势:位于洛阳盆地东隅,北依北邙,南向六岳,东阻成皋,西挡崤函,伊、洛、瀍、涧横贯其间。 微地理环境:黄河和洛河之间,西洛河北岸。	东经 112.77 度,北纬 34.72 度
殷墟	商代晚期	区域形势:位于太行山波状复背斜东翼与华北平原的过渡地带,地处太行山东麓。 微地理环境:西北有矿窟山,西南有九龙山,横跨于洹河两岸。	东经 114.32 度,北纬 36.12 度

---

① 《晋书》,中华书局 1974 年版,第 2399—2400 页。

续表

都城	选址时期	山水形势及地形	经纬度
岐周	西周初期	区域形势：位于关中平原西部，坐落于秦岭北麓平原地带。 微地理环境：一面背山三面环水，北边是岐山山麓，东边为贺家沟、齐家沟，西边是祁家沟，南边是三岔河。	东经 107.87 度，北纬 34.48 度
宗周	西周初期	区域形势：位于关中平原中部，坐落于秦岭北麓平原地带。 微地理环境：南靠秦岭、北临渭河，位于沣河中游，沣河两岸，西有灵沼河，东临太平河。	东经 108.77 度，北纬 34.24 度
成周	西周初期	区域形势：位于洛阳盆地。 微地理环境：北依邙山，南临洛水，瀍水两岸，西濒涧水。	东经 112.48 度，北纬 34.68 度
鲁都曲阜	西周初期	区域形势：位于鲁中南山地丘陵区向华北平原的过渡地带，鲁西平原东缘。 微地理环境：北、东、南三面环山；北、西两面有泗河绕过，南面有沂河西流而注入泗河；基本地势东北高、西南低。	东经 116.34 度，北纬 35.34 度
齐都临淄	西周初期	区域形势：位于淄潍（滩）小平原。 微地理环境：南有鲁余山脉的余脉牛山和稷山，东临淄水，西临系水。	东经 118.36 度，北纬 36.88 度
郑都新郑	春秋初期	区域形势：位于中原腹地，是豫西山区向东过渡地带。 微地理环境：东濒溱水，南临颍淮，西靠隗山，北靠黄河，古洧水（双洎河）自西北向东南穿郑城而过。	东经 113.73 度，北纬 34.40 度
楚纪南城	春秋中期	区域形势：位于长江中游、江汉平原腹地。 微地理环境：纪山以南，汀水北岸，西有沮漳河与八岭山，东为低矮丘陵及湖泊。	东经 112.18 度，北纬 30.42 度
秦都雍城	春秋中期	区域形势：位于关中盆地西部。 微地理环境：北有千山余脉，南有雍河，东有纸坊河。	东经 107.41 度，北纬 34.49 度

都城	选址时期	山水形势及地形	经纬度
晋都新田	春秋中期	区域形势：位于临汾盆地，西有吕梁山，北有塔儿山，东有太岳山，南有紫金山，四面环山，中有汾河、浍河穿过。 微地理环境：在汾浍之交，临汾绛山、峨嵋岭以北，塔儿山以南，乌岭山以西，西北是吕梁山的南部。	东经 111.31 度，北纬 35.62 度
赵都邯郸	战国初期	区域形势：西临太行山，东临华北平原。 微地理环境：位于沁河冲积扇，漳水支流牛首水岸边。	东经 114.43 度，北纬 36.57 度
秦都咸阳	战国初期	区域形势：位于关中盆地中部。 微地理环境：泾河、九嵕山以南，渭河以北。随着城市向南发展，咸阳横跨渭河。	东经 108.86 度，北纬 34.41 度
燕下都	战国末期	区域形势：太行山北端东麓，华北平原北部。 微地理环境：北易水与中易水之间。	东经 115.53 度，北纬 39.31 度
楚都寿郢	战国末期	区域环境：黄淮平原的南部，淮河中游的南岸。 微地理环境：北面有天然屏障八公山，东淝水从城东、北两面流过，西南则河湖水网密布。	东经 116.78 度，北纬 32.57 度

根据表 2 - 5 可以得出以下结论。

第一，"经水"。

与山相比，都城与河流的关系更加密切，《列子·汤问》就有"缘水而居"[1] 的记载。都城虽然为政治中心，但究其根本，它还是一个大型聚落，是人口聚居地，需要考虑宜居与安全问题。首先，从军事方面来看，河流对于都城的防御作用非常明显。其次，从交通方面来看，水路交通在先秦时期明显优于陆路交通，都城位于水陆交通枢纽或河川渡口，舟船往来、交通便利，利于物产流通。再次，从经济方面来看，河流旁边的地势一般较为平坦，土壤一般为

---

① 杨伯峻撰：《列子集释》，中华书局 1979 年版，第 164 页。

次生土壤，比较肥沃，利于早期农业的发展。最后，从生活方面来看，水流不绝，利于解决城市的水源和排水问题。

因此，濒临河流往往是先秦都城选址的一般规律。先秦都城与水的关系大致可以分成三种类型：一种是都城位于河流交汇处的"汭"。如郑韩故城位于双洎水与黄水交汇处。第二种是城市位于两条河流之间。如偃师商城位于黄河与洛河之间；燕下都介于北易水和中易水之间；齐临淄故城东临淄水，西临系水。第三种，河流直接穿城而过。沣水穿过丰镐，注入渭河；沁河穿过邯郸城，注入滏阳河；长江流域的大部分都城如楚郢都、吴阖闾城，设有多座水门，城内街河相接，水道四通八达。第四种，混合型，既有河流傍城，也有河流穿城。如洛邑既位于涧水和洛水交汇处，又有瀍水穿城而过。

当然，这种城水关系，可能是与当时的生产力水平相适应的。一方面，都城聚落紧邻河流，方便居民生产和生活用水，人工引水渠道的建设可以不用花费太多人力物力；另一方面，由于河流较小，可以无内涝之虑，毕竟在生产力较为低下的时期，人类还不能有效应对大河的泛滥。同时，河流还可起到护城河的作用，有利于军事防御。

但是，濒临河流营建都城也有其不足之处：濒临河流的地方，必定地势较低、地下水位较高，大部分人生活在潮湿环境中；战争情况下，会有引水灌城的危险，并且，如果河流丰水期和枯水期差别较大、河道变迁频繁，也可能遇到河流毁城的危险。因此，随着生产力水平的提高，都城选址逐渐离开河流一定距离，城市给排水大多依靠人工渠道。

因此，傍水是先秦都城选址的共性之一。

第二，"乡山"。

"乡山"是《管子·度地》的说法，其实就是"依山"。山对都城的影响很大。首先，山在都城附近，可以作为军事屏障，保障都城安全；其次，山内有诸多动植物产品，可以补充物资，丰富生产生活；再次，山及其余脉造成地形起伏，便于城市景观营造；最后，山上的水流对都城影响巨大。

因此，依山也是先秦都城选址的共性之一。

第三，地形肥饶。

先秦都城的地形地貌以平原丘陵为主，大部分都城选在河流冲积扇上。相对而言，河流冲积扇地形平坦，高差不是很大，地下水储量丰富，便于都城内大量人口居住及生产生活。

另外，都城周遭的土壤比较肥沃，加上大部分都城位于北温带大陆性季风气候区，农业生产较好，可以供养都城内较多的非农业人口。

由以上三点可以看出，先秦大部分都城选址符合《管子·度地》对山水形势的要求：“择地形之肥饶者，乡山，左右经水若泽……”

第四节　先秦都城选址制度的发展阶段

先秦都城选址主要有两个观念，即择中立都与“因天材，就地利”，在此观念基础上形成的择中立都制度与“因天材，就地利”制度。从择中立都与“因天材，就地利”两种选址观念的出现时间来看，先秦都城选址制度的发展包括以下两个阶段。

一　商周时期

商周时期的都城选址制度，主要遵循择中立都原则，即都城要位于统治版图的中心位置。

商代的都城是“以政治功能和军事功能为主，是商周王室获取政治权力的工具和实施政治、军事统治的堡垒。商周都城城址的选择基本上是遵循国都应设在天下之中的政治法则进行的”。“都城的兴建，必须要选择在天下的中央，天子要从天下的中央地区，来治理天下所有的民众。”因此，卢连成认为在晚商时期“安阳殷墟基本上是殷商王室实际控制疆域的中心地区"①。

到周代，"周人早期都城岐周、丰、镐城址的选择也是居天下之中的政治法则确定的"②。在周人初起于西方之时，东方广大的地区为商人所有，那时，周人的疆域仅仅局限于渭水的中游一带，周人由豳至周原，随着周人实力的向东发展，周的政治中心又由周原迁至丰镐。当时周人控制的疆域，是所谓的"西土"，丰镐也算是疆域的中心了。武王伐纣之后，面对迅速扩大的疆域以及周人想象中的"天下"，周人明确了"天下之中"的概念，并将之建成新的都城——成周洛邑。周幽王时期的郑国史伯曾解释过成周的位置："当成周者，南有荆蛮、申、吕、应、邓、陈、蔡、随、唐，北有卫、燕、狄、鲜虞、潞、洛、泉、徐蒲，西有虞、虢、晋、隗、霍、杨、魏、芮，东有齐、鲁、曹、宋、滕、薛、邹、莒。"③春秋时期，周景王对周王朝的疆域有过描述："我自夏以后稷，魏、骀、芮、岐、毕，吾西土也。及武王克商，蒲姑、商奄，吾东土也；巴、濮、楚、邓，吾南土也；肃慎、燕、亳，吾北土也。"④其中，"西土"的"魏，河东河北县也。芮，冯邑临晋县，芮乡是也。毕，在京兆长安县西北。骀，在武功。岐，在美阳"⑤。因此，"西土"应该指的是由今山西西南近黄河之处迄于今陕西渭水流域的中下游。"东土"的"蒲姑、商奄，滨东海者也。蒲姑，齐也。商奄，鲁也"⑥。由此，

---

① 卢连成：《中国古代都城发展的早期阶段——商代、西周都城形态的考察》，中国社会科学院考古研究所编著《中国考古学论丛——中国社会科学院考古研究所建所 40 周年纪念》，科学出版社 1993 年版，第 231—232 页。

② 卢连成：《中国古代都城发展的早期阶段——商代、西周都城形态的考察》，中国社会科学院考古研究所编著《中国考古学论丛——中国社会科学院考古研究所建所 40 周年纪念》，科学出版社 1993 年版，第 231—232 页。

③ 徐元诰撰，王树民、沈长云点校：《国语集解》，中华书局 2002 年版，第 461—462 页。

④ 杨伯峻编著：《春秋左传注》，中华书局 1981 年版，第 1307—1308 页。

⑤ 《春秋左传正义·昭公九年》引《释例土地名》，见《十三经注疏·春秋左传正义》，艺文印书馆 2001 年版，第 778 页。

⑥ 《春秋左传正义·昭公九年》引服虔曰，见《十三经注疏·春秋左传正义》，艺文印书馆 2001 年版，第 778 页。

所谓"东土"应该指的是东方近海之地。"南土"的"巴,巴郡江州县也。楚,南郡江陵县也。邓,义阳邓县也。建宁郡南有濮夷地"①。"南土"应该指的是今河南西南、湖北、四川及其以南的地方。"北土"的"燕国,蓟县也。亳是小国,阙不知所在,盖与燕相近,亦是中国也。唯肃慎为夷"②。"北土"应该指的是现在北京一带。根据周景王所列举的具体国名地名,可以看出,位于西土、东土、南土、北土四面疆域之中的是成周洛邑。

从择中立都制度的发展来看,商应该处于萌芽期,这一时期已经出现择中设立都城的自觉做法,但是可能还没有完成向自发的转变。周应该是择中立都制度的确立期,在文献记载中上已经明确了"天下之中"的选择,并且出现"天下之中"与"地中""土中"的混同。

二 春秋战国时期

这一时期主要表现为"因天材,就地利"选址观念和选址制度的确定。

"因天材,就地利"就是注重都城周边地理环境,在商周时期就已经有这样的意识。《史记·周本纪》记载周武王对洛邑的评价:"自洛汭延于伊汭,居易毋固,其有夏之居。我南望三涂,北望岳鄙,顾詹有河,粤詹雒、伊,毋远天室。"③ 这一带"其地平易无险固"④,这里的河流冲积平原,地势平坦,宜于发展农业,且周遭有河、山凭借,"审慎瞻雒、伊二水之阳,无远离此为天室"⑤。就是从地理环境的角度来考察洛邑是否适合为都城。

---

① 《春秋左传正义·昭公九年》引《释例土地名》,见《十三经注疏·春秋左传正义》,艺文印书馆 2001 年版,第 778 页。
② 《春秋左传正义·昭公九年》引《释例土地名》,见《十三经注疏·春秋左传正义》,艺文印书馆 2001 年版,第 778 页。
③ 《史记》,中华书局 1959 年版,第 129 页。
④ 《史记·周本纪·索隐》,见《史记》,中华书局 1959 年版,第 130 页。
⑤ 《史记·周本纪·正义》,见《史记》,中华书局 1959 年版,第 131 页。

到春秋战国时期，《管子》明确提出"因天材，就地利"的选址观念，《吴越春秋·阖闾内传》也有"夫筑城郭，立仓库，因地制宜"的说法。① 主要原因是这一时期各诸侯国疆域变动较大，无法像商周时期那样不断寻求国土的中心点。因此，择中立都制度便显得不合时宜。

例如，齐都临淄的选址。齐的疆域变化非常明显。

西周初期，齐疆域可能仅仅"方百里"，② 临淄处于其中心可想而知。

到春秋初期，齐桓公成为春秋五霸之首，齐国的疆域也随之扩大。按照《管子·小匡》的记载，齐"地方三百六十里"③。按照《管子·轻重丁》的记载，齐"方五百里"④。《国语》记载齐桓公即位多年后，"莱、莒、徐夷、吴、越，一战帅服三十一国"⑤。《荀子》⑥《韩非子》⑦ 也有类似的记载。据《国语·齐语》的记载，齐桓公时期"正其封疆，地南至于岱阴，西至于济，北至于河，东至于纪酅"⑧。其中，岱阴，徐元诰曰："地名，齐南界也。……齐在

① 周生春撰：《吴越春秋辑校汇考》，上海古籍出版社1997年版，第39页。

② 《孟子·告子》中有："太公之封于齐也，亦为方百里也。"（《四书章句集注》，中华书局1983年版，第345页）当然，也有人根据《左传·僖公四年》记载的"昔召康公命我先君大公曰：'五侯九伯，女实征之，以夹辅周室。'赐我先君履，东至于海，西至于河，南至于穆陵，北至于无棣"，认为太公时期齐国疆域远远大于"方百里"。但是笔者认为西周初期各诸侯国实行的是点状控制，政权初建，政治中心能控制的范围可能只有"方百里"的区域，"东至于海，西至于河，南至于穆陵，北至于无棣"的范围可能由于太公是周初开国功臣，其封地又远离宗周，处于戎夷之间，因此周天子赐予齐侯大范围的征讨特权。

③ 黎翔凤撰，梁运华整理：《管子校注》，中华书局2004年版，第424页。

④ 黎翔凤撰，梁运华整理：《管子校注》，中华书局2004年版，第1500页。

⑤ 徐元诰撰，王树民、沈长云点校：《国语集解》，中华书局2002年版，第232—233页。

⑥ 《荀子》记载齐桓公"诈邾，袭莒，并国二十五"，见（清）王先谦撰，沈啸寰、王星贤整理《荀子集注》，中华书局2012年版，第105页。

⑦ 《韩非子》："齐桓公并国三十，启地三千里。"见（清）王先慎撰，钟哲点校《韩非子集解》，中华书局1998年版，第31页。

⑧ 徐元诰撰，王树民、沈长云点校：《国语集解》，中华书局2002年版，第232页。另外，《管子·小匡》也有类似记载：齐"正其封疆，地南至于岱阴，西至于济，北至于海，东至于纪随。"见黎翔凤撰，梁运华整理《管子校注》，中华书局2004年版，第424页。

泰山之北，故曰南至于岱阴。"济，应该是指古济水；河是指古黄河，春秋时期黄河从齐国北境东北流；鄙为纪邑，应该在今青州市西北。钟林书先生考证得出："当时的齐国疆域，东不过今山东半岛西部的弥河，南不过泰山，西在今山东齐河县一带，北在今天津市南界以南。"①

景公时齐国的疆域愈加增大。晏子说当时的齐国位于"聊、摄以东，姑、尤以西"②。郑玄注："聊、摄，齐西界也。平原聊城县东北有摄城。姑、尤，齐东界也，姑水、尤水皆在城阳郡东南入海。"③聊应该在今山东省聊城市西北一带，摄在今山东省茌平西一点。姑水是今山东半岛中部的大姑河，尤水应该是现在的小姑河。因此，齐的疆域应该扩大到今山东冠县、临清市以东，大姑河以西的区域。

战国时期，田齐成为国力强盛的诸侯国之一。齐的疆域进一步扩大，《孟子·梁惠王上》有："海内之地千里者九，齐集有其一。"④应该是说明齐疆域方千里以上。《战国策·齐策一》中苏秦的说法与之不同："齐南有太山，东有琅邪，西有清河，北有渤海，此所谓四塞之国也。齐地方二千里。"⑤这两条资料提及齐疆域面积差别甚大。当然，"地方千里"或"地方二千里"均为策士之言，不应尽信。然而，战国时期齐国疆域的扩大是不争的事实。钟林书先生考证认为："战国时齐之疆土，大致有今河北中部的大城、任丘、徐水等一线以南，（与燕国南部长城接邻）……西边在今河北南部晋县、威县及河南南乐、范县一线以东，与赵、魏相邻。南面主要在今河南睢县及江苏北部徐州、睢宁及宿迁等一线以北，主要与魏楚为界。东部占有整个辽东（疑为山东）半岛直至海。从东至西，

①　钟林书：《春秋战国时期齐国的疆域及政区》，《复旦大学学报（社会科学版）》1996 年第 6 期。

②　杨伯峻编著：《春秋左传注》，中华书局 1981 年版，第 1417 页。

③　《十三经注疏·春秋左传正义》，艺文印书馆 2001 年版，第 858 页。

④　《四书集注章句》，中华书局 1983 年版，第 211 页。

⑤　《战国策》，上海古籍出版社 1985 年版，第 337 页。

从南至北各千里余，只是还有小国穿插其间。"①

可以看出，齐国的疆域从太公初封的"方百里"到战国末年"方二千里"或方千里，规模变化是极大的。在国土"方百里"之时，临淄可能是国土的中心点，随着疆域的变化，临淄不再是国土之中。可能齐桓公时期随着齐国疆域的迅速扩大，出现"择中立都"的想法，管子针对"择中立都"的观点提出"因天材，就地利"的选址观念。《管子》一书，没有提及"择中立都"，而是多次述及对都城选址的地理要求："故圣人之处国者，必于不倾之地。而择地形之肥饶者，乡山，左右经水若泽，内为落渠之写，因大川而注焉。乃以其天材，地之所生利，养其人以育六畜。"②"凡立国者，非于大山之下，必于广川之上。高毋近旱而水用足；下毋近水而沟防省。因天材，就地利，故城郭不必中规矩，道路不必中准绳。"③ 由此，确立了"因天材，就地利"注重都城周边地域环境的选址制度。

第五节　先秦都城选址的影响因素

学者已经就政治④、经济⑤、军事⑥、交通⑦、生态环境⑧、地理

① 钟林书：《春秋战国时期齐国的疆域及政区》，《复旦大学学报（社会科学版）》1996 年第 6 期。

② 黎翔凤撰，梁运华整理：《管子校注》，中华书局 2004 年版，第 1050—1051 页。

③ 黎翔凤撰，梁运华整理：《管子校注》，中华书局 2004 年版，第 83 页。

④ 何海斌：《三晋都城迁徙及其地缘战略初探》，山西师范大学硕士学位论文，2009 年。

⑤ 王子今：《从鸡峰到凤台：周秦时期关中经济重心的移动》，《咸阳师范学院学报》2010 年第 3 期。

⑥ 徐团辉：《战国都城防御的考古学观察》，《中原文物》2015 年第 2 期；吴布林、丁阳：《秦三易都城之区域背景考察》，《管子学刊》2011 年第 4 期。

⑦ 朱活：《从山东出土的齐币看齐国的商业和交通》，《文物》1972 年第 5 期；王子今：《早期中西交通线路上的丰镐与咸阳》，《西北大学学报（哲学社会科学版）》2015 年第 1 期。

⑧ 刘继刚：《周初营建洛邑的资源环境因素分析》，《殷都学刊》2017 年第 1 期；张建锋：《从丰镐到长安——西安咸阳地区都城选址与地貌环境变迁的关系初探》，《南方文物》2020 年第 3 期。

位置①等因素对先秦都城选址的影响做了研究，本节拟就前辈学者关注较少的灾害因素影响、国内国外政治形势、传承因素等加以论述。

一 灾害因素对都城选址的影响②

刘易斯·芒福德对城市与灾害的关系做过论述："美索不达米亚城市的效能极大地增强了一些城市本身吸引人、滋养生命的特性，那里的城市大多建址于大型台地上，因而可以避免周期性洪水的袭击，较周围广大的乡村地区处于优越的地位；伍利（Wool-ey，1880—1960 年，英国考古学家）认为，并不是什么乌特那皮什提姆方舟（Utnapishtim ark），而是上古时代的城市，在洪水到来时充当了抗御没顶之灾的主要工具。"③ 城市能够有效避免水患的袭击，充当诺亚方舟。反过来，灾害尤其是水患对城市也会造成很大影响。

都城作为政治中心，自然要建立在生态环境较好、自然灾害较少的区域。生态环境恶化、自然灾害增多之后，人们一般会迁移都城，其实就是都城的重新选址。这种选址，可能是在小范围的重新选择，如隋唐长安城离开关中龙首原以北的汉长安城城址转移到龙首原以南；也可能是大范围的重新选择。

（一）河患导致中商时期的都城迁移

商代中期，从仲丁迁隞开始到盘庚迁殷的一百五十年间，商代经历了一个较为动荡的时期。这种状况与水灾有密切的联系。

---

① 唐晓峰：《试论晋国的都城区位》，中国地理学会历史地理专业委员会《历史地理》编委会编《历史地理》第二十一辑，上海人民出版社 2006 年版，第 25—32 页。

② 本部分论点已发表，见潘明娟《自然灾害视域下的西周末期政治重心东迁》，《唐都学刊》2020 年第 1 期。

③ ［美］刘易斯·芒福德著，宋俊岭、倪文彦译：《城市发展史——起源、演变和前景》，中国建筑工业出版社 2005 年版，第 102 页。

表 2 - 6　　　　　　　　　　商代中期都邑迁移

商王	《书序》记载的都城	《古本竹书纪年》记载的都城	《史记·殷本纪》记载的都城
仲丁	嚣	嚣	隞①
河亶甲	相	相	相②

①　隞都的地望，目前并不清晰。皇甫谧云："仲丁自亳徙嚣，在河北也。或曰在河南敖仓。二说未知孰是也。"《诗经·小雅·车攻》有："建旐设旄，搏兽于敖。"郑玄注："兽，田猎搏兽也。隞，郑地，今近荥阳。"（《十三经注疏·毛诗正义》，艺文印书馆2001年版，第367页）《左传·宣公十二年》载：晋楚邲之战，师楚"次于管以待之。晋师在敖、鄗之间"。杜预注："荥阳京县东北有管城，敖、鄗二山在荥阳县西北。"（《十三经注疏·春秋左传正义》，艺文印书馆2001年版，第393页）曲英杰认为隞地"当在河南敖仓"。（曲英杰：《先秦都城复原研究》，黑龙江人民出版社1991年版，第73页）张新斌也认为"敖仓地区位于今郑州市区西北以及荥阳市的范围内"。（张新斌：《敖仓史迹研究》，《中国历史地理论丛》2003年第1期）而郑州西北小双桥有商代遗址，（河南省考古研究所等单位：《1995年郑州小双桥遗址的发掘》，《华夏考古》1996年第3期）小双桥遗址的时代总体上略晚于二里冈文化，但明显早于安阳殷墟文化。[河南省文物研究所：《郑州小双桥遗址的调查与试掘》，《郑州商城考古新发现与研究（1985—1992）》，中州古籍出版社1993年版，第242—271页；河南省考古研究所等单位：《1995年郑州小双桥遗址的发掘》，《华夏考古》1996年第3期]陈旭认为郑州小双桥有可能是隞都所在。（陈旭：《郑州小双桥商代遗址即隞都说》，《中原文物》1997年第2期）

②　相地所在，有三种说法。第一种为相州安阳说。《通典》卷一七八相州载："殷王河亶甲居相，即其地也。"《通鉴地理通释》云："《类要》安阳县本殷虚，所谓北冢者，亶甲城在西北五里四十步，洹水南岸。"世纪之交的时候，在安阳殷墟遗址的东北发现一座商代古城，与传统的殷墟范围略有交错，被命名为洹北商城。根据所揭示的地层关系和发掘品的类型学研究，遗址中的遗存可分为早、晚两期，早期略晚于小双桥遗址，晚期略早于殷墟一期，碳十四测年完全支持这一结论。[唐际根等：《河南安阳市洹北花园庄遗址1997年发掘简报》，《考古》1998年第10期；夏商周断代工程专家组：《夏商周断代工程：1996—2000年阶段成果报告》（简本），世界图书出版公司北京公司2000年版]如果小双桥遗址确为仲丁之隞都，则判定洹北花园庄遗址为河亶甲之相都应该是正确的。洹北商城的发现，使相州安阳说受到重视。第二种为相州内黄说。《括地志》云："故殷城在相州内黄县东南十三里，即河亶甲所筑之都，故名殷城也。"其在今河南内黄县境。春秋以前黄河河道径其西，商人自随地循河水北迁至此是完全有可能的。今内黄南12千米刘次范村东立有宋开宝七年（1974）商中宗庙碑，记有商王河亶甲事迹，附近发现有商代遗物，可能为我们寻找商都相提供线索。第三种为沛郡相县说。孙星衍《尚书今古文注疏》卷三十注《尚书》序"河亶甲居相"云："相者，《地理志》相县属沛郡。"（中华书局1986年版，第577页）近世陈梦家、丁山等主此说。（陈梦家：《殷墟卜辞综述》第八章"方国地理"，中华书局1988年版；丁山：《盘庚迁殷以前商族踪迹之追寻》，《商周史料考证》，中华书局1988年版）其地在今安徽宿县一带。然除地名相同外，似别无所据。此相地近淮水，商时为东夷所居。由商代晚期"纣克东夷"的记载，可以获知在商代中期商人势力似乎并未到达此处，故河亶甲之都不可能在这里。

续表

商王	《书序》记载的都城	《古本竹书纪年》记载的都城	《史记·殷本纪》记载的都城
祖乙	耿	庇	邢①
南庚		奄②	
盘庚	殷	殷	先都河北后渡河南汤故居

资料来源：据《书序》《古本竹书纪年》《史记·殷本纪》相关记载整理。

　　商代中期都邑迁徙频繁，不常厥邑。这种状态一直持续到盘庚迁殷之时。屡迁的原因学界众说纷纭，大致有五种说法：一是所谓"去奢行俭"说；③ 二是"游农"或"游耕"说；④ 三是战争需要说；⑤ 四是

---

　　① 《左传·宣公六年》载："秋，赤狄伐晋，围怀，及邢丘。"杜预注："邢丘，今河内平皋县。"（《十三经注疏·春秋左传正义》，艺文印书馆 2001 年版，第 377 页）邢丘，在今河南温县境。《韩诗外传》卷三载："武王伐纣，到于邢丘，轭折为三，天雨三日不休。……乃修武勒兵于宁，更名邢丘曰怀，宁曰修武。行克纣于牧之野。"可知邢丘在武王伐纣时已存在，其名邢丘，当如王国维所释为邢虚，即商都邢城之墟。（王国维：《说耿》，《观堂集林》卷十二，中华书局 1961 年版）

　　② 从商人多次迁徙不离河水来看，奄都似乎应当在近河地区。王国维认为墉与奄相通。（王国维：《北国鼎跋》，《观堂集林》卷十八，中华书局 1961 年版）《通典》卷一七八载卫州新乡县"西南三十二里有墉城。即墉国"，在今河南新乡市西南。今新乡北站区火电厂附近潞王坟遗址已发现商代早、中期文化遗存，马小营村和台头村等地亦发现有商代遗迹。（杨育彬：《河南考古》附《河南古代遗址、城址、窑址、墓葬统计表》，中州古籍出版社 1985 年版）似可为寻找商都奄提供线索。

　　③ 此说之产生较早，《墨子》就主张这种说法，其后《汉书》《申鉴》《盐铁论》及张衡、郑玄、皇甫谧等人皆从此说。

　　④ 郭沫若把迁都看作游牧民族无所定居的反映。（郭沫若：《卜辞中的古代社会》，《中国古代社会研究》，人民出版社 1954 年版）傅筑夫认为商人尚处于渔猎游牧经济向农业经济过渡的阶段，名之曰"游农"或"游耕"阶段。（傅筑夫：《中国古代经济史概论》，中国社会科学出版社 1981 年版）丁山、柳诒征、芳明、果鸿孝等也以游牧说解释殷都屡迁的现象。

　　⑤ 在奴隶社会，战争是经常发生的，通过战争掠夺"士女牛羊"（《师寰毁》铭），为奴隶主补充财富。而在当时的交通运输条件下，跋涉远征比较困难，故选择王都不能不从军事角度上考虑作战的方便。（邹衡：《论汤都郑亳及其前后的迁徙》，《夏商周考古学论文集》，文物出版社版 1980 年版，第 209—210 页）

政治斗争说;① 五是水患所迫说。②

在这里，笔者着重强调水患对都城的影响。商代中期政治中心迁移③与水灾是密切相关的。许多史家都认为商朝中期的频繁迁都，多源于水灾。其中首倡者是西汉的孔安国。汉代出现的《书序》有"祖乙圮于耿"的记载。《尚书》孔安国传及孔颖达的《尚书正义》都把这条记载解释为："河水所毁曰圮""圮，毁也"。④ 因此，耿邑的废弃应与水患有直接关系。近人王国维持此说："其地（耿）正滨大河。故祖乙圮于此。"⑤《尚书·盘庚》篇又记载"今我民用荡析离居，罔有定极"⑥，与《书序》记载相联系，可以得出：盘庚迁都也是因为水患。晋人王肃谈及盘庚迁殷的原因时说："自祖乙五世盘庚元兄阳甲，宫室奢侈，下民邑居垫隘，水泉泻卤，不可以行政造成化，故徙都。"南宋蔡沈《书集传》更进一步解释说："自祖乙都耿，圮于河水，盘庚欲迁于殷。"孙星衍疏曰："荡者，《说文》云：'泆，水所荡泆也。'析者，《广雅释诂》云：'分也。''极，

① 如郭沫若认为盘庚迁殷的原因是"阶级斗争"。（郭沫若主编：《中国史稿》第一册，人民出版社 1964 年版，第 162 页）李民则认为盘庚迁殷所需解决的中心问题是"贵族和平民的斗争"。[李民：《〈盘庚〉篇所反映的平民与奴隶主的斗争》，《尚书》与古史研究（增订本）》，中州书画社 1981 年版] 黎虎、赵锡元认为是由于统治阶级内部的王位纷争。[黎虎：《殷都屡迁原因试探》，《北京师范大学学报（社会科学版）》1982 年第 4 期；赵锡元：《中国奴隶社会史述要》，上海人民出版社 1959 年版，第 58、65 页。]

② 《书序》明确记载"祖乙圮于耿"，《尚书》孔安国传及孔颖达的《尚书正义》都把这条记载解释为、"河水所毁曰圮""圮，毁也"。那么，耿邑的废弃应与水患有直接关系。近人王国维持此说："其地（耿）正滨大河。故祖乙圮于此。"（王国维：《说耿》，《王国维遗书·观堂集林》卷十二，上海古籍书店 1983 年版，第 5 页）《尚书·盘庚》篇又记载"今我民用荡析离居，罔有定极"，与《书序》记载相联系，则有学者认为盘庚迁都也是因为水患，由此类推到历次迁都，得出中商迁都均因水患的说法。如吴泽认为："盘迁殷前，史称自成汤至盘庚，均因水患而迁都者，凡五次。"（吴泽：《中国历史大系·古代史：殷代奴隶制社会史》，棠棣出版社 1953 年版）

③ 详细论述见潘明娟《先秦多都并存制度研究》，中国社会科学出版社 2018 年版，第 69—70 页。

④ （清）孙星衍撰，陈抗、盛冬铃点校：《尚书今古文注疏》，中华书局 1986 年版，第 577 页。

⑤ 王国维：《说耿》，《王国维遗书·观堂集林》卷十二，上海古籍书店 1983 年版，第 5 页。

⑥ （清）孙星衍撰，陈抗、盛冬铃点校：《尚书今古文注疏》，中华书局 1986 年版，第 239—240 页。

至'、'震，动'，皆《释诂》文。言我民为水荡沃离析，不安共居，无有定至之处，汝方怪朕之动民迁居。言不得已。"① 吴泽先生认为"盘庚迁殷前，史称自汤到盘庚，均因水灾而迁都者，凡五次。"② 岑仲勉先生认为商人"不常厥邑"是由于河患。③ 可以说，商代中期政治中心的迁移，除了政治经济等因素之外，与黄河下游河道决口、改道、泛滥等水灾有着密切的因果关系。刘继刚经过周密考证，认为盘庚迁殷之前在商代所都之处至少发生过四次大的洪水灾害。④

（二）自然灾害视域下的西周末期政治重心东迁

西周末年，政治重心经历了由宗周丰镐向成周洛邑的转移，这是都城有黄河中游向黄河中下游交界地带的转移，是较大区域内都城的重新选址。

关于西周末期的政治重心东移，大部分学者将其等同于"平王东迁"的历史事件。⑤ 然而，政治重心的东移是一个持续不断的过

---

① （清）孙星衍撰，陈抗、盛冬铃点校：《尚书今古文注疏》，中华书局 1986 年版，第 240 页。

② 吴泽：《中国历史大系·古代史：殷代奴隶制社会史》，棠棣出版社 1953 年版，第 320 页。

③ 岑仲勉：《黄河变迁史》，人民出版社 1957 年版，第 116—121 页。

④ 刘继刚：《中国灾害通史·先秦卷》，郑州大学出版社 2008 年版，第 28 页。

⑤ 平王东迁的原因，《史记》提出"周避犬戎难，东徙雒邑"。由于文献记载语焉不详，近现代学者就平王东迁原因提出异议。钱穆先生指出："《史记》不知其间曲折，谓平王避犬戎东迁。犬戎助平王杀父，乃友非敌，不必避也。"（钱穆：《国史大纲》，商务印书馆 1940 年版，第 50 页）蒙文通先生也认为："犬戎党于平而夺平地，秦敌于平而平封爵之，皆事之必不然者。"（蒙文通：《周秦少数民族研究》，龙门联合书局 1958 年版，第 21 页）王玉哲先生指出"平王东迁，明为避秦"，而不是逃避犬戎。（王玉哲：《周平王东迁乃避秦非避犬戎说》，《天津社会科学》1986 年第 3 期）晁福林认为，平王东迁洛邑"一是丰镐不仅残破，而且邻近西戎和正在崛起的秦国，故不如迁往东都洛邑安全。二是洛邑居住天下之中，八方辐凑，经济发达，并且支持周王室的晋、郑、卫等都在洛邑附近"。（晁福林：《论平王东迁》，《历史研究》1991 年第 6 期）于逢春则持"投戎避秦"之说。（于逢春：《周平王东迁非避戎乃投戎辩——兼论平王东迁的原因》，《西北史地》1983 年第 4 期）王雷生推而广之，认为平王东迁是因为"受逼于秦、晋、郑等诸侯"。（王雷生：《平王东迁原因新论——周平王东迁受逼于秦、秦、郑等诸侯说》，《人文杂志》1998 年第 1 期）董惠民在逐条批驳于逢春的观点后，提出东迁的原因是"王室衰微，东依晋郑"。（董惠民：《略谈平王东迁的主要原因——兼与于逢春同志商榷》，《湖州师专学报（人文科学版）》1987 年第 2 期）以上观点，有相近之处，如晁福林、王玉哲、于逢春、王雷生等学者均持"避秦"之论；有的则完全相反，如晁福林认为东迁避戎，于逢春则认为"投戎"。又如，王雷生认为东迁避晋、郑等诸侯，晁福林、

程，不是一蹴而就的，不能仅局限于平王东迁事件进行论述；同时，政治重心的东移是诸多因素包括内政外交、军事力量、社会经济等共同作用的结果，笔者着重探讨自然灾害对西周末期政治重心变迁的影响。①

1. 自然灾害背景

关于西周时期的自然灾害研究成果丰硕。②在灾害影响的研究方面，这些论著普遍关注了灾害对经济（尤其是农业经济）的影响，较少关注灾害与政治的互动，尤其西周末期厉、宣、幽时期灾害情况及其对政治的影响。

西周末期黄河中游的灾害主要为旱灾、寒灾和震灾。③周厉王、周宣王、周幽王在位 108 年间，共发生旱灾 14 年次，寒灾 2 年次，

（接上页）董惠民等则认为晋、郑等诸侯支持周王室。总之，这些论述主要是从当时的政治斗争及诸侯势力、戎周关系等方面进行了深入探讨，仅于逢春在其文章中提到了平王东迁的原因之一，即"平王东迁是为了摆脱连续几百年的天灾所造成的困境"。（于逢春：《周平王东迁非避戎乃投戎辩——兼论平王东迁的原因》，《西北史地》1983 年第 4 期）

① 本部分的论述已发表，见潘明娟：《自然灾害视域下的西周末期政治重心东迁》，《唐都学刊》2020 年第 1 期。

② 学界有先秦灾荒的总体研究，如：刘继刚《中国灾害通史·先秦卷》，郑州大学出版社 2008 年版；聂甘霖、陈纪昌《先秦时期的自然灾害与政府应对》，《山西大同大学学报（社会科学版）》2014 年第 1 期；刘进有《先秦灾害问题述论》，《兰州工业学院学报》2015 年第 6 期；等等。有不同灾害的专题研究，包括水灾、旱灾、虫灾、地质灾害等，如：尧水根《先秦至秦汉水旱灾害略论》，《农业考古》2013 年第 4 期；程天宝《试论先秦时期的水灾与赈济》，《河南社会科学》2009 年第 5 期；刘继刚、何婷立《先秦水灾概说》，《华北水利水电学院学报（社会科学版）》2007 年第 2 期；胡其伟《先秦农业中的虫灾简析》，《农业考古》2016 年第 4 期；王元林、孟昭锋《先秦两汉时期地质灾害的时空分布及政府应对》，《陕西师范大学学报（哲学社会科学版）》2011 年第 3 期；等等。有灾异观念、应对措施，如：李亚光《周代荒政研究》，吉林大学博士学位论文，2004 年；聂甘霖、陈纪昌《先秦时期的自然灾害与政府应对》，《山西大同大学学报（社会科学版）》2014 年第 1 期；陈艳丽《先秦防灾救灾经济思想研究》，山西财经大学硕士学位论文，2010 年；李瑞丰《先秦两汉灾异文学研究》，河北大学博士学位论文，2014 年；等等。

③ 本书的灾害统计原则：一是关于灾害发生地。史籍明确注明灾害发生地的记载，当无疑问。如无明确记载说明灾害发生地，则统计为宗周丰镐附近即黄河中游的灾害。二是灾害发生次数按年计算，一年之中发生的灾害视为一次，称为"年次"。

震灾 2 年次。西周末年自然灾害的频繁，正如《国语·周语下》所记载："自我厉、宣、幽、平而贪天祸，至于今未弭。"①

2. 丰镐与洛邑经济地位的变化

丰镐的经济在西周末年一落千丈。从《诗·小雅·雨无正》②的描述中我们可以看到，在人民生活方面，百姓陷入饥馑，"降丧饥馑，斩伐四国""饥成不遂"；在社会秩序方面，百姓开始四处逃亡，"靡所止戾"，甚至各级官员也人心不稳，"正大夫离居，莫知我勚。三事大夫，莫肯夙夜。邦君诸侯，莫肯朝夕"。不间断的灾害，导致周王朝对外是"戎成不退"，边疆不稳，战乱频繁；对内是朝廷政局混乱，"凡百君子，各敬尔身""凡百君子，莫肯用讯"，所有官吏都不肯劝谏周王。值得注意的是，这首诗的末尾出现了"谓尔迁于王都"，提出政治重心转移的要求，劝谏周王迁都，应该是明确了自然灾害对社会经济及政治局势影响太大，导致人心思迁。

在丰镐地区经济实力锐减的同时，洛邑逐渐成为经济中心。丰镐地区由于自然灾害频繁，经济实力锐减，而洛邑在西周末期几乎没有受灾的记载；同时，洛邑拥有大量的诸侯贡赋③和从东南夷掠夺

---

① 徐元诰撰，王树民、沈长云点校：《国语集解》，中华书局 2002 年版，第 99 页。

② "（诗）序：雨无正，大夫刺幽王也。"马瑞辰引诸多文献证明此诗非为刺幽王，是"兼刺正大夫之词"。[（清）马瑞辰撰，陈金生点校：《毛诗传笺通释》，中华书局 1989 年版，第 621 页] 但是，大部分学者都认为这首诗是描述幽王时期的作品。诗中所言"周宗既灭"，应该是幽王之后的诗，而非厉王时诗。因为厉王时周室虽然衰微但还未灭，之后宣王中兴又经四十多年，到周幽王之后才可以说"周宗既灭"。

③ 洛邑作为西周在中原地区统治的据点，主要的经济职能是征收赋税，囤积物资。洛邑的经济地位在"四方入贡道里均"这句话中有鲜明的体现。应该说，洛邑不仅是对周围郊甸地区征发人力、物力的中心，而且是对四方诸侯征收贡赋的中心，更是对四方被征服的夷戎部族或国家征发人力、物力的中心。分封制规定，各诸侯国对天子必须承担纳贡的义务。不同等级的诸侯按不同的标准纳贡。而洛邑为天下之中，"四方入贡道里均"，水陆运输都很方便，自然成为四方诸侯入贡的中心。

来的物资囤积。①

3. 丰镐和洛邑军事地位的变化

丰镐成为被动防御戎狄入侵的前线。气候变化和自然灾害，也会迫使游牧民族南下，② 戎狄入侵，导致丰镐沦为对战游牧民族的前线。《史记·周本纪》记载昭王时"王道微缺"③，穆王时"王道衰微"④，懿王时"王室遂衰"⑤，根据司马迁的说法，自昭王以后，西周逐渐衰落，到懿王时国力衰退。因此，《汉书·匈奴列传》记载懿王时"王室遂衰，戎狄交侵，暴虐中国。中国被其苦，诗人始作，疾而歌之，曰：'靡室靡家，猃允之故。''岂不日戎，猃允孔棘。'"⑥ 这时应该是西周国力衰微，戎狄开始入侵。"西戎反王室，灭犬丘大骆之族。周宣王即位，乃以秦仲为大夫，诛西戎。西戎杀

① 洛邑是对东夷和南淮夷进行财富掠夺的基地。许倬云先生认为："自从昭穆之世，周人对于东方南方，显然增加了不少活动。昭王南征不复，为开拓南方的事业牺牲了生命，穆王以后，制服淮夷，当时周公东征以后的另一件大事。西周末年，开辟南国，加强对淮夷的控制，在东南持进取政策。东都成周，遂成为许多活动的中心。"（许倬云：《西周史》，生活·读书·新知三联书店1994年版，第292页）西周末期，周王室已日渐衰弱，但南夷、淮夷仍然不得不向周王室缴纳贡赋。《兮甲盘》铭文："王令甲（兮甲）征司成周四方积，至于南淮夷。淮夷归我帛亩人，毋敢不出帛，其积、其进人、其贮，毋敢不即次，即市。敢不用令，则即井（刑），𢽍（扑）伐。"（连劭名：《〈兮甲盘〉铭文新考》，《江汉考古》1986年第4期）周宣王派出辅佐大臣兮甲，也就是尹吉甫，亲自主持征收东方的贡赋。南淮夷是向西周贡纳粮食和布帛的少数族，所以称为"归我帛亩人。"兮甲到了南淮夷，强迫征收粮食、布帛，并且还要进献奴隶，否则就要用武力征伐。西周晚期的驹父盨盖也说明了周王室对南淮夷和东夷的贡献征收。驹父盨盖属西周晚期，有铭文82字，记录了周王十八年正月，"南仲邦父命驹父即南诸侯，率高父见南淮夷"，索取贡纳，淮上小大诸侯无敢不奉王命，"不敢不敬畏王命""厥献厥服"。四月驹父还至于蔡，历时三月。西周末期，诸侯的贡献集中到洛邑，从东夷、南淮夷掠夺的贡纳品也聚集在洛邑。

② 面对干旱和寒冷的气候，"受影响的狩猎居民只有三种出路：一是追随他们所习惯的气候环境，追随猎物向北或向南移动；二是留居原地，靠不怕干旱的生物勉强过活；三是仍然留在原地，通过驯化动物和从事农业把自己从恶劣的环境中解脱出来"。大部分情况下，游牧民族是追随他们习惯的气候环境移动的。[（英）汤因比著，曹未风等译：《历史研究》上册，上海人民出版社1959年版，第86—87页]

③ 《史记》，中华书局1959年版，第134页。

④ 《史记》，中华书局1959年版，第134页。

⑤ 《史记》，中华书局1959年版，第140页。

⑥ 《汉书》，中华书局1962年版，第3744页。

秦仲。秦仲立二十三年死于戎……周宣王乃召庄公昆弟五人，与兵七千人，使伐西戎，破之。"① 秦人与西戎的惨烈斗争持续几代，互有胜负。可见在西周末期气候变化剧烈、寒灾出现的情况下，北方游牧民族迫于寒灾的压力不断南侵。而黄河流域的灾害又会减弱周王室对内对外的控制力，导致国力衰微。西周末期，周幽王举烽火以博妃子一笑，虽然很戏剧性，但也反映了战火烽烟时常直抵丰镐都下的紧张局势。之后"申侯怒，与缯、西夷犬戎攻幽王。……遂杀幽王骊山下，虏褒姒，尽取周赂而去"②。而平王东迁时对秦襄公说："戎无道，侵夺我岐丰之地。"③ 这些都说明丰镐最终沦为对战西北方戎狄的军事前线。

洛邑成为对东南夷掠夺战争的基地。在丰镐地区的被动性防御军事行为动摇周王室政治权威的同时，以洛邑为基地的与东夷、徐戎、淮夷等方国部落之间的主动战争则不断取得胜利。"更多的是周王朝主动派军对南方蛮夷'不臣'或'不贡'的征伐。"④ 相关战争在青铜器铭文中记载有很多。如厉王时期的虢仲盨盖、宗周钟、敔簋、禹鼎、鄂侯御方鼎、晋侯稣编钟等铜器铭文均提及对南夷或南淮夷的军事行动，最终"厥献厥服"。其中，晋侯稣编钟详细记述了晋侯稣随周厉王东征的经过。厉王三十三年（前846），王亲省东国南国，正月，从宗周出发，二月至成周，随即往东，三月王亲会晋侯率乃师伐夙夷，大获斩俘。王还归成周。六月，王两次召见晋侯稣，亲赐弓矢、马驹等，晋侯稣因此作钟。⑤ 宣王时期也有对南方征伐的文献资料，如《诗经》中的《小雅·采芑》《大雅·江汉》《大雅·常武》。幽王时期，即使已经衰微，周人仍然没有放弃对南方和

① 《史记》，中华书局1959年版，第178页。
② 《史记》，中华书局1959年版，第149页。
③ 《史记》，中华书局1959年版，第179页。
④ 王晖：《西周蛮夷"要服"新证——兼论"要服"与"荒服"、"侯服"之别》，《民族研究》2003年第1期。
⑤ 马承源：《晋侯稣编钟》，《上海博物馆集刊》第七期，上海书画出版社1996年版，第1—17页。

东南地区的经营，如《小雅·渐渐之石》毛诗序曰：下国刺幽王也。戎狄叛之，荆舒不至，乃命将率东征。役久病于时，故作是诗也。[1]

比较以丰镐为中心的对西北戎狄的防御战争和以洛邑为中心发动的对东南夷的掠夺战争，会发现西周末期丰镐和洛邑的军事地位有很大差别。

4. 都城地位的变化

在严重的天灾背景下，西周末期的社会经济、政治统治也是岌岌可危。西周末期政治重心的转移是在特定灾害背景下的一个过程，不是一蹴而就的，灾害严重打击了黄河中游的社会经济，导致不管在经济还是在军事地位上，丰镐都无法与洛邑相比。

西周末期丰镐和洛邑军事地位、经济地位的变化，在一定程度上会促使政治重心随之变化。可以说，西周末期的政治中心东迁至成周洛邑，是在黄河流域尤其是黄河中游地区自然灾害频仍的背景下出现的。将政治重心的东移置于自然灾害的背景下进行考察，或许更能清晰地把握西周末期灾害与政治的关系。

二　政治形势对都城选址的影响

政治形势包括国内和国际两方面，侯甬坚指出国都定位属于区域空间现象，是区域空间权衡的结果，历史上国都的选址需要同时考虑政治形势的"对内安全指向"和"对外发展指向"，[2] 从国内和国际两方面说明了都城城址的选择要求。

笔者试以晋迁新田、秦迁栎阳、赵迁邯郸为例说明政治形势对都城选址的影响。

（一）晋迁新田

晋迁新田，史书有明确记载。《左传·成公六年》："晋人谋去

① 《十三经注疏·毛诗正义》，艺文印书馆2001年版，第523页。
② 侯甬坚：《区域历史地理的空间发展过程》，陕西人民教育出版社1995年版，第161—171页。

故绛。诸大夫皆曰：'必居郇、瑕氏之地，沃饶而近盐，国利君乐，不可失也。'……（韩献子）对曰：'不可。郇瑕氏土薄水浅，其恶易觏。易觏则民愁，民愁则垫隘，于是乎有沉溺重膇之疾。不如新田，土厚水深，居之不疾，有汾、浍以流其恶，且民从教，十世之利也。夫山、泽、林、盐，国之宝也。国饶，则民骄佚。近宝，公室乃贫。不可谓乐。'公说，从之。"①

晋景公十五年（前585），晋人由（故）绛迁都新绛即新田。这一迁都举措与当时晋的国内国外形势是分不开的。

从国内政治方面来说，晋国在迁都新田之前，故绛的私家势力盘根错节，不易动摇。晋灵公（前620——前607年在位）被赵穿杀死于桃园②之后，晋国公室与世卿贵族以及世卿贵族之间的政治斗争就此起彼伏，不绝如缕，统治者之间矛盾激化、将佐不和。晋景公时期国内也不安定。十二年（前588），晋景公将晋军由原来的上、中、下三军扩大为六军，增加了新的上、中、下三军，除原来三军的六卿之外，增加了新三军的六卿官职以"赏鞌之功也"③，新六卿包括：韩厥、赵括、巩朔、韩穿（《史记·晋世家》误作赵穿④）、荀骓、赵旃。⑤ 但是据《左传·成公二年》记载，新六卿里面真正参加了鞌之战的仅有韩厥，其时韩厥为下军司马，其战功也并不丰硕，他放走了险些被擒的齐顷公，还救下代替齐顷公的逢丑父。⑥ 因此，晋景公所封新六卿，与其说是赏功，不如说是笼络。可见晋国公卿势力已经开始逼迫国君。

晋景公决定迁都，应该有摆脱私家势力纠缠的意图。因此，新都的选址一定会考虑私家势力的影响。

① 杨伯峻编著：《春秋左传注》，中华书局1981年版，第827—829页。
② 杨伯峻编著：《春秋左传注》，中华书局1981年版，第662页。《史记·晋世家》亦有类似记载，见《史记》卷三十九，中华书局1959年版，第1675页。
③ 《史记》，中华书局1959年版，第1498页。
④ 《史记》，中华书局1959年版，第1678页。
⑤ 杨伯峻编著：《春秋左传注》，中华书局1981年版，第815页。
⑥ 杨伯峻编著：《春秋左传注》，中华书局1981年版，第793—795页。

从国际政治形势方面来说，这一时期是楚国崛起①、晋国霸业处于低潮时期。公元前597年的晋楚邲之战，晋师败绩，②楚国开始号令诸侯，齐趁机摆脱了晋的控制，赤狄诸部蠢蠢欲动。晋景公十一年（前589）晋齐鞌之战，"齐师败绩"。③鞌之战胜利后，晋国面临的国际形势并未好转。一方面，楚国崛起，开始争霸。楚国出兵救齐，率蔡、许诸国侵伐晋的联盟卫、鲁，鲁国败北，被迫倒向楚国。当年十一月，在鲁国蜀地（今山东省泰安市西），楚与鲁、蔡、许、秦、宋、陈、卫、郑、齐九国结盟。④至此，晋的盟国几乎全都背晋从楚。另一方面，鞌之战后，晋景公派上军大夫巩朔"献齐捷于周"，却未被周定王接见，周定王认定此事"非礼也"。因为对于兄弟甥舅等亲戚之国间的战争，胜方向周王只可"告事而已，不献其功"，以表示"敬亲暱，禁淫慝也"；同时，巩朔的身份并不是经由周王任命的"卿"，周定王不会接见他。⑤这种献捷无门的状况表明晋的霸业没有被周王室认可。

综上，晋景公面临内外交困的局面，要重整霸业，就需要采取一系列措施，迁都新田应该就是一个重要环节。

（二）秦迁栎阳

关于栎阳的都城地位，学界有诸多争论。有学者认为自秦献公二年（前383）至秦孝公十二年（前350），栎阳作为秦都城34年。王国维《秦都邑考》："秦历世所居之地，曰西垂，曰犬丘，曰秦，曰汧渭之会，曰平阳，曰雍，曰泾阳，曰栎阳，曰咸阳。"⑥1975年

---

① 据《左传·桓公二年》记载，公元前710年，"蔡侯、郑伯会于邓，始惧楚也"。（杨伯峻编著《春秋左传注》，中华书局1981年版，第90页）这应该是楚国北争、中原诸国患楚之始。
② 杨伯峻编著：《春秋左传注》，中华书局1981年版，第717页。
③ 杨伯峻编著：《春秋左传注》，中华书局1981年版，第785页。
④ 杨伯峻编著：《春秋左传注》，中华书局1981年版，第808页。
⑤ 杨伯峻编著：《春秋左传注》，中华书局1981年版，第809—810页。
⑥ 王国维：《秦都邑考》，《王国维遗书·观堂集林》卷十二，商务印书馆1950年影印版。

版的《中国历史地图集》第一册"西周春秋战国时期图",把秦国都城标注为雍(秦1)、泾阳(秦2)、栎阳(秦3)、咸阳(秦4)。刘荣庆也认为栎阳就是秦的都城。① 也有不认可栎阳为秦都城的,如王子今②、翦伯赞③、杨宽④。还有学者认为栎阳为临时性都城的,如徐卫民。⑤ 笔者也认为栎阳是临时性都城。⑥

我们从对内和对外两个角度来分析秦国迁都栎阳时的政治形势。

从国内政治形势来看,战国初期,秦国就将矛头指向东方。⑦ 在选择栎阳之前,秦灵公于公元前424年迁都于泾阳(今陕西省泾阳县),《史记·秦始皇本纪》有:"肃灵公,昭子子也。居泾阳,享国十年。"⑧ 王国维认为:"然则历共公以后,秦方东略,灵公之时,又拓地东北,与三晋争霸。故自雍东徙泾阳。"⑨

然而,统治阶级内部矛盾尖锐,导致国内政治形势不稳。秦灵公之前的秦怀公是被群臣围攻而自杀的,⑩ 秦灵公是怀公的孙子,即位后迁都泾阳,在泾阳享国十年,"灵公卒,子献公不得立,立灵公季父悼子,是为简公"⑪,秦简公享国十五年,简公子惠公享国十三年,惠公子出子享国二年,"庶长改迎灵公子献公于河西而立之。杀出子及其母……"⑫ 关于出子之死,《史记·秦始皇本纪》记

① 刘荣庆:《秦都栎阳本属史实》,《考古与文物》1986年第5期。
② 王子今:《秦献公都栎阳说质疑》,《考古与文物》1982年第5期;《栎阳非秦都辨》,《考古与文物》1990年第3期。
③ 翦伯赞:"前350年,秦自雍徙都咸阳。"(翦伯赞主编:《中外历史年表》,中华书局1961年版)
④ 杨宽:"这时秦为了争取中原,图谋向东发展势力,把国都从雍迁到咸阳。"(杨宽:《战国史》,上海人民出版社1980年版,第190页)
⑤ 徐卫民:《秦都城研究》,陕西人民教育出版社2000年版,第90页。
⑥ 潘明娟、吴宏岐:《秦的圣都制度与都城体系》,《考古与文物》2008年第1期。
⑦ 徐卫民:《秦都城研究》,陕西人民教育出版社2000年版,第92页。
⑧ 《史记》,中华书局1963年版,第288页。
⑨ 王国维:《秦都邑考》,《观堂集林》卷十二,中华书局1959年版。
⑩ 《史记》,中华书局1963年版,第288页。
⑪ 《史记》,中华书局1963年版,第200页。
⑫ 《史记》,中华书局1959年版,第200页。

载为"自杀"。① 灵公之子献公即位。献公二年（前383）就迁至栎阳。

从上述即位顺序可以看出，统治阶级内部矛盾极其尖锐，秦怀公竟被群臣围攻而自杀，出子不论是自杀还是被杀，应该都是被逼无奈。秦献公在父亲灵公去世之后，没有顺理成章即位，而是由灵公的叔父即位，这不是无缘无故的，应该是秦国君臣矛盾较大、派系复杂。故而在秦献公即位后有"秦以往者数易君，君臣乖乱"②的说法，甚至秦孝公也公开评论："会往者厉、躁、简公、出子之不宁，国家内忧……"③

在国家内部不稳的情况下，秦献公在父亲秦灵公去世三十年后才即位，当然不能稳居别人经营了三十年的旧都泾阳。

从国际政治形势来看，顾炎武说过："卜都定鼎，计及万世，必相天下之势而厚集之。"④ 说明都城选址要"相天下之势"，从战略上全盘考虑国与国之间的政治形势。

选择栎阳，从"对外发展指向"考虑，秦人是为对付东方的魏国争夺河西之地而建都的。

河西之地即黄河以西之意，指的是春秋战国时期山陕之间黄河南段之西的区域，泛指今陕西洛河以东大荔、合阳、韩城一带，是"北却戎翟，东通三晋"⑤ 之地。⑥

秦穆公时期"夷吾献其河西地"⑦，河西之地归属秦国二百多年。战国初年，魏国崛起，公元前409年，吴起率魏军西渡黄河，

---

① 《史记》，中华书局1959年版，第288页。
② 《史记》，中华书局1959年版，第200页。
③ 《史记》，中华书局1959年版，第202页。
④ （清）顾炎武：《历代宅京记》，中华书局1984年版，第353页。
⑤ 《史记》，中华书局1959年版，第3261页。
⑥ 董振华、毛曦：《"河西"何在：政治地理变迁与河西范围演变》，《历史教学》2019年第6期。
⑦ 《史记》，中华书局1959年版，第189页。

占领了河西之地，秦军只能退守洛河西岸。① 为争取河西之地，秦灵公于公元前424年迁都于泾阳，② 灵公之子献公于公元前383年由泾阳迁至栎阳。③ 栎阳在今西安市阎良区武屯乡，这里距离河西更近，便于对河西用兵。秦献公面临的局势不仅是国家的内忧，还有外患："三晋攻夺我先君河西地，诸侯卑秦，丑莫大焉。"④ 迁都栎阳，把秦国向东发展的战略目标锁定在河西之地。秦孝公后来特别提到秦献公："献公即位，镇抚边境，徙治栎阳，且欲东伐，复缪公之故地，修缪公之德政。"⑤ 可见迁都栎阳与河西之争是有密切关系的。

在以栎阳为都的34年间，秦国与魏国有数次争战。

献公二十一年（前364），"与晋战于石门，斩首六万"；献公二十三年（前362），"与魏、晋战少梁，虏其将公孙痤"，这场战争改变了秦人被动挨打的局面；之后，"魏筑长城，自郑滨洛以北"⑥。

秦孝公七年（前355），"与魏惠王会杜平"，杜平在今陕西澄城东。这次相会应该是秦魏之间的一次对话。孝公八年（前354），秦"与魏战元里"，迫使魏"塞固阳"。孝公十年（前352），"卫鞅为大良造，将兵围魏安邑，降之"⑦。至此，魏已无力再争河西。

---

① 《史记·秦本纪》："简公六年……堑洛，城重泉。"（《史记》，中华书局1959年版，第200页）史念海先生认为"堑洛，城重泉"应该是整修洛河岸崖，因崖筑城。[史念海：《黄河中游战国及秦时诸长城遗迹的探索》，《陕西师范大学学报（哲学社会科学版）》1978年第2期]

② 《史记》，中华书局1959年版，第288页。

③ 《史记·秦本纪》有："献公元年，止从死，二年，城栎阳。"（中华书局1963年版，第201页）

④ 《史记》，中华书局1959年版，第202页。

⑤ 《史记》，中华书局1959年版，第202页。

⑥ 《史记》，中华书局1959年版，第201—202页。

⑦ 《史记》，中华书局1959年版，第203页。

在河西之争胜负已分①、秦国将目光投向更广阔的关东的形势下，为配合商鞅第二阶段的变法，秦孝公于公元前 350 年建都咸阳。②

因此，笔者认为"泾阳和栎阳是秦为了对付东方的魏国而修建的临时性都城，其目的纯粹是为了对东方的战争，其建都的目的很明显就是为了同东方的魏国争夺河西之地"③。在秦专注于河西之地的时候，秦迁都栎阳与魏争锋，在河西之争胜负已分的形势下，秦离开栎阳。政治形势对都城选址的影响，在栎阳表现得极其明显。

（三）赵迁邯郸

按照"对内安全指向"和"对外发展指向"考虑，赵迁邯郸也是有其国内国际政治需要的。邯郸位于太行山东麓，"包络漳、滏，倚阻太行……邯郸之地，实为河北之心膂，河南之肩脊"④，是争霸中原的理想基地。

从国内政治形势来看，赵迁都邯郸的国内政治原因与秦迁泾阳、栎阳是一样的，也是因内乱而起。赵献侯迁都中牟，从国内政治形势来看应该是为了躲避赵恒子的势力；⑤赵敬侯迁都邯郸，应该是因为武公子朝的变乱。《史记·赵世家》："九年，烈侯卒，弟武公立。

---

① 秦人离开栎阳之后仍在关注河西之地。《史记·秦本纪》记载，孝公二十二年（前341），秦趁魏马陵之战大败之机"击魏，虏魏公子卬"，"二十四年，与晋战雁门，虏其将魏错"。（《史记》，中华书局1959年版，第203页）秦惠王六年（前332），"魏纳阴晋，阴晋更名为宁秦。七年，公子卬与魏战，虏其将龙贾，斩首八万。八年，魏纳河西地"。（《史记》，中华书局1959年版，第205—206页）《史记·魏世家》有类似记载，"五年，秦败我龙贾军于雕阴，围我焦、曲沃。予秦河西之地。"《史记正义》注曰："自华州北至同州，并魏河北之地，尽入秦也。"（《史记》，中华书局1959年版，第1848页）

② 《史记》，中华书局1959年版，第203页。

③ 潘明娟、吴宏岐：《秦的圣都制度与都城体系》，《考古与文物》2008年第1期。

④ （清）顾祖禹撰，贺次君、施和金点校：《读史方舆纪要》卷一五《直隶六·广平府》，中华书局2005年版，第6741页。

⑤ 《史记·赵世家》记载，赵献侯浣是赵襄子儿子伯鲁的孙子，被赵襄子立为太子。赵献侯即位，被襄子弟弟桓子驱逐，之后桓子卒，"国人""复迎立献侯"。（《史记》，中华书局1959年版，第1796—1797页）

武公十三年卒，赵复立烈侯太子章，是为敬侯……敬侯元年，武公子朝作乱，不克，出奔魏。"① 赵敬侯章与武公之子朝争位导致赵国统治集团内部的危机。赵敬侯即位，"赵始都邯郸"，应该是赵敬侯为避开赵武公及其子朝的残余势力而做的选择。

从对外发展的角度来看都城的城址选择，史念海先生说过："一些王朝或政权在选择都城时，往往与其对外策略相联系，选择都城是为了实现某些策略。"② 说明了国际政治形势对都城选址的影响。郝红暖认为，赵都邯郸与赵国要参与中原争霸的国家发展战略密切相关。③

从"天下之势"来看，赵在成为诸侯之前，面临的是晋国内部卿大夫的围攻，赵的政治中心在晋阳。然而，赵、魏、韩三家分晋之后，赵国参与到更大更复杂的中原争霸战略斗争中，晋阳位于山西，由于太行山的阻隔，对国与国之间政治形势和军事形势的把握会有阻碍。

赵在成为诸侯之前，就已经制定了北进战略、东进战略（争夺邯郸、柏人）、南进战略（智氏）。④ 在东方赵简子争夺邯郸、柏人;⑤ 在北方赵襄子攻代;⑥ 在南方并智氏。⑦

史念海先生认为赵定都邯郸是适应赵国国家战略的需要。⑧ 赵位列诸侯之后，北有中山和燕，西有秦国，南有魏、韩，东有齐国，面临大国相争，相对较弱的中山必然成为赵国的首要目标。史念海先生注意到《史记·赵世家》的记载"献侯少即位，治中牟。……

---

① 《史记》，中华书局 1959 年版，第 1798 页。

② 史念海：《我国古代都城建立的地理因素》，中国古都学会编《中国古都研究》第二辑，浙江人民出版社 1986 年版，第 10 页。

③ 郝红暖：《赵国定都邯郸的主要因素分析》，《邢台学院学报》2014 年第 2 期。

④ 梁建波：《关于战国赵都迁徙的若干问题》，《河北北方学院学报（社会科学版）》2015 年第 4 期。

⑤ 《史记》，中华书局 1959 年版，第 1792 页。

⑥ 《史记》，中华书局 1959 年版，第 1793 页。

⑦ 《史记》，中华书局 1959 年版，第 1795 页。

⑧ 史念海：《中国古代都城建立的地理因素》，中国古都学会编《中国古都研究》第二辑，浙江人民出版社 1986 年版，第 11—12 页。

十年，中山武公初立"① 条，认为赵献侯时期就已经将国家发展的目标确立在中山。公元前414年，中山武公迁都顾（今河北定州），与中原诸国相争。赵烈侯元年（前407），魏文侯伐中山，击败中山桓公。中山桓公励精图治，复兴中山，于公元前380年定都灵寿。② 中山将赵国领土南北分隔，是赵国的心腹之患。赵敬侯迁都邯郸后，赵国开始了对中山的连年用兵，"十年，与中山战于房子。十一年……伐中山，又战于中人"③。到赵武灵王时期终于灭掉了中山。④

邯郸为四战之地，赵国的战略目标不仅仅是中山，与秦、燕、齐、魏、韩诸国相争，并位于不败之地才是赵国最大的战略目标。⑤

先秦时期都城的迁移、新都的选址，大都有其内政外交的政治因素影响，兹不赘述。

三　传承因素对都城选址的影响

菊地利夫在探求历史地理学的规律时提及"历史规律"，"就是维系在现在时刻上的各种现象根基于过去的状态；而未来时刻上的状态则根基于现实"⑥。在都城选址的时候，表现为后来的政权有意识地选择先前政权的政治中心为都城，笔者称之为都城选址的传承性，这是一种惯性化的都城选址机制。

在都城选址过程中，一定区域内在政治、经济、军事防御、交通、人口等方面符合都城选择条件的地点是少有的。因此，不同政权对都城地址及都城环境的选择、利用和治理，每每有其继往开来

---

① 《史记》，中华书局1959年版，第1796—1797页。

② 《史记》，中华书局1959年版，第1797页。

③ 《史记》，中华书局1959年版，第1798—1799页。

④ 《史记》，中华书局1959年版，第1803页。

⑤ 林献忠认为赵国发展战略有三：开拓西北、防御秦国、巩固中原。（林献忠：《赵国发展战略研究》，华中师范大学硕士学位论文，2007年，第7—28页）

⑥ ［日］菊地利夫著，辛德勇译：《历史地理学的理论与方法》，陕西师范大学出版社2014年版，第52页。菊地利夫举例说明这个历史规律，在工业地区选定中有如下说法：大多数X工业在t_n时代里，地区选定在Y现象附近；X工业在此前的t_{n-1}和t_{n-2}时代里，地区选定也在Y现象附近。这样看来，X工业在未来的t_{n+1}时代里，也将选定在Y现象附近。

的固有特色。

（一）三代都洛

洛阳地区在先秦时期具有重要地位。无论是从"中"的角度去考虑政治中心的所在，还是从山水形胜方面去考虑，洛阳地区都是比较好的选择。同时，以洛阳为都，传承因素也是非常重要的。《史记·封禅书》有记载："昔三代之（君）［居］皆在河洛之间。"①《史记·货殖列传》也论述了这一地区作为都城的传承性："昔唐人都河东，殷人都河内，周人都河南。夫三河在天下之中，若鼎足，王者所更居也，建国各数百千岁……"②

有学者从不同角度对三代都洛的问题做了研究。③ 笔者从都城选址的历史传承角度试做论述。

夏、商、周均曾以河洛一带为都，都城选址表现出一定的历史传承性。

第一，夏都。

夏代都邑记载不详，据范祥雍《古本竹书纪年辑校订补》④ 来看，夏代各王都邑大体情况如下：禹"居阳城"。⑤ "启⑥、大康都斟鄩。""羿居斟鄩。后相即位，居商邱。……相⑦居斟灌。……少康。⑧ ……帝宁

---

① 《史记》，中华书局1959年版，第1371页。
② 《史记》，中华书局1959年版，第3262—3263页。
③ 许智银：《〈尚书〉与三代都洛》，《洛阳理工学院学报（社会科学版）》2011年第5期；李玲玲：《三代居洛与先秦都城择址理念的发展》，《中州学刊》2017年第9期。
④ 范祥雍编：《古本竹书纪年辑校订补》，上海人民出版社1957年版，第8—15页。
⑤ 《汉书·地理志》《帝王世纪》《水经·颍水注》和《括地志》等记载大禹封于夏（阳翟），《孟子·万章上》《古本竹书纪年》《世本》和《汉书·地理志》等记载禹居阳城，《汉书·地理志》引应劭说、《帝王世纪》《左传》杜预注和《水经·涑水注》等文献记载禹即天子之位都平阳、安邑或晋阳。
⑥ 大康之前的启，《古本竹书纪年》无载。《左传》《吴越春秋》和《括地志》等文献记载启都于夏，《史记·周本纪·集解》记载启"初在阳城，后居阳翟"。
⑦ 《左传》和《帝王世纪》等文献记载相迁于帝丘，在今河南省濮阳市一带。
⑧ 少康中兴归于夏邑（见于《左传》、《水经·颍水注》、《太平寰宇记》引《洛阳记》、《路史》引《十道志》和《今本竹书纪年》等），迁于原（见于《今本竹书纪年》，在今河南省济源市一带）。

居原，自原迁于老邱。……芬。……荒。……泄。……下降。……
扃。①……帝廑一名胤甲。胤甲即位，居西河。昊。……发。……桀
居斟鄩。②"

　　夏都斟鄩地望，学界多有探讨。③

　　《逸周书·度邑解》有："自洛汭延于伊汭，居阳（易）无固，
其有夏之居。"④《史记·周本纪》也有类似记载。⑤ 可见，周人营建
成周，此地为夏都所在的因素占了很大比重。反推之，洛汭、伊汭
一带原为"有夏之居"，⑥ 这为我们寻找夏都地望奠定了基础。因
此，《括地志》"故鄩城在洛州巩县西南五十八里"的记载与其他文
献较为吻合。《史记·孙子吴起列传》也有："夏桀之居，左河济，
右泰华，伊阙在其南，羊肠在其北。"⑦ 根据这个记载，则斟鄩在今
河南省巩义市罗庄一带。这个地址与二里头文化遗址直线距离20千
米。目前学术界均倾向于二里头遗址⑧为夏都斟鄩。二里头文化遗址

---

　　① 芬、荒、泄、下降、扃等夏王的都邑未明。

　　② 《尚书·汤誓序》孔传、《帝王世纪》等文献记载桀都安邑。

　　③ 陈民镇：《"二里头商都说"的再检视》，《华夏考古》2020年第2期；来旸、鲁
维铭：《夏都斟寻试探》，中国古都学会编《中国古都研究》第三十八辑，陕西师范大学
出版社2019年版，第57—66页；王龙霄：《夏都斟寻研究》，郑州大学硕士学位论文，
2013年；张国硕：《〈竹书纪年〉所载夏都斟寻释论》，《郑州大学学报（哲学社会科学
版）》2009年第1期；许顺湛：《夏都"河南"在偃师》，《中原文物》2008年第6期；
李民：《释斟寻》，《中原文物》1986年第3期。

　　④ 黄怀信、张懋镕、田旭东撰：《逸周书汇校集注》，上海古籍出版社1995年版，
第512页。

　　⑤ 《史记·周本纪》有："自洛汭延于伊汭，居易毋固，其有夏之居。"见《史记》，
中华书局1959年版，第129页。

　　⑥ 郑樵《通志二十略·都邑略·都邑序》也有："建邦设都，皆冯险阻。山川者，
天之险阻也。城池者，人之险阻也。城池必依山川以为固。……自开辟以来，皆河南建
都，虽黄帝之都，尧、舜、禹之都，于今皆为河北，在昔皆为河南。"见（宋）郑樵撰，
王树民点校《通志二十略》，中华书局1995年版，第561页。

　　⑦ 《史记》，中华书局1959年版，第2166页。

　　⑧ 对有夏之居的解读，王晖认为东都在阳翟，即今禹州地区，是有夏之居；（王晖：
《周武王东都选址考辨》，《中国史研究》1998年第1期）陈隆文认为指夏人之居，禹都
阳城应无问题；（陈隆文：《"有夏之居"考辨》，《古代文明》2011年第1期）贾俊侠认
为禹都阳城、启都阳翟。（贾俊侠：《禹、启都阳城阳翟新论》，《中国历史地理论丛》
2015年第1期）。

发现有大型宫殿基址，有青铜礼器群，有冶铜、制陶、制骨等手工业作坊遗址，这些应当是王权的主要标志，所以，二里头文化遗址应该是夏都斟鄩遗址。

第二，商都。

在二里头近旁，商人兴建了早期都城偃师商城。文献中对商汤灭夏后在洛阳盆地夏都附近建立都城有明确记载。商汤灭夏即天子位，都亳。《史记·殷本纪》："成汤，自契至汤八迁。汤始居亳，从先王居，作《帝诰》。"① 《史记·正义》引《括地志》云："亳邑故城在洛州偃师县西十四里，本帝喾之墟，商汤之都也。"② 董仲舒《春秋繁露·三代改制质文》也有"（汤）作宫邑于下洛之阳"③ 的记载，这里的"下洛之阳"应该就是偃师一带。《汉书·地理志》载："偃师，尸乡，殷汤所都。"④

商汤所都之亳，多认为在今偃师附近，⑤ 而偃师商城的发掘也进一步证实了汤亳地望。

偃师商城建于洛河北岸稍稍隆起的高地上，整体略作长方形。城址南北长1700米；东西，最北部1215米，中部1120米，南部740米。面积约为190万平方米。城周围有夯土城墙。根据考古发掘，偃师商城宫城北墙长200米，东墙长180米，南墙长190米，西墙长185米。墙宽3米左右，夯土厚1—1.5米。2000年，宫城北部发掘出"大型建筑基址13项，其中大型宫殿建筑2座；大型池苑遗存1处；祭祀遗存10项，其中大规模的祭祀场所5处"。而城内

① 《史记》，中华书局1959年版，第93页。
② 《史记》，中华书局1959年版，第93页。
③ 《春秋繁露》，中华书局1975年版，第234页。
④ 《汉书》，中华书局1962年版，第1555页。
⑤ 刘绪：《漫谈偃师商城西亳说的认识过程——以始建年代为重点》，《古代文明》2016年第10辑；刘琼：《商汤都亳研究综述》，《南方文物》2010年第4期；王晖：《汤都偃师新考——兼说"景亳"、"鄩亳（郑亳）"及西亳之别》，《中国历史地理论丛》2003年第2期；徐昭峰、孙章峰：《亳都地望考》，《中国历史地理论丛》2001年第4期；方酉生：《商汤都亳（或西亳）在偃师商城》，《武汉大学学报（人文科学版）》2001年第2期；张国硕：《郑州商城与偃师商城并为亳都说》，《考古与文物》1996年第1期。

大量的平民墓葬及尸乡沟"以北密集的商代居住遗迹"，说明偃师商城的城内不仅有宫殿、祭祀遗址，还有大量各个层次的居民。偃师商城还有完善的军事防御体系，包括三重城垣、宫城与府库的互相呼应、小城城墙的马面式设计等。[①]

商人建偃师商城，应该是为了镇抚夏遗民。随着夏代灭亡、夏社被毁，二里头夏都虽然可能逐渐沦为废墟，但仍有许多夏遗民聚居。因此，在距离二里头约 6 千米的偃师建立商都，可以有效地监视、镇抚夏遗民。从考古的年代学来看，偃师商城的兴起与二里头文化的衰落是同步的，这也支持了上述观点。[②]

第三，周都。

周人灭商之后，周武王就有在洛阳兴建都邑的意图。周人选择这一地区建都，与它曾经是夏都有很大关系，《逸周书·度邑》载："自洛汭延于伊汭，居阳（易）无固，其有夏之居。"[③]《史记·周本纪》也有类似的文字："自洛汭延于伊汭，居易毋固，其有夏之居。我南望三塗，北望岳鄙，顾詹有河，粤詹洛伊，毋远天室。"[④]《汉书·地理志》"河南"注："故郏鄏地，周武王迁九鼎……"[⑤] 郏鄏就是夏都斟鄩。

成王营建成周，《尚书·召诰》《尚书·洛诰》《史记·周本纪》等有详细记载。

---

① 赵芝荃、徐殿魁：《1983 年秋季河南偃师商城发掘简报》，《考古》1984 年第 10 期；王学荣：《偃师商城第Ⅱ号建筑群遗址发掘简报》，《考古》1995 年第 11 期；王学荣、张良仁、谷飞：《河南偃师商城东北隅发掘简报》，《考古》1998 年第 6 期；王学荣：《偃师市商城遗址》，杜金鹏、王学荣主编《偃师商城遗址研究》，科学出版社 2004 年版，第 602—603 页；段鹏琦、杜玉生、肖淮雁：《偃师商城的初步勘探和发掘》，《考古》1984 年第 6 期。

② 潘明娟：《从郑州商城和偃师商城的关系看早商的主都和陪都》，《考古》2008 年第 2 期。

③ 黄怀信、张懋镕、田旭东撰：《逸周书汇校集注》，上海古籍出版社 1995 年版，第 512 页。

④ 《史记》，中华书局 1959 年版，第 129 页。

⑤ 《汉书》，中华书局 1962 年版，第 1555 页。

夏、商、周三代选择河洛地区营建都城，其地点并非完全重合，但从大洛阳的角度来看，司马迁"昔三代之居，皆在河洛之间"是完全正确的说法。有学者研究三代居洛，认为夏都居洛是为了族群的生存发展，是夏人的生存意识；商都居洛有着明显的政治目的和意图，凸显的是商人的政治意识；周都居洛立足于全国统治上的"天下之中"，凸显的是周人的全局意识。① 而商汤之亳原为"帝喾之墟"，商汤"从先王居"，到西周初期周武王以"有夏之居""郏鄏地"作为新都选址的主要依据，这些都城选址的行为明确指向了选址的历史传承。

之后，汉高祖刘邦建立政权，其初始的都城选择也是在洛阳。娄敬曾明确询问："陛下都洛阳，岂欲与周室比隆哉?"② 就是对汉高祖选择洛阳原因的追问，也明确了传承因素对都城选址的重要影响。甚至到隋代，隋炀帝在洛阳建东京，③ 其建都诏书云："洛邑自古之都，王畿之内，天地之所合，阴阳之所和。控以三河，固以四塞，水陆通，贡赋等。故汉祖曰：'吾行天下多矣，唯见洛阳。'……"④ 一方面，说明洛阳"天地之所合，阴阳之所和。控以三河，固以四塞，水陆通，贡赋等"的中心地位；另一方面，也明确指出刘邦对洛阳的评价及"自古之都"的传承。这些论述，应该都是选择都城时从历史传承角度出发的例证。

（二）关中地区都城的历史传承性

关中地区周秦都城有着明显的传承关系，主要表现在关中西部的周原与雍城，以及关中中部的丰镐与咸阳。

从历史发展来看，秦人政治中心的选择与周人的政治中心有着惊人的相似。周人先占据关中西部周原一带，建立岐周，逐渐经营，发展到关中中部沣河中游一带，在今西安市长安区建立都城丰镐，

① 李玲玲：《三代居洛与先秦都城择址理念的发展》，《中州学刊》2017年第9期。
② 《史记》，中华书局1959年版，第2715页。
③ 《隋书》，中华书局1973年版，第63、65、66页。
④ 《隋书》，中华书局1973年版，第61页。

由此，进一步统一天下。秦人的发展轨迹与之相似。秦人从甘肃逐渐向东，进入关中地区，先在汧、汧渭之会、平阳等地落脚，之后营建都城于雍，雍位于岐周西南 50 千米处，均属于关中西部。到春秋后期，秦的政治中心离开雍城，先试探至泾阳、栎阳（关中东部），秦孝公时又回到关中中部，在现在的咸阳一带建都。

从都城地位来看，关中西部的岐周是周人建国并且逐渐强盛起来的都城，也是周人重要的祭祀场所，因此，在周人的行政中心离开岐周之后，岐周成为周人的根据地，是作为圣都存在的。关中中部的丰镐是周的主都，是俗都。秦的雍城与岐周地位一样，它是秦人发迹之地，是秦政权得以强大的地方，其祀神祀祖设施规格高、规模大，是秦政权的圣都；之后的咸阳与西周丰镐一样，在建立之初，均为前线都城，统一天下之后，成为主要都城。

岐周对雍的影响，文献没有记载。但是丰镐对咸阳选址的影响，史有明载。关中中部的西安地区是十三朝古都，先秦时期西周建都丰镐、秦建都咸阳。秦统一之后，咸阳城市的重心逐渐向渭河以南转移。渭河以南的优势，学者有诸多论述。[①] 在早期文献中，秦始皇时期似乎没有大张旗鼓讨论都城重心转移的问题，《史记》仅有一条记载涉及咸阳中心向渭河以南转移："咸阳人多，先王之宫廷小，吾闻周文王都丰，武王都镐，丰镐之间，帝王之都也。"咸阳重心的转移有两个原因：在秦始皇看来，一是位于咸阳原上的先王宫室太小，二是"丰镐之间，帝王之都也"，新的政治中心要向丰镐靠拢。因此，"乃营作朝宫渭南上林苑中"[②]。可见"丰镐之间，帝王之都"的传承影响着秦始皇新的政治中心朝宫的选址。

到后来，汉承秦制，仍选择在渭河以南营建都城。可见，周人对丰镐的选址影响着秦人，秦人对都城城址的选择也影响着汉人。

---

① 马正林：《论西安城址选择的地理基础》，《陕西师范大学学报（哲学社会科学版）》1990 年第 1 期；马正林：《汉长安城兴起以前西安地区的自然环境》，《陕西师范大学学报（哲学社会科学版）》1979 年第 3 期。

② 《史记》，中华书局 1959 年版，第 256 页。

"丰镐之间，帝王之都"的区位成为历史的传承。

（三）郑韩故城的传承

郑韩故城，位于河南省新郑市市区周围，双洎河（古洧水）与黄水河（古溱水）交汇处，今河南省新郑市城关镇及其周围。东周初期，郑国东迁，灭虢国、郐国，在此建都，[①] 为了区别在陕西的旧郑国，取名新郑。公元前375年，韩"灭郑，因徙都郑"。郑、韩两国先后在此建都达539年之久。

史念海先生在《我国古代都城建立的地理因素》中说道："（韩）固已有灭郑的企图，因阳翟与新郑毗邻，实等于咫尺之间，以韩国的强大，其都城就在郑国都城的侧近，怎么能够不饱其贪欲。"[②]

正是由于历史传承因素的影响，出现了多朝古都的现象。

第六节　本章小结

本章围绕先秦时期择中立都和"因天材，就地利"的选址观念及相关问题进行探讨。

第一、二节研究的是先秦时期择中立都观念，主要考虑政权的政治控制能力对都城选址的影响。

第一节探讨的是畿服制与择中立都的问题。畿服制在一定程度上体现了择中立都的选址观念。学界对于畿服制的研究，大部分将文献记载的五服、九服等混为一谈，显得较为附会。先秦秦汉文献对畿服制各有不同记载，按照各服的名称、相对位置、政治责任等细节记载，可以划分为三种类型：《国语·周语上》《荀子·正论》仅有"五大层次"的五服描述；《尚书·禹贡》《史记·夏本纪》的

<hr>

① 《汉书·地理志下》："幽王败，桓公死，其子武公与平王东迁，卒定虢、郐之地，右雒左泲，食溱、洧焉。"见《汉书》，中华书局1962年版，第1652页。

② 史念海：《我国古代都城建立的地理因素》，中国古都学会编《中国古都研究》第二辑，浙江人民出版社1986年版，第7—36页。

五服较为具体，形成了"五大层次、方五百里圈、等距离地带"的模式；《周礼》的记载则是"千里王畿为核心、九大层次、方五百里圈、等距离地带"的理想圈层结构模式。作为理想政治蓝图的畿服制，圈层结构是其最突出的特点。从空间和时间的视角来观察，这种圈层结构都表现出王都居中、权力独尊的向心性政治格局；从经济视角来观察，畿服制缴纳贡赋的数量和质量，与距离有密切联系，与杜能环较为相似；从政治视角来观察，畿服制是一种典型的等级政治管理模式，通过圈层结构显示出天下归心的大一统主张。畿服制作为一种政治管理的理论探索，缺乏真正付诸实践的现实基础。

第二节研究了"地中""土中""天下之中"等与"中"相关的概念。西周初期，围绕新都洛邑的选址，所出现的地中、土中、天下之中的地理概念，均将其位置指向洛阳一带，展现了论者所认定的"中"与都城的密切关系，可见以"中"作为一个表示空间秩序的方位名词，将地中、土中、天下之中联系在一起，为这一论说的突出特点。"中"即都城，择中立都就是先秦都城的选址观念，所表达的是一种特殊的具有政治文化意义的理念。地中、土中、天下之中概念侧重不同，地中是天文概念，与天时密切相关；土中是地理概念，与疆域密切相关；天下之中是政治观念，与周代出现的天下观念相联系。西周初期"中"字的表达，具有突出地理区域中心、政治统治中心、经济发展中心、文化融合中心的多重含义。因此，都城选址就是努力实践"居中"这一中国传统权力表达的关键性空间方式，随着"天下"概念的不断深化和疆域范围的巨大变化，天下之中的位置也在不断变化，地中、土中、天下之中的提法在文献中逐渐稀少，这可能表明了地域空间概念与政治中心概念的分离。

第三节研究"因天材，就地利"的选址方式，论述的是先秦都城选址对山水形势的依赖。通过分析早商时期的郑州商城、偃师商城，晚商时期的殷墟，西周初期的岐周、宗周、成周以及诸侯国都城曲阜、临淄、新郑、纪郢、雍城、新田、邯郸、咸阳、燕下都、寿郢等的山水形势、区域形势及微地理环境及相关文献论述，发现先秦都城的城址选择，有一定的相似性，都选在气候适宜、地势较高、地形平坦、依山靠水、生态环境较好的区域。先秦都城选址的共性在于三点：依山、傍水、地形肥饶，符合《管子·度地》对山水形势的要求："择地形之肥饶者，乡山，左右经水若泽……"

第四节探讨了都城选址不同观念出现的时期。从都城选址制度来看，笔者认为，先秦时期都城选址制度主要经历了择中立都和"因天材、就地利"两个不同观念的变化，而两种不同的观念也造就了选址制度不同的阶段。先秦都城选址不仅包括择中立都与"因天材，就地利"的选址观念，这是有明确文献记载的制度，还包括不同政权、不同都城的选址实践，由这些选址实践可以倒推先秦时人们约定俗成的选址制度。

都城选址是都城建设之前的重要工作，除都城的地理区位和地理环境对都城选址影响极大之外，众多因素诸如政治、经济、文化、军事、交通等均对都城选址有一定影响，前辈学者也关注到这些问题。影响都城选址的因素，除择中立都和"因天材，就地利"的观念之外，本章第五节探讨了影响都城选址的灾害因素、政治形势及传承因素。

第三章　都城形态与建设制度

　　都城的营建是在一个相对固定的空间实施的，有相对稳定的功能和构造，形成了相对稳定的都城形态。都城形态由都城的主要建筑包括宫殿等政治性建筑、宗庙等礼制性建筑、一般民居建筑、手工业作坊、重要街道等形成的空间结构和形式，主要呈现出都城的几何形态、重要节点的布局、功能分区的格局等内容。

　　潘谷西先生将中国古代城市建设的模式分为三种类型：新建城市、依靠旧城建设新城、在旧城基础上的扩建。[①] 傅熹年先生也持类似的分类意见。[②] 吴良镛先生认为，历史上的城市发展主要有两种方式：一种是城市自发演变的"有机生长方式"；另一种就是人为地按一定意图或模式计划性地建造城市。[③] 不管怎样，都城作为政治中心，其建设是非常慎重的。

第一节　文献记载的先秦都城规划与建设

　　在文献记载中，先秦秦汉时期有两种城市形态思想对都城的规划与建设有深刻影响。《周礼·考工记》与《管子》是记载都城规

---

　　① 潘谷西主编：《中国建筑史》，中国建筑工业出版社 2003 年版，第 53 页。

　　② 傅熹年：《中国古代城市规划、建筑群布局及建筑设计方法研究》，中国建筑工业出版社 2001 年版。

　　③ 《中国大百科全书·建筑　园林　城市规划卷》，中国大百科全书出版社 2004 年版，城市条。

划与建设较为详细的典籍，但是这些记载并没有明确指出针对的是哪一座都城。因此本节着重分析《周礼·考工记》和《管子》记载的都城规划与建设，不涉及具体城市。

一 《周礼·考工记》的都城规划与建设

《周礼》为十三经之一，有许多记载涉及都城规划与都城建设。阙维民分析《周礼》的天、地、春、夏、秋五官的开卷之句"惟王建国，辨方正位，体国经野，设官分职，以为民极"[①]，认为体现出了一定的都城规划理念。[②]

《周礼·考工记》是我国古代研究科学技术及工艺生产技术规范的书籍，其中的"匠人建国""匠人营国"是中国城市规划史与都城建设史上非常著名的论述。学界对《考工记》研究很多，[③] 对《考工记》成书年代有不同的看法，[④] 也对《考工记》是否齐国官书

① 《十三经注疏·周礼注疏》，艺文印书馆 2001 年版，第 8—11 页。

② 阙维民：《"北京中轴线"项目申遗有悖于世界遗产精神》，《中国历史地理论丛》2018 年第 4 期；阙维民：《〈周礼〉的都城规划理念无"中轴线"思想》，中国古都学会编《中国古都研究》第三十七辑，陕西师范大学出版社 2019 年版，第 14—22 页。

③ 戴吾三编著：《考工记图说》，山东画报出版社 2003 年版；张道一注释：《考工记注译》，陕西人民美术出版社 2004 年版。

④ 学界对《考工记》成书年代有不同看法：第一，西周说。有学者认为是周人所作，王应麟《困学纪闻》，毛奇龄《经问》持此说。刘洪涛认为："《考工记》除少数汉人窜乱之作外，多是周朝遗文。"（刘洪涛：《〈考工记〉不是齐国官书》，《自然科学史研究》1984 年第 4 期）第二，东周说。郭沫若认为是东周后齐人所作。（郭沫若《考工记的年代与国别》，《郭沫若文集》第 16 卷，人民文学出版社 1962 年版，第 381—385 页）宣兆琦认为"《考工记》的成书不早于春秋初期，不晚于春秋末期"，可能是在齐国的桓管时期。（宣兆琦：《〈考工记〉的国别和成书年代》，《自然科学史研究》1993 年第 4 期）第三，春秋晚期说。贺业钜："《考工记》是春秋晚年齐国工商食官制度濒于崩溃边缘时刻的产物。"（贺业钜：《考工记营国制度研究》，中国建筑工业出版社 1985 年版，第 36 页）第四，战国时期说。（梁启超：《古书真伪及其年代》，中华书局 1955 年版，第 126 页）。第五，汉代说。（孔颖达：《礼记正义·礼器疏》，《四部备要》本第十册，第 12 页）其中有西汉说，如武廷海认为《考工记》是在西汉文帝前元年间至汉武帝元光年间出现的；（武廷海：《〈考工记〉成书年代研究——兼论考工记匠人知识体系》2019 年中国早期都城制度问题学术研讨会论文，未刊稿）李锋也认为《考工记》成书于西汉时期。（李锋：《〈考工记〉成书西汉时期管窥》，《郑州大学学报（哲学社会科学版）》1999 年第 2 期）上述观点之外，还有排除《考工记》成书于某些时代的说法。如金景芳先生认为：

有不同解读，①但是大部分研究者认为《考工记》记述了周代王城的规划与建设。②也有学者认为即使《考工记》没有反映周初王城的规划与建设，至少也描绘了西周时期的理想都城模式。③

（一）《考工记》的记载

关于《考工记》中记载的都城的规划与建设，虽然不到四百字，但后世学者从不同角度做了研究，④详细的有贺业钜先生《考工记营国

（接上页）"《考工记》亦是先秦古书，汉人用补《周礼·冬官》。其书称'郑之刀'，又称'秦无庐'。而郑封于先王时，秦封于孝王时，此书当非周初作品。"（金景芳：《周礼》，《文史知识》1983 年第 1 期）排除了周初的可能性。杜石然："从已发掘出土的商周战车来看，存在着用材比例不合理，重心高等设计方面的缺陷，而《考工记》提出的制作车轮工艺的十项准则，已消除了这些缺欠，这正是商周以来长期制车和用车经验归纳得到的结果。"（杜石然等：《中国科学技术史稿》上册，科学出版社 1982 年版，第 111 页）杜石然等排除了成书于西周晚期的可能。

①　郭沫若等认为《考工记》为"齐国官书"（郭沫若：《十批判书》，新文艺出版社1951 年版，第 30 页；郭沫若：《天地玄黄》，新文艺出版社 1954 年版，第 605 页；闻人军：《考工记导读》，巴蜀书社 1988 年版，第 126 页；宣兆琦《〈考工记〉的国别和成书年代》，《自然科学史研究》1993 年第 4 期）。刘洪涛主张《考工记》非齐国官书。（刘洪涛：《〈考工记〉不是齐国官书》，《自然科学史研究》1984 年第 4 期）

②　如《城市规划原理》认为："成书于春秋战国之际的《周礼·考工记》记述了关于周代王城建设的空间布局。"［李德华主编：《城市规划原理（第三版）》，中国建筑工业出版社 2001 年版，第 13 页］《中国古代城市规划史》认为："《匠人》一节载有营国制度，系统地记述了周人城邑建设体制、规划制度及具体营建制度。"（贺业钜：《中国古代城市规划史》，中国建筑工业出版社 1996 年版，第 5 页）；《中国建筑艺术史》认为："《考工记》是成书于春秋末叶的齐国官书，追述了西周的一些营造制度。"（萧默主编：《中国建筑艺术史》上，文物出版社 1999 年版，第 151 页）

③　吴良镛先生指出，《考工记》所描述的只是"理想的原则"（ideals in principle）；是一种"理想城"（ideal city）；是当时城市规划理想的一个概括（a summary of ideals of city planning at that time）。（Wu Liangyong, *A Brief History of Ancient Chinese City Planning*, Kassel：Urbs et Regio，1985，pp. 4 - 5）《中国古代建筑史》也认为："此项载述……如果说不是反映了周初王城建设的大致轮廓，至少也是对西周王城一种理想模式的描绘。"（刘叙杰主编：《中国古代建筑史》第一卷，中国建筑工业出版社 2003 年版，第 209 页）

④　关于"匠人"篇的研究很多，如杨恒、章倩劢《〈考工记〉建筑设计理论研究——匠人建国、营国的设计思想》（《设计》2007 年第 9 期），张蓉《〈考工记〉营国制度新解——与规划模数相关的内容》（《建筑师》2008 年第 10 期），孙丽娟、李书谦《〈考工记〉营国制度与中原地区古代都城布局规划的演变》（《中原文物》2008 年第 6 期），马骏华、高幸《〈考工记〉与城市形态演变》（《建筑与文化》2013 年第 1 期），牛世山《〈考工记·匠人营国〉与周代的城市规划》（《中原文物》2014 年第 6 期）。

制度研究》①。

《考工记·匠人篇》记载：

> 匠人建国，水地以县，置槷以县眡以景，为规识日出之景与日入之景，昼参诸日中之景，夜考之极星，以正朝夕。
>
> 匠人营国，方九里，旁三门。国中九经九纬，经涂九轨，左祖右社，面朝后市，市朝一夫。夏后氏世室，堂修二七，广四修一，五室，三四步，四三尺，九阶，四旁两夹窗，白盛。门堂三之二，室三之一。殷人重屋，堂修七寻，堂崇三尺，四阿重屋。周人明堂，度九尺之筵，东西九筵，南北七筵，堂崇一筵，五室，凡室二筵。室中度以几，堂上度以筵，宫中度以寻，野度以步，涂度以轨。庙门容大扃七个，闱门容小扃参个，路门不容乘车之五个，应门二徹三个。内有九室，九嫔居之。外有九室，九卿朝焉。九分其国，以为九分，九卿治之。王宫门阿之制五雉，宫隅之制七雉，城隅之制九雉。经涂九轨，环涂七轨，野涂五轨。门阿之制，以为都城之制。宫隅之制，以为诸侯之城制。环涂以为诸侯经涂，野涂以为都经涂。②

其中，"匠人建国，水地以县，置槷以县眡以景，为规识日出之景与日入之景，昼参诸日中之景，夜考之极星，以正朝夕"是选择都城的具体位置，确定城市建筑布局和相互之间的空间距离；"匠人营国，方九里，旁三门。国中九经九纬，经涂九轨，左祖右社，面朝后市，市朝一夫"是都城整个空间的总体规划；都城内的标志性政治建筑，夏代为"室"，商代为"屋"，周代为"明堂"。各种建筑的具体规制，包括夏、商、周不同时期的各类室堂的高低、门户的大小，其具体尺寸都有明确记载。当然，古今学者的理解与解释

---

① 贺业钜：《考工记营国制度研究》，中国建筑工业出版社1985年版。
② 《十三经注疏·周礼注疏》，艺文印书馆2001年版，第642—645页。

也有所不同。之后是天子、诸侯等不同等级的政治人物所处政治中心的宫殿建筑高低、道路数量及宽度的递减。

　　总的来说，《考工记》描述的都城空间模式为：四方城，十二门，横竖各三条或九条道路，路宽九轨，祖和社沿轴线对称，朝和市沿轴线纵深分布，城中有标志性政治建筑，建筑形制各有规定。①清代戴震《考工记图》"王城"就是根据上述模式绘出来的。

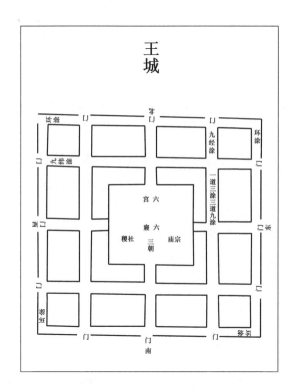

图 3 - 1　戴震《考工记图》所画的"王城"②

---

　　①　关于"匠人营国"的记载，有不同解释，宋人朱申的注释较为清晰。（朱申：《周礼句解》卷十二，清文渊阁《四库全书》本，第 163 页）当然，关于《考工记》描述的城市空间模式也有不同的解读，如周宏伟认为，"方九里"是指城市周长大约九里，"旁三门"是指城市总共三座城门，等等。开启了一种新的解读模式。（周宏伟：《〈考工记〉"营国"制度的新认识》，《中国历史地理论丛》2023 年第 1 期）

　　②　戴震：《考工记图》，第六卷，昭代丛书，世楷堂藏版，第 205 页。

(二)《考工记》的理想性

刘易斯·芒福德说："天堂与理想国都在古代城市的结构中占有一定位置。"① 都城是政治统治中心，理想中的都城应该以政治伦理的构建为主。

首先，《考工记》的都城空间模式，应该是建立在均质地域上的。

《考工记》的都城就是建立在均质地理环境基础上的。"均质地域"是区域地理学的一个概念，是指区域中出现的与周围毗邻地域存在着非明显职能差别的连续地段。"均质"就是这个区域在职能演变分化过程中表现出来的一种保持同质、排斥异质的特性。② 例如，均质地域要地形平坦，少有起伏；没有大的地貌隔离如山川；文化要素均匀分布；人口均质分布；等等。

也可以说，《考工记》的都城在规划和建设时不考虑地形、山川及人口、文化等方面的差异，只考虑重要建筑包括城墙、王宫、宗庙等的相对关系，呈现出理想的政治伦理。

其次，缺少历史实践。

根据本章第三节对先秦都城形态的整理，可以看出，先秦都城都不符合《考工记》记载的都城形态。

因此，大部分学者认为《考工记》缺少建都的实践。③《考工记》"匠人"篇的记载是都城营建理想，在一定程度上反映了先秦时期的都城营建观念。武廷海、戴吾三认为，"匠人营国"是凭借其"宇宙图式"蕴含与"理想城"思想而描绘的都城布局的理想

① 〔美〕刘易斯·芒福德著，宋俊岭、倪文彦译：《城市发展史——起源、演变和前景》，中国建筑工业出版社 2005 年版，第 120 页。

② 于洪俊：《试论城市地域结构的均质性》，《地理学报》1983 年第 3 期。

③ 如臧公秀《〈考工记·匠人〉"匠人营国"的实践性问题》（《古籍整理研究学刊》2018 年第 6 期）将城市空间生产置于史学视野之中，认为"匠人营国"不论西周还是东周，均缺少历史的实践意义。马骏华、高幸《〈考工记〉与城市形态演变》（《建筑与文化》2013 年第 2 期）认为，至今没有发现一座城址的结构与《考工记》是相符合的。

蓝图。①《考工记》所描述的，可以看作中国古代早期城市尤其是都城的经典规划，但先秦时期没有都城具备《考工记》描述的全部特征。李孝聪认为："大量历史文献显示，当时人们曾极其认真地进行城市制度的讨论，并假定规章，载之经典。"②

当然，也有学者认为《考工记》是有实践的。如贺业钜先生认为《考工记》"匠人营国"描述的就是周王朝的都城规划制度；③史念海先生语带保留："《考工记·匠人营国》的城市规划……与先秦都城实例比较具有可比性，其规划思想是有根有据的。"④

最后，《考工记》体现王宫主导的思想，建构了严谨的政治伦理。

值得注意的是，《考工记》的记载是以宫室为主体的，宗庙处于宫室的周围。"左祖右社，面朝后市"其实是以王宫为原点建筑展开的，这个行政空间是整个都城建设的核心，处于都城的中心位置。以此为原点，才出现"左祖右社，面朝后市"的位置关系。这表明《考工记》中都城的规划与建设是以王宫为主导的。这与笔者第四节讨论的政治空间与祭祀空间的分离密切相关。再多说一句，由此也可以看出，《考工记》思想出现的年代最早应该在春秋晚期战国初期。

（三）参与都城营建的官僚系统

《考工记》在都城营建方面有集中描述，但由于先秦文献记录极少，且考古资料不能完全对应文献，因此，后世研究虽然很多，但解释与解读各有不同。后世一般均认为《考工记》是汉代补入《周礼》作为"冬官"存在的，《考工记》的行文风格的确与周礼其他

① 武廷海、戴吾三：《"匠人营国"的基本精神与形成背景初探》，《城市历史研究》2005年第2期。
② 李孝聪：《历史城市地理》，山东教育出版社2007年版，第65页。
③ 贺业钜：《考工记营国制度研究》，中国建筑工业出版社1985年版；贺业钜：《中国古代城市规划史》上卷第三章第五节，中国建筑工业出版社1996年版。
④ 史念海：《〈周礼·考工记·匠人营国〉的撰著渊源》，《传统文化与现代文化》1998年第3期。

部分不同。

都城规划与建设是一个大的系统工程，先秦时期由司空系统主要负责，所以郑玄认为《考工记》是"司空之篇""是官名司空者，冬毕藏万物，天子立司空使掌邦事，亦所以当立家，使民无空者也"①。"司空掌营城郭、建都邑、立社稷宗庙、造宫室车服器械。"②但都城的规划与建设绝不是司空系统能够完全承担的。按照《周礼》的记载，天官掌邦治，地官掌邦教，春官掌邦礼，夏官掌邦政，秋官掌邦禁。这些官僚系统，在都城营建方面也各有分工又有协作。笔者希望对《周礼》中"天官""地官""春官""夏官""秋官"的相关记载进行探讨，以补《考工记》记载之不足。

1. 天官

天官负责宫廷事务，官僚系统中涉及都城营建的官职并不多。仅有内宰，"凡立国，佐后立市，设其次……置其叙，正其肆，陈其货贿"③，对都城内市场的设立有相应的职责。

2. 地官

地官负责民政事务，因为涉及区域规划、土地分配与利用、劳役征发与管理，在都城规划与土地调配以及都城建设过程中的参与度还是比较高的。

地官大司徒总的职责是掌管地图及区域规划，"大司徒之职掌建邦之土地之图，与其人民之数，以佐王安扰邦国。以天下土地之图，周知九州之地域广轮之数，辨其山林川泽丘陵坟衍原隰之名物。而辨其邦国都鄙之数，制其畿疆而沟封之"④，则都城之图及都城的用地规划也在此职责范围之内。另外，在疆域之内寻找地中，进行都城选址，是大司徒的工作之一，需要"以土圭之法测土深。正日景，以求地中。……天地之所合也，四时之所交也，

---

① 《十三经注疏·周礼注疏》，艺文印书馆2001年版，第593页。
② 《十三经注疏·周礼注疏》，艺文印书馆2001年版，第593页。
③ 《十三经注疏·周礼注疏》，艺文印书馆2001年版，第112页。
④ 《十三经注疏·周礼注疏》，艺文印书馆2001年版，第149页。

风雨之所会也，阴阳之所和也。然则百物阜安，乃建王国焉。……凡建邦国，以土圭土其地而制其域"①。具体到都城的规划与营建，需要地官司徒与冬官司空相配合进行。这一点在古公亶父营建岐周的过程中也得到了体现，《诗·大雅·绵》："乃召司空，乃召司徒……"② 可见地官系统的司徒与都邑的选址规划是分不开的。

地官系统的其他职官也涉及都城的规划与营建。如封人掌管修筑，"封人掌诏王之社壝，为畿，封而树之。凡封国，设其社稷之壝，封其四疆。造都邑之封域者，亦如之"③。载师和县师负责都城的土地利用，载师掌管各种功能的土地调配，"掌任土之法。以物地事，授地职，而待其政令。以廛里任国中之地，以场圃任园地，以宅田士田贾田任近郊之地，以官田牛田赏田牧田任远郊之地，以公邑之田任甸地，以家邑之田任稍地，以小都之田任县地，以大都之田任畺地。凡任地。国宅无征"④。县师负责都城界限的划定，"掌邦国都鄙稍甸郊里之地域……凡造都邑，量其地辨其物而制其域，以岁时征野之赋贡。"⑤

地官系统的基层官员如乡师、乡大夫、党正、闾胥等掌管劳役征发。⑥ 在国家重要工程建设过程中需要的大量劳役是由这些基层官员征发的，都城建设需要的劳役也是如此。

---

① 《十三经注疏·周礼注疏》，艺文印书馆 2001 年版，第 153—155 页。
② 《十三经注疏·毛诗正义》，艺文印书馆 2001 年版，第 548 页。
③ 《十三经注疏·周礼正义》，艺文印书馆 2001 年版，第 187—188 页。
④ 《十三经注疏·周礼注疏》，艺文印书馆 2001 年版，第 198—201 页。
⑤ 《十三经注疏·周礼注疏》，艺文印书馆 2001 年版，第 204 页。
⑥ 《周礼·地官》："乡师之职……大役，则帅民徒而至，治其政令。……乡大夫……国中自七尺以及六十，野自六尺以及六十有五，皆征之。……党正……凡作民而师田、行役，则以其法治其致事。……闾胥各掌其闾之征令，以岁时各数其闾之众寡，辨其施舍。凡春秋之祭祀、役政、丧纪之数，聚众点。"（《十三经注疏·周礼注疏》，艺文印书馆 2001 年版，第 174—186 页）

3. 春官

春官主掌邦礼,① 负责祭祀礼仪,虽没有明文记载,但在都城营建的占卜、祭祀等活动中应该体现其功能。春官系统的官僚如大宗伯②、小宗伯③等官员可能承担都城营建时的祭祀等职能。《春官》中还有大卜、卜师、龟人、占人、筮人④等官员可能承担占卜等职能。《诗》与《尚书》等典籍记载了多个营建都城之前的占卜、祭祀场面,包括营建岐周的"爰契我龟"⑤,武王营镐的"考卜维王,宅是镐京。维龟正之,武王成之"⑥,营建成周之前"我卜河朔黎水,我乃卜涧水东,瀍水西,惟洛食;我又卜瀍水东,亦惟洛食"⑦,营建成周时的"越三日丁巳,用牲于郊,牛二。越翼日戊午,乃社于新邑,牛一,羊一,豕一"⑧。可知在动工建设都城之前,占卜与祭祀是主要活动,春官系统承担占卜与祭祀职能的官员可能会参与到相关工作之中。

4. 夏官

夏官掌邦政,负责军事事务。夏官系统中有技术类型的官员能够参与到都城的建设与营造过程中。

量人主管地形勘测,"量人掌建国之法,以分国为九州,营国城郭,营后宫,量市朝道巷门渠。造都邑,亦如之"。对于这段记载,郑玄解释:"建,立也。立国有旧法式,若匠人职云。分国,定天下之国。"贾公彦疏:"云掌建国之法者,以其建国当先知远近广长之数故也。……云营国城郭者,即匠人云营国方九里之类也。云营后

---

① 《十三经注疏·周礼注疏》,艺文印书馆2001年版,第259页。
② 《周礼·春官》:"大宗伯之职掌建邦之天神人鬼地示之礼。"(《十三经注疏·周礼注疏》,艺文印书馆2001年版,第270页)
③ 《周礼·春官》:"小宗伯之职掌建国之神位,右社稷,左宗庙。"(《十三经注疏·周礼注疏》,艺文印书馆2001年版,第290页)
④ 《十三经注疏·周礼注疏》,艺文印书馆2001年版,第369—376页。
⑤ 《十三经注疏·毛诗正义》,艺文印书馆2001年版,第547页。
⑥ 《十三经注疏·毛诗正义》,艺文印书馆2001年版,第584页。
⑦ 《十三经注疏·尚书正义》,艺文印书馆2001年版,第224—225页。
⑧ 《十三经注疏·尚书正义》,艺文印书馆2001年版,第218页。

宫者，谓若典命注公之宫方九百步天子千二百步之类也。云量市朝道巷者，谓若匠人云市朝一夫经涂九轨，巷及门渠亦有尺数，谓若门容二辙三个之等。云造都邑亦如之者，谓造三等采地亦有城郭宫室市朝之等，故云如之。"① 可见，都城营造过程中，地形勘测、土地丈量、建筑物大小的规划等大量工作需要量人来进行。

夏官系统还有掌固，"掌修城郭沟池树渠之固……若造都邑则治其固与其守法。凡国都之竟有沟树之固，郊亦如之"。疏曰："云掌修城郭沟池者，谓环城及郭皆有沟池。云树渠者，非直沟池有树，其余渠上亦有树也。云固者，从城郭已下数事，皆是牢固之事也。……"② 因此，掌固的职责主要体现在保证城池的坚固上。

土方氏"掌土圭之法以致日景，以土地相宅而建邦国都鄙，以辨土宜土化之法，而授任地者"③，其职责与地官系统的大司徒寻求地中较为类似，也是依靠土圭测影之法选择城址，同时"度地，知东西南北之深而相其可居者""土化地之轻重粪种所宜用也"，是对土壤层的深度及其肥力的勘察。

5. 秋官

秋官执行法律法规，与都城营建关系较为疏远。不过，秋官大司寇掌管的罪犯"凡万民之有罪过而未丽于法而害于州里者"要"役诸司空"，④ 充作司空营建工程时使用的力役。可以想见，在匠人营建都城时，也会有大司寇掌管的罪行较轻的罪犯在工程现场服役。

都城的营造和建设，主要由司空系统承担大部分职责与工作，但是，官僚系统是一个整体，除司空之外，其他系统如天官、地官、春官、夏官、秋官等的配合也是必不可少的。

---

① 《十三经注疏·周礼注疏》，艺文印书馆2001年版，第456页。
② 《十三经注疏·周礼注疏》，艺文印书馆2001年版，第458—459页。
③ 《十三经注疏·周礼注疏》，艺文印书馆2001年版，第503页。
④ 《十三经注疏·周礼注疏》，艺文印书馆2001年版，第517页。

二 《管子》记载的都城规划与建设

目前学界在《管子》城市方面的研究主要集中在城市规划[①]、建造[②]等部分。

(一)《管子》区域、城市、人口体系模型

城市的发展,与其周围的区域大小有着密切的联系,也与城市人口多寡有密切关系。城市周边区域对城市发展和人口多寡有一定影响,城市对区域大小和人口多寡有一定要求,人口对区域规模和城市发展有一定作用。《管子》详细论述了区域、城市、人口三者之间的关系,展示了初具雏形的区域—城市—人口体系观念。

"城市是不能孤立地建立和发展的,环绕城市的广大的腹地与城市之间的相互关系,具有重要的意义。所以在考虑城市的位置时,必须在注意这个城市具有什么样的地形、气候等条件的同时,还要注意与其他城市、村落处于什么样的关系和位置。"[③] 每座城市作为卫君、盛民的空间时,都是单独的个体,但当视野提升到城市所在的区域时,个体的城市就是区域的政治中心、经济中心或军事中心。城市必然会与其区域和人口发生密切联系。区域为城市提供可供回旋的余地及必需的资源,同时受到城市政治、经济与文化的辐射影响;人口是城市存在和发展的基础,城是用来保护人口的。

---

① 冯璐:《〈管子〉城市规划思想对生态都市主义的启发》,《建筑与文化》2015 年第 1 期;郭璐:《〈管子·乘马〉国土规划和城邑规划思想研究》,《城市规划》2019 年第 1 期;臧公秀:《城市规划视角下〈考工记〉的国别问题——〈匠人营国〉与〈管子〉的比较研究》,《古籍整理研究学刊》2019 年第 6 期;赵中枢:《城市规划的地理学渊源》,《城市规划》1992 年第 1 期;赵赟:《〈管子〉城郭不必中规矩探析》,《管子学刊》2009 年第 1 期。

② 苏畅、周玄星:《来自城市建设经验的〈管子〉营城思想》,《华中建筑》2007 年第 2 期;苏畅、周玄星:《〈管子〉营国思想于齐都临淄之体现》,《华南理工大学学报(社会科学版)》2005 年第 1 期。

③ [日]山鹿诚次著,朱德泽译:《城市地理学》,湖北教育出版社 1986 年版,第 18 页。

一座城市的发展，与其周围的区域大小有着密切的联系，也与城市人口多寡有密切关系。《礼记·王制》有相关论述："凡居民，量地以制邑，度地以居民，地邑民居，必参相得也。无旷土，无游民，食节事实，民咸安其居。"① 即：量地制邑、度地居民，地（区域）、邑（城市）、民（人口）三者规模须有一定的衡量，才能达到区域城市人口"参（三）相得"的境界。《尉缭子·兵谈》亦有相关论述。② 可见，在先秦时期开始按照区域资源、经济能力来设置城市治理民众。

先秦时期城市是社会财富中心，与农业经济并不构成直接关系。从粮粟的角度来考虑，城市固然为一个区域的政治中心与经济中心，也需要区域的农业经济作支撑。也就是说，区域的农业资源支撑着城市的运作与发展，故而区域对城市的存在尤其是城市居民有着极其重要的意义。《权修》对地、邑、民、粟等几个要素的关系有着明确的认识："地之守在城，城之守在兵，兵之守在人，人之守在粟，故地之不辟则城不固。"③ 这段话给出了区域、城市、兵士、人口、粮食之间的关系：有粟（即农业资源）才能养活一定规模的人口，有了人口才能选拔军队，有了军队才能守护政治、经济、文化的中心即城市，保住了中心城市才能拥有一定规模的区域。城市和人口对区域最主要的经济要求就体现在粟的供应上。如果没有足够的区域去产出资源（农业生产），供应士卒及人民之用，那么位于这块区域上的城市就很难维系。因此，区域、城市、人口三者要有一个统筹安排，要有规划。

然则如何统筹安排和规划呢？《管子》一书记载了几种关于区域、城市、人口的数字关系，可以根据其不同论述做简单的数字

---

① 《十三经注疏·礼记注疏》，艺文印书馆影印本，第 248 页。

② 《尉缭子·兵谈》："量土地肥硗而立邑，建城称地，以城称人。"见《尉缭子·兵谈》，中国兵书集成编委会《中国兵书集成直解·尉缭子》（第 10—11 册），解放出版社、辽沈书社 1990 年版，第 809 页。

③ 黎翔凤撰，梁运华整理：《管子校注》，中华书局 2004 年版，第 52 页。

模型。

《乘马》记载区域、城市与人口的关系是比较详细的，根据其文字记载做模型1（表3-1）和模型2（表3-2）。

1. 区域与城市

城市处于区域之中，城市的发展与区域大小密切相关。

《乘马·士农工商》从行政体系方面论述了区域规模与城市的关系："方六里命之曰暴，五暴命之曰部，五部命之曰聚。聚者有市，无市则民乏。五聚命之曰某乡，四乡命之曰方①，官制也。官成而立邑。"② 从这段论述中可以看到，一暴是方圆六里，一部为五暴即方圆三十里，一聚为五部即方圆一百五十里，一乡为五聚即方圆七百五十里，一方为四乡即方圆三千里，一方就设立一座区域中心城市。这样，从行政管理上形成"暴—部—聚—乡—方"的体系，其进位关系为：（基数：6里）—5—5—5—4，按照这样的管理体系建立起行政城邑。但是，方圆三千里的区域才设置一座城市，似乎区域太大了，区域大小与城市数量不相符合。

值得注意的是，上述记载中有"聚者有市，无市则民乏"，也就是说在"聚"这一行政级别，一定要设立市场，否则百姓就会流失。市场的设立标志着聚这一行政中心也成为区域经济中心。③ 那么，"市"这一区域经济中心的辐射规模就是"聚"的面积方圆一百五十里。一方面，通过这样一座市场来协调"聚"的商业交流；另一方面，用方圆一百五十里的区域来支撑这座市场。如果将有市场的"聚"看作经济中心城市的话，每方圆一百五十里的范围设置一座城市，方圆三千里内应该有二十座城市，这似乎是

---

① 此"方"与"方六里"之"方"不同。

② 黎翔凤撰，梁运华整理：《管子校注》，中华书局2004年版，第89页。

③ 贺业矩认为，春秋战国时期"经济对城市建设的影响更加显著。过去作为宫廷附属设施的'市'，亦从政治活动中心——'宫'分离出来，成为城市的经济中心——集中商业区，更增加了旧'城'所难以产生的强大凝聚力和扩散力"。（贺业矩：《中国古代城市规划史》，中国建筑工业出版社1996年版，第244页）

合理的。

《揆度》有"百乘之国""千乘之国""万乘之国"的说法，"百乘之国，中而立市，东西南北度五十里"①，也就是说，一个军事实力为"百乘"的小型国家的经济中心辐射的直径为百里左右。

当然，《乘马》的"市"要求方圆一百五十里来支撑，《揆度》的"市""东西南北度五十里"，支撑市场的区域大小有差异，这可能是国家实力不同造成的：《乘马》表述的是拥有一整套完善行政体系"暴—部—聚—乡—方"的大国的地方经济中心；《揆度》表述的是军事实力较弱国家"百乘之国"的国家经济中心。

2. 人口与城市

随后，《乘马·士农工商》又记载了人口与上述行政级别"暴"和"乡"的关系："五家而伍，十家而连，五连而暴。五暴而长，命之曰某乡。四乡命之曰都，邑制也，邑成而制事。"②先秦人口以"家"与"室"指代。按照这条记载，在人口管理方面，形成"连—暴—乡—都"的体系，其进位关系是：（基数：十家）—5—5—4，则每连十家，每暴五十家，每乡二百五十家，四乡为一都有一千家人口。

《乘马·地里》有"万室之国""千室之都"③的表述，因此，上述四乡一千家人口称为一都，即一千家人口设置一座城市进行管理比较合理。

根据以上描述做模型1，见表3-1。

---

① 黎翔凤撰，梁运华整理：《管子校注》，中华书局2004年版，第1384页。
② 黎翔凤撰，梁运华整理：《管子校注》，中华书局2004年版，第89页。
③ 黎翔凤撰，梁运华整理：《管子校注》，中华书局2004年版，第104页。

表 3-1 《乘马·士农工商》行政体系中的区域、城市、人口关系
模型（模型1）

级别			暴	部	聚	乡	四乡（邑或都，即城市）
区域	记载		方六里，命之曰暴	五暴，命之曰部	五部，命之曰聚。聚者有市，无市则民乏	五聚，命之曰某乡	四乡，命之曰方。官成而立邑
	区域大小		方六里	方三十里	方一百五十里	方七百五十里	方三千里
人口	记载	伍、连	五连而暴			五暴而长，命之曰某乡	四乡命之曰都，邑制也，邑成而制事
	人口规模	五家而伍，十家而连	五十家			二百五十家	一千家

　　然而，加入区域因素综合考量区域、城市、人口三者关系，《乘马》的记载似乎又不合理了。

　　从区域、城市、人口三者关系来看，《乘马》勾画出一个太大的区域——方圆三千里，在这个区域内有较少的人口——只有一千家。如果按照《乘马》表述的"四乡……立邑"或"四乡命之曰都"的一座城市来算，人口数量与城市数量是相吻合的，但是区域与城市是不匹配的；如果按照有市场的"聚"来算城市数量，方圆三千里的区域大小与二十座城市匹配了，区域人口太少，这是无论如何也说不过去的，《八观》记载城市区域与人口的关系："城域大而人民寡者，其民不足以守其城。"①

---

① 黎翔凤撰，梁运华整理：《管子校注》，中华书局2004年版，第256页。

因此，《乘马·士农工商》表述的区域、城市、人口三者关系模型是不合理的。

3. 基于区域承载力的区域、城市、人口体系模型

土地本身也是有质量差别的，其肥沃程度不同，也就是说区域的承载力是不同的，这种因素也影响区域、城市、人口的关系。

《乘马·地里》在这方面有论述："上地方八十里，万室之国一，千室之都四。中地方百里，万室之国一，千室之都四。下地方百二十里，万室之国一，千室之都四。以上地方八十里，与下地方百二十里，通于中地方百里。"① 我们可以据此做模型2，见表3-2。

表3-2　　《乘马·地里》以区域为动量的城市、人口与
区域关系模型（模型2）

区域	城市	人口
上地方八十里	万室之国一、千室之都四	一万室、四千室
中地方百里	（备注：五座不同规模的城	（备注：城市人口共计一
下地方百二十里	市）	万四千室）

按照秦制每里415米计算，"上地"的区域面积为1102.24平方千米，②"中地"为1722.25平方千米，"下地"为2480.04平方千米。按照每室5口人计算，城市人口应有7万人。则"上地"的人口密度约为64人/平方千米，"中地"人口密度约为41人/平方千米，"下地"人口密度约为28人/平方千米。这些数据应该符合先秦时期区域、城市、人口关系。

这里的"上地""中地""下地"是根据区域承载力而划分的。需要明确说明的是，记载中的"地"应该是理想状态的土地，在方圆八十里的上地区域内，地形状况、土壤的肥沃程度等都是均等的，

① 黎翔凤撰，梁运华整理：《管子校注》，中华书局2004年版，第104页。
② 丘光明：《中国历代度量衡考》，科学出版社1992年版。周制以八尺为一步，秦制以六尺为一步，300步为一里。一步相当于现代的0.231米，每里为415米左右。

其中一座大城市"万室之国"位于区域的中心点,四座小城市"千室之都"均匀散布于周围,各城市之间的距离也应该是相同的。中地和下地应该也是一样的。上地、中地、下地的划分明显地表明了不同区域的承载力与城市发展的密切关系。

先秦时期城市与区域的规模关系是在不断调整的。一方面,城市影响力的不断发展,其区域影响范围也会不断地扩展,支撑城市的区域会越来越大;另一方面,区域承载力随着生产力的提高而增加,城市规模及城市数量也会增大。城市发展是一个动态过程,它与区域大小的关系在不断调整。

(二)《管子》的都城规划与建设

1. 城址与水的关系

20世纪30年代,德国地理学家泰勒提出"中心地学说"。泰勒认为,在理想状态下,区域是六边形,城市建立在区域中央,距离周边的距离相等。[①] 然而,一个区域并非完全是理想均一的地形,在这种情况之下,必须选择合适的地形建设中心城市。地域环境是城址选择的首要因素。[②] 在一定区域内谨慎选择城址是必须的,这一点《管子》表述得非常清晰。

《度地》记述了城市选址的三个要求:"故圣人之处国者,必于不倾之地。而择地形之肥饶者。乡山,左右经水若泽,内为落渠之写,因大川而注焉。"[③] 其中,"不倾之地"应该是从军事防守的角度来说的,"地形肥硗"是从经济实力来考虑的,"乡山,左右经水若泽,内为落渠之写,因大川而注焉"则是从山水地形方面来选择的。

《乘马》也有:"凡立国者,非于大山之下,必于广川之上。高毋近旱而水用足;下毋近水而沟防省。"[④] 一方面,强调城市与区域

---

① 参见陈伯中《都市地理学》,三民书局1984年版,第125—141页。
② 史念海:《中国古都和文化》,中华书局1998年版,第211页。
③ 黎翔凤撰,梁运华整理:《管子校注》,中华书局2004年版,第1050—1051页。
④ 黎翔凤撰,梁运华整理:《管子校注》,中华书局2004年版,第83页。

地形的关系，城市必须建在山下的河流冲积扇之上；另一方面，强调城市与水的关系，具体来说，就是城市供水与防洪问题，既要能用水之利，又不能遭水之害。

城市的发展必不可少的一个因素是水，城市对水的需求包括生活用水、农业用水、交通用水等，要求取用方便、排放方便。因而从地形上说，中心城市不能远离河流，但"近水"也要有度，要预防洪水袭击。因此，"大山之下，广川之上"的地势比较适合中心城市的选址要求。换句话说，区域的地形尽可以无比复杂，而城市的地形要相对平坦；区域的河流可多可少，而城市的水源要远近适宜。

2. 都城的建设与整修问题

《管子》记载的都城建设与形制与《考工记》截然不同。《乘马》在选址之后，紧接着论述都城的建设问题："因天材，就地利，故城郭不必中规矩，道路不必中准绳。"[1] 建设要视地形条件而定，城墙不必方正规整，道路也不必笔直整齐。这是因地制宜的建设方针。

《度地》和《问》也非常重视城墙和壕沟的建设问题。《度地》在选址之后，论述了城墙和壕沟的建造问题："内为之城，城外为之郭，郭外为之土阆，地高则沟之，下则堤之，命之曰金城。树以荆棘，上相穑著者，所以为固也。岁修增而毋已，时修增而无已。"[2]《问》在叙述君主必须过问的国家要务中也提到了城池的整修："若夫城郭之厚薄，沟壑之浅深，门闾之尊卑，宜修而不修者，上必几之……所筑城郭，修墙闭，绝通道阨阙，深治防。"[3]

同时，《度地》认为在建设都城时，还要排除城市灾害的影响："必先除其五害，人乃终身无患害而孝慈焉。"[4] 所谓五害，是指水、旱、风雾、厉、虫，其中水是最大的灾害。"善治国者先治水"，这

① 黎翔凤撰，梁运华整理：《管子校注》，中华书局2004年版，第83页。
② 黎翔凤撰，梁运华整理：《管子校注》，中华书局2004年版，第1051页。
③ 黎翔凤撰，梁运华整理：《管子校注》，中华书局2004年版，第493—494页。
④ 黎翔凤撰，梁运华整理：《管子校注》，中华书局2004年版，第1054页。

一指导思想在城池建设问题上得到了明确体现，"地高则沟之，下则堤之"，形成完善的城市供水和排水系统。

这样建设好的城市一定是宜居城市，对人口的发展是非常有利的，《度地》在论述城市建设之后就说这样的城市能够"福及孙子"①。

3. 都城的建设与四时

在有关重要建筑的兴修问题上，《管子》始终注意顺应天时、尊重自然。一年四季，气候、土壤、人力均有不同，则重要建筑物兴修工作的侧重点也各不相同。

春三月开始修筑。这是经过谨慎选择的结果。一方面，这个时候山河干涸、水少流细，正处于枯水期，便于修筑堤防；另一方面，天气渐暖，寒气渐消，便于挖土动工。同时，旧年的农事已经做完，新年农事尚未开始，便于投入人力。所以，这时期"利以作土功之事，土乃益刚"，修成的工程会日益坚实。

到了夏季，"不利作土功之事"，因为农忙时节，"使令不欲扰"，如果修筑建筑物，则妨害农事，且损耗很大，"利皆耗十分之五，土功不成"。

秋收之后，农闲时间，进行社会普查，统计能够参与工程活动的人口数，"阅其民，案家人比地，定什伍口数，别男女大小。其不为用者辄免之，有锢病不可作者疾之，可省作者半事之。并行以定甲士，当被兵之数，上其都。都以临下，视有余不足之处，辄下水官。水官亦以甲士当被兵之数，与三老、里有司、伍长行里，因父母案行"。秋季不易修建工程，因为"濡湿日生，土弱难成""利耗什分之六"。

冬闲时间，检查相关工具，包括土筐、锹、夹板、木夯、土车、防雨车篷、食器等，按照规定数量保存在里内，定时检查。"笼、臿、板、筑，各什六，土车什一，雨輂什二。食器两具，人有之，

---

① 黎翔凤撰，梁运华整理：《管子校注》，中华书局2004年版，第1051页。

铜藏里中,以给丧器。后常令水官吏与都匠,因三老、里有司、伍
长案行之。常以朔日始,出具阅之,取完坚,补弊久,去苦恶。"冬
季不易修建工程,"利耗什分之七,土刚不立"①。

(三) 都城的功能分区

建设都城的过程中,要注意城市人口不能杂处,要有各种功能
分区。

都城是人口聚居区,具有政治中心、经济中心或者军事中心的
功能,其内部必然会分化为多种功能分区来分处人口,适应其区域
中心的地位。《小匡》认为:"士农工商,四民者,国之石民也,不
可使杂处。杂处则其言哤,其事乱。是故圣王之处士必于闲燕,处
农必就田懋,处工必就官府,处商必就市井。"②《大匡》也有类似
的功能分区记载:"凡仕者近公,不仕与耕者近门,工贾近市。"③
由此看来,《管子》认为城市的功能分区至少要划分出政治区、商业
区和文化区等几种。见表 3 - 3。

表3-3　　　　　　　　《管子》的都城功能分区

	居民的职业	《小匡》的记载	《大匡》的记载
政治区	手工业者、官吏	处工必就官府	仕者近公
商业区	商人、手工业者	处商必就市井	工贾近市
文化区	知识分子	处士必于闲燕	
其他区域	不担任官职的知识分子、农民	处农必就田懋	不仕与耕者近门

三　具体城市的营建记录

除上述《周礼·考工记》和《管子》涉及先秦都城营建观念之

① 黎翔凤撰,梁运华整理:《管子校注》,中华书局 2004 年版,第 1063 页。
② 黎翔凤撰,梁运华整理:《管子校注》,中华书局 2004 年版,第 400 页。《国语·
齐语·管仲对桓公以霸术》有类似的记载:"昔圣王之处士也,使就闲燕;处工,就官
府;处商,就市井;处农,就田野。"
③ 黎翔凤撰,梁运华整理:《管子校注》,中华书局 2004 年版,第 368 页。

外，还有文献记叙了先秦具体的城市建设，留下了宝贵的资料。

（一）城成周

《左传·昭公三十二年》记载了"城成周"的大致经过。因为有"子朝之乱，其余党多在王城，敬王畏之，徙都成周"，但是成周狭小不堪，因此，周敬王在鲁昭公三十二年（前510）"秋八月，王使富辛与石张如鲁，请城成周"。当然，周敬王遵循的是成王旧例，"昔成王合诸侯城成周，以为东都，崇文德焉。今我欲徼福假灵于成王，修成周之城"。也有现实原因，修筑好成周之后，可以有一定的自卫能力，让诸侯军队各自回国，"俾戍人之无勤，诸侯用宁，蛮贼远屏"[1]。

当年的"冬十一月"，晋国派魏舒、韩不信到达京师，召集各诸侯国大夫商议修建成周之事。

之后记载了比较详细的营城方案设计：

> 己丑，士弥牟营成周，计丈数（杜注：计所当城之丈数），揣高卑（杜注：度高曰揣），度厚薄，仞沟洫（杜注：度深曰仞），物土方，议远迩（杜注：物，相也。相取土之方向、远近之宜），量事期（杜注：知事几时毕），计徒庸（杜注：知用几人功），虑材用（杜注：知费几材用），书糇粮（杜注：知用几粮食），以令役于诸侯。属役赋丈（杜注：付所当域尺丈。孔疏：属役，谓属聚下役也。赋丈，谓课付尺丈。上既号令丁役之事以告诸侯，令诸国各出若干之役，筑若干之丈。故云"属役赋丈，书以授帅"也），书以授帅（杜注：帅，诸侯之大夫），而效诸刘子（杜注：效，致也）。韩简子临之，以为成命。[2]

---

[1] 《十三经注疏·春秋左传正义》，艺文印书馆2001年版，第932页。

[2] 《十三经注疏·春秋左传正义》，艺文印书馆2001年版，第933页。

十一月十四日，士弥牟开始设计营建成周的方案，包括：计量要修建的城墙长度、高度、宽度，算出需要的土方量并考察取土方向和远近，由此预算工程需要的时间、劳动力及相关财物、粮食，然后根据诸侯国实力大小分派任务并书写清楚交给各诸侯国的大夫。韩简子是领导并监督这项工程的人。

根据《管子》记载的四季与土功之事的关系，营建成周的方案是在公元前510年冬十一月开始设计的，具体实施应该是在次年的春季。《左传·定公元年》有"孟懿子会城成周，庚寅，栽"的记载。"栽"，按照杜预的说法，应该是"设版筑"，开始工程的营建。当然，营建过程中发生了一些事情，如宋国不愿意接受分派的任务，妄图让滕、薛、郳三国代替，宋、滕诸国之间发生争执，晋国最后维护了自己的权威，"执（宋）仲几以归。三月，归诸京师"。从开始营建成周到结束，整项工程用时"三旬"。①

（二）城沂

《左传·宣公十一年》还记载了另一座城市"沂"的修筑。

令尹蒍艾猎城沂，使封人虑事（杜注：封人，其时主筑城者。虑事，谋虑计功。孔疏：封人，凡封国封其四疆，造都邑之，封域者，亦如之。大司马大役与虑事受其要以待考而赏诸。郑玄云：虑事者，封人也。于有役司马与之属赋丈尺，与其用人数也，是封人主造城邑，计度人数。此云使封人，故云其时主筑城者、虑事者谋虑城筑之事，无则虑之），以受司徒（杜注：司徒掌役）。量功命日（杜注：命做日数），分财用，平板干（孔疏：释诂云桢翰，干也。舍人曰：桢，正也。筑墙所立两木也；十，所以当墙两边鄣土者也。彼桢为干，故谓干。为桢，墙之两头立木也，板在两旁卧。鄣土者，即彼文干也。"平板干"者，等其高下使城齐也），称畚筑（杜注：量轻重。畚，

① 《十三经注疏·春秋左传正义》，艺文印书馆2001年版，第941页。

盛土器），程土物（孔疏：畚，盛土之器；筑者，筑土之杵。司马法，辇车所载，二筑是也。称畚筑者，量其轻重，均负土与筑者之力也。程土物，谓锹镬畚畚之属，为作程限备豫也），议远迩（杜注：均劳逸），略基趾，具糇粮，度有司。事三旬而成，不愆于素（杜注：不过素所虑之期也）。①

说的是令尹蒍艾猎在沂地筑城，要派人主持工程计划，将情况报告司徒，要按照规定的日期准备材料和用具，包括夹板和支柱，要根据土方量计算器材和劳力多寡，要考虑原材料与工作场地的距离，要勘察城基所在，还要准备粮食、确定监工。

这里有几个问题需要注意。第一，主持营建沂的人选"令尹蒍艾猎"到底是谁。杜预认为蒍艾猎就是孙叔敖，宣公十二年称"蒍敖"；孔颖达则认为"艾猎为叔敖之兄"②。后世争议较大。第二，出现了主持具体营建工作的"封人"及封人的上级领导"司徒"。按《周礼》记载，司徒"使帅其属以掌邦教，以佐王安抚邦国"③，"封人掌诏王之社壝，为畿，封而树之。凡封国，设其社稷之壝，封其四疆。造都邑之封域者，亦如之"④。由此可见，"封人"应该是掌管修筑之职，筑城当然是其中之一。⑤ 第三，筑城的主要程序与上述"城成周"几乎一样，先做筑城预算，之后开始营建。筑城需要的工期也是"三旬"。可见，这种营城程序及营城工期应该是春秋时期的常例。

① 《十三经注疏·春秋左传正义》，艺文印书馆2001年版，第383页。
② 《十三经注疏·春秋左传正义》，艺文印书馆2001年版，第383页。
③ 《十三经注疏·周礼正义》，艺文印书馆2001年版，第138页。
④ 《十三经注疏·周礼正义》，艺文印书馆2001年版，第187—188页。
⑤ 封人在先秦文献中出现较多。如《左传·隐公元年》："颍考叔为颍谷封人。"（杨伯峻编著：《春秋左传注》，中华书局1981年版，第14页）《吕氏春秋》卷二十一记载了封人子高。（《吕氏春秋》，上海古籍出版社1989年版，第190页）

四 相关记载的比较

先秦的都城规划与建设可能受到理想主义与现实主义的双重影响。《周礼·考工记·匠人营国》的记载是将一座方形国都安置在一个理想均质区域，具有明显的理想城性质；《管子》因地制宜的观念则强调现实与自然原则。

《周礼·考工记》所强调的城墙、轴线（宫城居中、对称布局）等布局形态反映了高度集权的政治体制、政治伦理及哲学思想，这显然是一种以政治为主的都城规划与建设理性思维。《管子》作为古典地理著作，强调的是在自然环境基础之上的城市建设，倡导都城规划和建设要因地制宜，与自然环境相协调，显示出都城规划与建设过程中的自然原则。

遵循理性与顺应自然，二者互相补充构成了独特的中国传统都城形态理论，并且影响了后世城市的形态布局。

第二节 商代都城形态

商代关于都城规划与建设的文献记载几乎没有，我们尽可能分析考古资料来进行研究。而考古资料呈现出来的是都城规模、城圈形态、城市轴线、功能分区等都城形态。因此，本节主要探讨考古资料较多的郑州商城、偃师商城、殷墟等商代都城的形态问题。

一 郑州商城和偃师商城的都城形态

关于郑州商城和偃师商城的都城形态，笔者论文《历史早期的都城规划及其对地理环境的选择——以早商郑州商城和偃师商城为例》已有涉及。[①]

---

① 潘明娟：《历史早期的都城规划及其对地理环境的选择——以早商郑州商城和偃师商城为例》，《西北大学学报（自然科学版）》2020年第4期。

根据考古发掘资料，目前被指为商代早期都城的遗址主要有两处，即偃师商城和郑州商城。

两座商城均已有考古发掘资料和研究资料面世，如《偃师商城初探》①《偃师商城遗址研究》②《郑州商城初探》③《郑州商城考古新发现与研究（1985—1992）》④等著作。从考古资料来看，郑州商城与偃师商城的繁盛期基本相同，但是郑州商城的建设要早于偃师商城，其建筑规模也较大；郑州商城的行政职能和经济文化职能强于偃师商城，偃师商城则较为注重军事防御职能。因此，两座商城是早商时期同时并存的都城，只是政治地位有所不同，郑州商城是早商主都，而偃师商城是陪都。⑤考古资料清晰地复原了郑州商城和偃师商城的平面布局情况，从这些资料来看，两座商城的平面布局显示出诸多相同和不同的规划特征，呈现了早商时期的都城规划思想。

从城市形态来看，郑州商城与偃师商城有诸多相同和不同之处。

（一）三重城垣的长方形轮廓布局

从布局轮廓来看，郑州商城与偃师商城都是三重城垣的布局特征。

偃师商城无疑是三重城垣的格局，由外向内依次为大城、小城、宫城。大城整体为刀把型，城址的南北长为1700米；东西不规则，其中最北部为1215米、中部为1120米、南部为740米。偃师商城的周长近5500米，面积约为190万平方米。城周围有夯土城墙，墙基的宽度一般为17—19米，有的地方超过20米；城墙残存最高约3米。城墙夯土致密坚硬。城墙周边有7座豁口，分布在东、西、北三面城墙上，应该是7座城门。城墙外侧普遍环绕护城河，一般

---

① 杜金鹏：《偃师商城初探》，中国社会科学出版社2003年版。
② 杜金鹏、王学荣主编：《偃师商城遗址研究》，科学出版社2004年版。
③ 杨育彬：《郑州商城初探》，河南人民出版社1985年版。
④ 河南省文物研究所编：《郑州商城考古新发现与研究（1985—1992）》，中州古籍出版社1993年版。
⑤ 潘明娟：《从郑州商城和偃师商城的关系看早商的主都和陪都》，《考古》2008年第2期。

18—20 米宽。大城之内为小城，小城是一个比较规则的长方形，小城的南墙、西墙与大城城墙重合，因此小城位于大城西南部。小城南北长约 1100 米，东西宽约 700 米，小城的城墙基部较大城城墙要窄，一般宽 6—7 米。小城城内面积约 81.4 万平方米。小城之内为宫城，宫城居于小城中部偏南区域，在最安全的地方，且地势较高。宫城平面大致呈方形，周围有厚约 2 米夯土墙围护，北

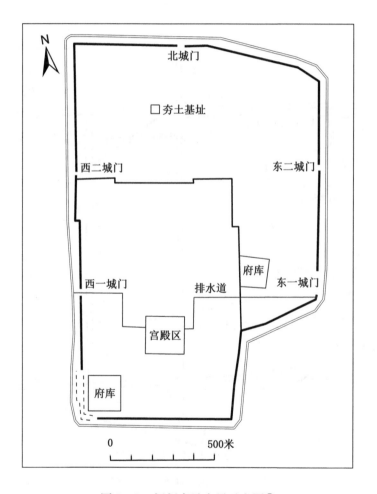

图 3 - 2　偃师商城布局示意图①

————————

①　陈旭：《商周考古》，文物出版社 2001 年版，第 133 页。

墙长 200 米, 东墙长 180 米, 南墙长 190 米, 西墙长 185 米, 总面积超过 4 万平方米。

郑州商城的规模比偃师商城的规模要大得多。郑州商城遗址位于分布面积约 25 平方千米的郑州商代遗址中部, 即今郑州市区内偏东的管城区和金水区所辖的郑州旧城区一带。郑州商城也是三重城垣的结构, 但最外围的城墙没有合围, 仅在内城南墙、西墙外侧 600—1100 米处, 发现有外郭城墙遗迹。因此, 无法判断其形状。

图 3-3　郑州商城布局示意图①

① 陈旭:《商周考古》,文物出版社 2001 年版,第 80 页。

郑州商城内城城垣的形制基本为缺少东北角的长方形。城墙基本平直，其中东墙 1700 米、南墙 1700 米、西墙 1870 米、北墙 1690 米，总周长约为 6960 米，面积约 289 万平方米。宫城区遗址位于内城的中部偏东北，略呈长方形，东西 800 米、南北 500 米，面积约 40 万平方米。[①]

比较而言，从平面轮廓来看，两座商城的形状基本算是长方形。偃师商城的大城、小城大致为南北向长方形，宫城基本为方形。郑州商城的外郭城没有合围，无法判断其形状，内城的轮廓近似南北纵长方形，宫殿区大致为东西向长方形。另外，两座商城的城墙建设水平是相当的，而且墙垣均比较平直。

在三重城垣的轮廓形态下，两座商城还有不尽相同的地方。第一，郑州商城和偃师商城的面积规模相差悬殊。偃师商城的小城面

表 3 - 4   偃师商城与郑州商城三重城垣规模比较[②]

城名	推测等级	范围规模			
		外城范围（万 m²）	内城（小城）范围（A）（万 m²）	宫殿区范围（B）（万 m²）	B/A
偃师商城（C）	早商都城	190	81.4	4	4.91%
郑州商城（D）	早商都城		289	40	13.84%
C/D			28.17%	10.00%	

注：保留小数点后两位数。

---

① 河南省文物考古研究所编著：《郑州商城——1953—1985 年考古发掘报告》，文物出版社 2001 年版，第 178—230 页。

② 资料来源于中国社会科学院考古研究所河南第二工作队《河南偃师商城小城发掘简报》，《考古》1999 年第 2 期；河南省文物考古研究所编著《郑州商城——1953—1985 年考古发掘报告》，文物出版社 2001 年版；杜金鹏《偃师商城与"夏商周断代工程"——"夏商周断代工程"〈偃师商城年代与分期研究〉专题结题报告》，载杜金鹏《偃师商城初探》，中国社会科学出版社 2003 年版，第 144 页。

积仅为郑州商城内城面积的 28.17%，偃师商城的宫城面积仅为郑州商城宫城面积的 10%。第二，三重城垣的轮廓也不一样。郑州商城最外围的城墙目前仅发现有南部和西部的外郭城墙，而偃师商城则为完全合围的大城城圈。第三，两座都城的宫城均位于城内高地，但相对位置不同，偃师商城的宫城位于大城西南、小城的中部偏南，而郑州商城的宫殿区居内城北部和东北部一带。

(二) 宫殿布设方位基本居中

大致看来，郑州商城和偃师商城的宫殿布设方位基本居于内城或小城之中。

据考古学者分析，偃师商城的宫城建造时间，应该最晚是与小城同时开始建造的。宫城基本居中，位于小城纵向轴线的中部偏南处。偃师商城的宫城可以算是我国古代都城中宫城居中的最早案例，当然，偃师商城的宫城并未居大城之中，而是居于郭城纵轴中部偏南。这可能与地势的选择有很大关联，宫城所在，相对其他地方而言，地势比较高亢。偃师商城宫城的中南部分布着非常密集的夯土基址，可能为宫殿建筑。复原之后发现，有的建筑以正殿为主，周围有廊庑环绕，呈现一种简单的"四合院"模式；有的建筑则为多进院落的建筑群。不同结构的建筑可能有不同的功用。这些宫殿规模宏大，布局比较紧凑有序。

郑州商城的宫殿区在郑州商城的中部偏东和东北部一带，以东里路为中心，北自顺河路北侧，南至城北路南侧，西起省戏校西院和黄委会科学研究所南院，东到黄河医院和郑州医疗机械所院内，约占郑州商城面积的 1/6 左右。在这一区域，先后发现了二十多处商代夯土建筑基址，从中发掘出 3 座大型宫殿遗址。其中第 10 号遗址和第 15 号遗址位于整个宫殿区的中部一带，第 16 号房基遗址位于宫殿区的中部偏南。①

比较而言，两座商城的宫殿区均基本位于小城（或内城）的中部，只不过偃师商城的宫城位于小城的中部偏南，而郑州商城的宫殿区位于内城的中部偏东和东北部一带。在两座商城的宫殿区内发现的大型夯土台基均位于宫城的中南部。但是，从宫殿区与整座城市的方位比较来看，郑州商城的宫殿区在中部偏东一带，而偃师商城的宫殿区则位于整座城市的西南部。

（三）池苑的布设

1999 年年初，考古工作者在偃师商城发现了规模庞大的石砌水池遗迹，并发掘出水池的东部及水池两端的进、出水渠道，初步确认为商代早期的池苑遗存。② 水池的平面形态基本为长方形，东西130 米、南北 20 米，面积 2600 平方米左右，现存深度为 1.5米。这个大型水池位于偃师商城宫城的北部区域，这里从未曾发现过宫殿建筑基址，可见水池是特意修建的。对于偃师商城宫城内这座大型水池的功用，学术界已有定论，即：应该是早商帝王池苑的主体。首先，偃师商城宫城内挖有水井，不需要水池提供生活用水。在偃师商城宫城内宫殿建筑附近，已多次发现水井。如在四号宫殿的后院发现水井 H31，③ 在六号宫殿院子里发现水井H25、H26，④ 说明宫殿的居住者可以就近汲取井水来解决生活用水问题。更值得注意的是，在石砌水池旁边，考古学者发现有多口水井，并且这些水井的使用年代一般与水池的年代是相同的，

① 河南省博物馆、郑州市博物馆：《郑州商代城址试掘简报》，《文物》1977 年第 1期；河南省博物馆、郑州市博物馆：《郑州商代城遗址发掘报告》，《文物资料丛刊》，文物出版社 1977 年版，第 29 页；河南省文物研究所：《郑州商城内宫殿遗址区第一次发掘报告》，《文物》1983 年第 4 期。

② 杜金鹏、张良仁：《偃师商城发现商代早期帝王池苑》，《中国文物报》1999 年 6月 9 日第 1 版。

③ 中国社会科学院考古研究所河南第二工作队：《1984 年春偃师尸乡沟商城宫殿遗址发掘简报》，《考古》1985 年第 4 期。

④ 中国社会科学院考古研究所河南第二工作队：《河南偃师尸乡沟商城第五号宫殿基址发掘简报》，《考古》1988 年第 2 期。

井内出土许多汲水用的陶器，有的井中甚至还出土精美的簸状玉器。水井与水池同时并存、水井具有显著的汲水功能，就足以说明水池的主要功用不是直接提供日常生活用水。其次，结合古代文献中关于夏商帝王拥有池苑的记载，以及东周以来历代帝王宫殿旁边池榭遗迹的发现，考古学者认为偃师商城宫城内的大型水池应该是早商帝王池苑的主体部分。

无独有偶，郑州商城也发现有池苑遗迹。1986 年和 1992年，河南省文物研究所在黄河医院基建工地，两次发现用石板砌筑的水池遗迹，该水池坐落在郑州商城东北部宫殿区夯土建筑基址比较密集的地方，水池平面呈长方形，东西 100 米、南北 20米，面积 2000 平方米左右，小于偃师商城的水池遗迹，池深1.5 米。水池的池壁是用自然石块砌筑而成，池底也铺设加工过的石板。考古学者认为郑州商城的石砌水池是商代宫殿区内重要建筑物的有机组成部分。有学者认为郑州商城宫殿区内的水池遗迹是与水井并列的、"供宫殿区用水的大型蓄水池""供人们生活日常用水的蓄水池"。① 这似乎不够全面，或者说局限了水池的用途和功能。正如发掘者指出的："在郑州商城内，除发现有石板蓄水池外，还发现有商代水井……由此看来，在当时，为了解决水源问题，商代统治者不仅修建蓄水池，而且还要打井。"② 既然可以打井解决吃水问题，何以还要耗费大量的人力物力建造所谓的"蓄水池"？如此看来，这些"蓄水池"的首要功能不应该是蓄水。

笔者注意到，郑州商城水池的形制结构、规模深度等均与偃师商城水池基本相同，而郑州商城水池的建造、使用年代晚于偃师商城水池的使用年代，且郑州商城的水池恰恰是在偃师商城水池废弃

① 曾晓敏：《郑州商代石板蓄水池及相关问题》，河南省文物研究所编《郑州商城考古新发现与研究（1985—1992）》，中州古籍出版社 1993 年版，第 87—88 页。

② 曾晓敏：《郑州商代石板蓄水池及相关问题》，河南省文物研究所编《郑州商城考古新发现与研究（1985—1992）》，中州古籍出版社 1993 年版，第 87—88 页。

之后兴建的。因此，郑州商城石板水池的用途，和偃师商城水池的用途一样，除了水源蓄积和水源供给之外，应该还具有美化环境、改善小气候、供王室游乐的功能。

同时，两个水池在宫城的相对位置也比较相似。郑州商城石板水池在夯土建筑分布区内位于东北隅，就整体而言，是在宫殿区的北部；偃师商城的大型水池位于宫城的北部区域。二者的位置是相仿的。

（四）郑州商城和偃师商城反映的都城规划思想

我国的都城规划是对都城的各项建设发展而进行的综合性规划。分析郑州商城与偃师商城的城市布局，笔者发现：两座商城在城市轮廓、重要建筑物位置（包括宫殿及池苑）等方面有着大致相同的处理手段。这应该可以说明在商代早期的社会环境之下，人们已经有了一定的城市规划意识，形成初步的都城设计思想并付诸实践。

1. 宫城居中的规划思想

在我国古代社会早期，"城"的性质就是统治中心，尤其是都城。统治者把政治活动集中在城市，使城能够有效发挥政治控制中心的职能。因此，为显示城的性质，被视为政治活动焦点的宫廷区（即宫城），必须居于城的显要地位，或处于整座城的中心地带，或居于城市的高亢地带。在城市规划方面，"宫城居中"就是在城市建设中首先规划宫城的位置，并采用以"宫"为中心的分区结构模式，突出"宫城"或宫殿区在全盘规划结构中的主导地位，使之成为都城的政治统治功能聚结的焦点。在早商时期，就已经明确了这种宫城居中的规划思想。因此，偃师商城的宫城位于小城中心，再以2、3号小城呈拱卫之势分居宫城之西南和东北，更加突出了宫城在全局中的分量；郑州商城的宫殿区居于内城的中部偏东的高地之上。

从郑州商城和偃师商城的宫城居中规划思想来看，连带产生了城市的早期中轴线。当然，在早商时期，这种中轴线是模糊的、不确定的。郑州商城的街道布局目前还不太清楚，无法说明其中轴街道或建筑的布局情况。偃师商城的中轴线相对比较容易界定：小城是左右对称结构，在中轴线的位置上布设有宫城，宫城的西南和东北分列有两座呈犄角之势的府库；同时，大城的西一城门和东一城门、西二城门和东二城门的对称布局，似乎也暗示了偃师商城存在着一条南北向的中轴线。

另外，在城市中部或显要高地上布设重要政治建筑，然后在城市的其他地区布设平民居住区、手工业区、墓葬区等，这说明在早商时期，等级秩序观念已初步确立，城市的规划结构首先体现政治中心的主题。

2. 多重城垣相套的建筑原则

《吴越春秋》有："筑城以卫君，造郭以守民。"[1] 这句话说明了春秋战国时期的城市往往是多重城垣环绕的格式，至少有城、郭两重城垣。然而郑州商城和偃师商城的三重城垣布局格式把多重城垣相套的建筑原则提前到早商时期。郑州商城与偃师商城的最核心是宫垣环绕的宫殿区，再向外，有小城或内城，城市的最外围是大城或郭城，三重城垣使整座城的构造为重城环绕的格式。从城墙的轮廓来看，为了突出宫城居中的原则，郑州商城和偃师商城的城墙建设有意识地形成大致方形或长方形的城市轮廓，虽然在早商时期还没有出现完全正规的方形城墙。

3. 有意识地进行功能分区

在郑州商城和偃师商城的城市布局中，各类不同功能的建筑已开始有明显的区别，平民居住区、手工业作坊区散布在宫殿区外围，接近城墙或城墙之外是平民墓葬区。

由此可见，两座商城试图通过安排较强劲的中心区及不同性质的分区来建立城市的规划秩序，使都城能够较好地体现当时的社会统治秩序。这一时期的都邑规划结构模式是以宫为中心，分区规划。

---

[1]　转引自《太平御览》，中华书局 1960 年版，第 931 页。

宫廷区为全盘规划结构的主体，在城内显要位置，其他各区依附主体来部署。城外布设手工业作坊及陵墓区，居住区环布其间。这些布局措施，突出了宫殿区的中心地位，而且使各种不同功能分区能够结合在宫殿区周围，体现了宫殿区的向心凝聚力，从而提高都城规划结构的整体性。

当然，由于商代早期社会发展水平仍处于较低阶段，城市布局反映的都城规划思想也不太成熟和完善，表现出较大的随意性。如平民居住区、陵墓区、手工业作坊区的布设，两座都城之间的相似性就比较弱。

二 殷墟的城市形态

学界对于殷墟的性质有很大争论。有学者认为殷墟不是都城遗址，而是墓地和公共祭祀场所。[1] 但大部分学者认为殷墟是晚商时期的主要都城，如邹衡、李民、杨升南、王贵民、杨宝成、杨锡璋等，[2] 都从正面肯定了殷墟作为都城的地位，认为"怀疑殷墟不是王

---

[1] 日本学者宫崎市定（《中国古代的都市国家与它的墓地——商邑位于何处考》，《东洋史研究》28卷4期，1970年版）怀疑王都不在今安阳小屯一带，因为小屯不见西周和春秋初的文化堆积，也不见城郭遗存。日本学者松丸道雄（《1971年的历史学界——回顾与展望》，《史学杂志》1972年第2期）也对安阳殷墟持怀疑态度，他根据计算机检索卜辞中大量地名，认为商都应在汤阴一带，这样符合甲骨文地理关系，而安阳殷墟只是商王的宗庙祭祀场所。石田千秋（《甲骨文与殷墟》，《书道研究》1988年第12期）也认为小屯周围的殷墟是殷代进行占卜与祭祀的特别场所。国内学者也有否定殷墟为晚商都城者。秦文生［《殷墟非殷都考》，《郑州大学学报（哲学社会科学版）》1985年第1期；《殷墟非殷都再考》，《中原文物》1997年第2期］认为殷墟作为都城的条件和证据不足，殷墟只是商代后期的王陵区和祭祀场所，其都城应为朝歌。胡方恕（《小屯并非殷都辨析》，《东北师大学报》1987年第1期）也有类似观点。

[2] 邹衡：《综述夏商周四都之年代和性质——为参加1987年9月在安阳召开的"中国殷商文化国际讨论会"而作》，《殷都学刊》1988年第1期；李民：《关于盘庚迁殷后的都城问题》，《郑州大学学报（哲学社会科学版）》1988年第1期；杨升南：《殷墟与洹水》，《史学月刊》1989年第5期；王贵民：《浅谈商都殷墟的地位和性质》，《殷都学刊》1989年第2期；杨宝成：《殷墟为殷都辩》，《殷都学刊》1990年第4期；杨锡璋：《殷墟的年代及性质问题》，《中原文物》1991年第1期。

都的说法，都不足以动摇殷墟作为商代王都的地位"①。

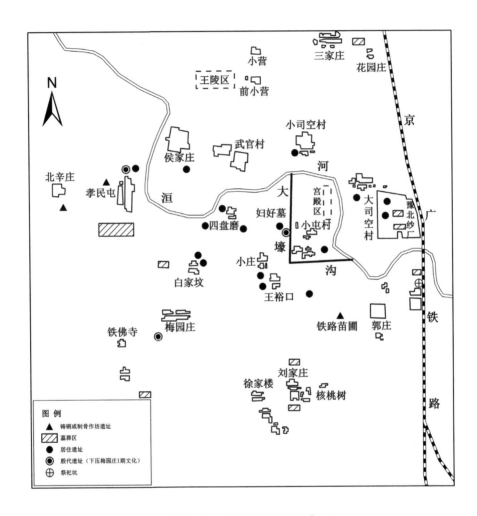

图 3 - 4 殷墟布局示意图②

殷墟分洹北和洹南两部分。洹北商城位于洹河北岸花园庄，城址大体呈方形，东西宽 2. 15 千米，南北长 2. 2 千米，总面积约 4. 7 平方千米。四周有夯筑的城墙基槽。许宏认为："建都初期，其城市

① 杨锡璋：《殷墟的年代及其性质问题》，《中原文物》1991 年第 1 期。
② 陈旭：《商周考古》，文物出版社 2001 年版，第 160 页。

重心在洹北。以洹北城为中心，开始营建以大规模的夯土建筑基址群为主体的宫殿区和面积约 41 万平方米的宫城，在宫城内已发掘了 1 号、2 号两座大型建筑基址。大片宫殿建筑在兴建不久即被火焚毁，在聚落周围挖建了圈围面积达 4.7 平方千米的方形环壕，[1] 是为洹北城。"[2]

洹南商城没有城垣。宫殿宗庙区在洹河南岸的小屯村东北、花园庄一带，南北长 1000 米，东西宽 650 米，总面积 71.5 公顷。这片区域东北有洹河流过，西、南两面则有一条人工挖掘而成的防御壕沟，自然河流和人工壕沟将宫殿宗庙环抱其中，起到类似宫城的作用。宫殿宗庙区有比较密集的夯土建筑基址，包括宫殿、宗庙等八十余座，分甲乙丙三组，且有一定的布局。手工业区位于宫殿宗庙区附近，有铸铜、制骨、制陶等作坊遗址。总的来说，是以宫殿宗庙区为中心，沿洹河两岸呈环形放射状分布。

因此，"殷墟遗址有一定的布局。最基本的是有宫殿宗庙区、王陵区、手工业作坊区和族墓地之分"[3]。

三　三座商都的比较

与早商的郑州商城和偃师商城相比较，殷墟也是以王宫作为规划中心来安排城市布局。较之早期都城按照单一功能划分功能分区，殷墟还是有进步的。如王宫是殷墟的规划结构中心，这个中心以宫寝为主体，与此相关的宗庙、宫廷手工业作坊，以及府库等，组成一个有机的综合性功能分区——宫廷区。而在郑州商城和偃师商城，宫殿、府库及祭祀区等建筑的布设是比较散乱无

① 何毓灵、岳洪彬：《洹北商城十年之回顾》，《中国国家博物馆馆刊》2011 年第 12 期。

② 许宏：《"围子"的中国史——先秦城邑 7000 年大势扫描（之六）》，《南方文物》2018 年第 2 期。

③ 陈旭：《商周考古》，文物出版社 2001 年版，第 163 页。

序的。

　　三座都城在细节问题上存在着不同的布局特色，如殷墟洹南商城没有外部城圈，郑州商城也不像偃师商城那样有完整的三重城垣；偃师商城、郑州商城、殷墟的洹北和洹南的宫殿区所在方位也不尽相同；居住区、手工业区、墓葬区的规划比较随意；等等。这真实地反映了微地理环境造成的城市布局差异。同时，都城功能的不同也导致城市布局出现细节上的差异。

　　一方面，微地理环境影响都城布局。城市布局不可能在一块理想的平坦地形上构建，地形的起伏、河水的流向等都影响城市的布局。都城要突出政治控制职能，需要把宫城布设在较高亢、较中心的显要位置，而偃师、郑州、安阳的微地形又不尽相同，偃师商城的大城西南、小城中部偏南是一块地形较高的地方，布设宫城可以居高控制、有效防御，郑州商城的内城中部偏东地区则地形较高；安阳殷墟的宫城布设也要考虑地势的高低与中心性。

　　另一方面，都城的不同功能也影响都城重要建筑物的布局。这在偃师商城和郑州商城两座都城中更为明显。郑州商城是早商时期的主都，是行政性都城，而偃师商城为军事性陪都，为监视防范夏移民而修建。[1] 因此，偃师商城的军事防御建筑相对突出，在小城内、宫城外的西南、东北两角设置呈犄角状的府库，城墙外坡面也相对较陡；而郑州商城为商代早期的主要都城，其政治控制职能、文化中心职能较为突出，因此，郑州商城的城墙外坡面相对较缓，其军事防御建筑也不太明显，与偃师商城相比，其宫殿区面积更加庞大、祭祀性建筑基址及手工业遗址更多。

---

[1] 潘明娟：《从郑州商和偃师商城的关系看早商的主都和陪都》，《考古》2008 年第 2 期。

第三节　西周都城的建设与都城形态

西周初期三座都城岐周①、宗周②、成周③的对比研究较为少见，

---

　　①　《史记·周本纪》："（古公亶父）乃与私属遂去豳，度漆沮，逾梁山，止于岐下。豳人举国扶老携弱，尽复归古公于岐下。及他旁国闻古公仁，亦多归之。于是古公乃贬戎狄之俗，而营筑城郭室屋，而邑别居之。作五官有司。"这段记载中的"作五官有司"，是建立政治机构、设置官僚吏属，形成初具规模的国家制度。说明这一部族已经进入早期国家阶段，正式建立了国家，而岐周是其政治中心。岐周是周人作为一方诸侯时期的政治中心，是周族发迹的都城，在文王迁丰甚至武王灭商后仍作为都城存在，是周人的圣都。岐周在文献中有不同的称呼，有"岐下"（《诗·大雅·绵》有："古公亶父，来朝走马，率西水浒，至于岐下。"见《十三经注疏·毛诗正义》卷十六，艺文印书馆2001年版，第547页）"岐阳"（《诗·鲁颂·閟宫》有："后稷之孙，实维大王。居岐之阳，实始剪商。"见《十三经注疏·毛诗正义》卷二十，艺文印书馆2001年版，第777页）"岐周"（《孟子·离娄下》："文王生于岐周，卒于毕郢，西夷之人也。"见《四书章句集注·孟子集注》卷八，中华书局1983年版，第289页）等。本节述及此地均以"岐周"称之。

　　②　成王时期"宗周"之名开始出现。"宗周"之名应该始见于成王时期的铜器献侯鼎。时代晚于献侯鼎的西周铜器如大盂鼎、作册麦尊、善鼎、大克鼎、小克鼎、史颂鼎等诸器铭文都有"宗周"。周代铜器中多次记载"王在宗周"。传世文献也有"宗周"的记载。如《诗·正月》云："赫赫宗周，褒姒灭之。"《尚书·多方》记载："惟五月丁亥，王来自奄，至于宗周。"《史记·周本纪》曰："成王自奄归，在宗周，作《多方》。"《史记·鲁周公世家》曰："诸侯咸服宗周。""宗周"的称谓，具有明显的"诸侯宗之"（《长安志》卷三引皇甫谧《帝王世纪》）的政治含义。相关都邑名称还有丰和镐。丰，传世文献与西周铭文均有记载。《诗·大雅·文王有声》有记载："文王受命，有此武功。即伐于崇，作邑于丰。"《尚书·周书》有："成王既黜殷命，灭淮夷。还归在丰，作《周官》。"《史记·周本纪》也有："明年，伐崇侯虎。而作丰邑，自岐下而徙都丰。明年，西伯崩。"西周铜器召公大保戈、小臣宅簋、作册魖卣等均有记载。镐，传世文献有记载。《诗·大雅·文王有声》："考卜维王，宅是镐京。维龟正之，武王成之。"《国语·周语上》有："杜伯射王于鄗。"《竹书纪年》也有帝辛三十六年"西伯使世子发营镐"的记载。西周铜器未见有"镐"的记载，但是卢连成认为从武王初治镐至成王初年，铜器铭文均将"镐"作"蒿"，如德方鼎铭文。（卢连成：《西周金文所见𦥑京及相关都邑讨论》，《中国历史地理论丛》1995年第3期）然镐与丰实不可分，从时间上来看，丰、镐相继营建，间隔不长；从方位来看，丰、镐各据沣河西东，相距不远；从考古发掘来看，"整个西周时期，沣东、沣西的西周遗存构成一个整体，显示丰镐是作为一个整体在发挥着都城的作用"（中国社会科学考古研究所、陕西省考古研究院、西安市周秦都城遗址保护管理中心：《丰镐考古八十年》，科学出版社2015年版，第14页）。因此，虽然文献记载中的宗周指的是镐京，但可以将丰与镐看作一座都城的两个部分。为与岐周、成周并称，本节将丰镐统称"宗周"。

　　③　成周是西周时期的陪都。成周建成之初，被周人称为"新大邑""新邑"或"东国洛"，如上述的《尚书·康诰》有："惟三月哉生魄，周公初基，作新大邑于东国洛"，《尚书·多士》有"周公初于新邑洛"，《鸣士卿尊》有铭文："丁巳，王才新邑"，王奠新邑鼎铭文有"王来奠新邑"，卿鼎有"公违省自东，才新邑，臣卿易（锡）金"的记载。《尚书·康诰》有："作新大邑于东国洛。"在这里，"洛"可称东"国"，即东都，由此也可看出这个新邑的都城地位。在整个西周时期，洛邑有个正式的称呼——成周。

且比较的是都城政治地位的不同。① 西周时期的城市建设是学界关注的一个焦点，② 大部分学者从《周礼·考工记》的相关记载进行研究。③ 笔者认为，《考工记》并没有明确指出针对的是哪一座都城，极有可能是后世对都城的理想描绘。因此，本节不引用《考工记》的记载来研究西周都城。

西周初年三座都城的营建过程，文献均有提及，且岐周、宗周均有较为详细的考古发掘。这些资料在一定程度上反映了周人在西周初期对于都城的建设设想及空间认识。三座都城建设及形态的共同性与差异性，在一定程度上反映了周人认识上的发展历程。

根据这些资料，笔者试图复原并比较西周时期都城的营建过程及城市形态，以求教于方家。

一 西周都城营建前的勘察与占卜

大部分学者依据《考工记》的记载研究西周时期的都城建设，忽略了其他文献的零星记载。从文献记载来看，西周初期都城营建

---

① 潘明娟：《西周都城体系的演变与岐周的圣都地位》，《陕西师范大学学报（哲学社会科学版）》2008 年第 4 期；王震：《西周王都研究》，陕西师范大学博士学位论文，2009 年；周宏伟：《西周都城诸问题试解》，《中国历史地理论丛》2014 年第 1 期。

② 文超祥：《从〈周礼〉看西周时期的城市建设制度》，《规划师》2006 年第 11 期。

③ 研究者认为《考工记》记述了周代王城的规划与建设，如《城市规划原理》认为："成书于春秋战国之际的《周礼·考工记》记述了关于周代王城建设的空间布局。"[李德华主编：《城市规划原理（第三版）》，中国建筑工业出版社 2001 年版，第 13 页]；《中国古代城市规划史》认为："《匠人》一节载有营国制度，系统地记述了周人城邑建设体制、规划制度及具体营建制度。"（贺业钜：《中国古代城市规划史》，中国建筑工业出版社 1996 年版，第 5 页）《中国建筑艺术史》认为："《考工记》是成书于春秋末叶的齐国官书，追述了西周的一些营造制度。"（萧默主编：《中国建筑艺术史》上，文物出版社 1999 年版，第 151 页）也有学者认为即使《考工记》没有反映周初王城的规划与建设，至少也描绘了西周时期的理想都城模式，如吴良镛先生指出：《考工记》所描述的只是"理想的原则"（ideals in principle）；是一种"理想城"（ideal city）；是当时城市规划理想的一个概括（a summary of ideals of city planning at that time）。（Wu Liangyong, A Brief History of Ancient Chinese City Planning, Kassel: Urbs et Regio, 1985, pp. 4-5）《中国古代建筑史》也认为："此项载述……如果说不是反映了周初王城建设的大致轮廓，至少也是对西周王城一种理想模式的描绘。"（刘叙杰主编：《中国古代建筑史》第一卷，中国建筑工业出版社 2003 年版，第 209 页）

之前应该是有勘察与占卜的。

《诗·大雅·绵》记载了岐周的勘察占卜情景。"古公亶父，来朝走马，率西水浒，至于岐下，爰及姜女，聿来胥宇"①是踏勘城址的过程。孔颖达认为写的是"（古公亶父）疾走其马，循西方水厓漆沮之侧东行，而至于岐山之下，于是与其妃姜姓之女曰大姜者，自来相土地之可居者"，这是在岐山之下骑马踏勘城址的过程。而"周原膴膴，堇荼如饴，爰始爰谋，爰契我龟，曰止曰时，筑室于兹"②是众人商讨占卜慎重地定下城市的具体方位。由于岐山之南的周原丰沃肥美，古公亶父"爰始爰谋"，在自己认可这块土地之后，谋及卿士与庶人；再后"爰契我龟"，契龟而卜。这是慎选城址的过程。这里有一个值得重视的记载"爰契我龟"，以占卜的方式确定选址是否吉利。

宗周营建之前应该也有勘察占卜的程序。《诗·大雅·文王有声》"言筑城大小之事，述其所徙之言"③，其中有"考卜维王，宅是镐京。维龟正之，武王成之"④，郑玄笺云："考犹稽也。宅，居也。稽疑之法，必契灼龟而卜之。武王卜居是镐京之地，龟则正之，谓得吉兆，武王遂居之。""正义曰：以洪范有稽疑之言，故云考犹稽也，宅，居。释言，文以稽疑之法必契灼其龟而卜之，正谓得吉兆，龟正定其吉，云此地可居，卜兆言吉，居之而得天下，是成龟

---

① 《十三经注疏·毛诗正义》卷十六，艺文印书馆2001年版，第547页。
② 笺：时，是。兹，此也。卜从则曰：可止居于是，可作室家于此。定民心也。疏：上言来相可居，又述所相之处，言岐山之南周之原地膴膴，其土地皆肥美也。其地所生堇荼之菜，虽性本苦，今尽甘如饴味然。大王见其如此，知其可居，于是始欲居之。于是与幽人从己者谋之。人谋既从，于是契灼我龟而卜之。卜又言吉，大王乃告从己者曰：可复去也。……言胥宇是相地之辞，然则笺云始与幽人从己者谋，亦谓于是始欲居，于是与之谋。但笺文少略耳。人谋既从大王，于是契其龟而卜，又得吉。则是人神皆从矣。洪范曰：汝则有大疑，谋及乃心，谋及卿士，谋及庶人，谋及卜筮，汝则从龟从筮从卿士从庶人从是之谓大同。检此上下，大王自相之，知此地将可居，是谋及乃心也；与从己者谋，是谋及卿士庶人也；契龟而卜，是谋及卜也。唯无筮事耳。见《十三经注疏·毛诗正义》，艺文印书馆2001年版，第547—548页。
③ 《十三经注疏·毛诗正义》，艺文印书馆2001年版，第582页。
④ 《十三经注疏·毛诗正义》，艺文印书馆2001年版，第582页。

兆之占，伐去虐纣，身即王位，功无大于此者。……"① 主要记叙武王卜居镐京、契龟得吉的步骤。

成周的营建更加慎重，其勘察与占卜的程序也更加复杂，当然，这也可能是由于成周选址文献资料较岐周、宗周多而出现的。成周具体城址的勘察由召公和周公分别进行。召公的勘察工作先于周公，《尚书·召诰》记载："惟太保先周公相宅。"② 三月五日，召公进行了实地勘察，之后占卜，"越三日戊申，太保朝至于洛卜宅"。笺云："三月五日，召公早朝至于洛邑，相卜所居。"③《尚书·洛诰》记载了周公的占卜位置与结果："予惟乙卯，朝至于洛师。我卜河朔黎水，我乃卜涧水东，瀍水西，惟洛食；我又卜瀍水东，亦惟洛食。"④ 三月十二日，周公至洛开始占卜，"卜河北黎水之上，不得吉兆；乃卜涧水东，瀍水西，惟近洛而其兆得吉，依规食墨；我亦使人卜瀍水东，亦惟近洛，其兆亦吉，依规食墨"⑤。根据《尚书·召诰》和《尚书·洛诰》的记载，此次勘察占卜的大致日程是：二月既望越六日，成王在丰命令召公去洛邑相宅；三月戊申，召公至于洛，卜宅；三月庚戌至甲寅，攻位，也就是通过实地测量确定筑城的具体方位；三月乙卯，周公至于洛，复卜宅；周公复卜之后，献上筑城规划图及占卜结果，与成王"二人共贞"，确定筑城方案；三月戊午，用牲于社；其后，营建成周正式开始。

综合上述文献记载，三座都城营建之前的城址选择大致是：首先，要进行城址的勘察即"相宅"。《诗·大雅·绵》记录了岐周城址选定之前的勘察人员及路线，即"古公亶父，来朝走马，率西水浒，至于岐下，爰及姜女，聿来胥宇"；成周城址的选择仅有"惟太

① 《十三经注疏·毛诗正义》，艺文印书馆 2001 年版，第 584 页。
② 《十三经注疏·尚书正义》，艺文印书馆 2001 年版，第 218 页。
③ 《十三经注疏·尚书正义》，艺文印书馆 2001 年版，第 218 页。
④ 《十三经注疏·尚书正义》，艺文印书馆 2001 年版，第 225 页。
⑤ 《十三经注疏·尚书正义》孔颖达疏，艺文印书馆 2001 年版，第 225 页。

保先周公相宅"的记载；至于宗周，文献没有相宅的相关记录。其次，城址选定之后，周人会进行占卜以确定吉凶。岐周营建之前"爰契我龟"，且得到"曰止曰时"的卜辞，之后的宗周、成周等都城的建设也有占卜的记载，应该是由"爰契我龟"确定的周人选择都城具体方位的一个必不可少的步骤。这里有一个细节，岐周、宗周均为灼龟而卜，到成周营建之前仅曰"卜"，且卜了多次，包括河朔黎水、涧水东瀍水西、瀍水东，才确定了具体的城址。这应该可以说明随着营建都城经验的积累，城址占卜的次数更多，方式也更加复杂。

二　西周都城的营建及都城形态

都城在勘察占卜选定城址之后，就进入营建的程序。

（一）文献记载的营建及重要建筑

1. 岐周

《诗·大雅·绵》在占卜确定岐周城址之后，对岐周的建设有一定记录。

"乃慰乃止，乃左乃右，乃疆乃理，乃宣乃亩，自西徂东，周爰执事"① 主要描写安置居民划分疆界，百姓筑室耕田的过程，隐含着都城的平面布局规划和用地规划。其中，"乃左乃右"虽然没有明确表示确定城市的中心，但是"公宫在中，民居左右"，在划分左右之前，一定要先确定城市中心，这是城市平面布局的大致规划；"乃疆乃理"是确定疆界、分其地理，是城市用地的规划；"乃宣乃亩"是教导百姓进行农耕，治理田亩。

"乃召司空，乃召司徒，俾立室家，其绳则直，缩版以载，作庙翼翼。捄之陾陾，度之薨薨，筑之登登，削屡冯冯，百堵皆兴，鼛鼓弗胜。乃立皋门，皋门有伉，乃立应门，应门将将，乃立冢土，

---

① 《十三经注疏·毛诗正义》，艺文印书馆 2001 年版，第 548 页。

戎丑攸行"① 是城市标志性建筑的建设场景。先建设宗庙，之后建设
都城的郭门、王宫的正门、大社等。城市初建，百废待兴，要先建
设职能性建筑（如宗庙、王宫、大社）以及界限性建筑（如皋门和
应门），确立城市地标以便之后的增建。这首诗还描写了早周时期的
建筑技术"其绳则直，缩版以载"以及取土之"捄"、受土之
"度"、压土之"筑"、削墙之"削"等一系列筑墙的动作，也描述
了热火朝天的建设场面。

之后，随着城市的发展逐步完善城市附属设施，修建城市对外
的道路，"柞棫拔矣，行道兑矣"②。

由《诗·大雅·绵》的记录，可以发现，岐周建设伊始，主要
建筑为职能性建筑（如宗庙、王宫、大社）以及界限性建筑（如皋
门和应门）。根据《诗·小雅·思齐》的记载，岐周的重要建筑还
应该有京室。③

2. 宗周

关于宗周的营建，传世文献记载较少。仅《史记·周本纪》
记载了一句："明年，伐崇侯虎。而作丰邑，自岐下而徙都
丰。"④《竹书纪年》也有记载，帝辛三十六年"西伯使世子发营
镐"⑤。

《诗·大雅·文王有声》对于丰镐的营建记载，⑥ "言筑城大小
之事，述其所徙之言"⑦。根据这个记载，丰镐的建设顺序如下。

第一步，文王"既伐于崇，作邑于丰"。丰的大小为"一减"，
"筑城伊减，作丰伊匹"，按照郑玄的解释"方十里"，城市面积大

---

① 《十三经注疏·毛诗正义》，艺文印书馆2001年版，第548—549页。

② 《十三经注疏·毛诗正义》，艺文印书馆2001年版，第550页。

③ 《诗·思齐》："思齐大任，文王之母，思媚周姜，京室之妇。"见《十三经注
疏·毛诗正义》卷十六，艺文印书馆2001年版，第561页。

④ 《史记》，中华书局1959年版，第118页。

⑤ 《竹书纪年》卷下，四部丛刊景明天一阁本，第17页。

⑥ 《十三经注疏·毛诗正义》，艺文印书馆2001年版，第582—584页。

⑦ 《十三经注疏·毛诗正义》，艺文印书馆2001年版，第582页。

于诸侯小于天子之制；① 值得注意的是，文王作邑于丰，丰邑是有城墙的，"王公伊濯，维丰之垣"，郑玄解释："作邑于丰，城之，既成，又垣之，立宫室。"② 初作丰邑，建城墙，之后随着周人势力愈加盛大，建设宫垣，突出了政治职能。

第二步，武王营镐。上文已述及镐京的选址是经过占卜的，"考卜维王，宅是镐京。维龟正之，武王成之"③，然而镐京的建设过程，再无记录。

丰镐的营建，没有像古公亶父营建岐周那样用一百多字进行描述。文王作丰、武王营镐的文字记载相当简略，各有侧重，营建丰邑侧重其面积大小与墙垣，营建镐京则侧重记载占卜结果。

丰镐的政治性建筑，应该有辟雍。《文王有声》有"镐京辟雍，④ 自西自东，自南自北，无思不服"之语，郑玄认为这是指"武王于镐京行辟雍之礼"⑤。但是，从都城建设的角度来看，武王在镐京行辟雍之礼，则镐京应该是有行辟雍之礼的设施的，即有

---

① 郑玄笺云："方十里曰成。减，其沟也，广深各八尺。文王……筑丰邑之城，大小适与成偶，大于诸侯小于天子之制，此非急成，从己之欲，欲广都邑。""正义曰：上言作邑于丰，此述作丰之制。言文王兴筑丰邑之城，维如一成之减，减内之地，其方十里。文王作此丰邑，维与相匹，言大小正与成减相配偶，是大于诸侯小于天子之制，所以才得伐崇，即作此邑者非以急，从己之欲而广此都邑。"（《十三经注疏·毛诗正义》，艺文印书馆 2001 年版，第 583 页）

② 《十三经注疏·毛诗正义》，艺文印书馆 2001 年版，第 583 页。正义曰："上言筑城作丰，此言维丰之垣，则是丰城之内别起垣也，故云'作邑于丰，城之，既成，又垣之，立宫室。'谓立天子之宫室。"见《十三经注疏·毛诗正义》，艺文印书馆 2001 年版，第 583—584 页。

③ 毛传解释曰："武王作邑于镐京。"郑玄笺云："考犹稽也。宅，居也。稽疑之法，必契灼龟而卜之。武王卜居是镐京之地，龟则正之，谓得吉兆，武王遂居之。""正义曰：以洪范有稽疑之言，故云考犹稽也，宅，居。释言，文以稽疑之法必契灼其龟而卜之，正谓得吉兆，龟正定其吉，云此地可居，卜兆言吉，居之而得天下，是成龟兆之占，伐去虐纣，身即王位，功无大于此者。……"见《十三经注疏·毛诗正义》，艺文印书馆 2001 年版，第 584 页。

④ 周宏伟认为"辟雍"是指位于"辟"地的较大的积水区。（周宏伟：《西周都城诸问题试解》，《中国历史地理论丛》2014 年第 1 期）笔者不采用这种观点，仍依郑玄之说"于镐京行辟雍之礼"。

⑤ 《十三经注疏·毛诗正义》，艺文印书馆 2001 年版，第 584 页。

"辟雍"这种建筑。至于辟雍是营造镐京时建设的,还是伐纣之后修建的,尚且无从猜测。根据《逸周书》的记载,周公时期在宗周建有标志性政治建筑明堂。①

3. 成周

营建成周是周初的一件政治性工程,传世文献的记载颇多。《尚书》的周初八诰中,《召诰》《洛诰》《多士》《康诰》等篇从不同侧面不同角度记载了营建成周的大事件。后期的文献也多次提及成周的营建。如《左传·昭公三十二年》记载:"昔成王合诸侯城成周,以为东都,崇文德焉。"②《史记·周本纪》记载:"成王在丰,使召公复营洛邑,如武王之意。周公复卜申视,卒营筑,居九鼎焉。"③《史记·鲁周公世家》也有类似的记录:"成王七年二月乙未,王朝步自周至丰,使太保召公县之雒相土。其三月,周公往营成周雒邑,卜居焉,曰吉,遂国之。"④

翻检文献,我们发现营建成周的时间记载不一。《尚书大传》⑤、何遵⑥均记载周公摄政五年营建成周的,《史记》则记载周公摄政七年营建成周的,⑦ 后世的孔安国、孔颖达等注疏也认为成周的营建是在周公摄政七年。⑧ 当代学者中和两种说法,认为可能是成周在周公摄政五年开始营建,至七年完成。⑨

《尚书》的相关记载比较侧重于建城之前的勘察占卜及决策过

---

① 《逸周书·明堂解》:"乃会方国诸侯于宗周,大朝诸侯明堂之位。"见黄怀信、张懋镕、田旭东撰:《逸周书汇校集注》,上海古籍出版社 1995 年版,第 760 页。

② 杨伯峻编著:《春秋左传注》,中华书局 1981 年版,第 1517 页。

③ 《史记》,中华书局 1959 年版,第 133 页。

④ 《史记》,中华书局 1959 年版,第 1519 页。

⑤ (清)皮锡瑞:《尚书大传疏证》,《续修四库全书本》第 55 册,上海古籍出版社影印版,第 769 页。

⑥ 彭裕商:《西周青铜器年代综合研究》,巴蜀书社 2003 年版,第 219 页。

⑦ 《史记》,中华书局 1959 年版,第 133 页;《史记》卷三三"鲁周公世家",中华书局 1959 年版,第 1519 页。

⑧ 《十三经注疏·尚书正义》,艺文印书馆 2001 年版,第 218 页。

⑨ 同海文、胡春丽:《"定保天室"——周初"东都洛"之再考察》,《兰州学刊》2008 年第 5 期。

程,几乎没有关注城市的布局及重要建筑。相对而言,《逸周书·作
雒解》较为详细地记载了成周的重要建筑。首先,成周有城与郭。
成周面积"城方千七百二十丈,郭方七十里"①。其次,成周有重要
的祭祀设施"丘兆""大社"与"大庙",其中丘兆即祭坛在南郊,
"设丘兆于南郊,以上帝,配□后稷,日月星辰,先王皆与食"②。
最后,成周还有政治性建筑"五宫"即大庙、宗宫、考宫、路寝、
明堂,这些政治性建筑中既有纯粹祭祀的大庙,也有诸侯朝觐的明
堂,还包括可能融祭祀、生活、行政功能与一体的宗宫、考宫、路
寝。这些建筑的形制也基本相同:"咸有四阿,反坫。重亢,重郎,
常累,复格,藻棁,设移,旅楹,春常,画。内阶、玄阶、堤唐,
山廧。应门、库台玄阃。"③ 都是四角曲檐,两柱间有放置礼器、酒
具的土台;还有重梁、两庑、栏杆、双斗、绘彩短柱;在大堂旁有
小屋、排柱,藻井画有日月,门上横梁也绘彩;殿基上凿出的台阶
涂成黑色,中庭路面高起,墙上画有山云;正门和内门高台都是黑
色门槛。由此,也可以得出结论:西周初期,宫、庙功能尚未完全
区分开来。铜器铭文也提到了成周的重要建筑,有京室④、康
宫⑤等。⑥

综上,比较文献记载,笔者发现以下三个问题:第一,从都城
的营建顺序来看,西周时期是否按照"君子将营宫室,宗庙为先,

① 黄怀信、张懋镕、田旭东撰:《逸周书汇校集注》,上海古籍出版社 1995 年版,
第 561 页。

② 黄怀信、张懋镕、田旭东撰:《逸周书汇校集注》,上海古籍出版社 1995 年版,
第 568 页。

③ 黄怀信、张懋镕、田旭东撰:《逸周书汇校集注》,上海古籍出版社 1995 年版,
第 573—578 页。

④ 何尊铭文。见李民《何尊铭文补释——兼论何尊与〈洛诰〉》,《中州学刊》1982
年第 1 期。作册令方彝有"京宫",□卿方鼎有"京宗"。"京室""京宫""京宗"应该
指的是同一座建筑。

⑤ 作册令方彝。见王辉《商周金文》,文物出版社 2006 年版,第 78 页。

⑥ 关于京宫与康宫的研究,见尹夏清、尹盛平《西周的"京宫"与"康宫"问
题》,《中国史研究》2020 年第 1 期。

厩库为次，居室为后"①的顺序来建设都城，上述文献尚无明确记载。第二，从都城的重要建筑来看，都城的宫庙、礼制建筑应该是都具备的，但是文献记载不一。第三，在城市界限设立方面，三座都城各有不同，岐周建设了皋门和应门，宗周和成周则是以"城"来作为都城界限出现的。然而，城墙是否存在，都城如何布局，还得求诸考古发掘。

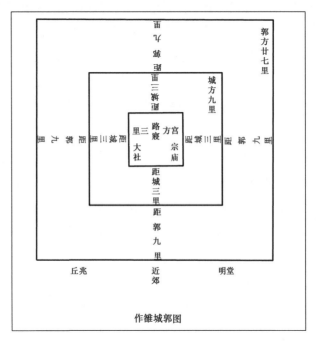

图 3-5 《作雒》城郭图②

(二) 考古资料显示的都城形态

菊地利夫说："（历史地理学）是位置的科学、分布的科学。"③

① 《礼记·曲礼下》，见《十三经注疏·礼记注疏》卷第四，艺文印书馆 2001 年版，第 75 页。

② 黄怀信、张懋镕、田旭东撰：《逸周书汇校集注》，上海古籍出版社 1995 年版，第 577 页。

③ ［日］菊地利夫著，辛德勇译：《历史地理学的理论与方法》，陕西师范大学出版社 2014 年版，第 33 页。

我们无法根据西周都城的文献资料将重要建筑落到具体位置，只能通过考古资料考察相关建筑基址的相对位置及分布密度，试图以此来分析西周时期静态的都城形态。

1. 岐周

岐周即现在的周原一带。史念海先生认为广义的周原主要包括凤翔、岐山、扶风、武功等县的大部分区域，东西达七十多千米，南北达二十多千米。狭义的周原地区，应该就是周原遗址的主要范围，在岐山县京当公社（今京当镇）与扶风县黄堆公社和法门公社（今扶风县法门镇）之间，[①] 具体来说，就是"北起岐山，南至纸白一带，西至岐阳堡一带，东至许家村、樊村一线"[②]。

二十年前，考古工作者在周原遗址以西，岐山凤凰山、凤翔原、蒋家庙等地发现了城垣和环壕遗迹。其中，岐山凤凰山即周公庙所在，东距周原遗址 27 千米，推测为周公采邑。[③] 这里发现 4 条商周时期的壕沟遗存，推断：先周时期的壕沟应该是整个聚落的环壕，西周早期至中期的壕沟可能是夯土建筑区的环壕。[④] 凤翔水沟商周遗址，东南距凤凰山遗址 20 千米，城圈不规则，夯土版筑城垣周长约 4 千米，南北高差达 100 米左右。城内面积 100 万平方米，有较丰富的先周和西周时期遗存。[⑤] 蒋家庙遗址城垣周长为 3 千米，与凤翔水沟商周遗址相似。城垣形状呈直角梯形，夯土版筑，城内面积 40 万平方米，以商末和西周早期遗

① 史念海：《周原的历史地理与周原考古》，《西北大学学报（哲学社会科学版）》1978 年第 2 期。

② 付仲扬：《西周都城考古的回顾与思考》，《三代考古》2006 年第 5 期。

③ 徐天进：《周公庙遗址的考古所获及所思》，《文物》2006 年第 8 期。

④ 种建荣：《凤凰山（周公庙）遗址》，陕西省文物局、陕西省考古研究院编《留住文明——陕西"十一五"期间大遗址保护及课题考古概览（2006—2010）》，三秦出版社 2012 年版。

⑤ 张天恩、田亚岐、刘静：《凤翔县水沟商周遗址》，中国考古学会编《中国考古学年鉴（2009）》，文物出版社 2010 年版。徐天进：《周公庙遗址的考古所获及所思》，《文物》2006 年第 8 期。

存为主。① 这几座城址都建于山地丘陵地带,许宏推断"或许反映了早期周人与西北方戎人毗邻而居的紧张情势"②。岐山凤凰山、凤翔原、蒋家庙与周原遗址有一定距离,故而学者不认为这些城垣与环壕为岐周城墙。

岐周的大城基本包括了周原遗址的核心部分,北起强家—云塘,东至雾子—召陈,南至庄白—刘家北面,西抵王家沟。东西约 2700 米,南北约 1800 米,形状规整,面积约 520 万平方米。西南城墙因取土而被破坏了,其他部分的城墙都保存着断续的夯筑基槽。在大城西北有小城,位于周原遗址的西北部,整体为较为规整的长方形,东西 1480 米,南北 1065 米,面积约 175 万平方米,西面以王家沟为壕,其余三面有人工城壕。③

岐周聚落的面积,"从聚落群的演变来看,西周早期聚落的总面积为 19 平方千米,与丰镐遗址面积相当。到西周中期,聚落面积剧增至 28 平方千米,西周晚期则增至 30 平方千米"④。其发展演变,可能是"聚邑成都",即不断聚集可能为"族邑"的功能区,在扩张过程中,各区域单元逐渐贴近、弥合,从而形成连片的聚落群。⑤

从都邑布局来看,大型建筑基址主要有三个分布区,分别为西周早期的凤雏建筑群⑥、中期的召陈建筑群⑦、晚期的云塘—齐镇建

---

① 北京大学中国考古学研究中心、宝鸡考古研究所:《宝鸡市蒋家庙遗址考古调查报告》,北京大学中国考古研究中心、北京大学震旦古代文明研究中心编《古代文明》第 9 卷,文物出版社 2013 年版。

② 许宏:《先秦城邑考古》,西苑出版社 2017 年版,第 198 页。

③ 北京大学考古文博学院:《周原发现西周城址和先周大型建筑》,北京大学新闻网,2022 年 1 月 29 日。

④ 许宏:《先秦城邑考古》,西苑出版社 2017 年版,第 211 页。

⑤ 雷兴山、种建荣:《周原遗址商周时期聚落新识》,湖北省博物馆编《大宗维翰:周原青铜器特展》,文物出版社 2014 年版,第 26 页。

⑥ 陕西周原考古队:《陕西岐山凤雏村西周建筑基址发掘简报》,《文物》1979 年第 10 期;宋江宁等:《陕西宝鸡市周原遗址凤雏六号至十号基址发掘简报》,《考古》2020 年第 8 期。

⑦ 尹盛平:《扶风召陈西周建筑群基址发掘简报》,《文物》1981 年第 3 期。

筑群①，学界对这些建筑的性质做了研究，② 这些都城中的大型建筑基址应该是周王或其代理人所使用；贵族居住区的分布，按照文献记载或青铜窖藏的位置来看则比较分散，岐山县周公村应该是周公家族聚居地，③ 岐山县刘家塬村为召公家族聚居地，④ 扶风县五郡西村可能是召公家族分化出来的宗支所在，⑤ 扶风县强家村是虢季氏家族所在，⑥ 宝鸡市虢镇、扶风县南阳豹子沟可能是南宫氏家族所在，⑦ 眉县马家镇杨家村可能是单氏家族所在。⑧ 另外，在七里桥墓地也出土了铜器窖藏。⑨ 岐周的手工业作坊有云塘制骨作坊⑩、齐家制玦作坊⑪、李家铸铜作坊。⑫

---

① 徐良高等：《陕西扶风云塘、齐镇西周建筑基址 1999—2000 年度发掘简报》，《考古》2002 年第 9 期。

② 宋江宁：《对周原遗址凤雏建筑群的新认识》，《中国国家博物馆馆刊》2016 年第 3 期。

③ 《括地志》云："周公城在岐州岐山县北九里，周之畿内，周公食采之地也。"[（唐）李泰等著，贺次君辑校：《括地志辑校》，中华书局 1980 年版，第 37 页] 周公城今名周公村，在岐山县北九里的地方，应该是西周时周公的采邑。

④ 今陕西省岐山县西南八里有刘家塬村，在明清时仍称召公村，村旁有召公祠，村外墙镌有"召公村"三字。（吴镇烽：《陕西地理沿革》，陕西人民出版社 1981 年版，第551 页）李学勤先生也认为刘家塬村一带可能是召公家族的封邑。[李学勤：《青铜器与周原遗址》，《西北大学学报（哲学社会科学版）》1981 年第 2 期]

⑤ 2006 年，扶风县城关镇五郡西村出土一处青铜器窖藏，其中有两件五年琱生尊，与传世的五年琱生簋、六年琱生簋铭文可作对照。六年琱生簋铭文提及"烈祖召公"，可知这些青铜器应为召公家族的器物，琱生为器主。王晖认为琱生是召公家族分化出来的宗支之子。[王晖：《西周召氏仓廪缺贝诉讼案：六年琱生簋新考》，《宝鸡文理学院学报（社会科学版）》2017 年第 2 期]

⑥ 强家村出土多件虢季氏家族铜器。见吴镇烽、雏忠如《陕西省扶风县强家村出土的西周铜器》，《文物》1975 年第 8 期。

⑦ 这里出土多件南宫氏家族铜器。见宝鸡周秦文化研究会《商周金文编——宝鸡出土青铜器铭文集成》，三秦出版社 2009 年版，第 214、267 页。

⑧ 2003 年在这里发现一个西周铜器窖藏，共计 27 件铜器，其中 26 件为单氏家族之物。见吕文郁《周代的采邑制度（增订版）》，社会科学文献出版社 2006 年版，第 63—65 页。

⑨ 文耀：《〈周原汉唐墓〉简介》，《考古》2015 年第 2 期。

⑩ 陕西周原考古队：《扶风云塘西周骨器制造作坊遗址试掘简报》，《文物》1980 年第 4 期。

⑪ 陕西省考古研究院等编著：《周原：2002 年度齐家制玦作坊和礼村遗址考古发掘报告》上册，科学出版社 2010 年版，第 550—592 页。

⑫ 陕西周原考古队：《陕西周原遗址发现西周墓葬与铸铜遗址》，《考古》2004 年第1 期；马赛：《从手工业作坊看周原遗址西周晚期的变化》，《中国国家博物馆馆刊》2016年第 3 期。

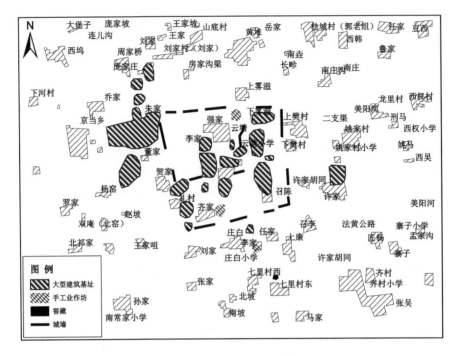

图 3 - 6 岐周都邑布局示意图

周原地区窖藏特别分散，图 3 - 6 只能标注七里桥窖藏点。这也从一个侧面说明了以窖藏为代表的贵族居址分布非常松散，导致城市布局较为随意。

2020—2021 年考古过程中，"周原城址的发现给以往所知遗迹提供了参照背景，向廓清城市布局结构迈出了重要一步。例如，召陈建筑群紧靠大城东墙，不会是王室宫殿建筑，可能是城市的功能性建筑；云塘至齐家的制骨、玉石、铸铜工场均位于小城东墙附近，远离城市中心；凤雏建筑群位于小城北部正中，方向与城址完全一致，结合周围存在的大面积夯土，小城北部应是宫殿区。各级贵族的青铜器窖藏绝大多数发现于小城之外，暗示西周晚期时小城相当于王城，小城以东、以南则是郭城"①。

―――――――――――――

① 北京大学考古文博学院：《周原发现西周城址和先周大型建筑》，北京大学新闻网，2022 年 1 月 29 日。

2. 宗周

按照笔者前文的界定，宗周分为丰、镐两个区域。考古工作者认为丰的遗址分布范围总面积达 8.62 平方千米，镐的遗址面积约 9.2 平方千米。[①]

根据现有考古资料判断丰镐的大致布局如下:[②] 在丰京东北靠近沣河的地方（客省庄附近）应该是宫殿区，一般居址较为稀疏;客省庄以南为马王村区域，这里是贵族居住地，还有大量的手工业业作坊;客省庄西南、马王村以西是张家坡，这里可能是一般居址集中区，也有大量的手工作坊。这三个村落可能是丰京早期的中心，随着城市不断向南发展，马王村南的新旺村成为贵族居住区，新旺村以北的曹寨和以西的冯村也逐渐成为平民和手工业聚集地。铸铜作坊分布在马王村和张家坡;制骨作坊在马王村东、曹寨东北、张家坡村东、新旺村西南和冯村北;制陶分布广泛，共发现七十余座，其中大原村南陶窑聚集。[③] 镐京遗址的大型建筑基址"沿鄗坞岭走向分布在滈河故道南岸高地上，可以说是整个镐京都城内风水最好的地域"[④]。在花园村西、普渡村、官庄南以及落水村西村北发现 13 座大型建筑基址;一般居址主要分布在斗门镇、白家庄、花园村东、普渡村、上泉村、下泉村、洛水村等广大区域。制骨作坊分布在白家庄北、洛水村西、洛水村北一带，手工业作坊分布在上泉村东、普渡村北、白家庄北、洛水村等地;制陶作坊发现 47 座，与丰京一样广泛分布，主要分布在上泉村东、普渡村北、白家庄村北、洛

---

① 中国社会科学院考古研究所、陕西省考古研究院、西安市周秦都城遗址保护管理中心编著:《丰镐考古八十年》，科学出版社 2016 年版，第 23、40 页。

② 中国社会科学院考古研究所、陕西省考古研究院、西安市周秦都城遗址保护管理中心编著:《丰镐考古八十年》，科学出版社 2016 年版，第 57、109—110 页。

③ 徐良高:《丰镐手工业作坊遗址的考古发现与研究》，《南方文物》2021 年第 2 期。

④ 中国社会科学院考古研究所、陕西省考古研究院、西安市周秦都城遗址保护管理中心编著:《丰镐考古八十年》，科学出版社 2016 年版，第 109 页。

水村。①

值得注意的是，在丰镐遗址范围内，尚未发现有夯土城垣或环壕等防御性设施，则《诗·大雅·文王有声》记载的"筑城伊淢，作丰伊匹。……王公伊濯，维丰之垣"及郑玄解释"作邑于丰，城之，既成，又垣之，立宫室"② 目前无法得到验证。

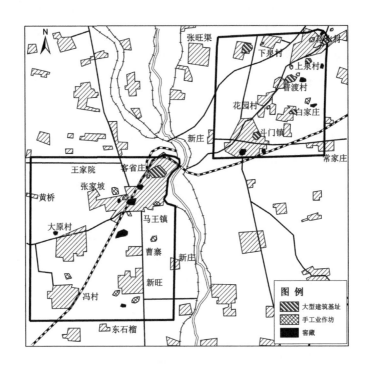

图 3-7　宗周都城布局示意图③

3. 成周

考古工作者认为洛阳地区西周文化遗存丰富的区域，东起瀍河

① 徐良高：《丰镐手工业作坊遗址的考古发现与研究》，《南方文物》2021年第2期。

② 《十三经注疏·毛诗正义》，艺文印书馆2001年版，第583页。

③ 根据《丰镐考古八十年》图版二（中国社会科学院考古研究所、陕西省考古研究院、西安市周秦都城遗址保护管理中心编著：《丰镐考古八十年》，科学出版社2016年版）改绘。

以东 1 千米的焦枝铁路、西至瀍涧之间的史家沟，北到陇海线以北
的北窑村，南至洛河北岸的洛阳老城南关一带，东西长约 3 千米、
南北宽约 2 千米、面积达 6 平方千米左右。①

　　陈国梁已梳理瀍河两岸的西周遗存，② 见图 3－8 中的 1、2、3
所示。洛阳老城东花坛东侧 150 米处有大型夯土建筑基址 1 处；③ 手
工业遗存分别位于瀍河东、西两侧，瀍河东岸 500 米处供销学校可能是

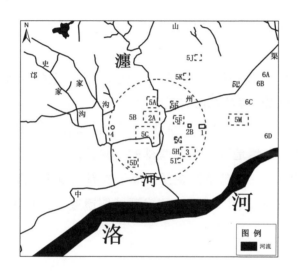

图 3－8　洛阳西周遗址核心区与河流的关系④

1. 建筑基址（东花坛）。2. 手工业遗存：A. 铸铜作坊（北窑）；B. 窑址（供销学
校）。3. 祭祀遗存（林校）。

---

　　① 张剑：《洛阳两周考古概述》，洛阳市文物工作队编《洛阳考古四十年》，科学出
版社 1996 年版；洛阳文物工作队编著：《洛阳北窑西周墓》，文物出版社 1999 年版；顾
雪军、邵会珍、杨春玲等：《洛阳北窑西周车马坑发掘简报》，《文物》2011 年第 8 期。

　　② 陈国梁：《宅兹中国：聚落视角下洛阳盆地西周遗存考察》，《考古》2021 年第
11 期。

　　③ 刘富良：《洛阳市西周夯土基址》，中国考古学会编《中国考古学年鉴（1999）》，
文物出版社 2001 年版，第 196 页。

　　④ 引自桑栎、陈国梁《宅兹中国：聚落视角下洛阳盆地西周遗存考察》，《考古》
2021 年第 11 期。

西周早中期制陶作坊,① 瀍河西岸洛阳北窑村为铸铜作坊;② 祭祀遗存应该位于瀍河东岸的洛阳林校。③

但是,从考古发掘上来说,迄今为止,无论是在瀍水以西还是在瀍水以东,都未能找到西周时期的夯土城垣,这与《逸周书·作雒解》所谓的"城方千七百二十丈,郭方七十里"是不相符合的,有学者解释这里所谓的"城"与"郭"是周围的自然山川。④

三 岐周、宗周、成周布局形态的思考

综合考察文献记载及现有的考古资料,笔者有以下三点思考。

第一,考古资料得出的都城布局形态与文献记载差别较大。

例如,西周时期的都城有无城墙?

《考工记》有"方九里,旁三门"⑤ 的记载,说明都城应该是有城门的,城门当然是以城墙为基础的。并且,《诗·大雅·文王有声》和《逸周书·作雒解》提及宗周与成周城墙的建设。

在2020年前,西周都城均未发现城墙遗迹。徐昭峰认为这似乎

① 杨洪钧:《洛阳瀍水东岸西周窑址清理简报》,《中原文物》1988年第2期。

② 徐治亚:《洛阳北窑村西周遗址1974年度发掘简报》,《文物》1981年第7期;叶万松、张剑:《1975—1979年洛阳北窑西周铸铜遗址的发掘》,《考古》1983年第5期;叶万松、李德方:《洛阳北窑西周铸铜遗址》,中国考古学会编《中国考古学年鉴(1989)》,文物出版社1990年版,第248—249页;李德方:《洛阳北窑西周铸铜遗址》,《中国考古学年鉴(1990)》,文物出版社1991年版,第225页;刘富良:《洛阳市西周铸铜遗址》,中国考古学会编《中国考古学年鉴(1999)》,文物出版社2001年版,第196页;顾雪军、邵会珍、杨春玲等:《洛阳北窑西周车马坑发掘简报》,《文物》2011年第8期。

③ 叶万松、余扶危:《洛阳市瀍河西周车马坑》,中国考古学会编《中国考古学年鉴(1984)》,文物出版社1985年版,第167—168页;高虎、胡瑞、高向楠等《洛阳林校西周车马坑发掘简报》,《洛阳考古》2015年第1期;朱亮:《洛阳东郊西周车马坑》,中国考古学会编《中国考古学年鉴(1993)》,文物出版社1994年版,第215页;俞凉亘:《洛阳林校西周车马坑》,《文物》1999年第3期;周立、石艳艳:《洛阳西周早期大规模祭祀遗存的发掘》,《中国文物报》2011年6月17日第6版。

④ 杨宽:《中国古代都城制度史研究》,上海古籍出版社1993年版,第47页。

⑤ 《十三经注疏·周礼注疏》,艺文印书馆2001年版,第643页。

应该是"周代王都的营建有不筑城墙的传统"[①]。许宏也有"西周时代'大都无城'"[②]之语。然而，与西周三都同时期或略晚的燕国都城[③]及鲁国都城[④]是有城墙的，这无法从周人传统的角度去解释。彭曦认为，与岐周一样，宗周、成周均无城墙，其选址均在河边，属于"因自然山水地形地貌加以堑修（挖掘）而成的河沟台地堑城"[⑤]，因此可以不用修建城墙。

2020—2021 年，周原考古有了新发现，确定了城墙遗迹，为学界研究岐周的都城形态及营建技术等问题提供了新的资料，也为宗周、成周考古发掘提供了新的思路。

再如，西周都城的城市布局如何？

通过现有考古资料分析，我们可以发现岐周、宗周的城市布局非常松散，许宏认为这可能"与城乡分化初期城市经济结构上农业尚占很大比重和政治结构上还保留着氏族宗族组织有密切关系"[⑥]。

岐周、宗周遗址大致可以区分大型建筑区、一般居址区和手工业作坊区，并且大型夯土基址代表的宫庙区或贵族区是与一般居址代表的平民区域有分隔的，虽然界限不太明显。这表明在西周时期都城建设可能开始出现初步的功能分区意识。正如杨宽所说："西周国都的布局有一定的特点，既有贵族的宫殿区，又有国人的居住区，更有军队的驻屯地。"[⑦]宫室、宗庙及贵族居址一般表现为大型夯土

---

① 徐昭峰在研究东周王城营建过程时认为王城是东周初年先修建宫城的，到战国早期才修筑郭城。"参照西周都城丰镐宗周和东都洛邑成周的营建，迄今尚没有发现城墙的现象，是否可以说周代王都的营建有不筑城墙的传统。"（徐昭峰：《试论东周王城的城郭布局及其演变》，《考古》2011 年第 5 期）

② 许宏：《先秦城邑考古》，西苑出版社 2017 年版，第 257 页。

③ 琉璃河考古队：《琉璃河燕国古城发掘的初步收获》，中国考古学会编辑《中国考古学会第五次年会论文集（1985）》，文物出版社 1988 年版。

④ 山东省文物考古研究所等编：《曲阜鲁国故城》，齐鲁书社 1982 年版。

⑤ 彭曦：《西周都城无城郭？——西周考古中的一个未解之谜》，《考古与文物》增刊·先秦考古，2002 年。

⑥ 许宏：《先秦城邑考古》上编，西苑出版社 2017 年版，第 239 页。

⑦ 杨宽：《中国古代都城制度史研究》，上海古籍出版社 1993 年版，第 40 页。

基址，位于城内地势较高的中心区域。宫庙一般由一个或若干个自成单位的殿堂群体组成，单元之间前后左右并列存在，每个单元的四周都有围墙包围。但整个宫城不一定有围墙。① 西周时期的都城以这些由周王或其代理人使用的大型建筑基址为中心来安排城市布局，在大型建筑基址周围分布着一般居址和手工业作坊，手工业作坊遗址一般位于水边，这应该是西周时期的普遍选择，在一定程度上说明周人对城市地形有了初步的应用概念。

但是，根据现有考古资料，很难通过政治区、礼仪祭祀区、手工业区、商业区等城市空间的前后左右位置关系去发现更加明显的规律，无法印证《考工记》所谓的"左祖右社，前朝后市"的相对位置。

第二，考古资料显示的都城规模差异明显，且与文献记载不符。

根据目前考古资料判断，岐周最大，宗周次之，成周最小。宗周的面积大约为成周的 3 倍，岐周早期的面积也为成周的 3 倍，晚期的岐周面积规模为成周的 5 倍左右。笔者以为，都城面积的差异一方面可能与都城地位有关。岐周在早周时期有单一为都的阶段，之后成为王朝的圣都；宗周自建都之后就是行政性都城，是王朝的主都；成周则为军事性前线都城，是陪都。都城地位的不同，自然会导致都城规模不同。另一方面，三座都城规模的差异可能也反映了西周时期都城管理能力的提高。岐周之所以面积最大，应该是因为当时周人刚刚进入国家形态，还保留着原始部落聚族而居的居住习惯，这可能导致城市布局较为松散。到成周时期，随着分封制度、礼乐制度等国家统治制度的出现，国家管理能力较前有大幅提升，都城的管理能力可能也会随之提升，原本松散的都城形态可能会因此变得较为紧凑。

然而，如果不考虑都城规模的动态变化因素，仅就静态规模来看，三座都城的规模均无法与文献记载匹配。《考工记》有天子之国

---

① 李锋：《中国古代宫城概说》，《中原文物》1994 年第 2 期。

"方九里"的记载，按照传统的理解，"方九里"即方形城的边长为九里（约3.742千米①），则面积约为14.004平方千米，与岐周、宗周、成周考古发掘的核心区域面积并不相等。《逸周书·作雒解》记载成周面积"方千七百二十丈"②，即边长约3.973千米，面积约15.786平方千米，与《考工记》记载的都城面积14.004平方千米相差不大。但是，《逸周书·作雒解》记载的15.786平方千米与成周核心考古区域面积6平方千米左右相差甚远。

表3-5　　　　　　　三都的发掘面积与文献记载面积比较

岐周（考古发掘）	宗周（考古发掘）	成周（考古发掘）	《考工记》	《逸周书·作雒解》
6.95平方千米③ 早期：19平方千米 中期：28平方千米 晚期：30平方千米	共计19.6平方千米，其中，沣西8.6平方千米，沣东11平方千米	6平方千米	"方九里"，14.004平方千米	"方千七百二十丈"，15.786平方千米

同时，三座都城规模的差异也无法对应《周礼·考工记》规定的都城等级制度。进一步的研究有待持续的考古发掘及对文献资料的深入解读。

第三，有一定的布局。

西周的都城布局形态主要表现为宫室、宗庙及贵族居址一般位于城内地势较高的中部或北部。

当然，都城的规划与建设是一个长期的动态发展过程，其平面

---

① 周制：1里＝300步，1步＝6尺，1尺＝0.231米，则1里＝415.8米。

② 黄怀信、张懋镕、田旭东：《逸周书汇校集注》，上海古籍出版社1995年版，第561页。

③ 北京大学考古文博学院：《周原发现西周城址和先周大型建筑》，北京大学新闻网，2022的1月29日。

形态会随着时间的推移不断发生变化。但是，根据文献记载和现有考古资料尚无法复原西周时期都城形态变化的空间过程。随着对文献的深入解读与新的考古资料的面世，学界对西周时期三座都城的规划与形态会有更加深入的认识。

第四节　东周时期的都城形态

在现代城市研究中，城市形态有广义和狭义之分。广义的城市形态有两个方面，即城市物质形态和社会形态，其中物质形态是外在的显性要素。狭义的城市空间形态是"形态构成要素实体所表现出来的具体的物质空间形态"[1]。城市空间形态系统的构成要素可概括为路径、边界、区域、节点和标志物。李瑞据此分析了唐宋都城的空间形态要素。[2]

都城形态是都城研究中的重要因素之一，笔者在《秦雍城都城形态与规划》一文中就已经认识到都城形态在都城研究中的重要性。[3] 东周时期诸侯国都的平面形态一直是学界同人颇感兴趣的问题，《中国古代都城制度史研究》[4]《先秦城市考古学研究》[5]《史记都城考》[6]《东周列国都城的城郭形态》[7] 等都有对东周时期列国都城形态的研究。考古工作者对东周时期各国都城遗址进行了全方位的、持续不断的考古调查、发掘与研究，考古资料比较丰富，在本书绪论中笔者已经梳理了东周时期主要都城的考古论著，各国都城

---

① 黄亚平：《城市空间理论和空间分析》，东南大学出版社2002年版，第20页。

② 李瑞：《中国古代都城空间形态要素分析——以唐宋都城为例》，《南都学坛》2004年第4期。

③ 潘明娟：《秦雍城都城形态与规划》，《宝鸡文理学院学报（社会科学版）》2006年第2期。

④ 杨宽：《中国古代都城制度史研究》，上海古籍出版社1993年版。

⑤ 许宏：《先秦城市考古学研究》，北京燕山出版社2000年版。

⑥ 曲英杰：《史记都城考》，商务印书馆2007年版。

⑦ 李自智：《东周列国都城的城郭形态》，《考古与文物》1997年第3期。

形态已基本清晰。

本节根据考古资料梳理东周王城及主要诸侯国都的都城形态。①

一 鲁国曲阜的都城形态

鲁都曲阜的考古资料主要有《曲阜鲁国故城》。②

西周鲁都曲阜平面略呈横长方形，面积约 10 平方千米。南墙较为平直，长度为 3259 米。其余三面明显外凸、略有曲折，北墙3560 米，东墙 2531 米，西墙 2430 米。四城角均为圆弧形。城门 11座，北、东、西三面各 3 座，南面 2 座。

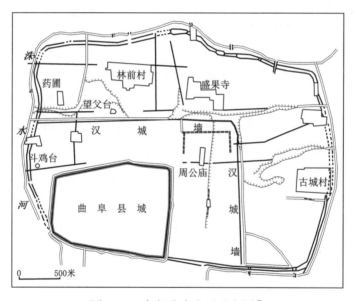

图 3－9 鲁都曲阜布局示意图③

城中心周公庙一带东西长约 550、南北宽约 500 米，为全城制高

---

① 以下研究顺序大致按照都城的营建时间排列。

② 山东省文物考古研究所等编：《曲阜鲁国故城》，齐鲁书社 1982 年版。

③ 曲英杰：《古代城市》，文物出版社 2003 年版，第 71 页。

点，大型夯土建筑基址密集，应该是宫殿区。① 这里西北、北和东部钻探出断续夯土墙遗迹，应为城墙。

城内有两处冶铜作坊遗址，一处位于盛果寺以北，从西周早期持续至春秋时期；另一处规模较小，位于城西药圃。制陶遗址也有两处，一处在城西弹簧厂，时代应为西周前期；另一处在城外东北角，从西周中期持续至春秋晚期。手工业作坊普遍分布于城北部及西北部，古河道及 2 号古道以北。

大面积的居住建筑基址，集中在都城西部、北部及西北、西部偏南、东北这些地带。②

二 齐国临淄的都城形态

临淄的考古资料主要包括《山东临淄齐故城试掘简报》③《临淄齐国故城勘探纪要》④，相关研究成果较为丰硕。⑤

临淄由东北部大城和西南部小城两部分组成，小城的年代晚于大城。城址四周不规整。城墙夯筑，大小城总周长 21433 米。小城周长 7275 米，墙基约 20—30 米，大城墙基约 20—40 米。大城城门六座。东、西各一座，南北各二座。小城城门五座，东、西、北各一座，南门两座。⑥

春秋时期兴建的大城呈长方形，南北长约 4100 米，东西宽约 3500 米，面积约 14 平方千米。阚家寨一带在大城中部区域，地势

---

① 许宏认为周公庙高地边缘的夯土墙不是宫城城墙，宫殿区的分布范围远大于这一区域。（许宏：《先秦城市考古学研究》，北京燕山出版社 2000 年版，第 182—184 页）

② 谷健辉：《曲阜古城营建形态演变研究》，山东大学博士学位论文，2013 年，第 25 页。

③ 山东省文物管理处：《山东临淄齐故城试掘简报》，《考古》1961 年第 6 期。

④ 群力：《临淄齐国故城勘探纪要》，《文物》1972 年第 5 期。

⑤ 刘敦愿：《春秋时期齐国故城的复原与城市布局》，中国地理学会历史地理专业委员会《历史地理》编委会编《历史地理》创刊号，上海人民出版社 1981 年版，第 148—159 页；李海霞：《齐国都邑营建考略》，华侨大学硕士学位论文，2006 年；贾鸿源：《齐都临淄复原研究》，陕西师范大学硕士学位论文，2015 年。

⑥ 群力：《临淄齐国故城勘探纪要》，《文物》1972 年第 5 期。

较高，有可能是宫殿区。这座城应该是春秋时期的姜齐临淄。

　　战国时期的田齐临淄由大小两城组成。小城始建于战国早中期，位于大城西南隅，东北部分嵌入大城的西南角，略呈长方形，南北2200米、东西1400米，面积约3平方千米。城墙外有护城壕。值得注意的是，小城在大城内部范围内的城墙墙基非常宽，小城东墙宽38米，而北墙北门以东部分宽55—67米。可见，小城在建造时对与大城相连的东、北两面非常防范。① 大部分学者认为小城是田氏代齐后所建，是田齐时期的宫城。大城平面略呈长方形，缺西南隅一块，南北4000米、东西4500米。

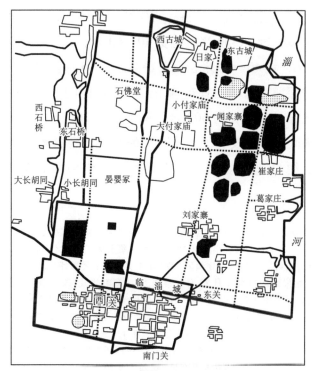

图 3-10　齐临淄布局示意图②

　　① 徐团辉：《战国都城防御的考古学观察》，《中原文物》2015年第2期。
　　② 转引自梁云《战国都城形态的东西差别》，《中国历史地理论丛》2006年第4期。

城内发现冶铁、冶铜、铸钱、制骨等作坊遗址，其中冶铁遗址最多。这些手工业作坊遗址大部分集中在大城东北部，小城内也有部分手工业作坊。

三　新郑郑韩故城的形态

新郑郑韩故城考古发掘充分，资料很多，[①] 基于考古资料的研究也有不少。[②]

郑韩故城城址经历了春秋战国时期，前期为郑国都城，郑国被灭后成为韩国都城。城址位置在今河南省新郑市城关一带，位于双洎水（古洧水）和黄水之间的三角地带。

据马俊才复原研究，郑国都城平面呈不规则三角形，"四十五里牛角城"。北墙长约 4300 米，墙宽 40—60 米，残高 6—19 米；东墙长约 6000 米，宽 40—60 米，目前最高处约 16 米。现存城墙有多处缺口，经钻探证实的城门有东墙东门和北墙西门。宫殿区当在三角形城中央偏北，东西长约 600 米、南北宽约 300 米的区域。祭祀区似乎在宫殿区，这里发现了春秋时期的有序排列的青铜礼乐器坑 19座，殉马坑约 80 座。考古工作者判断这可能与祭祀有很大关系。[③]

---

① 河南省博物馆新郑工作站、新郑县文化馆：《河南新郑郑韩故城的钻探和试掘》，《文物资料丛刊》第 3 辑，文物出版社 1980 年版；蔡全法、马俊才：《新郑郑韩故城金城路考古取得重大成果》，《中国文物报》1994 年 1 月 2 日；《郑韩故城考古又取得重大成果》，《中国文物报》1997 年 2 月 23 日；蔡全法：《郑韩故城与郑文化考古的主要收获》，河南博物院编著《群雄逐鹿：两周中原列国文物瑰宝》，大象出版社 2003 年版，第 202—211 页；蔡全法：《郑韩故城韩文化考古的主要收获》，河南博物院编著《群雄逐鹿：两周中原列国文物瑰宝》，大象出版社 2003 年版，第 117—123 页。
② 马俊才：《郑、韩两都平面布局初论》，《中国历史地理论丛》1999 年第 2 期；郑钦龙：《郑韩故城考古发现与初步研究》，郑州大学硕士学位论文，2007 年；陶新伟：《新郑郑韩故城研究》，湘潭大学硕士学位论文，2008 年；郑杰祥：《郑韩故城在中国都城发展史上的地位》，《黄河科技大学学报》2008 年第 2 期；李海明：《郑韩故城历史城市地理研究》，陕西师范大学硕士学位论文，2015 年；万军卫：《郑韩故城城市形态研究》，河南大学硕士学位论文，2018 年；等等。
③ 河南省文物考古研究所编著：《新郑郑国祭祀遗址》，大象出版社 2006 年版；蔡全法：《新郑郑国祭祀遗址考古亲历记》，《河南文史资料》2006 年第 1 期。

冶铜①作坊在郑城东部，靠近黄水。制骨②作坊在宫殿区附近。

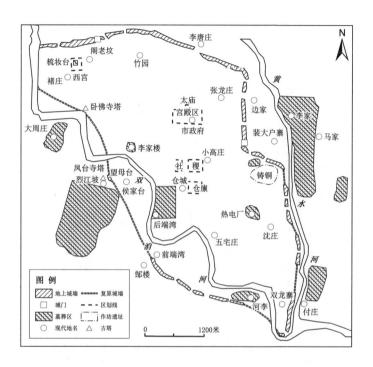

图3-11　郑都布局示意图③

与郑城相比，韩城有很大变化。韩人放弃了双洎水南部的郑南里（洧上），沿双洎水北岸另筑城墙，缩小了城圈规模，强化了防御能力；城墙大规模加高、加宽，尤其是西北城墙增修马面，能够较好地保护韩国宫殿区；在城中筑南北向隔墙，分东、西两城，西城平面略呈长方形，东城由于双洎水与黄水流向的影响，不甚规整。④西城为小城，宫殿区位于西城中北部（南北长约750米，东西宽约

---

①　河南博物馆新郑工作站、新郑市文化馆：《河南新郑郑韩故城的钻探与试掘》，《文物资料丛刊》第3辑，文物出版社1980年版。

②　李德保：《郑韩故城制骨遗址的发掘》，《华夏考古》1990年第2期。

③　许宏：《先秦城邑考古》，西苑出版社2017年版，第258页。

④　河南省博物馆新郑工作站、新郑县文化馆：《河南新郑郑韩故城的钻探和试掘》，《文物资料丛刊》第3辑，文物出版社1980年版，第56—57页。

650 米，面积 0.4875 平方千米），① 祭祀区位于宫殿区南部偏东；②
东城为手工业和居民区，手工业作坊遗址目前有陶窑③、制玉④、冶
铁⑤等。

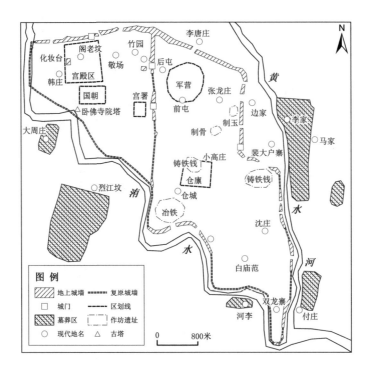

图 3 - 12　韩都布局示意图⑥

　　① 蔡全法、马俊才：《新郑市郑韩路东周遗址》，中国考古学会编《中国考古学年鉴》，文物出版社 1996 年版。

　　② 宫殿区原定为宫殿遗址保护区，马俊才定为宫城；祭祀区原定为宫城遗址，马俊才定为国朝（或太庙）。

　　③ 蔡全法、马俊才：《新郑市郑韩路东周遗址》，中国考古学会编《中国考古学年鉴》，文物出版社 1996 年版；李德保：《河南新郑郑韩故城制陶作坊遗迹发掘简报》，《华夏考古》1991 年第 3 期。

　　④ 新郑市文物管理局编：《新郑市文物志》，中国文史出版社 2005 年版。

　　⑤ 李德保：《河南新郑出土的韩国农具范与铁农具》，《农业考古》1994 年第 1 期。

　　⑥ 转引自梁云《战国都城形态的东西差别》，《中国历史地理论丛》2006 年第 4 期。

四　东周王城的都城形态

根据《洛阳涧滨东周城址发掘报告》①《洛阳发掘报告（1955—1960 年洛阳涧滨考古发掘资料）》②《中国考古学·两周卷》③ 等考古资料及相关研究成果④可知：东周王城⑤是不规则长方形，西面有涧河穿过，南面与洛河相邻，东西宽 2890 米，南北长 3200 米，墙基一般宽 5 米左右⑥，推测城墙年代应该不晚于东周中期或春秋早期。

宫殿区可能在城址西南瞿家屯一带，因为涧河以西城址的西南部的城墙在布局上较为凸出，且瞿家屯村一带发掘出战国时期的板瓦、筒瓦及饕餮纹、卷云纹瓦当，有两组面积较大的夯土基址及一组基址周边的城壕遗迹。⑦

手工业区应该在城址西北部，这里发现有战国时期大面积的窑场遗迹；窑场东南有骨料加工作坊，其南有石料作坊。推测"这里所制的陶器、骨饰器、石饰品是作为商品，而可以随意买卖的"⑧。城东北部与中部偏西也发现三座窑址。

---

① 中国社会科学院考古研究所洛阳发掘队：《洛阳涧滨东周城址发掘报告》，《考古学报》1959 年第 2 期。

② 中国社会科学院考古研究所：《洛阳发掘报告（1955—1960 年洛阳涧滨考古发掘资料）》，北京燕山出版社 1989 年版。

③ 中国社会科学院考古研究所：《中国考古学·两周卷》，中国社会科学出版社2004 年版。

④ 徐昭峰：《从城郭到城郭——以东周王城为例的都城城市形态演变观察》，《文物》2017 年第 11 期；徐昭峰：《试论东周王城的城郭布局及其演变》，《考古》2011 年第 5 期。

⑤ 徐昭峰主张涧滨城址为东周王城。（徐昭峰：《成周与王城考略》，《考古》2007年第 11 期）

⑥ 中国社会科学院考古研究所：《中国考古学·两周卷》，中国社会科学出版社2004 年版，第 231 页。

⑦ 王炬：《洛阳东周王城内发现大型夯土基址》，《中国文物报》1999 年 8 月 29 日第 1 版。

⑧ 中国社会科学院考古研究所洛阳发掘队：《洛阳涧滨东周城址发掘报告》，《考古学报》1959 年第 2 期。

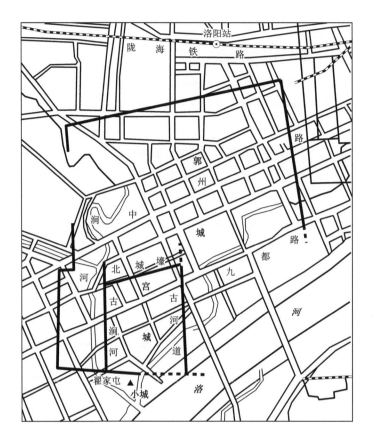

图 3 - 13 东周王城的郭城、宫城、小城示意图①

五 楚都纪南城的都城形态

楚都纪南城有详细的考古勘探与发掘,② 城市形态布局研究成果也比较丰富。③

纪南城位于今江陵县城北 5000 米处。这里东为江汉平原,西接

---

① 徐昭峰:《试论东周王城的城郭布局及其演变》,《考古》2011 年第 5 期。

② 湖北省博物馆:《楚都纪南城的勘探与发掘(上)》,《考古学报》1982 年第 3 期;湖北省博物馆:《楚都纪南城的勘探与发掘(下)》,《考古学报》1982 年第 4 期;杨权喜:《1988 年楚都纪南城松柏区的勘查与发掘》,《江汉考古》1991 年第 4 期。

③ 邓玉婷、肖国增:《楚都纪南城布局与规划理念的探究》,《规划设计》2021 年第 18 期;尹弘兵:《楚都纪南城探析——基于考古与出土文献新资料的考察》,《历史地理研究》2019 年第 2 期。

鄂西山地，南临长江。

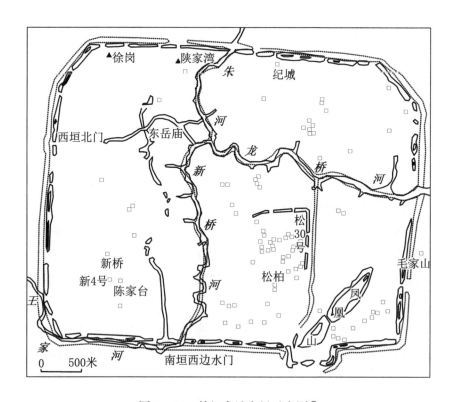

图 3 - 14 楚纪南城布局示意图①

纪南城城址呈长方形，拐角处呈切角，南墙东部有一段曲折。东西 4500 米、南北 3500 米，周长 15506 米，面积 16 平方千米。城墙的上部现存宽度约 12 米。② 目前已发现 7 座城门，其中水门 2 座，水门附近有木构建筑，陆门 5 座。城内的地势较为平坦，仅有一些起伏较小的山岗山丘。城内有 4 条古河道，东西向河道 1 条，位于城内偏东部，名"龙桥河"；南北向河道 3 条，北部区域有南北向的朱河，南部区域有南北向的新桥河，龙桥河中部还连接一条南北向

---

① 转引自梁云《战国都城形态的东西差别》，《中国历史地理论丛》2006 年第 4 期。
② 湖北省博物馆：《楚都纪南城的勘探与发掘（上）》，《考古学报》1982 年第 3 期。

河流。

纪南城的宫殿区应该在城址中部偏东南，这里夯土台基最为密集，超过 60 处。在本区域的东边和北边，探出一道夯土墙遗迹，东西宽约 802 米，南北长约 906 米，面积约 72 万平方米，墙基宽约 10 米。这一区域中部，还有环形界沟，围起的面积约 27 万平方米。① 纪南城的东北部也分布着一些较大的夯土台基。

手工业区应该在城址的西南部分，陈家台附近为金属冶炼区，龙桥河西段窑址分布密集，应该是制陶区。

六 秦都雍城的都城形态

与雍城都城形态有关的考古资料包括《秦都雍城钻探试掘简报》②《秦故雍城发现市场和街道遗址》③ 等，相关研究成果有《秦都雍城布局研究》④《马家庄秦宗庙建筑制度研究》⑤《秦雍城都城形态与规划》⑥ 等。

雍城位于今陕西凤翔县城南，雍河以北，纸坊河以西。由于雍河和纸坊河的限制，雍城城址呈不规则的形状，城墙东西 3840 米、南北 3130 米，面积约 10.5 平方千米。西墙保存较好，长 3200 米，城垣地下部分宽 6 米左右，西墙外有城壕。南垣沿雍河修筑，较为曲折，残长 1800 米，地下部分残宽约 4 米。东垣紧靠纸坊河，残长 420 米，地下部分宽约 8 米。西墙发现城门三座，与城内东西向干

---

① 闻磊、周国平：《郢路辽远：楚都纪南城宫城区的考古发掘》，《大众考古》2016 年第 11 期。

② 陕西省文管会雍城考古队：《秦都雍城钻探试掘简报》，《考古与文物》1985 年第 2 期。

③ 王兆麟、卜云彤：《秦故雍城发现市场和街道遗址》，《人民日报》1986 年 5 月 21 日。

④ 田亚岐：《秦都雍城布局研究》，《考古与文物》2013 年第 5 期。

⑤ 韩伟：《马家庄秦宗庙建筑制度研究》，《文物》1985 年第 2 期。

⑥ 潘明娟：《秦雍城都城形态与规划》，《宝鸡文理学院学报（社会科学版）》2006 年第 2 期。

道相通，城门宽 8—10 米。①

　　雍城有三座独立的宫城。② 宫殿和宗庙区分为三处：瓦窑头宫殿
遗址③、马家庄春秋秦建筑基址（包括姚家岗春秋秦宫殿遗址④）及
铁沟高王寺一带的建筑遗址。礼制建筑群包括城中部的马家庄大型
建筑基址，这是以围墙环绕的全封闭式建筑群，时代约为春秋中晚
期，⑤ 这是"目前经考古发掘确认的、保存完好且与先秦文献记载相
吻合的礼制建筑"⑥。近年来在雍城郊外发现血池遗址，这应该是先
秦秦汉时期的祭祀区。⑦

　　雍城的"手工业作坊分布在城内外各处，雍城南部的史家河、
中部的马家庄北、城外北郊今凤翔县城北街等处有青铜作坊遗址；
史家河、南郊的东社一带有冶铁作坊遗址；城内东部的瓦窑头、城
外杨家小村、八旗屯均发现有陶窑"⑧。

　　市场遗址。这是雍城的一个重要发现，是目前为止先秦时期都

　　① 陕西省文管会雍城考古队：《秦都雍城钻探试掘简报》，《考古与文物》1985 年第
2 期。

　　② 关于雍城外郭城与宫城的性质讨论，见徐卫民《秦都城研究》，陕西人民教育出
版社 2000 年版；尚志儒、赵丛苍《秦都雍城布局与结构探讨》，《考古学研究》编委会编
《考古学研究》，三秦出版社 1993 年版。笔者认为"虽然雍城内的三座宫殿群没有统一的
城墙包围，但各有独立的城垣系统。所以雍城有三座独立的'宫城'"，见潘明娟《秦雍
城都城形态与规划》，《宝鸡文理学院学报（社会科学版）》2006 年第 2 期。

　　③ 田亚岐：《秦都雍城布局研究》，《考古与文物》2013 年第 5 期。

　　④ 韩伟推测姚家岗宫殿遗址为春秋秦早期宫寝。（韩伟：《马家庄秦宗庙建筑制度研
究》，《文物》1985 年第 2 期）田亚岐认为"姚家岗的上述遗迹其实系马家庄宫区的组成
部分"。（田亚岐：《秦都雍城布局研究》，《考古与文物》2013 年第 5 期）

　　⑤ 韩伟、尚志儒、马振智等：《凤翔马家庄一号建筑群遗址发掘简报》，《文物》
1985 年第 2 期；尚志儒、赵丛苍：《〈凤翔马家庄一号建筑群基址发掘简报〉补正》，《文
博》1986 年第 1 期。

　　⑥ 韩伟：《马家庄秦宗庙建筑制度研究》，《文物》1985 年第 2 期；徐杨杰：《马家
庄秦宗庙遗址的文献学意义》，《文博》1990 年第 5 期；滕铭予：《秦雍城马家庄宗庙遗
址祭祀遗存的再探讨》，《华夏考古》2003 年第 3 期。

　　⑦ 田亚岐、陈爱东：《凤翔雍山血池遗址初步研究》，《考古与文物》2020 年第 6
期；田亚岐等：《陕西凤翔雍山血池秦汉祭祀遗址考古调查与发掘简报》，《考古与文物》
2020 年第 6 期。

　　⑧ 许宏：《先秦城邑考古》，西苑出版社 2017 年版，第 321 页。

城中唯一的一座"市"的遗址。位于"雍城遗址北城墙南面偏东三百米处",平面呈长方形,南北宽 160 米,东西长 180 米,面积近 3 万平方米,四周有厚 1.5—2 米的夯土围墙基址,四面各有一座市门。[1]

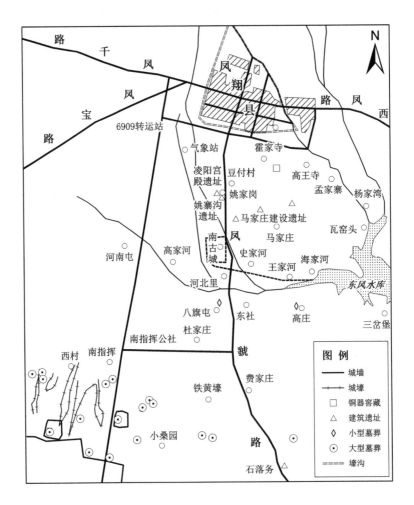

图 3 - 15 秦雍城布局示意图[2]

---

① 王兆麟、卜云彤:《秦故雍城发现市场和街道遗址》,《人民日报》1986 年 5 月 21 日。

② 转引自梁云《战国都城形态的东西差别》,《中国历史地理论丛》2006 年第 4 期。

七　晋都新田的都城形态

晋都新田位于山西侯马，其都城形态复杂、格局独特。

根据《晋都新田》① 的描述，在汾河与浍河交汇处的平原上，在东西长9000米、南北宽7000米的区域内，有七座城址、数个祭祀遗址、多座手工业作坊遗址、大量居住遗址和墓地等。

宫殿区应该是较大的城址牛村、平望、台神，三座城址呈"品"字形相互连接，集中分布于遗址的西部。其中牛村城址南北长1070—1390米，东西宽955—1070米，略呈梯形；平望城址南北长约900米，东西宽250米，呈长方形；台神城址东西长1700米，南北宽1250米，呈长方形。

"卿城"② 即拥有相当权势的卿大夫居住区，应该是位于晋都遗址东部，包括马庄、呈王、北坞、北郭马四座城址，都是由相连或并列的两座小城组成的。面积相差甚远，最大的北坞城东城面积二十多万平方米，最小的呈王城南城仅2万多平方米。

祭祀遗址包括盟誓遗址有五处，在遗址东南部的浍河北岸约2平方千米的范围内分布。

遗址的南部，浍河岸边是手工业遗址区，包括铸铜、制陶、制骨、石圭等作坊，按照行业及产品的不同有意识设置分区。

在整个遗址范围内，广泛存在着大量的一般居址。

田建文提出了"新田模式"，概括了新田的布局：整座都城坐北朝南，祭祀场所与礼制建筑以"左祖右社"格局分布，品字形宫城居左，祭祀场所居右；"卿城"起到郭城的作用。③

---

① 山西省考古研究所侯马工作站编：《晋都新田》，山西人民出版社1996年版，第1—22页。

② 田建文：《"新田模式"——侯马晋国都城遗址研究》，山西省考古学会、山西省考古研究所编《山西省考古学会论文集》（二），山西人民出版社1994年版，第126—143页。

③ 田建文：《"新田模式"——侯马晋国都城遗址研究》，山西省考古学会、山西省考古研究所编《山西省考古学会论文集》（二），山西人民出版社1994年版，第126—143页。

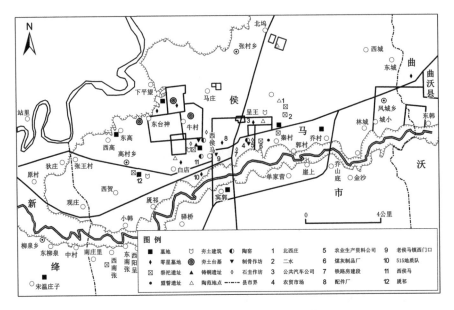

图3-16 晋都新田布局示意图①

八 赵都邯郸的都城形态

赵都邯郸经过多年考古勘探，② 学界也有诸多研究。③

赵都邯郸位于今邯郸市的西半部和西南部。

---

① 转引自梁云《战国都城形态的东西差别》，《中国历史地理论丛》2006 年第 4 期。

② 北京大学、河北省文化局邯郸考古发掘队：《1957 年邯郸发掘简报》，《考古》1959 年第 10 期；孙德海、刘来成、唐煜：《河北邯郸涧沟村古遗址发掘简报》，《考古》1961 年第 4 期；罗平：《河北邯郸赵王陵》，《考古》1982 年第 6 期；河北省文物管理处、邯郸市文物保管所：《赵都邯郸故城调查报告》，《考古》编辑部编《考古学集刊》第 4 集，中国社会科学出版社 1984 年版。

③ 侯仁之：《邯郸城址的演变和城市兴衰的地理背景》，《历史地理学的理论与实践》，上海人民出版社 1979 年版，第 308—335 页；陈光唐：《赵邯郸故城》，《文物》1981 年第 12 期；陈光唐：《赵邯郸故城的布局和兴衰变化（上）》，《邯郸师专学报》1999 年第 1 期；陈光唐：《赵邯郸故城的布局和兴衰变化（下）》，《邯郸师专学报》1999 年第 2 期；曲英杰：《赵邯郸城研究》，《河北学刊》1992 年第 4 期；侯强：《赵都邯郸城市规划管窥》，《城市研究》1996 年第 5 期；刘心长：《论邯郸故城发展演变及四处遗址间的关系》，《邯郸职业技术学院学报》2003 年第 3 期；段宏振：《赵都邯郸城研究》，文物出版社 2009 年版；王广腾：《战国赵都邯郸地理研究》，陕西师范大学硕士学位论文，2019 年。

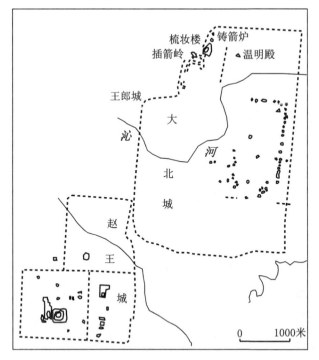

图 3 - 17　邯郸都城形态示意图①

邯郸故城分为赵王城和大北城两部分，总面积近 19 平方千米。②
宫城应该是赵王城，分为东城、西城、北城三座小城，呈品字形分
布，在邯郸古城的西南部。③ 赵王城总面积 5 平方千米，共有城门
11 座，西城 8 座，东城 3 座，北城尚未发现城门。

大北城的西南部与赵王城东北部相邻，相距约 80 米。大北城为
不规则长方形，西北隅曲折不齐，南北最长处为 4880 米，东西最宽
处为 3240 米，面积为 13.8 平方千米，④ 城墙宽 20—30 米。⑤

①　转引自梁云《战国都城形态的东西差别》，《中国历史地理论丛》2006 年第 4 期。
②　段宏振：《赵都邯郸城研究》，文物出版社 2009 年版，第 86 页。
③　侯强：《赵都邯郸城市规划管窥》，《城市研究》1996 年第 5 期；邯郸市文物保管
所：《河北邯郸市区古遗址调查简报》，《考古》1980 年第 2 期。
④　数据见许宏《先秦城邑考古》，西苑出版社 2017 年版，第 263 页。
⑤　乐庆森、常波、刘勇：《邯郸市东庄遗址试掘简报》，《文物春秋》2006 年第
6 期。

手工业作坊遗迹包括 5 处制陶作坊遗址、3 处冶铁遗址①、1 处冶铜遗址、1 处制骨遗址、1 处石器作坊遗址,② 主要集中在大北城中部及偏东地区。

九　秦都咸阳的都城形态

与雍城一样,咸阳考古资料充足,③ 研究成果也比较丰硕,④ 然而,由于至今未发现城垣,都城的形制布局尚无法界定。⑤

秦都咸阳位于今陕西省咸阳市以东、渭河以北、九嵕山以南。咸阳至今未发现城郭。大部分学者认为战国时期秦国处于攻势,咸阳没有围城危险,因此未建防御性的城郭。

秦咸阳的宫殿区主要分布在刘家沟、牛羊村、聂家沟以北的塬上及塬边,北到高干渠,南至咸铜铁路。这一区域东西长约 6000 米,南北宽约 2000 米,有二十多处夯筑基址。在这一范围中部位置,有一处战国时期的东西向、长方形夯土围墙,北墙 843 米、南墙 902 米、西墙 576 米,东墙保存较差,围墙内分布有 8 处建筑基址,这里应该是咸阳宫所在。秦昭王及之后在渭河以南的众多宫室是另一回事。

手工业作坊主要分布在两个区域。一个在宫殿区附近,包括冶铁、冶铜、制造砖瓦陶器、制骨等,应该是官营手工业区,如聂家沟就是一个比较大的作坊区,西胡家沟是专业的砖瓦作坊区。另一

① 王荣耕、程俊力、刘冠群:《邯郸附近早期冶炼遗址调查》,《邯郸学院学报》2009 年第 3 期;周博:《浅谈战国秦汉时期邯郸冶铁业的发展》,《科技创新导报》2008年第 8 期。

② 张翠莲:《河北考古新发现与古代史研究》,《河北师范大学学报 (哲学社会科学版)》2001 年第 4 期。

③ 吴梓林、郭长江:《秦都咸阳故城遗址的调查和试掘》,《考古》1962 年第 2 期;陈国英:《秦都咸阳考古工作三十年》,《考古与文物》1988 年第 5、6 期合刊;陕西省考古研究所:《秦都咸阳考古报告》,科学出版社 2004 年版。

④ 刘庆柱:《秦都咸阳几个问题的初探》,《文物》1976 年第 11 期;刘庆柱:《论秦咸阳城布局形制及其相关问题》,《文博》1990 年第 5 期;王学理:《秦都咸阳》,陕西人民出版社 1985 年版;王学理:《咸阳帝都记》,三秦出版社 1999 年版。

⑤ 陈国英:《秦都咸阳考古工作三十年》,《考古与文物》1988 年第 5、6 期合刊;刘庆柱:《论秦咸阳城布局形制及其相关问题》,《文博》1990 年第 5 期。

个手工业区在长陵车站附近，东距宫殿区 4000 米，有众多陶窑，应该是民营手工业区，"同时存在着市府经营的制陶业和切锯骨料的加工业"①；同时，在长陵车站北、南、西还存在其他作坊遗址。

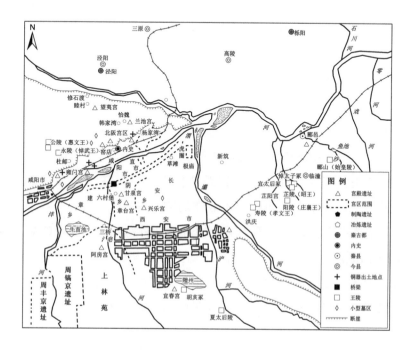

图 3－18　秦咸阳布局示意图②

十　燕下都的都城形态

燕下都考古调查开展甚早，考古资料很多，③ 城市平面布局的相关研究较为深入。④

---

① 陈国英：《秦都咸阳考古工作三十年》，《考古与文物》1988 年第 5、6 期合刊。

② 许宏：《先秦城邑考古》，西苑出版社 2017 年版，第 263 页。

③ 傅振伦：《燕下都发掘品的初步整理与研究》，《考古通讯》1955 年第 4 期；河北省文化局文物工作队：《河北易县燕下都故城勘察和试掘》，《考古学报》1965 年第 1 期。

④ 许宏：《燕下都营建过程的考古学考察》，《考古》1999 年第 4 期；艾虹：《燕国城市考古学研究》，河北大学硕士学位论文，2016 年；周海峰：《燕文化研究——以遗址、墓葬为中心的考古学考察》，吉林大学博士学位论文，2011 年；李国华、郭华瑜：《燕下都遗址的城水格局研究》，《遗产与保护研究》2018 年第 12 期。

燕下都城址在现在的河北省易县东南，约 2500 米处，北有北易水，南有中易水。南北约 4000 米，东西约 8000 米，中部是较为平直的人工河道"运粮河"，南北贯通。在河道东部有一道与河道基本平行的城垣，河道与城垣将城址分为东、西两部分。西城遗迹较为稀少，东城遗迹较为集中。四垣均宽 40 米左右。

东城近方形，其中部偏北有一道东西向隔墙将东城分为南、北两部分，隔墙宽 20 米左右。东城城垣上有 3 座城门，分别位于北垣、隔墙中部、东垣偏北部。

宫殿区应该在东城的北部，这里有众多夯土台基。

手工业作坊基本围绕着宫殿中心区进行布局，"自'虚粮冢'以东起，向南到高陌村北，再东到郎井村南一带，在一个由西北向东南的弧线上，基本上是属于手工业作坊的范围"①。

根据考古资料，燕下都东西城不是同时建筑的，东城的始建年代不晚于战国中期，政治及经济活动中心都集聚于此；西城稍晚于东城，营建于战国中期前后，应该是驻军戌所。② 这样的城区分工是燕下都城市规划的一大特色，在同时代的都城规划中并不多见。

十一 楚都寿春的都城形态

楚都寿春考古资料比较丰富，③ 但因部分叠压于寿春县城，都城的形态布局并不清晰。④

---

① 河北省文化局文物工作队：《河北易县燕下都故城勘察和试掘》，《考古学报》1965 年第 1 期。

② 中国历史博物馆考古组：《燕下都城址调查报告》，《考古》1962 年第 1 期；河北省文化局文物工作队：《河北易县燕下都故城勘察与试掘》，《考古学报》1865 年第 1 期；河北省文物研究所编：《燕下都》，文物出版社 1996 年版。

③ 丁邦钧：《寿春城考古的主要收获》，《东南文化》1991 年第 2 期；丁邦钧：《楚都寿春城考古调查综述》，《东南文化》1987 年第 1 期；杨则东、李立强：《应用遥感图像调查寿春城遗址》，《遥感地质》1988 年第 2 期；涂书田：《楚郢都寿春考》，楚文化研究会编《楚文化研究论集》第一集，荆楚书社 1987 年版。

④ 曲英杰：《楚都寿春郢城复原研究》，《江汉考古》1992 年第 3 期。

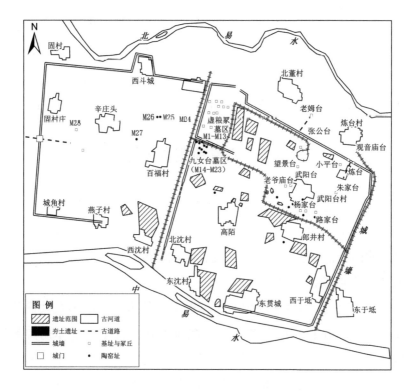

图 3 - 19 燕下都遗址平面图①

楚都寿春位于寿春县城及东南，有学者根据遥感图片，确定东西长 6.2 千米，南北宽 4.25 千米，"城西界为下关，向南经马家圩和前、后边至范家老河南侧一线，城南界由双埂楼南，向东经十三里孤堆北、葛家小圩、顾家寨一线"，总面积约 26.35 平方千米。②丁邦钧认为寿春城的范围是东至东津渡，西至寿春湖西岸，南至十里头，东、西九里沟一线，北至肥水。总面积约 20 平方千米。③

① 中国社会科学院考古研究所：《中国考古学·两周卷》，中国社会科学出版社 2004 年版。

② 杨则东、李立强：《应用遥感图像调查寿春城遗址》，《遥感地质》1988 年第 2 期。有学者提出疑问：楚国纪南城为都近百年，建于楚国鼎盛时期，面积才 16 平方千米；寿郢为都时间 19 年，且在楚国国力下降时期，26.35 平方千米的面积是值得怀疑的。见张钟云《关于楚晚期都城寿春的几个问题》，《中国历史文物》2010 年第 6 期。

③ 丁邦钧：《楚都寿春城考古调查综述》，《东南文化》1987 年第 1 期。

寿春宫殿区域应该在遗址的北部，这里发现了 29 座夯土台基。①

遗址内的东南侧（现庙西、兴隆集一带）有直径约 465 米、面积约 0.17 平方千米的圆形建筑，② 笔者推测为礼制建筑。

其余魏都安邑等由于发掘、研究不太充分，本书不做探讨。

第五节　先秦都城形态特点

都城形态是学界关注的热点问题之一，已有多位学者对先秦都城做了形态学上的比较研究，③ 也有从类型学角度出发进行分类和分布讨论的研究。④ 但由于关注时段、区域及专题并不相同，因此研究得出的结论并不完全相同。

赫特纳说过："科学规律不取决于个别的事实，而涉及共同的并以同样方式理解的大量事实；科学规律不是从其全部个体的实际这个角度来理解事实，而将个体的，同时也是特殊的性质加以抽象后去理解事实。"⑤ 因此，本节研究先秦都城形态的特点，就是在本章前四节对先秦不同时期具体都城形态研究的基础上，即对大部分

① 丁邦钧：《寿春城考古的主要收获》，《东南文化》1991 年第 2 期。
② 杨则东、李立强：《应用遥感图像调查寿春城遗址》，《遥感地质》1988 年第 2 期。
③ 许宏：《大都无城——论中国古代都城的早期形态》，《文物》2013 年第 10 期；曲英杰：《周代都城比较研究》，《中国史研究》1997 年第 2 期；李自智：《东周列国都城的城郭形态》，《考古与文物》1997 年第 3 期；李自智：《略论中国古代都城的城郭制》，《考古与文物》1998 年第 2 期；梁云：《战国都城形态的东西差别》，《中国历史地理论丛》2006 年第 4 期；牛世山：《中国古代都城的规划模式初步研究——从夏商周时期的都城规划谈起》，中国社会科学院考古研究所编《殷墟与商文化：殷墟科学发掘80 周年纪念文集》，科学出版社 2011 年版；牛世山：《东周时期城市规划的新风格》，北京大学考古文博学院、北京大学中国考古学研究中心编《考古学研究（十）》，科学出版社 2012 年版，第 473—505 页；牛世山：《〈考工记·匠人营国〉与周代的城市规划》，《中原文物》2014 年第 6 期；瓯燕：《战国都城的考古研究》，《北方文物》1988 年第 2 期；[日]佐原康夫撰，赵丛苍摘译：《春秋战国时代的城郭》，《文博》1989 年第 6 期。
④ 毕重阳：《东周楚国城邑类型和分布研究》，南京大学硕士学位论文，2020 年。
⑤ 转引自［日］菊地利夫著，辛德勇译《历史地理学的理论与方法》，陕西师范大学出版社 2014 年版，第 47 页。

"个体的实际"进行研究的基础之上，对先秦都城的形态特点进行归纳、总结与探讨。

一　规模差异明显

学界已有先秦都城规模的相关研究，曲英杰《周代都城比较研究》涉及都城规模比较，以文献记载与考古资料互证；[①] 余霄《先王之制——以"周公营洛"为例论先秦城市规划思想》对比了文献记载的不同等级的都城规模。[②] 笔者试从文献记载和考古发掘两个方面来比较先秦时期的都城规模差异。

（一）文献记载的先秦都城规模

分析文献记载，我们可以看到先秦时期的城市规模等级是比较严格的。

先秦时期，城市体系大致已经形成，因此，城市规模等级是不一样的。《左传·隐公元年》："都城过百雉，国之害也。先王之制：大都，不过叁国之一；中，五之一；小，九之一。"[③] 这应该是针对同一政权内部城市体系规模的大致规定。

在周代诸侯分封制系统内王都与诸侯都城的规模应该是怎样的，先秦文献没有明确记载。但根据《左传》的描述来看，诸侯都城的规模较之王都等而下之应该无误。

后世文献有对周代"王、公、侯、伯、子、男"都城的规模记载。《周礼·春官·典命》有："上公九命为伯，其国家、宫室、车旗、衣服、礼仪，皆以九为节；侯伯七命，其国家、宫室、车旗、衣服、礼仪，皆以七为节；子男五命，其国家、宫室、车旗、衣服、礼仪，皆以五为节。"[④] 对于这段话，郑玄注曰："国家，国之所居，

---

① 曲英杰：《周代都城比较研究》，《中国史研究》1997 年第 2 期。

② 余霄：《先王之制——以"周公营洛"为例论先秦城市规划思想》，《城市规划》2014 年第 8 期。

③ 杨伯峻编著：《春秋左传注》，中华书局 1981 年版，第 11 页。

④ （清）孙诒让撰，王文锦、陈玉霞点校：《周礼正义》，中华书局 1987 年版，第 1606 页。

谓城方也。公之城盖方九里，宫方九百步；侯伯之城盖方七里，宫方七百步；子男之城盖方五里，宫方五百步。……"贾公彦在此基础上阐释："云'国家，国之所居，谓城方也'者，若《孝经》'诸侯称国，大夫称家'。今此文无卿大夫，则国家揔据诸侯。……'此经国家及宫室车旗以下'，皆依命数而言。既言国家宫室以九、以七、以五为节，以天子城方十二里而言，此九七五亦当为九里七里五里为差矣。但无正文，故言'盖'以疑之。"①

如果按照郑玄的说法以及贾公彦对郑玄的解释，则都城规模依次为：天子之都方十二里、公之都方九里、侯伯之都方七里、子男之都方五里，等而下之。

然而，《周礼·考工记》又有记载"匠人营国，方九里"②，按照这个记载，天子之都方九里，那么公、侯、伯、子、男等诸侯国都城就没有上述郑注、贾疏的规模了，公侯伯子男等诸侯的都城规模也会随之变化。

在研究文献记载的先秦都城规模时，天子之都方十二里与方九里，两种规模该如何选择？笔者翻检先秦文献，看到另一则关于都城规模的记载，《诗·大雅·文王有声》有："既伐于崇，作邑于丰……筑城伊淢，作丰伊匹。"即周文王作为商之诸侯，建造丰邑的规模为"一淢"，按照郑玄的解释：一淢"方十里"，城市面积大于诸侯小于天子之制。③ 既然"方十里"小于天子之制，则从文献记载的体系来看，商周时期的天子之都应该是方十二里的。因此，本书研究先秦都城规模体系以"天子之都方十二里、公之都方九里、

---

① 《十三经注疏·周礼注疏》，艺文印书馆2001年版，第321页。

② 《十三经注疏·周礼注疏》，艺文印书馆2001年版，第642页。

③ 郑玄笺云："方十里曰成。淢，其沟也，广深各八尺。文王……筑丰邑之城，大小适与成偶，大于诸侯小于天子之制，此非急成，从己之欲，欲广都邑。""正义曰：上言作邑于丰，此述作丰之制。言文王兴筑丰邑之城，维如一成之淢，淢内之地，其方十里。文王作此丰邑，维与相匹，言大小正与成淢相配偶，是大于诸侯小于天子之制，所以才得伐崇，即作此邑者非以急，从己之欲而广此都邑。"（《十三经注疏·毛诗正义》，艺文印书馆2001年版，第583页）

侯伯之都方七里、子男之都方五里"为准。按照传统的理解，"方十二里"即方形城的边长为十二里，由此，换算出国都与宫室规模。见表3-7。

表3-7　　　　　　　　　　　先秦都城规模

	国都规模			宫室规模			宫室面积/国都面积
	文献记载	边长换算（千米）	面积换算（平方千米）	文献记载	边长换算（千米）	面积换算（平方千米）	
天子	方十二里	4.9896	24.8961	推测：方一千二百步	1.6632	2.7662	11.1110%
公	方九里	3.7422	14.0041	方九百步	1.2474	1.5555	11.1107%
侯伯	方七里	2.9106	8.4716	方七百步	0.9702	0.9413	11.1112%
子男	方五里	2.0780	4.3181	方五百步	0.6930	0.4802	11.1201%

注：1. 精确到小数点后四位。"里"和"步"均采用周制（1里=300步，1步=6尺，1尺=0.231米，1里=415.8米）。

2. 表中的天子宫室规模，按照郑注"公之城盖方九里，宫方九百步；侯伯之城盖方七里，宫方七百步；子男之城盖方五里，宫方五百步"及贾疏"既言国家宫室以九、以七、以五为节，以天子城方十二里而言，此九七五亦当为九里七里五里为差矣"的推测，计为"方一千二百步"。

由表3-7可知，不论是天子还是公、侯、伯、子、男，都城内的宫室面积基本均占都城面积的11.11%左右。

当然，不管是西周时期还是东周时期，这种城市等级的规定可能都没有严格执行。本章第二节已述及西周初期三都岐周、宗周、成周考古发掘面积与文献记载面积相差甚远。按本节计算的国都规模，也是如此。周文王营建的丰邑，按照文献"方十里"的记载，其面积应该是17.2890平方千米，然而现在考古发掘沣西核心区域面积仅8.6平方千米；沣西与沣东都城核心区域相加为19.6平方千米，少于"天子之都方十二里"的24.8961平方千米，多于《周礼·考工记》"方九里"的14.0041平方千米；鲁国作为"公"国，曲阜的考古面积才为 10 平方千米左右，与 14.0041 平方千米相差较大，曲阜宫城面积 0.275 平方千米，仅占曲阜鲁城的 2.75%。只有齐都临淄，在姜齐时期都城面积在 14 平方千米左右，与"方九里"的公之都 14.0041 平方千米相近。

（二）考古资料的都城规模

根据相关考古资料可以看出，都城作为不同时期、不同政权的政治中心，其规模差异非常明显。

第一，总体来看，都城规模随着时代发展不断扩大。

商代都城不论早商，还是中商、晚商，都城规模都不是很大，郑州商城 2.89 平方千米，偃师商城 1.9 平方千米，殷墟洹北被认为是中商隞都，4.7 平方千米，只有殷墟洹南时期都城规模超过 10 平方千米。当然，这里需要指出的是：郑州商城、偃师商城、殷墟洹北商城的数据都是城圈内部的面积，殷墟洹南部分没有外部城郭。

到了西周时期，都城规模迅速扩大，岐周早期 19 平方千米，宗周沣西和沣东共计 19.6 平方千米，成周 6 平方千米。这一方面反映了社会经济发展对城市规模的促进作用；另一方面，应该也反映了西周统治者在都城营建方面的政策。《逸周书·大聚解第三十九》有："闻之文考，来远宾，廉近者，道别其阴阳之利，相土地之宜，水土之便，营邑制，命之曰大聚。"[1] 这是周武王和周公讨论的"抚国绥民"政策。大聚就是有意识地营建大型都城，汇聚人口，以便有效治理。在"大聚"政策指引下，西周时期曲阜、临淄等也是规模较大的诸侯都城，面积均超过 10 平方千米。

到春秋战国时期，诸侯都城的面积规模都比较大，郑韩故城、楚纪南城、秦雍城、晋新田、赵邯郸、秦咸阳、燕下都等城市面积都超过 10 平方千米。

这在一定程度上说明都城不论是在行政控制力方面还是在军事

① 黄怀信、张懋镕、田旭东撰：《逸周书汇校集注》，上海古籍出版社 1995 年版，第 414—415 页。

防御力方面都有所增强。同时，"由社会经济和政治所决定的社会发
展程度"① 也在逐步加深。

第二，各都城的宫城规模差距较大。

宫城是统治者行使统治权力、居住生活娱乐的地方，是统治者
极其重视的一个场所，宫殿区的面积大小、大型建筑基址多少，都
能说明统治者的重视程度。

分析考古数据中有城市面积和宫城面积的先秦都城，计算出先
秦部分都城的宫城占比，见表 3 – 8。

表 3 – 8　　　　　　　　　先秦部分都城的宫城占比

现用名称	时期	都城面积 （平方千米）	宫城面积 （平方千米）	宫城面积/ 都城面积
偃师商城	早商	1.9	0.04	2.11%
郑州商城	早商	2.89	0.4	13.84%
安阳殷墟（洹北）	中商	4.7	0.41	8.72%
安阳殷墟（洹南）	晚商	30	0.7	2.33%
鲁曲阜	西周	10	0.275	2.75%
洛阳东周王城	春秋	9	1	11.11%
楚纪南城	春秋	16	0.726	4.54%
秦雍城	春秋	11	3.67	33.33%
晋新田	春秋	45	约 3.74	8.31%
赵邯郸	战国	13.8	近 5	26.32%
齐临淄（田齐）	战国	16	3	18.75%
郑韩故城（韩城）	战国	11.25	0.4875	4.33%

表 3 – 8 中有三个数据需要解释：（1）安阳殷墟洹南部分无大城
城圈，30 平方千米是殷墟义化第三、四期的最大面积。因此大于其
他都城面积。（2）晋都新田为数座小城分离式布局，没有将小城围
拢的大城城圈，因此 45 平方千米远远大于其他都城的面积规模。

① 王震中：《中国文明起源的比较研究》，陕西人民出版社 1994 年版，第 323 页。

（3）赵都邯郸是大城与小城相分离的都城形态，其中，宫城位于赵都西南隅，即"赵王城"，近 5 平方千米；"大北城"位于赵王城东北，与赵王城相离，是赵都邯郸的郭城，面积 13.8 平方千米。计算宫城占比的公式是：赵王城 5 平方千米/（赵王城 5 平方千米 + 大北城 13.8 平方千米）= 26.32%。

分析表 3 – 8，可得如下五点结论。

第一，宫城面积普遍较小。先秦时期，宫城面积大部分较小，不到 1 平方千米；仅春秋战国时期的都城晋都新田、秦都雍城、田齐的临淄及赵都邯郸等宫城规模比较大。

第二，宫城规模随着都城规模的增大而增加。在都城面积中有两个变数，即安阳殷墟的洹南商城和晋都新田，如果不考虑这两座都城的情况，其他都城大致分为两个时期：商代、春秋战国，战国时期的都城面积较之商代有大幅增加，宫城面积也随之增大。

第三，洛阳东周王城的宫城占比为 11.11%，符合文献记载中宫城面积的占比，不知是有意为之还是巧合。

第四，从商代到战国，宫城面积占都城总面积的比例大致呈上升趋势。其中，秦都雍城的宫城占比最大，为 33.33%，用雍城考古队一位考古学者的话来说，雍城的宫城占了城市面积的三分之一。究其原因可能有两方面：一方面，大概与秦人"大宫观"的传统密切相关。《三辅黄图》记载："三代盛时，未闻宫室过制。秦穆公居西秦，以境地多良材，始大宫观。"[1] 可见都城内宫城雄伟壮观、占地较大可能是秦地"多良材"、资源丰富的结果，也可能是秦人从秦穆公开始的"大宫观"传统。[2] 另一方面，宫城面积较大也可能与雍城本身作为都城的时间比较长、政治地位是圣都有很大关系。

第五，比较同一时期的都城，可以从宫城占比的角度来论证都

---

[1] 何清谷校注：《三辅黄图校注·三辅黄图序（原序）》，三秦出版社 2006 年版，第 2 页。

[2] 秦穆公时期的由余曾评价雍城宫室："使鬼为之，则劳神矣。使人为之，亦苦民矣。"事见《史记·秦本纪》，中华书局 1959 年版，第 192 页。

城的政治地位。如郑州商城与偃师商城同为早商时期的都城，郑州商城为主都，偃师商城为陪都。这个问题笔者已有研究。[①] 从宫城占比的大小也可以看出两座商城的政治地位。郑州商城的宫殿区占城圈面积的 13.84%，可以说郑州商城是统治者较为重视的都城，是主都，而陪都偃师商城的宫城仅占都城面积的 2.11%。

二 城圈形态差异较大

城墙是研究城市形态的一个重要因素，是古代城市的主要边界。因此，先秦时期的城墙是具有重要区隔属性的建筑。笔者认为，虽然存在着开始筑城时城郭范围过大以及充分发展后人们的生活溢出城墙的现象，但它在一定程度上界定了城市的总体轮廓，因此比较东周时期的都城形态要根据城墙的形态来进行。

(一) 城圈形状比较

1. 城墙有无的比较

根据城墙的有无，可以将先秦时期的都城分为有城墙（大部分都城）和无城墙（殷墟洹南商城、丰镐、成周、秦咸阳等）两种。

2. 城圈形状的比较

根据城圈的形状，可以分为大致规则和完全不规则两种。大部分都城的城圈为大致规则的形状，主要是大致为长方形或长方形的变异（如略呈梯形的形状），当然还有略呈三角形的形状如郑韩故城。

3. 大城与小城关系的比较

先秦时期，单一城圈的都城几乎没有。对于多城形态的都城，依据大城与小城的相互关系，笔者把先秦时期的都城大致分为五种类型。

第一，大城套小城，或称圈层式。在大城内有一个或几个小城。鲁曲阜、秦雍城、楚纪南城等都属此类。其中鲁曲阜的小城在大城的中部，楚纪南城的小城在大城的东南部，秦雍城在大城内有若干

① 潘明娟：《从郑州商城和偃师商城的关系看早商的主都和陪都》，《考古》2008 年第 2 期。

自成一体的宫城（小城）。

第二，大小城并列，或称并列式，中有城墙隔开。郑韩故城、燕下都等属于此类。郑韩故城和燕下都的大城小城大致属于东西相连。

第三，小城内嵌于大城之中，或称嵌入式。齐临淄的小城嵌入大城西南隅。

第四，大城小城互不相连，或称相离式。赵邯郸、晋新田等属于此类。①

第五，其他。与上述四种类型均不一样的复杂关系。如东周王城，徐昭峰研究认为是"东周王城的城郭布局是内城外郭和小城与大城南北并立的复杂的城郭布局"②。

（二）城郭制

先秦都城的城圈形态涉及学界一个重要话题：城郭制。

从发展阶段来看，李自智将中国古代都城的城郭制分为四个发展阶段：萌芽期、形成期、发展期、成熟期。③ 从产生时间来看，张国硕认为夏商时期就出现城郭制，④ 刘庆柱则认为"偃师商城是目前已知中国古代都城中最早出现宫城与郭城之布局的"⑤，杨宽认为西周初年的成周出现西城东郭之别，春秋战国时期普遍形成西部小城联结东部大郭的格局。⑥ 关于春秋战国时期的城郭制，很多学者做了研究，包括单一城市的城郭制探讨；⑦ 更多的是对城郭制类型的总结

---

① 许宏认为邯郸具有鲜明的战国时期"两城制"特征。赵王城内部格局或许应该受到晋都新田宫城"品"字形结构影响。（许宏：《大都无城：中国古都的动态解读》，生活·读书·新知三联书店 2016 年版，第 89 页）

② 徐昭峰：《试论东周王城的城郭布局及其演变》，《考古》2011 年第 5 期。

③ 李自智：《略论中国古代都城的城郭制》，《考古与文物》1998 年第 2 期。

④ 张国硕：《夏商时代都城制度研究》，河南人民出版社 2001 年版，第 131 页。

⑤ 刘庆柱：《中国古代都城考古学研究的几个问题》，《考古》2000 年第 7 期。

⑥ 杨宽：《中国古代都城制度史研究》，上海人民出版社 2016 年版，第 87 页。

⑦ 李令福：《论秦都咸阳西城东郭之不能成立》，《中国历史地理论丛》1999 年第 1 期；潘明娟：《秦雍城都城形态与规划》，《宝鸡文理学院学报（社会科学版）》2006 年第 2 期；徐昭峰：《试论东周王城的城郭布局及其演变》，《考古》2011 年第 5 期；徐昭峰：《从城郛到城郭——以东周王城为例的都城城市形态演变观察》，《文物》2017 年第 11 期。

归纳，如徐苹芳先生提出"两城制"；① 许宏将古代城市分为宫城郭区、内城外郭、城郭并立三种情况；② 王维坤认为春秋末期至战国中叶的城郭类型有四种；③ 梁云从不同地域视角区分了战国时期东西方都城形态的差别；④ 李自智将东周时期的城郭形态分为春秋型和战国型两个类型，之后又归纳为五类；⑤ 佐原康夫把春秋战国时代城郭的形状分为四种类型。⑥ 还有学者从城郭制的不同角度做了探讨。⑦

1. 郭的内涵

讨论城郭制之前，笔者先梳理了相关文献，以期对郭的定义、城郭区别与联系、建郭原因等各方面做一思考。

对城与郭及城郭定义的文献，大部分为汉代文献，如《说文解字》《释名》《风俗通》《吴越春秋》等，也有《孟子》《管子》等相对较早时期的文献。

---

① "根据考古学的发现，东周列国都城的形制主要是'两城制'，即以宫庙为主的宫城和以平民工商业为主的郭城。……这种以社会阶层来区划居住区的'两城制'的城市规划，是东周城市的新特点""东周列国都城'两城制'的形制，是从商和西周向秦汉城市过渡的一种形式。"（徐苹芳：《关于中国古代城市考古的几个问题》，北京大学中国传统文化研究中心编《文化的馈赠——汉学研究国际会议论文集（考古学卷）》，北京大学出版社 2000 年版，第 36 页。

② 许宏：《大都无城——论中国古代都城的早期形态》，《文物》2013 年第 10 期。

③ 分别为：内城外郭型（包括鲁曲阜、楚郢都、魏安邑、秦雍城）；城郭毗连型（齐临淄、燕下都、郑韩故城、中山灵寿）；城郭分离型（赵邯郸）；有城无郭型（晋新田）。见王维坤《试论中国古代都城的构造与里坊制的起源》，《中国历史地理论丛》1999 年第 1 期。

④ 梁云：《战国都城形态的东西差别》，《中国历史地理论丛》2006 年第 4 期。

⑤ 分别为：宫城位于郭城址中，形成环套的格式（鲁曲阜、魏安邑、楚纪南城）；宫城与郭城分为毗连的两部分（齐临淄、郑韩故城、燕下都、中山灵寿）；宫城与郭城分为相依的两部分（赵邯郸）；有宫城而无郭城（晋新田）；无单一的宫城，而是分为若干自成一体的宫殿区（秦雍城）。见李自智《东周列国都城的城郭形态》，《考古与文物》1997 年第 3 期。

⑥ 分别为：内城外郭式、外郭式（郭内部隔出内城，是一重方形城郭）、连接式（两个方形城墙连接起来的形式，燕下都、临淄等）、自然式（不拘泥于方形的形式）。见 [日] 佐原康夫撰，赵丛苍摘译《春秋战国时代的城郭》，《文博》1989 年第 6 期。

⑦ 史建群：《中国古代都城的城与郭》，《中州学刊》1990 年第 4 期；张国硕：《论早期城址的城郭之制》，中国文物报 2002 年 12 月 13 日第 7 版。

《孟子》："三里之城，七里之郭。"①

《管子》："内为之城，城外为之郭。"②

《吴越春秋》："鲧筑城以卫君，造郭以守民。"③

《说文解字》对"城""郭""郛"等做了解释。其中，"城"，《说文解字》卷十三："以盛民也。"即用来容纳万民的系列建筑群。段玉裁《说文解字注》："曰盛民也。言盛者，如黍稷之在器中也。从土成。左传曰：圣王先成民而后致力于神。"④ "郭"，《说文解字》："郭也。"段玉裁《说文解字注》："公羊传：入其郛。注：郛，恢郭也。城外大郭也。"⑤ "郭"在《说文解字》中与"城""郛"几乎没有字意关联，不赘述。⑥

《释名·释宫室》："城，盛也。盛受国都也；郭，廓也，廓落在城外也。"⑦

城与郭的区别，从上述文献记载来看应该主要有三个方面：一是城与郭有不同的方位，城在内而郭在外，即"内为之城，外为之郭"；二是城与郭有不同的职能，"鲧筑城以卫君，造郭以守民"，由此来看，城与郭的居民身份应该是有很大区别的；三是城与郭的大小规模不同，孟子有所谓的"三里之城，七里之郭"，这应该是春秋时期的共识。

然而城与郭，内与外，君与民，在先秦时期都城营建的实际操作中可能分得并不清晰。如内与外可能并非完全的同心圆结构，这就导致随着城市的发展出现城与郭并立的现象（战国时期确实出现

---

① 《四书章句集注》，中华书局 1983 年版，第 241 页。

② 黎翔凤撰，梁运华整理：《管子校注》，中华书局 2004 年版，第 1051 页。

③ 转引自《太平御览》，中华书局 1960 年版，第 931 页。

④ （汉）许慎撰，（清）段玉裁注：《说文解字注》，上海古籍出版社 1981 年版，第688 页。

⑤ （汉）许慎撰，（清）段玉裁注：《说文解字注》，上海古籍出版社 1981 年版，第284 页。

⑥ （汉）许慎撰，（清）段玉裁注：《说文解字注》，上海古籍出版社 1981 年版，第298 页。

⑦ 《释名》卷十七，四库全书版。

了城与郭的并立）；君与民之间还有贵族卿大夫、军士等不同身份的人群，则城与郭的居民身份可能逐渐混淆，城与郭的界限也会逐渐变得不清晰。笔者发现，在《春秋》《左传》记载中已经出现不区分"城""郭"的现象，如《左传》僖公二十一年、成公九年、襄公八年、襄公三十年中均有"城郭"连用的现象，似乎没有确指具体的某城或某郭。其中，襄公八年的记载"焚我郊保，冯陵我城郭"①，似乎显示出"城郭"与"郊保（堡）"各自的独立性，在一定程度上出现"城郭"与"郊保"的对立，则说明两个问题：一方面，"城"与"郭"的界限在逐渐模糊；另一方面，"郭"可能并非部分学者理解的城郊，或者并不完全是城郊。

营建郭的目的应该有两个：一是军事目的。郭的军事性是显而易见的。《左传·襄公十九年》鲁国"城西郛，惧齐也"明确说明鲁国在国都之西营建"西郛"的目的就是防御齐国的攻击，且哀四年又有鲁国"城西郛"的记载。《左传》多次记载，在战争中攻方打入守方"郛"的记载，"入其郛"是攻方的重大胜利。郭的军事防御作用也可见一斑。二是统治者权力展示与自我保护的目的。通过城与郭的区分，隔绝君与民。"对城市建造者而言，以下这些是城市建造者永久的动机；稳定和秩序、控制人民和展示权力、融合与隔离……"② 《左传·僖公十九年》明确记载梁国"乃沟公宫"③，"沟公宫"意即于诸侯国梁国围绕梁伯居住的宫外挖壕沟，以加强防护，以与其他空间相隔离。这就涉及城郭产生的原因。因为城墙与环壕的作用，就是对外防御攻城者侵入、对内强化居民的管制，它能够卫君保民，也能够区隔不同阶层的人群来展示权力，这就导致都城内有重重城垣，不同城垣的功能不同导致名称各异。

笔者翻检了《国语》《春秋》《左传》等先秦文献，"郭"或

---

① 杨伯峻编著：《春秋左传注》，中华书局1981年版，第958—959页。

② ［美］凯文·林奇著，林庆怡等译：《城市形态》，华夏出版社2001年版，第25页。

③ 杨伯峻编著：《春秋左传注》，中华书局1981年版，第384页。

"郭"的相关记载极多。宋都①、许都②、鲁都③、吴都④、郑都⑤、曹都⑥、卫都⑦等都城均有"郭"或"郛";另外,齐都临淄有东、西、南、北四郭。⑧除都城之外,还有一些重要的军事要塞也有郭,如齐的高唐⑨、廪丘⑩以及卫国的楚丘⑪等。可见,至迟到春秋时期,"郭"已非常普及,成为都城或军事要塞的重要组成部分。而《春秋》《左传》中"城郭"连用、没有确指的现象也说明"城郭制"作为制度已约定俗成。

2. 春秋战国时期的城郭类型

根据春秋战国时期都城城圈形态的不同,笔者将这一时期的城郭分为以下三种类型。

第一种城郭类型为内城外郭式。春秋时期大部分都城属于这种类型,符合《管子》所谓的"内为之城,城外为之郭"⑫。春秋都城包括鲁都曲阜、姜齐的临淄、楚都纪郢、新郑的郑国都城等应该都属于这种类型。秦都雍城是这种类型的特殊形式,雍是多宫城的都城。⑬

---

① 《国语·吴语》:夫差自黄池之会退兵,"以为过宾于宋,以焚其北郛焉而过之"。《左传·隐公五年》:郑人"伐宋,入其郛"。《左传·昭公六年》也有记载。

② 《左传·成公十四年》:郑伯伐许"入其郛"。

③ 《春秋》经记襄公十九年,鲁"城西郭,惧齐也",说明城郭的目的。《左传·哀公四年》:"城西郛。"《左传·哀公十四年》有"鲁郭门"之语。

④ 《国语·吴语》:勾践袭吴,"入其郛"。

⑤ 《左传·襄公元年》。

⑥ 《左传·文公十五年》:"遂伐曹,入其郛。"

⑦ 《左传·昭公二十年》。《左传·哀公十七年》:"冬十月,晋复伐卫,入其郛。将入城,简子曰:'止。叔向有言曰,怙乱灭国者无后。'卫人出庄公而与晋平,晋立襄公之孙般师而还。十一月,卫侯自鄄入,般师出。"《左传·哀公三年》也有记载。

⑧ 《左传·襄公十八年》:晋帅诸侯伐齐,焚其西郭、南郭、东郭、北郭。《左传·襄公二十九年》:"齐人葬庄公于北郭。"《左传·襄公二十五年》:"夏五月,莒为且于之役故,莒子朝于齐。甲戌,飨诸北郭。"

⑨ 《左传·哀公十年》。

⑩ 《左传·定公八年》

⑪ 《左传·僖公十二年》:"十二年春,诸侯城卫楚丘之郛,惧狄难也。"

⑫ 黎翔凤撰,梁运华整理:《管子校注》,中华书局2004年版,第1051页。

⑬ 秦都雍城的城郭形态,学界有很大争议。本书观点是笔者的研究结果,见潘明娟《秦雍城都城形态与规划》,《宝鸡文理学院学报(社会科学版)》2006年第2期。

　　第二种类型是城郭并立式。这种类型应该是内城外郭式的发展变异，出现在战国时期。这种类型可以分为西城东郭和北城南郭两种亚型。其中，西城东郭是战国时期比较常见的城郭类型，如田齐的临淄、赵都邯郸①、新郑韩国都城等均属于这种亚型。北城南郭亚型仅有燕下都。首先，燕下都不是西城东郭或东城西郭并立的形态。从都城的整体形态来看，燕下都属于大小城东西并列，中有城墙隔开，但这并不意味着燕下都是东西并列的城郭结构。燕下都的西城文化遗存较少，学界一般认为西城为城防区，不具备都城要素，更不是郭；只有东城具备宫庙、城墙、作坊、墓区等都城要素，因此，研究燕下都的城郭制只能考察东城。其次，从燕下都东城的结构来看，由一道东西向隔墙将东城明显分为南、北两个部分，其中，北部较小，有众多大型夯土台基，一般认为这是燕下都的宫城；南部比较大，一般居址较多，这应该是燕下都的郭城。因此，笔者认为燕下都的城郭形态是北城南郭亚型。

　　第三种类型是城郭制的其他类型，即都城没有明显的宫城或没有明显的郭城，春秋时期和战国时期均存在这种类型的都城。如春秋时期的晋都新田，有三座小城类似宫城，其他都城要素散落宫城南部、东部、东南，没有明显的郭城；战国时期的秦都咸阳，咸阳宫可以称为宫城，然咸阳的规模在战国后期急剧扩张，没有形成明确的郭城。

三　功能分区

　　城市是人类聚落的生态系统，以重要建筑物为核心，向外持续发展。它会被有意无意地划分为不同区域，被从事不同活动和不同阶层的人所占据。由此形成不同的功能区。

　　上述城与郭的分别在某种意义上就是都城功能分区问题，城郭

---

　　①　关于赵都邯郸的城郭类型，曲英杰的说法是："赵王宫当在邯郸城即大北城内，而所谓赵王城原不过是军事离宫。"见曲英杰《赵都邯郸城研究》，《河北学刊》1992 年第 4 期。

制是将都城分为基本的两大部分：卫君之城和守民之郭。

然而都城的卫君之城和守民之郭两大功能区太笼统了，具体来说，都城的功能区应该包括：以宫殿为代表的行政区、以礼制建筑为代表的祭祀区、以手工业作坊为代表的生产区、以市场为代表的商业区和一般居住区。

从偃师商城和郑州商城的都城形态来看，在早商时期就已经有了初步的功能区分划。商代中晚期的殷墟和西周初期的岐周、宗周、成周，也基本是以宫殿宗庙区为重心，周边分布有手工业作坊和一般居址，且界限逐渐清晰明显。到东周时期，从都城形态比较来看，都城普遍有了分区观念。

功能分区的明确记载，出现于《管子·小匡》："士农工商，四民者，国之石民也，不可使杂处。杂处则其言哤，其事乱。是故圣王之处士必于闲燕，处农必就田壄，处工必就官府，处商必就市井。"① 《管子·大匡》也有："凡仕者近公，不仕与耕者近门，工贾近市。"② 这些记载说明以下三点：第一，以居民职业与身份作为功能分区的标准，主要分为政治区（或行政区）、工业区、商业区、农业区；第二，功能分区便于管理，"杂处则其言哤，其事乱"；第三，功能区隐含着对地形的利用，河流可以做护城壕，高地可以布设宫殿，手工业区一般在河流附近，等等。

然而，先秦都城的功能分区有一个明显的问题需要讨论：先秦都城中行政区与祭祀区的分离。以下为笔者的思考。

芒福德认为："统治权力正是从（城市的）宫殿和庙宇这两处圣地向四外辐射的。"③ 其中宫殿是政治性建筑，属于都城的行政区；庙宇则是神庙或礼制建筑，属于都城的祭祀区。政治性建筑和神庙礼制建筑是都城建设的主要建筑形式，其分布也反映着王权与神权

---

① 黎翔凤撰，梁运华整理：《管子校注》，中华书局2004年版，第400页。
② 黎翔凤撰，梁运华整理：《管子校注》，中华书局2004年版，第368页。
③ ［美］刘易斯·芒福德著，宋俊岭、倪文彦译：《城市发展史——起源、演变和前景》，中国建筑工业出版社2005年版，第74页。

的权力分配。

行政区是指君主生活和工作的主要区域，以宫室为主体；祭祀区是求神问卜的区域，以宗庙为主体。先秦都城中，宫室与宗庙是必不可少的重要功能区，然而，以宫室为主体的行政区与以宗庙为主体的祭祀区有一个从混合到分离的过程。

（一）文献记载的先秦都城宫室与宗庙

《左传·庄公二十八年》有："凡邑，有宗庙先君之主曰都，无曰邑。"① 城市中是否有宗庙决定着城市的政治地位是"都"还是"邑"。

1. 先秦都城中宫与庙的含义

庙的含义比较单纯，如《说文解字》所述。清代陈昌治刻本《说文解字》卷九：庙"尊先祖皃也"。段玉裁："尊其先祖而以是仪皃之，故曰宗庙。诸书皆曰：庙，皃也。祭法注云：庙之言皃也。宗庙者，先祖之尊皃也。古者，庙以祀先祖，凡神不为庙也。为神立庙者，始三代以后。"② 清代陈昌治刻本《说文解字》卷七："宗，尊祖庙也。"③ 春秋时期，各诸侯国有祖庙、宗庙及祢庙；各国大夫也有自己的祖庙，如"夷伯之庙""孟氏之庙""游氏之庙"，④ 均为大夫祖庙。

宫的含义。《尔雅·释宫》："宫谓之室，室谓之宫。"⑤ 清代陈昌治刻本《说文解字》卷七："宫，室也。"段玉裁解释："按：宫言其外之围绕，室言其内。析言则殊，统言不别也。……传曰：室

---

① 杨伯峻编著：《春秋左传注》，中华书局1981年版，第242页。郑玄注：周礼，四县为都，四井为邑。然宗庙所在，则虽邑曰都，尊之也。孔颖达疏：正义曰：周礼小司徒职云：九县四县为都。注引此者，以证都大邑小耳。经传之言都邑者，非是都则四县，邑则四井，此传所发，乃为小邑发例。大者皆名都。都则悉书曰城，小邑有宗庙，则虽小曰都，无，乃为邑。邑则曰筑，都则曰城，为尊宗庙。故小邑与大都同名，释例曰"若邑有先君宗庙"，虽小曰都，尊其所居而大之也。然则都而无庙，固宜称城……见《十三经注疏·春秋左传正义》卷第二，艺文印书馆2001年版，第178页。

② （汉）许慎撰，（清）段玉裁注：《说文解字注》，上海古籍出版社1981年版，第446页。

③ （汉）许慎撰，（清）段玉裁注：《说文解字注》，上海古籍出版社1981年版，第341页。

④ 分别见于僖公十五年、昭公十一年、昭公十二年。见杨伯峻编著《春秋左传注》，中华书局1981年版，第350、1324、1331页。

⑤ 《十三经注疏·尔雅注疏》，艺文印书馆2001年版，第72页。

犹宫也，此统言也。宫自其围绕言之，则居中谓之宫。"① 这里涉及另一个字"室"。清代陈昌治刻本《说文解字》卷七："室，实也，从宀从至。至，所止也。"段玉裁解释："古者前堂后室。释名曰：室，实也。人物实满其中也。引伸之，则凡所居皆曰室。释宫曰'宫谓之室，室谓之宫'是也，从宀，至声。……室屋皆从至，所止也。室屋者，人所至而止也。"② 从"室"的解释来看宫，应该说，人之居所谓之宫。那么，先秦时期的"宫"根据人的身份不同有以下三种情况：一是周王或诸侯及其亲属居住之所。其中，"王宫"为周王③或楚王④居所，"公宫"为诸侯居所，⑤ 也有东宫⑥、西宫⑦、北宫⑧、内宫⑨，可能是根据宫室位置称呼的；二是指君主及其亲属

---

① （汉）许慎撰，（清）段玉裁注：《说文解字注》，上海古籍出版社1981年版，第730页。

② （汉）许慎撰，（清）段玉裁注：《说文解字注》，上海古籍出版社1981年版，第338页。

③ 《左传·庄公十九年》。见杨伯峻编著《春秋左传注》，中华书局1981年版，第212页。王宫并非尽在王城，如果周天子巡狩或会盟，亦有王宫，庄公二十一年"虢公为王宫于玤"（杨伯峻：《春秋左传注》，中华书局1981年版，第218页）、僖公二十八年晋做王宫于践土（杨伯峻：《春秋左传注》，中华书局1981年版，第462页）。

④ 《左传·庄公三十年》。见杨伯峻编著《春秋左传注》，中华书局1981年版，第247页。

⑤ 见庄公八年、僖公十九年、僖公二十四年、文公七年、成公八年、成公十六年、襄公二十三年、哀公三、七、十四、二十五、二十六年等。

⑥ 东宫含义比较复杂。仅《左传》就有至少三种表达：第一，东宫指诸侯小寝。《左传·庄公十二年》有："万弑闵公于蒙泽……遇大宰督于东宫之西，又杀之。"这里的东宫，杨伯峻释为诸侯小寝。（杨伯峻编著《春秋左传注》，中华书局1981年版，第191页）第二，东宫指宫名。《左传·襄公九年》："穆姜薨于东宫"。这里的东宫，应非诸侯小寝，但也非太子之宫，杨伯峻释"东宫盖别宫名，非太子之宫"。（杨伯峻《春秋左传注》，中华书局1981年版，第964页）第三，东宫指太子之宫。《左传·隐公三年》记载："卫庄公娶于齐东宫得臣之妹。"杜预注："太子不敢居上位，故常处东宫。"孔颖达解释的更加详细："云常处东宫者，四时：东为春，万物生长在东；西为秋，万物成就在西。以此，君在西宫，太子常处东宫也。或可据易象，西北为乾，乾为君父，故君在西；东方震，震为长男，故太子在东。"则杜与孔均认定此处的"东宫"为诸侯之太子居所。（《十三经注疏·春秋左传正义》，艺文印书馆2001年版，第53页）杨伯峻释"东宫，太子居所，故名太子曰东宫"。

⑦ 见杨伯峻编著《春秋左传注》，中华书局1981年版，第383、980页。

⑧ 见杨伯峻编著《春秋左传注》，中华书局1981年版，第980、1050、1709页。

⑨ 见杨伯峻编著《春秋左传注》，中华书局1981年版，第907页。

去世之后的祭祀之所，其地位尊崇者如郑之"大宫"①，晋之"武宫"②。其余有鲁之"桓宫"③、周之庄宫、平宫④等。君主的亲属去世之后的祭祀之所亦可称宫，如仲子之宫，杨伯峻解释为："仲子之宫亦是宗庙，非生人所居。"⑤孔颖达解释："不称庙而言宫者，于经例周公称大庙，群公称宫。"⑥三是指非君主的居处，如边伯之宫⑦、"僖负羁之宫"⑧等。

本书研究的行政区以都城宫室为主体，其宫室是诸侯君主居住办公的场所；祭祀区以宗庙为主体，当然还包括社稷、天地社祭祀的建筑等。笔者从文献记载中行政区和祭祀区营建的时间顺序及空间秩序两方面进行考察，来分析行政区与祭祀区哪一个处于主导位置。⑨

2. 都城营建过程中的宗庙主导

从营建的时间顺序来看，文献记载中一般将宗庙营建安排在最开始的时候。

---

① 郑国的大宫在《左传》出现数次，见隐公十三年、桓公十四年、宣公三年、宣公十年、宣公十二年、成公十三年、襄公三十年、昭公二十八年等。郑玄注："大宫，郑祖庙。"（《十三经注疏·春秋左传正义》卷第四，艺文印书馆2001年版，第80页）杨伯峻解释为："太祖之庙也。诸侯之太祖庙多曰大宫，襄二十五年《传》'盟国人于大宫'，宋太祖庙也。"（杨伯峻编著：《春秋左传注》，中华书局1981年版，第718页）

② 晋国武宫出现数次，见于僖公二十四年、宣公二年、成公十八年、襄公十年、昭公十五年等，在晋之圣都曲沃，为晋武公之庙。

③ 桓宫谓为鲁桓公之庙。见杨伯峻编著《春秋左传注》，中华书局1981年版，第227页。

④ 见杨伯峻编著《春秋左传注》，中华书局1981年版，第1436、1437页。

⑤ 《左传·隐公五年》有："九月，考仲子之宫，初献六羽。"（杨伯峻编著：《春秋左传注》，中华书局1981年版，第40页）

⑥ 《十三经注疏·春秋左传正义》卷第四，艺文印书馆2001年版，第58页。

⑦ 《左传·庄公十九年》有"边伯之宫近于王宫"（杨伯峻编著：《春秋左传注》，中华书局1981年版，第212页），边伯为周大夫，其居所亦可称"宫"。

⑧ 见杨伯峻编著《春秋左传注》，中华书局1981年版，第454页。

⑨ 王鲁民认为，从传统的营造法则来看，一般先建造重要的建筑，在空间安排上，重要建筑往往处在关键位置（C位），C位确定了，其他建筑的位置就可以按照相关规则和相对关系确定了。见王鲁民《宫殿主导还是宗庙主导——三代、秦、汉都城庙、宫布局研究》，《城市规划学刊》2012年第6期。

《礼记·曲礼下》载，"君子将营宫室，宗庙为先，厩库为次，居室为后。"① 这里明确了都城的营建顺序：宗庙——厩库——居室，三者共同形成"宫室"。

《墨子·明鬼篇》也有："昔者虞夏商周三代之圣王，其始建国营都，曰必择国之正坛，置以为宗庙；必择木之脩茂者，立以为菆位。"② 营建国都要先置宗庙，然宗庙与宫室的关系，《墨子》并未涉及。

都城营建的实际案例如何呢？

文献记载中，祭祀是建都的标志性事件。周人营建都城，无论是岐周、宗周还是成周，建都之前均有占卜的程序。营建岐周前"爰契我龟"，营建镐京时"维龟正之"，营建成周时"卜宅"。占卜之后营建都城，庙与社等祭祀建筑是重要建筑，《诗·大雅·绵》有"作庙翼翼……乃立皋门……乃立应门……乃立冢土……"的记载，毛传、郑笺、孔疏等皆认为"庙"乃宗庙、"冢土"即大社。也就是说，周人在建设第一座都城岐周时，已经把"作庙"和"立社"作为必备的建制，之后的宗周、成周也应该如此。

秦人营建国都之前，祭祀也是重要步骤。西是秦人的第一座都城，它的营建就是从祭祀开始的。《史记》有："襄公于是始国，与诸侯通使聘享之礼，乃用騩驹、黄牛、羝羊各三，祠上帝西畤。"③《汉书·郊祀志》也有类似记载："秦襄公攻戎救周，列为诸侯，而居西，自以为主少昊之神，作西畤，祠白帝。"④ 可见，秦襄公位列诸侯后建造秦人第一座都邑西，首先营建的是祭祀建筑"西畤"，有一个重要的祭祀活动"祠上帝西畤"。

可见，在商周时期，从都城营建顺序来看，应该是祭祀区在先。

---

① 《十三经注疏·礼记注疏》卷第四，艺文印书馆 2001 年版，第 75 页。
② 吴毓江撰，孙启治点校：《墨子校注》，中华书局 1993 年版，第 340 页。
③ 《史记》，中华书局 1959 年版，第 179 页。
④ 《汉书·郊祀志》："秦襄公攻戎救周，列为诸侯，而居西，自以为主少昊之神，作西畤，祠白帝。"（中华书局 1962 年版，第 1194 页）

"国之大事，在祀与戎。"① 祭祀的重要性，导致都城的首要功能就
是祭祀，体现在建筑物的营造上，就是宗庙为都城建筑的重中之重。
这也暴露出先秦早期都城重要建筑物的宗庙主导倾向。

从都城营建的空间秩序来看，文献有将宗庙安放在核心地位的
记载。《吕氏春秋·慎势》有"古之王者，择天下之中而立国，择
国之中而立宫，择宫之中而立庙"② 的记载。其空间秩序是：天下之
中为国都——国都之中为宫室——宫室之中为宗庙。宗庙处于空间
秩序的绝对中心，而且宗庙属于宫室的主要部分。《吕氏春秋》的记
载显示出宗庙的重要性，但行政区与祭祀区并未分离。

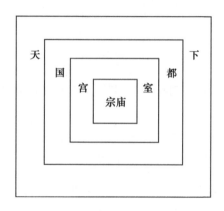

图 3 - 20　《吕氏春秋·慎势》的空间秩序

3. 都城营建过程中的宫室主导

当然，文献中还有行政区与祭祀区分离，且以行政区为关键位
置的记载。《周礼·考工记》"左祖右社，面朝后市"③ 的记载就是
将宫室作为首要建筑物置于都城的中心，以此为原点展开布局。与
《周礼》几乎同时期的《礼记·祭义》有"建国之神位，右社稷而

---

① 杨伯峻编著：《春秋左传注》，中华书局1981年版，第891页。
② 陈奇猷校释：《吕氏春秋新校释》，上海古籍出版社2002年版，第1119页。
③ 《十三经注疏·周礼注疏》，艺文印书馆2001年版，第643页。

左宗庙"① 的记载，也隐含了居中的宫室。

值得注意的是，《周礼·考工记》与《吕氏春秋》记载不同，以宫室、朝堂为主体的行政区和社稷宗庙组成的祭祀区已经分离。

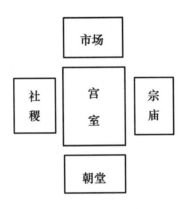

图 3 - 21 《周礼·考工记》以宫室为中心的秩序

同样选择秦国都城营建的案例。上文已经分析，秦营建第一座都城西的时候，首先营建的是祭祀建筑"西畤"。然而，在秦营建最后一座都城咸阳的时候，体现于文献记载的已经不是祭祀建筑，而是行政建筑。《史记·秦本纪》记载秦孝公"十二年，作为咸阳，筑冀阙，秦徙都之"②。具体来说，咸阳的重要建筑冀阙是商鞅督造的。《史记·商君列传》记载："以鞅为大良造……作为筑冀阙宫廷于咸阳。"③ 这说明咸阳作为秦的都城，其空间核心是冀阙宫廷，而冀阙宫廷是集宫室、朝堂为一体的秦咸阳行政区域。④ 这说明最迟到战国中期，都城的营建已经是宫室主导而非宗庙主导。

① 《十三经注疏·礼记注疏》，艺文印书馆 2001 年版，第 826 页。
② 《史记》，中华书局 1959 年版，第 203 页。
③ 《史记》，中华书局 1959 年版，第 2332 页。
④ 王学理：《咸阳帝都记》，三秦出版社 1999 年版，第 47 页。

（二）先秦都城行政区与祭祀区的分离

先秦时期，商、周、秦等族群有不同的祭祀传统，如商人重鬼、周人重天。不同的祭祀文化差异，会导致祭祀的差异。不考虑这些祭祀文化因素，单纯从都城的空间布局来看，行政区和祭祀区有一个分离的过程。这一过程包括三个阶段：商周时期，应该是宗庙与宫室合二为一，以祭祀区为主导的时期；春秋时期，应该是宗庙与宫室分离的过渡时期；战国时期，应该是宗庙与宫室一分为二，以行政区为主导的时期。

1. 商周时期

在商周相当长的时间里，宫殿区与祭祀区可能分得并不清晰，功能上区分也不明显。以宗庙为主的祭祀区与以宫室为主的行政区，在空间上存在耦合关系。这是因为宗庙在祭祀祖先时是族人心目中神圣的殿堂，是血亲关系的象征。当贵族于此行使赏罚大权时，它又是族权与政权相结合的象征，在当时的社会生活中占有十分重要的地位。王鲁民认为："宗庙可能不止是进行祭祀祖先活动的场所，国家的许多最主要的典礼及重大的朝会活动，也要在宗庙里或宗庙前举行。在某种意义上看，当时的宗庙在许多时候的作用就相当于后世所谓的'大朝'。如果注意到当时人们把君王处理日常政务的宫殿称做'路寝'，而古人有'前朝后寝'的说法，似乎可以推测在通常情况下，早期的宫庙大多会在一处，并且采取前庙后宫的格局。"[①]

从考古资料来看，偃师商城"宫城内的建筑，大体分作东、西两区，对称分布。东区的建筑大概主要属于宗庙建筑，其中四号宫殿有后院，院内北部有十号建筑基址（已经毁坏殆尽，面目不清），可能分别是供奉祖先神主的庙堂、收藏祖先衣杖的寝殿。……西区建筑主要是举行国事活动、处理政务的场所，即所谓'朝'，主要包

---

① 王鲁民：《宫殿主导还是宗庙主导——三代、秦、汉都城庙、宫布局研究》，《城市规划学刊》2012 年第 6 期。

括二号宫殿、三号宫殿、七号宫殿等。朝堂后面的八号宫殿等则是'寝',为商王及其王后、嫔妃居住之所。先王神灵寄居的宗庙建筑,与商王居住活动的朝寝建筑,左右并列"①,同在宫城。

殷墟洹南的宫殿区与祭祀区也是混合在一起的,没有分离。② 据研究,殷墟的宫殿宗庙区主要在小屯村东北地的洹河南岸,在南北长 280 米、东西宽 150 米的区域内共发现建筑基址 57 座,分为甲乙丙三组。最北处的甲组基址 15 座,其中甲 6 夯土基址比较特殊。石璋如先生仔细核查和研究从甲 6 基址附近窖穴中出土的甲骨文之后,认定这是一座宗庙建筑基址,并将之复原;③ 乙组基址有 21 座,它们的打破迭压关系十分复杂,目前学界对同一时期整体性的布局和个别建筑格局还不甚清楚;丙组的面积规模较小,基址上很少有础石,说明不能竖柱架梁,因此,发掘者石璋如先生怀疑是坛墠,凌纯声先生则推测是社。

殷墟小屯宫殿建筑群"有南北一线的磁针方向居于正中遥遥相应的建筑物,以此左右对称,东西分列,整齐严肃"④。正因如此,有学者认为殷墟的洹南部分应该可以称得上是最早的以宗庙为核心而形成的中轴线布局的古都。

西周时期的周原凤雏一号遗址,布局严整规整,大体上符合文献记载的周代宗庙格局,因此考古学者认为这应该是一座宗庙性的礼制建筑。⑤

---

① 杜金鹏、王学荣:《偃师商城近年考古工作要览——纪念偃师商城发现 20 周年》,《考古》2004 年第 12 期。

② 王震中:《中国文明起源的比较研究》,陕西人民出版社 1994 年版,第 274—277 页。

③ 石璋如:《殷代地上建筑复原第四例》(甲六基址与三报二示),"中央研究院"第二届国际汉学会议论文,1986 年版。

④ [美]张光直:《商周青铜器上的动物纹样》,《考古与文物》1981 年第 2 期。

⑤ 陕西周原考古队:《陕西岐山凤雏村西周建筑基址发掘简报》,《文物》1979 年第 10 期。

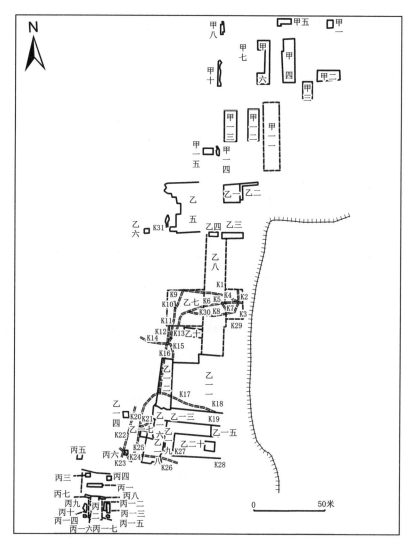

图 3-22　殷墟宫殿宗庙与甲、乙、丙三组基址分布示意图①

　　因此，商周时期的宗庙建筑与宫室建筑融于一体，从总体上看是以宗庙为中心建筑的。有学者认为："夏商西周都城是以神权为中心的设计理念，始建国营都首先置宗庙、立社坛，凡国之大事均是在宗庙和社坛中进行，国家政权完全笼罩在神权的护佑之下，还处

---

　　① 陈旭：《商周考古》，文物出版社 2001 年版，第 164 页。

于初期国家形态阶段。"①

2. 春秋时期

到春秋时期，虽然"宫"的含义仍然包括君主居所和祭祖之处，但"大宫""武宫""王宫""公宫"等名词的出现，说明人们开始用"大、武、王、公"等来界定"宫"，将其行政功能与祭祀功能分隔。

以秦都城为例。上文笔者引用文献，分析了秦的第一座都城西（西周东周之交）是以西畤为始建建筑，最后一座都城咸阳（战国中期）是以冀阙宫廷为始建建筑，分别代表了以祭祀区为主和以行政区为主的不同导向。那么，秦在春秋时期的都城雍，在宗庙与宫殿的关系上是怎样的呢?②

（1）雍城的宫室

据《史记·秦始皇本纪》所载："康公享国十二年，居雍高寝""共公享国五年，居雍高寝""桓公享国二十七年，居雍太寝""景公享国四十年，居雍高寝""躁公享国十四年，居受寝"，③ 说明雍城的高寝、太寝、受寝是秦国主要的宫殿建筑。这些遗址在雍城均已被发现。

雍都遗址主要有三大宫殿区，包括姚家岗宫殿建筑区，马家庄宗庙宫殿建筑区，铁沟、高王寺宫殿建筑区。

姚家岗位于雍城中部偏西，距雍都西垣约 500 米。在这里清理发掘宫殿遗址一处，凌阴遗址一处。宫殿遗址东部已被破坏，北部未及清理，仅发现西南部分。西南部分残存夯土基址东西长 8.9 米，南北宽 2.8 米，厚 1—1.2 米。西高东低，上有夯土墙两段。夯土基址的西南侧各有河卵石铺就的散水一道，西散水残长 3.6 米，宽

---

① 高崇文:《从夏商周都城建制谈集权制的产生》,《中原文化研究》2018 年第 3 期。

② 潘明娟:《秦雍城都城形态与规划》,《宝鸡文理学院学报（社会科学版）》2006 年第 2 期。

③ 《史记》,中华书局 1959 年版,第 2868—2887 页。

1.2—1.4 米，南散水残长 3.6 米，最宽处达 1.6 米。散水铺设极密，多用直径为 0.04 米的白色河卵石。凌阴遗址位于宫殿遗址的西北，是一平面近方形的夯土台基。夯土台基的四边夯筑有东西长16.5 米、南北宽 17.1 米的土墙一周，台基的中部有一东西长 10米、南北宽 11.4 米的长方形窖穴，根据这一窖穴的位置、形制，发掘者推测其为冰窖，体积达 190 立方米。姚家岗遗址的时代是春秋时期，根据《秦纪》的记载，估计姚家岗宫殿区可能就是秦康公、共公、景公居住的雍高寝。①

马家庄三号建筑遗址位于雍城中部偏南，是马家庄四处建筑遗址最西边的一处。遗址南北长 326.5 米、北端宽 86 米、南端宽 59.5米，面积约 21849 平方米。平面布局严谨规整，四周有围墙。由南至北可分为五座院落，五个门庭。各院落的南门均宽大于其他门，应为其主要门道。②该建筑遗址的时代为春秋中晚期，这与秦桓公居"雍太寝"的时间相近，由此推断，这可能是"雍太寝"宫殿区的一座建筑。③据李如圭《仪礼·释宫》"周礼：建国之神位，右社稷，左宗庙，宫南乡而庙居左，庙在寝东也"的记载，马家庄三号建筑遗址位于马家庄一号建筑宗庙遗址以东，且时代相近，规模较大，故考古人员推测这里可能是寝宫之所在。

铁沟、高王殿建筑群位于雍城北部，北起铁沟凤尾村，南至高王寺，西到棉织厂、翟家寺。其中，凤尾村遗址现存面积约 1 万平方米，在此采集到的板瓦、筒瓦等，从形制上看大多为战国早中期的遗物。④1977 年 9 月，在高王寺发现一处铜器窖藏，估计为战

① 韩伟、焦南峰：《秦都雍城考古发掘研究综述》，《考古与文物》1988 年第 5、6 期。

② 韩伟、焦南峰：《秦都雍城考古发掘研究综述》，《考古与文物》1988 年第 5、6 期。

③ 马振智、焦南峰：《蕲年·棫阳·年宫考》，《考古与文物》编辑部编《陕西省考古学会第一届年会论文集》（《考古与文物丛刊》第三号），第 76 页。

④ 陕西省雍城考古队：《1982 年凤翔雍城秦汉遗址调查简报》，《考古与文物》1984 年第 2 期。

国中期以前秦国宫室的遗物。① 除此之外，还发现多处战国秦的建筑遗址。据推测，这里很可能就是"雍受寝"。

另外，在雍都城外，还发现了蕲年宫、橐泉宫、年宫、来穀宫等离宫遗址，在雍城以南的三畤原一带还发现规模宏大的秦公陵园及贵族墓地。在雍城附近也发现了不少的苑囿，以供秦公游猎之用，如北园、弦圃、中囿等。②

总的来说，雍城的宫殿区没有一步到位的整体性规划，主要表现在以下几个方面：第一，雍城几个宫区的建筑显而易见并不是同时建成的，而是随着社会的发展、国力的变化不断增筑而成；第二，雍城宫殿区的选址有一定的随意性，不拘泥于城市中央的方位或城市高地的地形。但是，已经开始出现了左右对称的建筑格局。

（2）雍城的宗庙

学界一致认为在秦都雍城已发现了秦的宗庙遗址。姚家岗遗址的大郑宫是一座以宗庙为主的建筑。姚家岗遗址发现了牛羊祭祀坑及祭祀用玉器，说明了这一点。然而，大郑宫又是秦初建都雍城时的君主居处。③

在雍城，还发现了独立的宗庙建筑——马家庄一号建筑群遗址。这应该是迄今为止发现的规模最大、保存最好的先秦时期宗庙建筑遗址。

这座建筑遗址坐北朝南，平面为长方形，位于雍城中部偏北。南北残长约 76 米，东西宽 87.6 米，面积约为 6660 平方米。由大门、中庭、朝寝、亭台及东、西厢等部分组成，整个建筑四周有围墙环绕，布局井然有序，规矩整齐。大门由门道、东西塾、回廊、

---

① 韩伟、曹名檀：《陕西凤翔高王寺战国铜器窖藏》，《文物》1981 年第 1 期。

② 何清谷：《秦国雍都附近的苑囿》，咸阳博物馆编《秦汉论集》，陕西人民出版社1992 年版，第 41—46 页。

③ 《史记·秦本纪》记载："德公元年，初居雍城大郑宫。……卜居雍。后世子孙饮马于河。"见《史记》，中华书局 1959 年版，第 184 页。

散水等部分组成。东西宽达 18.8 米，南北进深因南部残损已不可知。中庭位于大门北面，为一中间微凹下，四周稍高的空场，平面为长方形，南北长 34.5 米，东西宽 30 米。中庭南部有夯土路面三条，踩踏面一条，分别连接大门、东厢、西厢等。朝寝在中庭的北侧，由前朝、后寝、东西夹室、北三室、回廊、散水、东西阶等部分组成，东西宽 20.8 米，南北进深 13.9 米。亭台平面呈长方形，东西宽 5.4 米，南北长 3.8 米，四边无檐墙，四角各有角柱一对，外有石子散水环绕。东、西厢分别位于中庭之东西侧，均由前堂、后室、南北夹室、东（西）三室及回廊、台阶组成，东厢南北面阔 24 米，东西进深 13.9 米，西厢残缺。在上述建筑的四周有夯土围墙，东围墙现存两段通长 55.9 米，南北各发现一个门址。西围墙现存通长 71.1 米，中段残缺，北段有一门址。南墙残损最甚，仅发现西侧一段，长 10 米。北墙保存完整，长 87.6 米。在一号建筑遗址内，出土有各种陶瓦、铜质建筑构件。在中庭、东西厢南侧及祖庙厢内，发现各类祭祀坑 181 个，牛羊有全牲、无头和切碎三种祭祀形式，坑与坑之间存在着复杂的打破关系，是多次祭祀的结果。根据遗址祭祀中出土的遗物、建筑的总体布局及有关史籍记载，初步认为一号建筑群的建筑年代应为春秋中期，废弃时间应在春秋晚期。① 一号建筑群是包括祖庙、昭庙、穆庙、祭祀坑等在内的一座较完整的大型宗庙遗址。

雍城的宗庙建筑布局规划非常严整，与宫室建筑融为一体，是从大型建筑以宗庙为主到以宫室为主的过渡阶段。

（3）宫庙关系

田亚岐的观点说出了雍城宫室与宗庙建筑由合二为一转变为一分为二的历程。他认为，雍城城址区东南瓦窑头一带发现宫室建筑，应是"秦早期传承周制的寝庙合一组合模式。按照秦国庙寝制度的

---

① 韩伟、尚志儒、马振智等：《凤翔马家庄一号建筑群遗址发掘简报》，《文物》1985 年第 2 期。

演变趋势，从春秋寝庙合一发展到春秋中晚期庙寝分开并列，再演变到战国以后为突出天子之威，朝寝于国都中心，将宗庙置于南郊的情形"①。

秦雍都在初始时期是以宗庙和宫室的"宫庙合一"模式为主，如姚家岗遗址的大郑宫。其后经过一百多年，秦国社会逐渐走上了变革的道路，思想意识也由重祖宗向重君主的方向发展。这种思想变化表现在宫室规划上，便是"宫"与"庙"的分离。于是，在秦雍都马家庄宗庙宫殿建筑遗址时期，宗庙和宫室已经分成两个独立的建筑，分别位于雍城中部南北中轴线的两侧。这是中国古代都城发展中的重要一步。它说明秦人已经把宫室看得和宗庙同样重要，宫室地位开始上升。可以说，马家庄宗庙宫殿建筑营建的春秋时期，祭祀区和行政区开始逐步分离。

在宫庙关系方面，雍城明显具有承上启下的作用。笔者作下图 3 - 23。

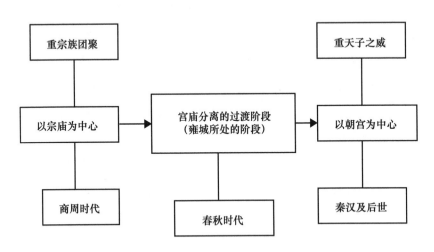

图 3 - 23　宫、庙地位的变化及雍城所处的时代

这一时期，祭祀区与行政区从原来的合二为一，开始一分为二。

①　田亚岐：《秦都雍城布局研究》，《考古与文物》2013 年第 5 期。

这可能与神权和王权地位的升降有很大关系。在春秋时期，神权是服务于王权的，人们越来越注重祭祀所能带来的实用功效。从原本的卜昼卜夜①到"卜以决疑，不疑，何卜"②，卜的地位由决定大部分行为转变为决定少部分行为。

神权与王权关系的蜕变，导致二者所处区域的变化。以宫室为主的行政区，是整个都城规划布局的中心，往往配置在都城的中部或地势高亢之处，以重要的位置显示其尊贵。这一时期，以宫室为主的行政区域有两个特征：一是周围往往建筑城垣或挖有壕沟。《左传·僖公十九年》明确记载梁国"沟公宫"③，"沟公宫"意即于诸侯国梁国围绕梁伯居住的宫外挖壕沟，以加强防护，与其他区域相隔离。二是日渐奢侈。《左传》有多处关于君主居住的宫室日渐奢靡的记载，如昭公三年"宫室滋侈"、昭公八年"宫室崇侈"、昭公二十年"宫室日更"。④

3. 战国时期

战国时期，都城内的行政区与祭祀区已然分离，如《史记·燕召公世家》有："燕兵独追北入至临淄，尽取齐宝，烧其宫室宗庙。"⑤说明齐的宫室与宗庙已经分离。大部分诸侯国的都城内出现独立的宫城，如齐临淄、赵邯郸、郑韩故城、燕下都、楚郢都等。宫城均布设在比较利于防守的区域，且有相对独立的防御系统，"暗示着这一空间的独立性和正规性……在某种程度上，它是在礼仪重要性上可以与既存庙堂分庭抗礼的空间单元"⑥。同时也强调了君主

---

① 《左传·庄公二十二年》："臣卜其昼，未卜其夜，不敢。"见杨伯峻编著《春秋左传注》，中华书局1981年版，第221页。

② 杨伯峻编著：《春秋左传注》，中华书局1981年版，第131页。

③ 杨伯峻编著：《春秋左传注》，中华书局1981年版，第384页。

④ 杨伯峻编著：《春秋左传注》，中华书局1981年版，第1236、1300、1417页。

⑤ 《史记》，中华书局1959年版，第1558页。《战国策·燕策一·燕昭王收破燕后即位》也有类似记载，见《战国策》，上海古籍出版社1985年版，第1066页。

⑥ 王鲁民：《宫殿主导还是宗庙主导——三代、秦、汉都城庙、宫布局研究》，《城市规划学刊》2012年第6期。

的权威。①

《逸周书·作雒》显示出宫、庙已相对独立。当然，不少学者认为《逸周书·作雒》并非西周初期的文本。它可能反映了战国时期人们的观念。分析《逸周书·作雒》，可以看出，人们认为都城中应有"五宫"，即大庙、宗宫、考宫、路寝、明堂，这些建筑中既有纯粹祭祀的大庙、宗宫、考宫，也有诸侯朝觐的明堂及周天子生活的路寝。这些建筑的形制也基本相同："咸有四阿，反坫。重亢，重郎，常累，复格，藻棁，设移，旅楹，春常，画。内阶、玄阶，堤唐，山廇。应门、库台玄阃。"② 都是四角曲檐，两柱间有放置礼器、酒具的土台；还有重梁、两庑、栏杆、双斗、绘彩短柱；在大堂旁有小屋、排柱，藻井画有日月，门上横梁也绘彩；殿基上凿出的台阶涂成黑色，中庭路面高起，墙上画有山云；正门和内门高台都是黑色门槛。笔者比较关注这种"咸有"的表达，它表明以上"五宫"均为独立空间，祭祀区与行政区均已相对独立。

以秦咸阳为例。上文已经说明咸阳以翼阙宫廷为始建建筑，代

---

① 芒福德在《城市发展史——起源、演变与前景》中研究了希罗多德（Herodotus）记述的德奥修斯（Deioces）取得对于米堤亚人（Medes）的专制统治权的景观。德奥修斯在村民当中享有很高的威望，为周围的人裁决是非，人们便拥戴他做他们最高的统治者。之后，德奥修斯的第一个行动便是专门为自己建造一座宫殿，而且要求有"侍卫保护他的人身安全"。"获得这些权力之后"，德奥修斯"便迫使米堤亚人建造一座城市，并且精心把它装饰起来而不必注意其他事情"，又修建"高大、厚实、一层套一层的城墙……然后德奥修斯又在自己的宫殿外围建造了堡垒，并且下令让其余的人都迁移到堡垒周围来定居"。在这里，芒福德重点指出宫殿和堡垒的作用："请注意，德奥修斯在城市人口集中、物质距离缩小的局面中，他使自己与外界隔绝，使别人不敢见到他，以此精心地增加了心理距离。这种密集与混杂相结合，再加上封闭和分化，便是新生的城市文化的典型特征之一。从积极的一面来看，这里面有和睦的共居，精神上互相沟通，广泛的交往，还有一个相当复杂的职业上相互配合的体系。但从消极的一面来看，城堡却带来了阶级分化和隔离，造成了冷酷无情、神秘感、独裁控制，以及极端的暴力。"见［美］刘易斯·芒福德著，宋俊岭、倪文彦译《城市发展史——起源、演变和前景》，中国建筑工业出版社 2004 年版，第 52 页。

② 黄怀信、张懋镕、田旭东：《逸周书汇校集注》，上海古籍出版社 1995 年版，第573—578 页。

表了以行政区为主的导向。王鲁民认为，从传统的营造法则来看，一般先建造重要的建筑，在空间安排上，重要建筑往往处在关键位置（C 位），C 位确定了，其他建筑的位置就可以按照相关规则和相对关系确定。① 而翼阙宫廷应该就是咸阳处在关键位置上的重要建筑。

咸阳营建伊始，就是秦的"俗都"，② 秦人宗庙祭祀建筑仍在雍城，秦昭襄王"五十四年，王郊见上帝于雍"③；秦王嬴政的冠礼要到雍城举行；④ 甚至直到二世时期，仍是"先王庙或在西、雍，或在咸阳"⑤。但是随着咸阳为都时间日久，咸阳的祭祀建筑也逐渐增加。如秦昭王庙建在渭河以南；⑥ 咸阳之郊的祭天建筑在秦始皇时期成为定制；⑦ 秦统一后，有"立社稷"⑧、建极庙⑨的举措。但这些应该是在秦昭王之后营建的。在此之前未找到秦咸阳营建宗庙祭祀建筑的记载。因此，从营建时间来看，咸阳首先营建的是宫室建筑，之后才慢慢补充祭祀建筑；从空间上来看，翼阙宫廷位于咸阳的重要空间，而祭祀区域则位于咸阳之郊或渭河以南。这说明战国末期至秦统一之后，都城咸阳的宗庙建筑地位已经降居次要，宫室建筑处于主要地位。

---

① 王鲁民：《宫殿主导还是宗庙主导——三代、秦、汉都城庙、宫布局研究》，《城市规划学刊》2012 年第 6 期。

② 潘明娟：《秦咸阳的"俗都"地位》，《唐都学刊》2005 年第 5 期。

③ 《史记》，中华书局 1959 年版，第 218 页。

④ 《史记》，中华书局 1959 年版，第 227 页。

⑤ 《史记》，中华书局 1959 年版，第 269 页。

⑥ 《史记·樗里子列传》："樗里子卒，葬于渭南章台之东，曰'后百岁，是当有天子之宫夹我墓。'樗里子疾室在秦昭王庙西、渭南阴乡樗里，故俗谓之樗里子。至汉兴，长乐宫在其东，未央宫在其西，武库正直其墓。"见《史记》，中华书局 1959 年版，第 2310 页。

⑦ 《史记·封禅书》：秦人"三年一郊。秦以十月为岁首，故常以十月上宿郊见，通权火，拜于咸阳之旁，而衣上白，其用如经祠。……西畤、鄜畤，祠如其故。"见《史记》，中华书局 1959 年版，第 1377 页。

⑧ 《史记·李斯列传》，中华书局 1959 年版，第 2561 页。

⑨ 《史记》，中华书局 1959 年版，第 271 页。

可以说，到战国时期，完成了以宗庙为代表的祭祀区与以宫室为代表的行政区的分离，且在都城中行政区成为关键位置。

综上，先秦都城经历了以祭祀区为主到以行政区为主的转变，也经历了祭祀区与行政区从合二为一到一分为二的过程。"这种宫、庙分离之格局，朝、庙独立之变化，正反映了集权制政权权威的上升，神权则处于辅佐的地位。"[1]

四　都城轴线

研究先秦都城形态，离不开都城轴线。都城轴线的确立标志着都城空间秩序的构建与整合。

（一）轴线与中轴线

研究先秦都城轴线之前，首先说明一个观点：轴线与中轴线常常被相提并论，然而，轴线与中轴线并非同一概念。

城市轴线是一种在城市空间结构中的线性要素，有助于形成秩序性的整体建筑空间组合。《中国大百科全书》认为"城市轴线是组织城市空间的重要手段。通过轴线，可以把城市空间布局组成一个有秩序的整体"[2]。也有观点强调轴线与中的关系，如《汉书》有"当轴处中"[3]的说法，可见轴线一般居中，《建筑大辞典》也认为"轴线与中心相并列，是最基本的形态秩序之一"[4]。学界对城市轴线的作用也有高度评价，认为"轴线是规定秩序的工具，它使空间秩序化，它象征着某种形式的权力关系"[5]。"轴线具有两大作用，即统率全城和居中对称，居中对称是统率全城的发展。"[6]

---

① 高崇文：《从夏商周都城建制谈集权制的产生》，《中原文化研究》2018年第3期。
② 《中国大百科全书·建筑　园林　城市规划》，中国大百科全书出版社1992年版。
③ 《汉书》，中华书局1962年版，第2904页。
④ ［日］《建筑大辞典》，彰国社，1993年版，第687页。
⑤ 彭兴业：《首都城市功能研究》，北京大学出版社2000年版，第65页。
⑥ 鲁维铭：《汉长安城中轴线再认识》，《文化学刊》2020年第7期。

梳理上述研究，笔者认为轴线是统帅整座建筑或整个城市的要素，大部分情况下居中对称，但并不完全居中。大部分研究者研究中国古代城市左右对称布局，一般称"中轴线"。[①] 由于先秦时期大部分建筑或城市的轴线不是完全处于"中"的位置，没有完全对称，本书不称"中轴线"而称"轴线"。

还有一个观点需要强调：本书认为先秦部分建筑及城市是有轴线的。综观中国古代文献，没有明确提出"轴线"，[②] 但是在文献记载中有隐含的意思。古代城市有"居中为尊"的形态特征，如《周礼·考工记·匠人营国》载"左祖右社，面朝后市"，注曰"王宫当中经之涂也"[③]。《吕氏春秋·慎势》有："古之王者，择天下之中而立国，择国之中而立宫，择宫之中而立庙。"[④] 上述文献有"左右""面后"及"中"的方位，隐含对称布局之意。而对称的中线可能在一定程度上就确定了城市的轴线。

除了"居中为尊"的观念外，还有一种以西为尊的观念。《晏子春秋》卷六"内篇"中记载了晏子向齐景公解释临淄城重心偏西的问题："然而以今之夕者，周之建国，国之西方，以尊周也。"[⑤] 研究者认为这是指周都在临淄之西，为表示尊周，齐临淄的轴线未在中部呈左右对称之势，而是偏在城西。[⑥]

因此，即使文献中没有"轴线"或"中轴线"的记载，并不妨

---

① 阙维民在《"北京中轴线"项目申遗有悖于世界遗产精神》一文中的定义是："中轴线：本文是指为了实施建筑（群）的设计建造，或对已有建筑（群）进行分析研究，而人为设定的单体建筑平面结构或建筑群平面布局的设计中心线，为非物质形态之虚拟线。"见《中国历史地理论丛》2018年第4期。

② 阙维民认为"《周礼》的都城规划理念不存在'中轴线'思想"。见阙维民《〈周礼〉的都城规划理念无"中轴线"思想》，中国古都学会编《中国古都研究》第三十七辑，陕西师范大学出版社2019年版，第14—22页。

③ 《十三经注疏·周礼注疏》，艺文印书馆2001年版，第642页。

④ 陈奇猷校释：《吕氏春秋新校释》，上海古籍出版社2002年版，第1119页。

⑤ 吴则虞编著：《晏子春秋集释》，中华书局1962年版，第380页。

⑥ 郭璐：《从〈晏子春秋〉谈对中国古代城市轴线的认识》，《北京规划建设》2012年第2期。

碍学界对都城轴线的研究。① 有学者探索了先秦时期单一都城的轴线;② 也有学者总结先秦都城的规律,如"先秦时期的都城,或整体、或局部、或单体建筑已不同程度地形成了中轴线布局"③。对于先秦都城轴线出现的时间,也有不同观点,有学者认为"至迟在夏代后期,轴线设计手法已经拓展到建筑群组织上"④,有学者认为夏商时期已存在城市"中轴线"。⑤

(二)先秦都城的轴线

先秦都城布局中的轴线,包括单体建筑、宫城或小城、整座都城等不同的规模。

1. 单体宫殿建筑的左右对称

先秦时期,单体宫殿建筑左右对称是一个普遍的现象。大地湾仰韶文化晚期遗址 901 号房址、二里头遗址的 1 号和 2 号宫殿基址应该都是中轴对称布局的单体建筑。

---

① 对于先秦时期是否有都城轴线,学界有不同观点。如郑卫等认为先秦时期是"中轴线设计理念和模式的初步奠基阶段";(郑卫、丁康乐、李京生:《关于中国古代城市中轴线设计的历史考察》,《建筑师》2008 年第 8 期)姚庆认为先秦时期是城址中轴线的萌芽期;(姚庆:《我国古代城市中轴线的历史变迁》,《佳木斯教育学院学报》2013 年第 11 期)裴雯等则认定西汉以前没有明显城市中轴线设计。(裴雯等:《西汉以前城市南北中轴线是否具雏形——〈关于中国古代城市中轴线设计的历史考察〉一文之商榷》,《建筑师》2009 年第 4 期)

② 许宏:《燕下都营建过程的考古学观察》,《考古》1999 年第 4 期;郭璐:《基于辨方正位规划传统的秦咸阳轴线体系初探》,《城市规划》2017 年第 10 期;陈筱、孙华、刘汝国:《曲阜鲁国故城布局新探》,《文物》2020 年第 5 期。

③ 李自智:《中国古代都城布局的中轴线问题》,《考古与文物》2004 年第 4 期。

④ 刘述杰、傅熹年、潘谷西等编:《中国古代建筑史》1—5 卷,中国建筑工业出版社 2001 年版、2002 年版。后来郑卫等人也有同样表述。见郑卫、丁康乐、李京生《关于中国古代城市中轴线设计的历史考察》,《建筑师》2008 年第 8 期。

⑤ 类似表述有:"在西周之前的夏商时期,有部分都城已初步出现不同程度的中轴线布局"(高长海、蒋冰华,石振杰:《浅析殷商都城中轴线古地理环境》,《殷都学刊》2013 年第 2 期);"夏商城市布局普遍遵循对称原则,即存在中轴线"(王豪:《夏商城市规划和布局研究》,郑州大学硕士学位论文,2014 年,第 55 页);"夏商周都城宫城的布局基本处于后世中轴线形成的萌芽期"(徐昭峰、李云:《试论夏商周都城宫城及其相关问题》,《中原文化研究》2018 年第 6 期)。

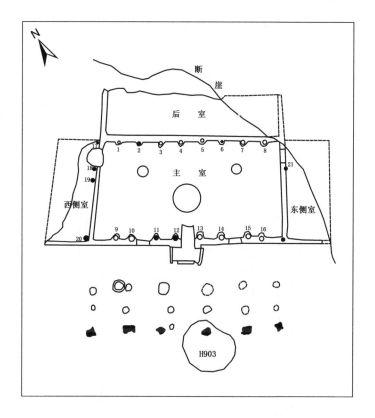

图 3－24　大地湾 901 号房址平面图[1]

　　偃师商城的大部分宫殿基址[2]、洹北商城 1 号宫殿基址[3]、周原遗址的岐山凤雏西周建筑基址[4]、扶风云塘齐镇西周建筑基址[5]、东

　　① 李自智：《中国古代都城布局的中轴线问题》，《考古与文物》2004 年第 4 期；郎树德：《甘肃秦安大地湾 901 号房址发掘简报》，《文物》1986 年第 2 期。

　　② 赵芝荃、刘忠伏：《1984 年春偃师尸乡沟商城宫殿遗址发掘简报》，《考古》1985 年第 4 期；赵芝荃、刘忠伏：《河南偃师尸乡沟商城第五号宫殿基址发掘简报》，《考古》1988 年第 2 期。

　　③ 中国社会科学院考古研究所安阳工作队：《河南安阳市洹北商城宫殿区 1 号基址发掘简报》，《考古》2003 年第 5 期。

　　④ 陕西周原考古队：《陕西岐山凤雏村西周建筑基址发掘简报》，《文物》1979 年第 10 期。

　　⑤ 很良高、刘绪、孙秉君：《陕西扶风县云塘、齐镇西周建筑基址 1999—2000 年度发掘简报》，《考古》2002 年第 9 期。

周王城的瞿家屯甲组建筑基址①、雍城马家庄春秋宗庙遗址②等应该均为轴对称布局的单体建筑。

以偃师商城为例。"每一座宫殿，都是一个建筑单元，而每个建筑单元都是由四座单体建筑组成回字形建筑群，或者是由三座单体建筑组成的凹字形建筑群，凹字形建筑群均位于回字形建筑群后面，以回字形建筑群之主体建筑为前屏，实际上也形成回字形建筑群。

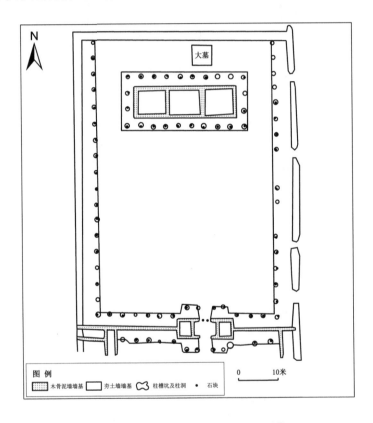

图 3-25　二里头宫殿基址平面图③

　　① 中国社会科学院考古研究所：《洛阳发掘报告（1955—1960 年洛阳涧滨考古发掘资料）》，北京燕山出版社 1989 年版，第 107—165 页。
　　② 韩伟、尚志儒、马振智等：《凤翔马家庄一号建筑群遗址发掘简报》，《文物》1985 年第 2 期；尚志儒、赵丛苍：《〈凤翔马家庄一号建筑群遗址发掘简报〉补正》，《文博》1986 年第 1 期。
　　③ 李自智：《中国古代都城布局的中轴线问题》，《考古与文物》2004 年第 4 期。

因此，几乎每个建筑单元都是四面封闭的'四合院'。除一号、六号宫殿以外的所有宫殿建筑都是坐北朝南，主体建筑在北部居中，坐北朝南，其两厢建筑东西对称。每个建筑单元都遵守纵轴对称原则，每个建筑单体也尽量做到中轴对称。"①

东周王城宫城内的瞿家屯甲组建筑基址群也具有中轴线对称的性质；瞿家屯战国中晚期夯土建筑群基址亦具有非常强烈的中轴线对称性质。②

2. 宫城或小城的轴线布局

有学者认为"夏商周都城宫城的布局基本处于后世中轴线形成的萌芽期"③。

以偃师商城为例。偃师商城宫城左右对称并处于小城的轴线上。有学者总结了偃师商城宫城布局的特点："偃师商城宫城内的建筑，大体分作东、西两区，对称分布。"④ 二、三号宫殿基址基本上与四、五号宫殿基址对称分布，中间形成一道轴线，⑤ 如图 3 - 26。

还有学者论证偃师商城的宫城位于小城的轴线上。⑥ "宫城位于小城纵向轴线上，并与大城南、北城门相通，如此便形成了一条贯穿全城的南北向轴线。"⑦ 见图 3 - 2。

---

① 杜金鹏、王学荣：《偃师商城近年考古工作要览——纪念偃师商城发现 20 周年》，《考古》2004 年第 12 期。
② 徐昭峰、朱磊：《洛阳瞿家屯东周大型夯土建筑基址的初步研究》，《文物》2007 年第 9 期。
③ 徐昭峰、李云：《试论夏商周都城宫城及其相关问题》，《中原文化研究》2018 年第 6 期。
④ 杜金鹏、王学荣：《偃师商城近年考古工作要览——纪念偃师商城发现 20 周年》，《考古》2004 年第 12 期。
⑤ 张国硕：《夏商时代都城制度研究》，河南人民出版社 2001 年版，第 185 页。
⑥ 杜金鹏、王学荣、张良仁：《试论偃师商城小城的几个问题》，《考古》1999 年第 2 期；王学荣：《河南偃师商城遗址的考古发掘与研究述评》，中国社会科学院考古研究所编著《考古求知集：'96 考古研究所中青年学术讨论会文集》，中国社会科学出版社 1997 年版；赵芝荃：《偃师商城建筑概论——1983 年～1999 年建筑遗迹考古》，《华夏考古》2001 年第 2 期。
⑦ 王豪：《夏商城市规划和布局研究》，郑州大学硕士学位论文，2014 年，第 55 页。

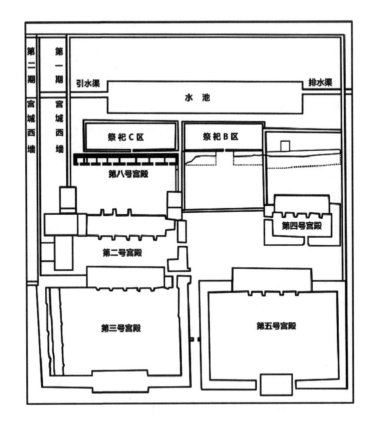

图 3 - 26　偃师商城宫城平面布局图①

3. 都城的轴线布局

先秦时期的都城大部分近似方形，而非完全正方形或长方形，并没有严格的左右对称。但是，由道路、建筑物等组成的城市区域基本上自然地把都城的某一区域分为东西或南北两部分。

以鲁都曲阜为例。关于鲁都曲阜的都城轴线，有两种说法：一种认为没有轴线，如许宏②；另一种认为有中轴线。"曲阜鲁城是我国古代城市建筑采用中轴线布局形式最早的一座故城。"③ 一般认

　　① 曹慧奇、王学荣、谷飞等：《河南偃师商城宫城第八号宫殿建筑基址的发掘》，《考古》2006 年第 6 期。

　　② 许宏：《先秦城市考古学研究》，北京燕山出版社 2000 年版，第 182—184 页。

　　③ 张学海：《浅谈曲阜鲁城的年代和基本格局》，《文物》1982 年第 12 期。

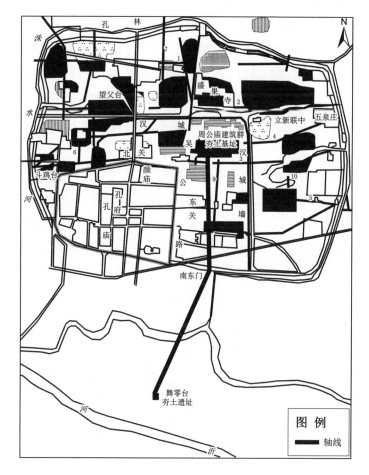

图 3 – 27　曲阜的轴线

为，曲阜的宫殿、城门、舞雩台等构成都城的轴线。[1] 也有学者认为"宫城（即周公庙建筑群夯土基址）中线、南东门遗址与舞雩台遗址三者并非处于一条南北向的直线上"，因此，曲阜的"中轴线"是"连接自然高地中心与舞雩台的直线"[2]。

---

[1]　山东省文物考古研究所等编：《曲阜鲁国故城》，齐鲁书社 1982 年版，第 213 页；贺业钜：《中国古代城市规划史》，中国建筑工业出版社 1996 年版，第 203 页；中国社会科学院考古研究所：《中国考古学·两周卷》，中国社会科学出版社 2004 年版，第 254 页。

[2]　陈筱、孙华、刘汝国：《曲阜鲁国故城布局新探》，《文物》2020 年第 5 期。

分析曲阜的形态布局，可以看出，曲阜平面略呈长方形，宫殿区基本在城中部略偏东北的高地上，向南经南墙东门出城有礼制建筑舞雩台，虽然宫殿、城门、舞雩台三者没有在一条直线上，周围建筑也非左右对称，但宫殿与礼制建筑作为都城的重要政治建筑由城门连接起来，形成一定的政治空间秩序，隐约呈现出曲阜的都城轴线。

除曲阜之外，张良皋对楚都纪郢的都城轴线做了研究，认为纪郢有南北与东西两道轴线。[①] 许宏认为燕下都存在"武阳台—望景台—张公台—老姆台"中轴线，如图 3-28。[②] 郭璐分析文献记载认为秦统一之后构建了"以极庙为中心的东向与北向的轴线体系"和

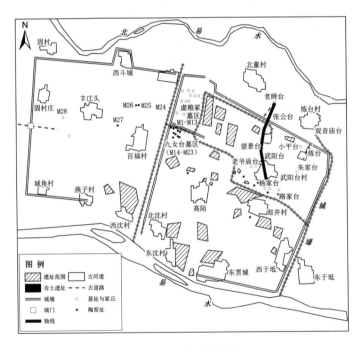

图 3-28 燕下都轴线

---

① 张良皋：《秦都与楚都》，《新建筑》1985 年第 3 期。

② 许宏：《燕下都营建过程的考古学观察》，《考古》1999 年第 4 期。

"以阿房宫为中心的南向轴线"，如图3－29。[1]

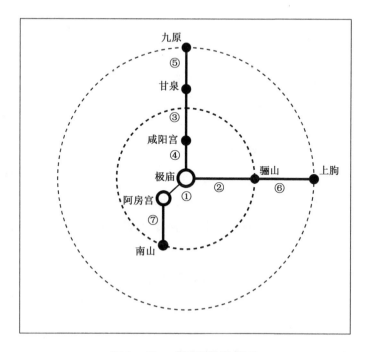

图3－29　咸阳的轴线体系

（三）结论

　　先秦时期，都城的营建思想尚未完全统一，人们对地形地貌的改造能力相对较弱，加上各种条件的限制，导致都城的形态布局难以完全对称。除上述隐约呈现出轴线的鲁都曲阜、楚都纪郢等先秦都城之外，其他都城似乎还未有轴线设计。因此，可以得出以下两点结论。

　　第一，先秦时期，宫室建筑的轴线确立较早且较为清晰，但是宫城或整座都城的轴线较为模糊，大部分都城甚至还没有轴线，鲁都曲阜、楚都纪郢以及燕下都等都城的轴线还在隐约之间，咸阳的

---

　　①　郭璐：《基于辩方正位规划传统的秦咸阳轴线体系》，《城市规划》2017年第10期。

轴线是在秦统一之后逐步构建的。这样的话，先秦时期的轴线设计可能仅体现在重要建筑群的设计上，尚未发展成延伸至整座都城的轴线。

第二，由第一点结论可以得出：这一时期都城"轴线"的建设理念可能还未成型，但宫室建筑"轴线"的设计已经出现。也可以说，先秦时期的轴线设计是自发的，尚未完成向自觉的转变。

五　先秦都城的持续营造

王富臣认为："'时间'成为城市形态的构成要素在于它隐喻着'历史'，包含着'变化'。"[1] 因此，城市形态具有时间上的连续性。动态地看都城形态，所有的都城建设都不是一蹴而就的，都是持续多年的不断营造。

都城规模的变化可以反映都城的持续营造。从本章上述第二、三、四节论述可以看出，大部分都城的规模在不断增大，当然也有例外，如郑韩故城。

（一）未建城墙都城的持续营造

未建城墙的都城，不同时期的规模面积差异较大。

殷墟在殷墟文化一、二期的时候，面积为 12 平方千米，到殷墟文化三、四期，面积达到 30 平方千米；岐周早期遗址面积 19 平方千米，中期为 28 平方千米，到晚期面积达到 30 平方千米。

秦咸阳也在持续营造。从秦孝公十二年（前 350）"作为咸阳，筑冀阙，秦徙都之"[2] 开始，到秦灭亡为止，一百四十余年中，咸阳一直进行着持续的建设。秦孝公去世后，其子惠文君（后称惠文王）在咸阳的城市建设方面，"取岐雍巨材，新作宫室""广大宫室，南临渭，北临泾"，[3] 进一步完善充实了渭河北岸咸阳的城市建置。兴

---

①　王富臣：《城市形态的维度：空间和时间》，《同济大学学报（社会科学版）》2002 年第 1 期。

②　《史记》，中华书局 1959 年版，第 203 页。

③　《汉书》，中华书局 1962 年版，第 1447 页。

乐宫的兴建时间至迟为秦昭襄王时期，《史记·孝文本纪·正义》引《三辅旧事》记载："秦于渭南有兴乐宫，渭北有咸阳宫，秦昭王欲通二宫之间，造横桥……"① 则说明兴乐宫在秦昭襄王时期已经建成。甘泉宫在秦昭襄王时已经存在，史载昭襄王三十五年（前272），其母"宣太后诈而杀义渠戎王于甘泉，遂起兵伐残义渠。于是秦有陇西、北地、上郡"②。章台最晚在秦昭襄王七年（前300）前就已建成，在渭河以南。③ 秦王政在长达十年的统一战争中，"秦每破诸侯，写放其宫室，作之咸阳北阪上，南临渭，自雍门以东至泾、渭，殿屋复道周阁相属，所得诸侯美人钟鼓，以充入之"④。尤其是在渭河以南，秦始皇"营作朝宫渭南上林苑中。先作前殿阿房"⑤。从考古发现来看，在战国中晚期的时候，咸阳开始向渭河以南迅速扩展，渭河南岸多处宫苑应该开始修筑。从战国中晚期开始，咸阳的城市中心有向渭河南岸迁移的趋势。

（二）先筑小城、再筑大城

"筑城以卫君，造郭以守民"⑥ 的城郭之别，在一定程度上说明"卫君"的小城与"守民"的大城并非同时营造的。

1. 秦都雍城的持续营建

雍城有几座独立的宫城建筑，还有大城城墙。

从考古发掘来看，首先，雍城的宫室建筑并不是同时期建造的。从雍城三处宫室建筑的早晚关系推定，"瓦窑头一带应该是雍城最早营建的宫区，之后是位于其西北方向的马家庄礼制建筑区，再后是

---

① 《史记》，中华书局1959年版，第415页。
② 《史记》，中华书局1959年版，第2885页。
③ 《史记·楚世家》记载，昭襄王初年，楚怀王被骗到咸阳，就是在章台朝见昭襄王。赵国蔺相如带着和氏璧出使秦国，"秦王坐章台见相如"，完璧归赵的故事就发生在章台。甚至《史记·楚苏秦列传》里苏秦游说楚威王，也提到了章台："今乃欲西面而事秦，则诸侯莫不西面而朝于章台之下矣。"
④ 《史记》，中华书局1959年版，第239页。
⑤ 《史记》，中华书局1959年版，第256页。
⑥ 转引自《太平御览》，中华书局1960年版，第931页。

位于城址北部的铁沟高王寺宫区，表明雍城的城市规模是从东南部逐渐向北、西北扩大的"①。其次，在春秋时期，雍城没有外部城垣，到战国初期才构筑城垣，包围了雍城的核心区域。

从文献记载来看，雍城的宫室也是在不同时期建造的。"德公元年，初居雍城大郑宫"②，"康公享国十二年，居雍太寝；……共公享国五年，居雍高寝；……景公享国四十年，居雍高寝""桓公享国二十七年，居雍高寝""躁公享国十四年，居雍受寝"。③ 对照考古资料，田亚岐推测"瓦窑头为康公所居之高寝，那么康公之前的德公、宣公、成公、穆公也当居于此宫；马家庄即为自桓公前后若干代秦公所居之雍太寝；铁丰—高王寺为躁公前后若干代秦公所居之雍受寝"④。

2. 东周王城的持续营建

徐昭峰认为"东周王城城郭布局的形成是一个动态的发展过程，而不是在建造之初就按照既定的规划进行营建、一蹴而就的"⑤。他分析考古资料与文献记载，认为东周王城的营建应该是东周初年先建宫城，到战国早期修建郭城（大城），战国晚期周赧王迁居王城，西周君为其在大城以南另筑小城。

上述例证表明，在先秦时期，都城的营造顺序应该是先"筑城以卫君"，再"造郭以守民"。

（三）先筑大城、再筑小城

都城的持续营建也有先筑大城、再筑小城的情况。

1. 田齐临淄的持续营造

许宏认为齐都临淄"由'内城外郭'到'城郭并立'的发展轨

---

① 田亚岐：《秦都雍城布局研究》，《考古与文物》2013 年第 5 期。
② 《史记》，中华书局 1959 年版，第 184 页。
③ 《史记》，中华书局 1959 年版，第 286、286、287 页。
④ 田亚岐：《秦都雍城布局研究》，《考古与文物》2013 年第 5 期。
⑤ 徐昭峰：《试论东周王城的城郭布局及其演变》，《考古》2011 年第 5 期。

迹是非常显著的"①。临淄大城最迟在春秋时就已经存在，姜齐的宫殿区在大城东北部的阚家寨一带，② 这一时期临淄的城市形态应该是"内城外郭"，大城套小城的形态。田氏代齐之后，在大城西南修建了小城，这应该是田齐的宫殿区，而姜齐宫殿被废弃后可能成为手工业区，战国时期阚家寨一带分布着大面积的冶铁遗址。因此，战国时期的田齐临淄的营建属于先筑大城再筑小城的情况。

2. 赵都邯郸的持续营造

赵都邯郸的布局形态是大城小城互不相连的相离式，其持续营造跨越春秋和战国两个时期，春秋时期先筑大北城，到战国时期才筑赵王城三座小城。三座小城的修建顺序，据学者研究，应该是赵敬侯于公元前 386 年迁都邯郸以后修建北城，十年后三家分晋，赵国在北城以南修东城，赵武灵王时期国力大增，修建了西城，同时扩建大北城。③

（四）都城营建的其他情况

除上述持续营建的情况之外，还有更为复杂的特例。

1. 郑韩故城的持续营造

新郑的郑韩故城是"罕见的一座经武力征伐而改朝换代的都城"④，韩人对郑城有很大幅度的改建，导致郑韩故城的大小城由郑城的大城套小城改为韩城的大小城东西相连，且都城规模稍有缩减。

郑国都城为内外环套的双重城，韩国对郑国故都进行了较大幅度的改建和扩建。⑤ 第一，突出了军事防御功能。一方面，由于双洎水以南区域难以防守，因此韩定都之后放弃了这一区域，以双洎水为护城河，沿护城河北岸修筑防御城墙；另一方面，对原有城墙重

---

① 许宏：《先秦城邑考古》，西苑出版社 2017 年版，第 285 页。
② 许宏：《先秦城市考古学研究》，北京燕山出版社 2000 年版，第 100 页。
③ 刘心长：《论邯郸故城发展演变及四处遗址间的关系》，《邯郸职业技术学院学报》2003 年第 3 期。
④ 许宏：《先秦城邑考古》，西苑出版社 2017 年版，第 259 页。
⑤ 马俊才：《郑、韩两都平面布局初论》，《中国历史地理论丛》1999 年第 2 期。

新修筑，加高加宽北、东城墙，并在西城北垣加筑四个马面。第二，改变了原有的城内布局，最突出的表现是在原城的中部修筑一道南北向隔墙，将原城分为东、西两部分：东城为手工业和居民区，西城为政治区。①隔墙的东侧还挖有宽十余米的壕沟，可以看出这是为了保护有大面积宫殿的西城。

2. 晋都新田的持续营建

晋都新田的平面布局是多座小城互不相连，其营建也持续了较长时间。从营建时间来看，大致分成三个阶段：第一个阶段为春秋中期，宫殿区所在的牛村、平望、台神三座城址是春秋中期迁都新田时最早开始营建的，"标志着新田作为都城的开始"②，同时兴起的还有呈王路祭祀建筑基址；第二个阶段为春秋晚期，卿大夫专权并左右公室的宗庙开始进入繁荣；第三个阶段为春秋末期，铸铜遗址及"卿城"的废弃标志着新田都城时代的结束。

3. 燕下都的持续营建

燕下都的城市布局比较特殊，概括来看属东西城并列，然而东城又可分为南北城。一般认为东城的营造早于西城，西城应为军营性质，城市要素较少；东城的文化遗存较厚，偏北部有一道隔墙将东城分为南、北两部分，北部小城应为宫殿区。

关于燕下都的营建时间，文献没有明确记载，学界也有不同看法。③从考古资料来看，燕下都的营建应该至少分三个时期：第一个时期，战国中期以前。燕下都遗址有少量战国中期以前的遗存，范

① 马俊才：《郑、韩两都平面布局初论》，《中国历史地理论丛》1999年第2期。
② 许宏：《先秦城邑考古》，西苑出版社2017年版，第257页。
③ 石永士主张燕下都建筑时间为春秋晚期：（石永士：《姬燕国号的由来及其都城的变迁》，《北京建城3040年暨燕文明国际学术研讨会会议专辑》，北京燕山出版社1997年版）李学勤先生认为燕下都是战国时期燕昭王所建（李学勤：《东周与秦代文明》，文物出版社1984年版，第88页），这样燕下都应该建于战国中晚期之交；瓯燕认为既然是燕之下都，应该始建于战国中期；（瓯燕：《试论燕下都城址的年代》，《考古》1988年第7期）许宏也认为"作为都城的燕下都始建于战国中期之初的观点是较为贴切的"。（许宏：《先秦城邑考古》，西苑出版社2017年版，第329页）

围在东城西南部和中部、南部及西城东南部一带。但这些遗存为一般性居址和小型墓葬，应该属于一般聚落的遗存。第二个时期，战国中期。这一时期大型夯土基址、高规格"公墓"、以铸币作坊为代表的重要手工业作坊，甚至东城城垣也可能开始建筑。第三个时期，战国晚期。这一时期东城隔墙以北的一系列大型夯土基址开始兴建，这应该是新开辟的宫城。① 从战国中期开始，这里应该开始成为燕下都。城墙营建应该是先建东城，再建西城，到战国晚期在东城北部筑隔墙，兴建宫城。

都城建设过程是动态的，钱穆所谓的历史变异性，"研究历史，首当注意变。其实历史本身就是一个变，治史所以明变"②。综上，有城墙的都城，一般分为三种情况：第一种是先筑小城，再筑大城；第二种是先筑大城，再筑小城；第三种情况相较前两种而言更为复杂多变。

第六节　先秦都城建设制度的阶段性及区域性

从平面布局来看都城形态的变化，先秦时期的都城经历了不同的阶段，正如俞伟超所说："居民区从分散的状态集中在一个大郭城内，看来是经过了一个逐步变化的过程。"③

一　都城形态发展的阶段性
先秦都城形态的发展大致分为三个时期。

夏商西周时期。处于都城发展的早期阶段，都城的诸多要素还未完善。夏的二里头、商的殷墟、西周的丰镐与洛邑，大部分都城没有发现城墙。

---

① 许宏：《燕下都营建过程的考古学观察》，《考古》1999年第4期。
② 钱穆：《中国历史研究法》，生活·读书·新知三联书店2001年版，第3—4页。
③ 俞伟超：《中国古代都城规划的发展阶段性——为中国考古学会第五次年会而作》，《文物》1985年第2期。

春秋时期。这一时期的都城包括晋都新田、姜齐都城临淄、新郑郑国都城、秦雍城等。其中新田应该是"从西周的分散状态到战国城郭并举的都邑发展的一个中间环节",在西周时期"大都无城"和东周时代城郭盛行之间的具有承上启下地位的环节;[①] 秦雍城在春秋时期也没有城墙,它是以四周的雍水河、纸坊河、塔寺河及凤凰泉河为界,[②] 这应是文献记载所谓的"城堑河濒"[③]。但是郑国都城新郑及姜齐都城临淄是有城墙的。因此,春秋时期是西周到战国的一个过渡时期。

战国时期。城墙开始增加。这一时期的都城包括田齐临淄、赵邯郸、秦咸阳、新郑韩国都城、燕下都等。在战争背景下,都城建设更加注重防御性,表现在都城形态上,军事防御建筑增加了,几乎所有都城都有城墙。如秦雍城。《史记·秦始皇本纪》记载"悼公城雍"[④],秦虽然建设了前线都城泾阳(后迁栎阳),但是秦国的后方都城雍城修建了城墙,可以看作战争局势的影响。[⑤] 战争影响都城形态的极端例证是燕下都。[⑥] 根据考古资料,燕下都东西城不是同时建筑的,东城的始建年代不晚于战国中期,政治及经济活动中心都集聚于此;西城稍晚于东城,营建于战国中期前后,应该是驻军戍所。[⑦] 这样的城郭分工是燕下都城市规划的一大特色,在同时代的都城规划中也不多见。值得注意的是,在诸侯国都城普遍修筑城墙的战国时期,出现了没有城墙的咸阳城,这应该是秦国在战国时期国力不断上升,不断向外出兵,咸阳没有受到战争威胁而导致的。

---

① 许宏:《先秦城邑考古》,西苑出版社 2017 年版,第 257 页。

② 田亚岐:《秦雍城城址东区考古调查取得重要收获》,国家文物局主编《2012 中国重要考古发现》,文物出版社 2013 年版。

③ 《史记》,中华书局 1959 年版,第 705 页。

④ 《史记》,中华书局 1959 年版,第 287 页。

⑤ 田亚岐:《秦都雍城布局研究》,《考古与文物》2013 年第 5 期。

⑥ 许宏:《燕下都营建过程的考古学考察》,《考古》1999 年第 4 期。

⑦ 中国历史博物馆考古组:《燕下都城址调查报告》,《考古》1962 年第 1 期;河北省文化局考古工作组:《河北易县燕下都故城勘察和试掘》,《考古学报》1965 年第 1 期;河北省文物研究所编:《燕下都》,文物出版社 1996 年版。

王震中认为城邑是在战争加剧的环境中成长起来的命题也与中国古代文献记载相吻合。[①]

二　都城形态的区域性

李学勤先生对春秋战国时期的文化圈做了划分，[②] 许宏据此对这一时期的城邑做了分区，主要分为中原文化区、齐鲁文化区、楚文化区、吴越文化区、秦文化区、北方文化区。梁云对比了战国时期秦国与东方诸侯国的都城形态，认为函谷关以东以晋与三晋都城为代表，由春秋时期的非城郭制形态发展为城郭分治的两城制，而函谷关以西的秦都仍然为非城郭制形态。[③] 曲英杰认为都城形态在细节上存在着南北差异。[④]

从城圈形状及大小城关系、城郭类型等大的因素来看，笔者不认为都城形态有区域的差别。当然，从都城细节如宫室建筑的风格、水门的处理、建筑技术等方面来看，可能会存在不同文化区的差别。正如曲英杰所说："这一时期都城的营筑在基本形制（如取内城外郭式等）上南方与北方是大体相同的，而在城郭外形及城门设置等方面则有相异之处，当主要是由于其各自功能差别和传统、取向不同所致。"[⑤]

第七节　先秦都城建设的影响因素

都城作为地理实体，是国家的政治中心、文化中心甚至是经济中心，国家的政治制度、文化制度、经济制度等系列制度也会反映在都城的建设方面，进而影响都城的形态。

① 王震中：《中国文明起源的比较研究》，陕西人民出版社1994年版，第335页。
② 李学勤：《东周与秦代文明》，上海人民出版社2007年版。
③ 梁云：《战国都城形态的东西差别》，《中国历史地理论丛》2006年第4期。
④ 曲英杰：《周代都城比较研究》，《中国史研究》1997年第2期。
⑤ 曲英杰：《周代都城比较研究》，《中国史研究》1997年第2期。

一　制度对都城形态的影响

鲁西奇、马剑着重探讨了制度对都城的影响："中国古代的城市是统治者获取或维护权力的手段或工具，是借以宣示王朝的合法性、凸显国家权力、区分华夏与非华夏的象征符号。城墙主要是国家、官府威权的象征。城市的形态和空间布局，主要是基于某些制度安排而形成的，是权力运作与各种社会经济因素共同作用的产物；其本身基本适应礼制的需要，从而也被赋予了某种'文化权力'。总之，是权力'制造'了城市，制度'安排'了城市的空间结构。"[①]先秦时期的政治文化制度对都城的建设，学界已有相关思考。[②]

（一）西周时期的制度与都城体系

1. 经济制度与都邑规划格局

西周时期的经济制度主要表现为井田制。[③]井田制是一种土地国有制度，早期文献有不同的记载。

《孟子·滕文公上》："方里而井，井九百亩，其中为公田，八家皆私百亩，同养公田，共事毕，然后敢治私事。"[④]可见方圆一里[⑤]为一井田，共九百亩，八家农户组合为一井，每家一百亩，中间一百亩为公田。这样确立了井田的基本格局——九宫格局。按照这种说法，井田制的基本格局如图 3 - 30 所示。

《周礼·小司徒》也有井田制相关论述："乃经土地，而井牧其田野。九夫为井，四井为邑，四邑为丘，四丘为甸，四甸为县，四

---

①　鲁西奇、马剑：《空间与权力：中国古代城市形态与空间结构的政治文化内涵》，《江汉论坛》2009 年第 4 期。

②　陈思：《文化视角下的西周镐京都城遗址保护利用规划研究》，北京建筑工程学院硕士学位论文，2012 年。

③　也有学者认为周代并未实行井田制。见赵世超、李曦《西周不存在井田制》，《人文杂志》1989 年第 5 期；钱玄《井田制考辨》，《南京师大学报（社会科学版）》1993 年第 1 期。

④　《十三经注疏·孟子注疏》，艺文印书馆 2001 年版，第 92 页。

⑤　周制 1 里等于 300 步、145.8 米，则 1 井面积为 0.17 平方千米。

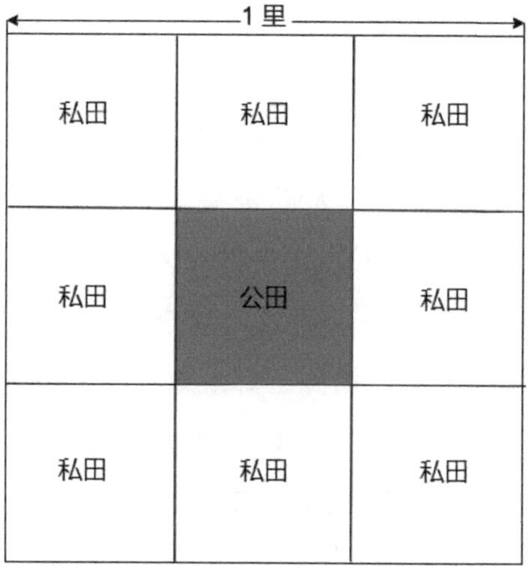

图 3 – 30　井田制示意图

县为都。"① 记载中出现了"夫—井—邑—丘—甸—县—都"的体系，其进位关系为：（基数：9 夫）—4—4—4—4—4—4，换算下来，应该是 1024 "井"为 1 "都"。②

　　这里有两个问题：一，《周礼》的"九夫为井"与《孟子》的"方里为井"相比，规模不同。9 夫 = 900 步，换算下来，《周礼》1 井则为 1.56 平方千米。《孟子》1 井面积为 1 平方"里"，1 里 = 300 步，则 1 井面积为 0.17 平方千米。《周礼》1 井是《孟子》1 井的 9 倍。二，这段记载里的"都"是否确指为王都，笔者存疑。一方面，这段文献还提到了"邑"，4 井为 1 邑，则"邑"与"都"的规模差异太大；另一方面，1 都的面积为 1024 井，应该为 1597.44 平方千米，都的规模过大。当然，1597.44 平方千米中大部

---

　　①　《十三经注疏·周礼注疏》，艺文印书馆 2001 年版，第 170 页。
　　②　《周礼·地官司徒》还记载了地官系统的一位职官"遂人"。遂人的职掌与"小司徒"有重叠。然其中的进位关系与上文所引差距极大，如：按照"小司徒"的换算关系，256 "井"为 1 "县"，1 井 8 户，则 2048 户人家为 1 县；按照"遂人"的"五家为邻，五邻为里，四里为酂，五酂为鄙，五鄙为县，五县为遂"（《十三经注疏·周礼注疏》，艺文印书馆 2001 年版，第 232 页），得出 2500 户人家为 1 县。

分面积可能为"都"的腹地。

井田制对都邑建设的影响应该主要体现在王都规划观念方面。第一,方形城制。有学者提出"'方形城制'是土地分配制度——井田制的延伸。"① 井田制会给人们带来方形、居中、对称等定势思维,用于王都规划,就会出现正方形城区、笔直的城墙和道路、居中的宫城等形状和位置关系。第二,九宫格的规划观念。井田制在农田上呈现出九宫格局,运用到王都规划中,也可能出现九宫造型。第三,"先公后私的空间感"②。有学者认为,公田居中且八家农户要先忙完公田之事才能处理私田,井田制的规定给人一种"先公后私的空间感"。这种规定用于王都规划,会将宫城置于公田的位置。

对比《考工记》的"匠人营国,方九里,旁三门;国中九经九纬,经涂九轨。左祖右社,面朝后市,市朝一夫。……九分其国,以为九分,九卿治之"③,其中"九分其国"应该有九宫格局的影子。然而《考工记》的王都规划与井田制还是有些微区别。如按照井田制的规定,"旁三门"和"九经九纬"是无法实现的。

2. 政治文化制度与都邑体系

西周初期的制度,比较重要的是分封制,与分封制密切相关的就是宗法制与礼乐制度。

分封制是先秦时期的一种政治制度。④ 先秦文献多次记载了西周初期分封的情况。

《左传·僖二十四年》:"周公吊二叔之不贤,故封建亲戚,以藩屏周。"

---

① 吴隽宇:《井田制与中国古代方形城制》,《古建园林技术》2004年第3期。

② 祁星荣、李强:《井田制下的周代城市格网》,中国城市规划学会编《持续发展理性规划——2017年中国城市规划年会论文集》,第204—211页。

③ 《十三经注疏·周礼注疏》,艺文印书馆2001年版,第642—644页。

④ 张广志认为分封制是中国早期阶级社会中政权结构的一种表现形式,一种由部落联盟转变而来的"联邦"或"邦联"式的松散的国家结构形式。(张广志:《西周史与西周文明》,上海科学技术文献出版社2007年版,第120页)杨宽则认为分封制是周人占有土地和扩张实力的重要措施。(杨宽:《西周史》,上海人民出版社2003年版,第374页)

《左传·昭二十八》："武王克商，光有天下，其兄弟之国者十有五人，姬姓之国者四十人。"

《左传·定公四年》："昔武王克商，成王定之，选建明德，以藩屏周。故周公相王室，以尹天下，于周为睦。分鲁公以……殷民六族……"

《荀子·儒效篇》："兼制天下，立七十一国，姬姓独居五十三人。"[1]

西周初年，由于周族人口较少不足以有效开发广阔的地域，交通和通信条件也不发达，不具备建立中央集权的条件，因此周王朝便以传统的册封方式将某些呈点状分布的已开发地带纳入自己的统治共同体中，这就是分封制。周天子以宗周和成周为中心，建立起直接统治的"王畿"。王畿以外的土地划分为大小不等的块状，分封给诸侯。这些封国的疆域规定比较模糊，如《左传·僖公四年》记载齐的疆域"东至于海，西至于河，南至于穆陵，北至于无棣"[2]，秦的疆域为"岐以西之地"[3]。政治中心均位于已经开发的点状地带，实质上应该是一个个军事城堡，以此为中心对四周的地方加以开发和控制。当然，从分封诸国的布局结构上看，周王室分封诸侯是有明显的战略考虑的；受封诸侯也以周王室贵族为主。这在一定程度上保证了中央对封国的绝对控制权，诸侯国的职能除了殖民开发以外，就是"以藩屏周"，环绕拱卫王畿。

宗法制应该算是一种社会制度。关于宗法制的记载，《春秋公羊传》"隐公元年"有："立嫡以长不以贤，立子以贵不以长。"[4]《左传·桓公二年》也有："天子建国，诸侯立家，卿置侧室，大夫有贰

① （清）王先谦撰，沈啸寰、王星贤整理：《荀子集解》，中华书局 2021 年版，第 115 页。

② 杨伯峻编著：《春秋左传注》，中华书局 1981 年版，第 290 页。

③ 《史记》，中华书局 1959 年版，第 179 页。

④ 《十三经注疏·春秋公羊传注疏》，艺文印书馆 2001 年版，第 11 页。

宗，士有隶子弟。"①

西周宗法制以同一宗族内"大宗"和"小宗"的划分为基本特征，而大宗与小宗划分的标准是以嫡庶之分为基础的。因此，宗法制的内在基础应该是以父权为中心的血缘亲族纽带，它是人群辨识和社会分层的主要方式。杨宽认为宗法制不仅是西周、春秋间贵族的组织制度，同时和政治机构密切结合着，② 宗法制应该是分封制的有效补充，周天子以此确立自己的"大宗"地位。

礼乐制度应该是文化制度。礼与乐的内涵，荀子是分开叙述的。关于礼，《荀子·礼论篇》有："礼有三本：天地者，生之本也；先祖者，类之本也；君师者，治之本也。""礼上事天，下事地，尊先祖而隆君师，是礼之三本也。"③ 这条记载提到了天地、先祖和君师，应该就是后世所谓的"天地君亲师"，分别代表着神权、族权、君权。关于乐的内涵，《荀子·乐论篇》有："乐者，审一以定和者也，比物以饰节者也，合奏以成文者也……乐者，出所以征诛，入所以揖让也……乐者，天下之大齐也，中和之纪也，人情所必不免也。"④ 礼与乐的关系，《礼记·乐记》有明确记载，如"乐由中出，礼由外作""乐者，天地之和也；礼者，天地之序也""乐由天作，礼以地制"。⑤

西周初期在总结夏商以来各政权的政治制度、社会秩序、生活方式及行为标准的基础之上，制定了独具特色的制度和标准，即"礼"制。"礼"的内涵应该就是和谐与秩序，是宗法制及由此而形成的等级制度，构成人与人、群体与群体之间等级森严的人伦关系。"乐"则从属于"礼"，是基于礼的等级制度运用音乐来调和社会矛

---

① 杨伯峻编著：《春秋左传注》，中华书局 1981 年版，第 94 页。

② 杨宽：《西周史》，上海人民出版社 2003 年版，第 426 页。

③ （清）王先谦撰，沈啸寰、王星贤整理：《荀子集解》，中华书局 2021 年版，第 340 页。

④ （清）王先谦撰，沈啸寰、王星贤整理：《荀子集解》，中华书局 2021 年版，第 368—369 页。

⑤ 《十三经注疏·乐记注疏》，艺文印书馆 2001 年版，第 667—668，669，669 页。

盾。相较而言，礼侧重于对等级身份的提示，对人的身份进行划分和社会规范，从而形成等级；而乐更注重在不同的等级之间制造亲和意识，增添血缘亲情的气氛。

总的来说，这种等级制度对都城体系发展与都城营建制度有以下影响：西周初期就开始大规模实施分封制。各诸侯分封之后，首先要做的事是营建诸侯国都，建设统治堡垒。因此，分封制在一定程度上掀起了我国第一次大规模的城邑营建运动，且初步形成从周天子到各级诸侯的都邑体系；为与分封等级相适应，周王朝一定会出台城邑营建的等级制度。如《左传·隐公元年》记载的"都，城过百雉，国之害也。先王之制：大都，不过叁国之一；中，五之一；小，九之一"① 以及《周礼·春官·典命》记载的"上公九命为伯，其国家、宫室、车旗、衣服、礼仪，皆以九为节；侯伯七命，其国家、宫室、车旗、衣服、礼仪，皆以七为节；子男五命，其国家、宫室、车旗、衣服、礼仪，皆以五为节"② 甚至《考工记》中还规定了天子之都、诸侯之都不同等级的道路宽度，规定"经涂九轨，环涂七轨，野涂五轨……环涂以为诸侯经涂，野涂以为都经涂"③。这样就形成从周天子到各级诸侯的都城体系。

当然，在西周的政治生活中，分封制和礼乐制度应该有具体实行，宗法制是否严格执行还存有疑问，西周中后期出现过多次非正常即位，④ 出现天子"不敢自尊于诸侯"的情况，到春秋初期还有"大子死，有母弟，则立之；无，则立长。年钧择贤，义钧则卜，古之道也"⑤ 的说法。嫡庶之分可能并不严格。受此影响而形成的城邑等级也不可能完全严格执行。

---

① 杨伯峻编著：《春秋左传注》，中华书局 1981 年版，第 11 页。

② （清）孙诒让撰，王文锦、陈玉霞点校：《周礼正义》，中华书局 1987 年版，第 1606 页。

③ 《十三经注疏·周礼注疏》卷第四十一，艺文印书馆 2001 年版，第 645 页。

④ 《史记·周本纪》："懿王崩，共王弟辟方立，是为孝王。孝王崩，诸侯复立懿王太子燮，是为夷王。"

⑤ 杨伯峻编著：《春秋左传注》，中华书局 1981 年版，第 1185 页。

（二）春秋战国时期的制度变革与都城建设

都城是春秋战国时期大变革中的政治中心，社会变化会导致政治秩序发生大变革。① 制度变革导致西周都城体系的崩溃，同时也出现新的都城建设制度。

春秋战国时期，逐步完成了从"族天下"到"家天下"的转变，② 具体表现为：国家形态由封邦建国逐渐向专制王国转变；政治体制也由之前的贵族分权转向君主集权；执政体系由世卿世禄制转为官僚俸禄制；地方的治理体制由分封贵族采邑并且贵族世袭制转变为流官治理下的行政郡县制；土地制度由名义上王有、实际上多层级所有的井田制转为土地私有的小农个体经济；等等。

各方面的制度变革对都城建设有极大影响。简单地说，政治制度的变革，分封制的废除，确立了各诸侯都城独大的地位；③ 地方治理制度的变革，将原有的"天子王都—诸侯国都—卿大夫采邑"的城市体系改变为"都城—地方治理中心（郡治县治）——一般城市"；经济制度的变革导致非农业人口的增加和城市商业的兴起，直接影响了城市形态的变化，私营手工业区④和商业区⑤增大了，城市人口与城市面貌发生了翻天覆地的变化；⑥ 礼乐制度的崩坏，也使各诸侯

---

① ［美］塞缪尔·亨廷顿著，王冠华等译：《变化社会中的政治秩序》，生活·读书·新知三联书店1989年版，第8页。

② 沈骅：《从"族天下"到"家天下"——先秦公私观念的历史考察》，《求索》2021年第6期。

③ 潘明娟：《战国时期赵国"一都独大"现象及其出现的原因》，《三门峡职业技术学院学报》2013年第4期。

④ 例如，《史记·魏公子列传》记载战国名公子魏无忌率魏军救赵留居邯郸后，"公子闻赵有处士毛公藏于博徒，薛公藏于卖浆家"。说明邯郸城中有专门经营酿制、销售酒浆的酒店和生产酿酒的作坊。见《史记》，中华书局1959年版，第2382页。

⑤ 《史记·吕不韦列传》有"吕不韦贾邯郸"的记载。见《史记》，中华书局1959年版，第2506页。

⑥ 《史记·苏秦列传》："临淄之中七万户……不下户三男子……临淄甚富而实，其民无不吹竽鼓瑟，弹琴击筑，斗鸡走狗，六博蹹鞠者。临淄之涂，车毂击，人肩摩，连衽成帷，举袂成幕，挥汗成雨，家殷人足，志高气扬。"见《史记》，中华书局1959年版，第2257页。

国都城规模不受控制；在军事方面，都城作为控制人口、土地、财富的中心不可避免地成为被掠夺、侵略、攻击的目标。侵略战争频繁对都城产生的影响包括：第一，军事性陪都的兴起，如齐的五都之制；① 第二，大部分都城也从西周初期的"大都无城"开始有意识地进行军事防御设施的营建，最主要的是城墙的营建；第三，大部分都城产生重城形态，即多重城垣层层防护，尤其是郭城的防御作用增强。

二 哲学思想对都城规划建设的影响

先秦哲学思想中对都城规划建设影响较大的是"天人合一"思想和"法天象地"思想。

明确总结出"天人合一"概念的哲学家是宋儒张载《正蒙·乾称篇》："儒者则因明致诚，因诚致明，故天人合一。"② 但是在先秦哲学中，对天人关系的思考是一个普遍性的话题。《周易》有："夫大人者，与天地合其德，与日月合其明，与四时合其序，与鬼神合吉凶，先天而天弗违，后天而奉天时。"③ 天人合一强调天人同构、天人同类、天人同象、天人同数，主要是人与自然的共生与和谐。在都城规划建设过程中，讲求都城与自然共生，因地制宜，利用自然的山川形势，构建自然环境与人居环境的和谐统一，就是天人合一。

象天法地就是效法天地自然。"象天法地"的思想应该主要体现于《周易》之中，《易经·系辞》有："在天成象，在地成形，变化见矣。"《周易》将自然界的八种自然现象——天、地、雷、风、水、火、山、泽抽象为八卦，就是象天法地的表现。《道德经》中也有"人法地，地法天，天法道，道法自然"的说法。④ "象天法地"

---

① 潘明娟：《先秦多都并存制度研究》，中国社会科学出版社2018年版，第230页。
② （宋）张载：《张载集》，中华书局2012年版，第65页。
③ 《十三经注疏·周易正义》，艺文印书馆2001年版，第17页。
④ （魏）王弼注，楼宇烈校释：《老子道德经注》，中华书局第2011年版，第66页。

思想运用在都城规划建设过程中，就是按照天上星宿的排位及地面山川形势来规划都城的布局，进行建设。到后晋时期，刘昫等人编撰《旧唐书》时明确提出了"建邦设都，必稽天象"①的法天观念。

先秦时期的都城在建设过程中都有因地制宜的成分存在，这在一定程度上可以说是天人合一思想的折射。在文献记载中明确遵循天人合一、象天法地原则规划建设的都城是吴都和秦都咸阳。

《吴越春秋·阖闾内传》记载了吴都的建设："子胥乃使相土尝水，象天法地，造筑大城。周四十七里。陆门八，以象天八风。水门八，以法地八聪。筑小城，周十里，陵门三，不开东面者，欲以绝越明也。立阊门者，以象天门，通阊阖风也。立蛇门者，以象地户也。阖闾欲西破楚，楚在西北，故立阊门以通天气，因复名之破楚门。欲东并大越，越在东南，故立蛇门，以制敌国。吴在辰，其位龙也，故小城南门上反羽为两鲵鱐，以象龙角。越在巳地，其位蛇也，故南大门上有木蛇，北向首内，示越属于吴也。"②

在吴都的规划中，有象天法地的成分，也有表示建筑者意愿的部分。以天地为背景，城门的数量、方位象征天八风、地八聪，立阊门以通天风，立蛇门以象地户，这些都是象天法地。但是其他的部分，如吴越为敌，则小城不开东门以绝越明，大城东面立蛇门，且在南大门上设有木蛇；为对付楚国，则大城西北立阊门，又名"破楚门"；等等，都只是表明统治者的意图而已。

勾践时期，范蠡筑城，明确表示："臣之筑城也，以应天矣。"《吴越春秋·勾践归国》记载："于是范蠡乃观天文，拟法于紫宫，筑作小城，周千一百二十二步，一圆三方。西北立龙飞翼之楼，以象天门。东南伏漏石窦，以象地户。陵门四达，以象八风。外郭筑城而缺西北，示服事吴也，不敢壅塞。内以取吴，故缺西北，

---

① （后晋）刘昫等：《旧唐书》，中华书局1975年版，第1335页。
② 周生春撰：《吴越春秋辑校汇考》，上海古籍出版社1997年版，第39—40页。

而吴不知也。北向称臣，委命吴国，左右易处，不得其位，明臣属也。"① 可见，象天法地的筑城观点应该是吴国筑城的传统。

这种象天法地的都城规划和建设手法在秦统一后咸阳城的大规模建设中得到了极致的应用。学界已有相关探讨。② 在秦咸阳的规划和建设中，充分体现渭河的作用，将渭河比作天上的银河，设计"渭水贯都，以象天汉，横桥南渡，以法牵牛"③ 的景象，咸阳宫"以则紫宫，象帝居"④，被喻为天上星宿，展示出大一统王朝的都城气魄。咸阳象天法地的建设模式应该是这种哲学思想在先秦都城建设中的总结与提升，表现出天象与都城的共生。

三　河流对都城建设的影响

比较而言，河流比山地对都城规划和建设的影响更大。

在本书第二章关于都城选址的研究中已经得出结论：傍水是先秦都城选址的共性。作为都城的重要元素，河道系统不仅在确保都城的生产、生活方面起了重要作用，而且还往往是都城防御体系中的不可或缺的一部分。⑤ 先秦都城水系基本包括城外河流（或人工沟渠）与湖池、环城壕沟、城内河流（或沟渠）与湖池。完整的都城水系可以解决城市灌溉、生活和手工业给排水、防洪、军事防御、物资运输等系列问题。⑥ 同时，城内河流分隔城内区域的作用也渐渐凸显，都城开始以河分区。按照河流与城市的关系，河流对城市的影响可以分为两个方面：城外河流的影响和城内河流的影响。

---

① 周生春撰：《吴越春秋辑校汇考》，上海古籍出版社1997年版，第131页。

② 徐斌、武廷海、王学荣：《秦咸阳规划中象天法地思想初探》，《城市规划》2016年第12期；李令福：《论秦都咸阳的城郊范围》，《中国历史地理论丛》2002年第2期。

③ 何清谷校注：《三辅黄图校注》，三秦出版社2006年版，第27页。

④ 何清谷校注：《三辅黄图校注》，三秦出版社2006年版，第27页。

⑤ 谢励斌：《楚纪南城和燕下都河道系统规划对比探究》，《荆楚学刊》2017年第1期。

⑥ 杜鹏飞、钱易：《中国古代的城市排水》，《自然科学史研究》1999年第2期。

（一）城外河流对城圈形状的影响

城外的河流影响城市的平面轮廓，尤其是城外的河流要作为都城的护城河存在，就一定会影响城墙的走势。如新郑的郑韩故城在双泊河与黄水河交汇处建成，两河的流向严重干扰了城市的轮廓，导致郑韩故城的城圈形状为类三角形。

（二）城内河流对都城功能区的影响

城内河流影响城市的功能分区。因为河流是带状的，一般用以区隔城内不同的功能区。

以燕下都为例。燕下都有四条河渠遗迹，对应四条古河道。一号河渠遗迹连接北易水和中易水，从东西城隔墙的西侧流过，基本与隔墙平行，这条河道区隔了西部驻防区和东部城区；二号河渠遗迹从一号遗迹引水东流，之后北折至北城墙，再折向东流，基本与东城北墙平行，从北墙城内流过，分隔了城内宫殿区与城外陵墓区；三号河渠遗迹连接一号与四号河渠遗迹，流经燕下都东城南部郭区，为城市生产、生活提供水源，若干手工业作坊沿此河道布设；[①] 四号河渠遗迹连接北易水和中易水，从东城墙外流过，成为护城河。可以看出，这四条古渠道将燕下都大致分为三部分：西城驻防区、东城北部宫殿区、东城南部郭区。详见图 3 - 31。

楚都纪郢也是如此。城内有三条河流：南北向的朱河、新桥河与东西向的龙桥河。其中，龙桥河以南、新桥河以东界定出宫殿区，手工作坊区则位于新桥河和龙桥水道以北，新桥河和龙桥水道以西是居住区，商业区与官署区位于宫殿区东垣护城河以东的区域。[②] 详见图 3 - 32。

---

① 贺业钜：《中国古代城市规划史》上，中国建筑工业出版 2003 年版，第 293 页。

② 贺业钜：《中国古代城市规划史》上，中国建筑工业出版社 2003 年版，第 293 页。

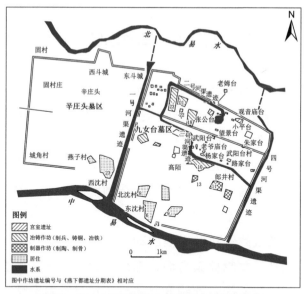

图 3 - 31　燕下都城内的四条河渠遗迹①

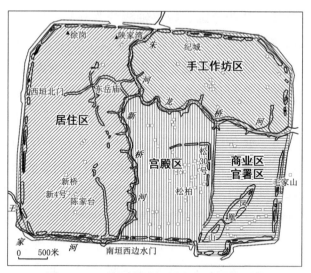

图 3 - 32　楚纪南城河渠分布及功能区②

---

① 据《燕下都遗址的城水格局研究》附图修改。原图见李国华、郭华瑜《燕下都遗址的城水格局研究》，《遗产与保护研究》2018 年第 12 期。

② 根据《战国都城形态的东西差别》相关示意图改绘。原图见梁云《战国都城形态的东西差别》，《中国历史地理论丛》2006 年第 4 期。

第八节 本章小结

本章研究先秦都城建设的制度及先秦的都城形态。这个研究的前期观念是：首先，先秦都城营造有一定的制度可循。东汉张衡《西京赋》记载汉长安城的营建是"览秦制，跨周法"[1]，可见当时人们认为周秦王朝的都城在营造上都有稳定且不同的规则和制度，汉长安城的营建参考了周秦的都城营造制度。在此基础上，本章首先研究文献记载中的都城规划与营建，这是本章第一节的内容。其次，对于先秦都城的营建做详细的动态考察显然是不现实的，不论从考古资料还是从文献检索方面，都很难做到。所以尽管这些先秦各政权存在都城建设的各项制度，甚至在长时段内都城有不断地增长与变化，但一般把它们作为一个整体，以都城的面积规模、城圈形态、城郭分离、功能分区、城市轴线等为视角，以都城的二维平面为对象做形态的静态考察。这是本章第二、三、四、五节的内容，其中，第二、三、四节从文献记载和考古资料的角度探讨不同时期的都城形态，第五节讨论先秦都城形态具有共性的特点。从传世文献记载以及都城考古资料来看，先秦都城建设包括都城规模的划定、城圈形态的差异、功能区的分划以及轴线存在与否等方面，都是遵循一定规制的。从都城形态来看，先秦都城有其明显的特征。

第一，都城规模的差异。从文献记载来看，先秦时期（尤其是西周时期）都城的等级分明，规模差异是有严格规定的；然而从考古资料来看，笔者发现文献中不同等级的都城，其规模可能都没有严格执行；总的趋势是都城的面积随着时代发展而不断扩大。同时各都城的宫城面积差距也比较大。

第二，先秦都城的城圈形态差异较大。大部分都城不是单一城圈，大城与小城的关系较为复杂。这里涉及一个重要问题：城郭制。

---

[1] （南朝梁）萧统：《文选》，中华书局1997年版，第38页。

大城与小城孰城孰郭，需要从城与郭的内涵来区分：城与郭有不同的方位、不同的职能和不同的规模。文献记载中，齐、鲁、宋、郑、卫等诸侯国均实行城郭制，城郭的主要类型有三种：内城外郭式、城郭并立式、其他类型即没有明显的宫城或郭城。

第三，先秦时期已经出现都城的功能分区。《管子》以居民职业与身份作为功能分区的标准。笔者特别讨论了文献记载的都城营建过程中的宫室主导与宗庙主导的不同，以秦国都城西、雍、咸阳为例廓清了行政区与祭祀区的分离过程：商周时期，宫殿区与祭祀区的功能区分并不明显，在空间上存在耦合关系；到春秋时期，宫庙关系处于承上启下的阶段；战国时期，都城内的行政区与祭祀区已然分离，大部分诸侯国的都城内出现独立的宫城。

第四，都城轴线并不明显。针对学界研究的先秦都城中轴线的问题，笔者做了探索，认为先秦时期宫室建筑的轴线已然清晰，然而都城轴线的建设理念似乎还未成型。

第五，都城有其持续营造的过程。大部分都城经历了长期的营造，规模在不断扩大，城市形态也在不断变化。

本章的第六节研究先秦都城形态的发展阶段。先秦都城形态发展具有阶段性，主要分为三个时期：夏商西周时期是都城建设的早期阶段，都城的诸多要素还未完善；春秋时期是西周到战国的过渡时期，这一时期的都城形态比较复杂；战国时期，都城更加注重防御性，城墙普遍增筑，城郭制开始明显。笔者试图区分都城形态的区域差异，然而从城圈形状及大小城关系、城郭类型等大的因素来看，都城形态似乎没有区域的差别。

第七节则探讨了诸多因素对都城的规划建设的影响，包括政治文化经济制度、哲学思想及自然河流等。在制度方面，西周时期的井田制对都邑建设的影响主要体现在三个方面：方形城制、九宫格的规划观念、"先公后私的空间感"；分封制、宗法制、礼乐制度影响了从周天子王都到各级诸侯都城的体系建设；春秋时期的制度变革，在一定程度上导致西周都城体系的崩溃，同时也诱发了新的都城建设制度。"天人合一""法天象地"的哲学思想对都城建设也有一定的影响，文献记载有遵循法天象地原则的都城。河流作为都城的重要元素，影响着城圈形状以及都城的功能分区。

第四章　多都并存制度

关于先秦时期多都并存制度，笔者有《先秦多都并存制度研究》① 一书，通过对夏商西周王朝及春秋战国时期晋、秦、楚、齐、燕、赵等政权的多都并存制度案例研究，论证了多都并存制度形成的原因及发展流变。

笔者推测，多都并存制度在夏代已经出现，② 有诸多学者持此观点，③ 只是有关夏代的主都和陪都，在考古学上还未得到确认。还有学者认为在早商时期出现了别都。别都的出现，应该标志着多都并存制度的确立。然而，早商别都是哪一座，学界众说纷纭。杨宽先生认为郑州商城（即隞或管）是商代前期的别都；④ 邹衡先生则认为早商时期的"商朝的别都"是偃师商城；⑤ 笔者从都城体系的角度探讨了郑州商城和偃师商城的主都、陪都地位。⑥ 还有学者认为商代晚期的朝歌（即牧或沫）是别都。⑦ 大多数学者认为中国历史上

---

① 潘明娟：《先秦多都并存制度研究》，中国社会科学出版社 2018 年版。

② 潘明娟：《先秦多都并存制度研究》，中国社会科学出版社 2018 年版，第 39 页。

③ 张国硕：《夏商时代都城制度研究》，河南人民出版社 2001 年版，第 66 页；李民：《夏商史探索》，河南人民出版社 1985 年版，第 1—9 页；程平山：《夏商周历史与考古》，人民出版社 2005 年版，第 18 页。

④ 杨宽：《中国古代都城制度史研究》，上海人民出版社 1993 年版，第 32—39 页。

⑤ 邹衡：《桐宫再考辨——与王立新、林沄两位先生商榷》，《考古与文物》1998 年第 2 期。

⑥ 潘明娟：《从郑州商城和偃师商城的关系看早商的主都和陪都》，《考古》2008 年第 2 期。

⑦ 杨宽：《中国古代都城制度史研究》，上海人民出版社 1993 年版，第 32—39 页。

最早的陪都是西周初期经营的雒邑。①

本章在《先秦多都并存制度研究》的基础上，关照多都并存制度中两组特别的都城：圣都与俗都、主都与陪都。

第一节　相关概念

目前学术界对于同时并存的多个都城存在着多种概念，每一个概念都显示出不同的政治地位。

一　多都并存制度

多都并存制度的起源，从明确的文献记载来看，似乎应该是西周时期开始的。西周初期，青铜铭文出现了"周""宗周""成周"等不同的都城名称，文献记载中也有洛邑被称为"新邑""新大邑"及"东都"的说法，其中与"新邑""新大邑"相对应的都城一定是"旧都"，与"东都"对应的都城应该为"西都"。但是，笔者认为，制度的确定有一个漫长的过程。在成文记载出现之前，可能就已经有了同一个政权有多座都城同时存在的现象，发展到西周时期，这个制度才被我们现在能够看到的文献明确记载下来。也正是由于学者对文献资料和相关考古资料的不同理解与解释，多都并存制度的起源成为一个甚有争论的问题。

到春秋战国时期，一个政权多座都城同时存在的现象普遍盛行起来，相关的文献记载也多了起来。如《左传》记载，晋都曲沃被称为"下国"，是地位次于国都的"国"；② 楚国陈、蔡、

---

① 史念海：《中国古都概说》，中国古都学会、北京史研究会编《中国古都研究》第八辑，中国书店 1993 年版，第 10—103 页；朱士光、叶骁军：《试论我国历史上陪都制的形成与作用》，中国古都学会编《中国古都研究》第三辑，浙江人民出版社 1987 年版，第 66—85 页；赵中枢：《古都与陪都》，中国古都学会、北京史研究会编《中国古都研究》第八辑，中国书店 1993 年版，第 159—172 页。

② 《史记》，中华书局 1959 年版，第 1651 页。

不羹，① 不管是"三国"还是"四国"，应该都是楚之别都。② 齐国也有设五都的制度，据《战国策·燕策一》所载，齐国除国都临淄外，还在四境设有四个别都，因此，时有"五都"的说法。③

根据第一章中对"制度"的界定，笔者来界定"多都并存制度"的内涵。

第一，"多都"就是一个王朝或政权设置有多个都城，这些具体的"都城"应该至少具有都城的部分特征，具有都城的内涵和都城地位。一方面，有明确的文献记载，用"国"或"都"的称号，说明某个城市是一个王朝或政权的都城；另一方面，还可以从考古学发掘上证明其都城内涵和都城地位，尤其在三代时期，文献记载较为模糊，考古发掘就成为论证一个遗址是否成为都城的必不可少的手段。

第二，"并存"是从都城存在的时间上来看的，它有两个方面的含义。一方面，我们研究的多个都城必须是同一个王朝或政权的；另一方面，"并存"的多个都城是同时使用的，同时存在。其要素指标则根据上述论述来定。

第三，"多都并存"是指同一个王朝或政权在同一时期设置多座

① 关于陈、蔡、不羹，文献记载中有"三国"和"四国"的不同说法。《国语·楚语》记载的是"三国"："灵王城陈、蔡、不羹，使仆夫子晳问于范无宇，曰：'吾不服诸夏而独事晋何也，唯晋近我远也。今吾城三国，赋皆千乘，亦当晋矣。又加之以楚，诸侯其来乎？'"明确提及"三国"。（徐元诰撰，王树民、沈长云点校：《国语集解》，中华书局 2002 年版，第 497 页）然而，《左传·昭公十二年》明确提及"四国"："王曰：'昔诸侯远我而畏晋，今我大城陈、蔡、不羹，赋皆千乘，子与有劳焉。诸侯其畏我乎？'对曰：'畏君王哉。是四国者，专足畏也，又加之以楚，敢不畏君王哉？'"（《十三经注疏·春秋左传正义》，艺文印书馆 2001 年版，第 794 页）这里认为"陈、蔡、不羹"为"四国"。对于《国语》的记载，三国时期韦昭注："三国，楚别都也。"而东汉时期郑玄注《左传》又认为四国是正确的："四国，陈、蔡、二不羹。"清人吴曾祺调和二说，认为："不羹有二，故内传言四国。此言三国者，合言之也。今河南襄城县东南有西不羹，舞阳县北有东不羹。"

② 韦昭注曰："三国，楚别都也。"见徐元诰撰，王树民、沈长云点校：《国语集解》，中华书局 2002 年版，第 497 页。

③ 《战国策》，上海古籍出版社 1985 年版，第 1061 页。

都城。

第四，"多都并存制度"。多都并存现象在先秦时期普遍存在，这样就逐渐成为一种约定俗成的都城制度，显示出其逐步完善的过程，表现出一定的发展与变化的轨迹，反映出一定的变化规律。通过对多都并存现象的实证研究，我们可以确定先秦时期存在多都并存制度。

第五，多都并存制度的表述。近世学人的研究中，对多都并存制度的表述不同，其含义各有侧重。有用"主辅都制度"[1] 一词，主要表示同时存在的多座都城的政治地位（即主都和辅都）的不同，却没有指出都城宗教地位（圣都和俗都）及军事地位（前线都城与根据地都城）的不同；还有学者用"别都制度"[2] 或"陪都制"[3] 一词，表示一个政权在主都之外设置陪都的制度，侧重研究陪都的设置，其缺点在于没有指出主都的政治地位及主都与陪都之间关系的变化；还有学者用"两京制"[4] 来表示一个政权同时设置两座都城或多座都城的制度，但是从"两京制"的名称看不出不同都城政治地位的变化。因此，在本书中，用"多都并存制度"来表示一个政权同时设置多座都城的制度。

既然要研究同一时期同一政权存在多座都城的制度，则首先要明确一个基本观点：都城的地位是不同的，且在互动过程中，都城的政治地位不是一成不变的。因此，多都并存制度就至少涉及两组特别的都城：圣都与俗都、行政性主都与军事性陪都。

---

[1] 张国硕：《夏商时代都城制度研究》，河南人民出版社 2001 年版。

[2] 杨宽：《中国古代都城制度史研究》，上海人民出版社 2003 年版；杨宽：《商代的别都制度》，《复旦学报》1984 年第 1 期；马世之：《关于楚之别都》，《江汉考古》1985 年第 1 期。

[3] 李自智：《先秦陪都初论》，《考古与文物》2002 年第 6 期；渠川福：《我国古代陪都史上的特殊现象——东魏北齐别都晋阳略论》，中国古都学会编《中国古都研究》第四辑，浙江人民出版社 1989 年版，第 340—353 页。

[4] 许顺湛：《中国最早的"两京制"——郑亳与西亳》，《中原文物》1996 年第 2 期。

二　圣都与俗都

学界对圣都制度研究较多。圣都问题是张光直先生提出的，他认为"三代各代都有一个永恒不变的'圣都'，也各有若干迁徙行走的'俗都'。圣都是先祖宗庙的永恒基地，而俗都虽也是举行日常祭仪之所在，却主要是王的政治、经济、军队的领导中心"①。潘明娟、吴宏岐利用这一理论研究秦国的都城体系，认为西垂和雍城均为秦国圣都，并得出结论，圣都应该具备三个特点：圣都是祖先发迹的地方；是王朝强盛的转折点；是祭祀性都城，始终保持祭仪上的崇高地位。② 由此，又探讨了西周时期的都城体系③以及晋国的圣都与俗都。④ 田亚岐继续深入研究雍城的祭祀遗址，认为雍城不仅是秦的圣都，还是西汉时期的圣城。⑤

笔者归纳圣都两个含义：一、圣都是保持较高宗教意义的都城，而这个"宗教意义"可能是祭天、祭神之地，也可能是有先王陵墓、宗庙等，不管怎样，从考古发掘上，我们可以找到较高规格、较大规模的礼制建筑；二、圣都是先王发迹之地，或是对一个政权或王朝有较大意义的发迹之所，虽然可能不是最早的都城，但必须对政权或王朝有重要意义，是其发迹的转折之地。可以说，圣都是特殊的都城。

与圣都相对应的都城就是俗都，没有重大的宗教意义，它虽然也是举行日常祭仪之所在，却主要是帝王政治、经济、军事的行政

---

① ［美］张光直：《夏商周三代都制与三代文化异同》，《"中央研究院"历史语言研究所集刊》第五十五本（1984 年）第一部分，第 51—71 页。

② 潘明娟、吴宏岐：《秦的圣都制度和都城体系》，《考古与文物》2008 年第 1 期。

③ 潘明娟：《西周都城体系的演变与岐周的圣都地位》，《陕西师范大学学报（哲学社会科学版）》2008 年第 4 期。

④ 潘明娟：《圣都与俗都：晋国都城体系的演变》，《中原文化研究》2021 年第 2 期。

⑤ 田亚岐：《雍城：东周秦都与秦汉圣城布局沿革之考古材料新解读》，吉林大学边疆考古研究中心编《新果集（二）——庆祝林沄先生八十华诞论文集》，科学出版社 2018 年版，第 328—341 页。

中心。

从都城功能的角度来说，圣都是具有宗教意义的都城，它是一个政权的"圣地"，主要执行的是都城的祭祀功能；俗都的宗教意义相对较为薄弱，不主要执行祭祀功能。圣都与俗都的关系，具有复杂的主都和陪都的关系。如果一个都城在开始的时候是主要的政治中心，具有主都地位，有宗庙等祭祀设施，又是一个政权迅速强大时期的都城，随着政权势力的增加以及疆域的扩大或者是对外策略的转移，政治中心向其他地区转移，这种情况下，一个政权就会出现至少两座都城。其中，较早的那座都城宗教意义较强，是发迹之地，成为陪都，也是圣都；而较晚出现的都城则成为政治、经济、军事中心，是主都，也是俗都。但也有例外，如果俗都建都时间较短、俗都迁移较频繁、俗都职能较为简单（只有军事职能）的时候，圣都有可能为一个政权的主都。

三 主都与陪都

主都（或首都）是指国家最高政治机关所在地，是全国的政治中心，[①] 是一个王朝或政权在某一时期占首要地位的都城。为防止概念混乱，本书把处于首要地位的都城统称为主都，若偶尔有其他称呼，皆系引用自原作者。

陪都就是在首都以外另设的辅助性都城。陪都是国家的另一个政治中心，设有较高级别的政治机关，但不是主要政治中心。相对于主都而言，陪都处于辅助地位。与"陪都"概念相似的有副都、辅都、别都等称呼。为防止概念混乱，本书把处于辅助地位的都城统称为"陪都"，若偶尔有其他称呼，皆系引用自原作者。

还有一个概念，"行都"或"行在"，指临时性的都城，意味着都城不固定，主要从作为都城的时间长短的角度考虑。如赵宋王朝

---

① 中国社会科学院语言研究所词典编辑室编：《现代汉语词典（修订本）》，商务印书馆 2001 年版，第 1164 页。

南渡后，以杭州为行都或行在，"暂图少安"。《宋史·黄裳传》有："中兴规模与守成不同，出攻入守，当据便利之势，不可不定行都。"① 当然，有的行都是实际意义上的长期的政治中心，如上例中的杭州。但是，从概念上讲，行都是指临时意义的都城。因此，在研究中如果遇到文献资料称呼的"行都"，笔者会首先确定此行都是长期的政治中心还是临时性都城，而临时性都城的行都概念不在本书的论述范围之内。

从都城功能的角度来看，主都执行的是都城的行政管理职能，因此主都都是行政性都城；陪都的行政管理职能相对较弱，主要执行祭祀功能的陪都一般称为"圣都"，主要执行军事功能的陪都则称为"军事性陪都"。

当然，都城地位不是一成不变的，主都和陪都之间可以互相转化，尤其是随着政治形势、经济文化发展、对外策略转移等情况的变化，都城地位也会发生转变。有些主都会沦为陪都，而有些陪都会上升为主都。

第二节 圣都俗都制度

关于先秦时期的圣都俗都制度，笔者已对西周、秦国、晋国的都城制度有较为深刻的研究。②

一 西周的圣都俗都制度

笔者《西周都城体系的演变与岐周的圣都地位》认为，从都城迁移的角度看待周政治中心的转移似乎有些偏颇，岐周与宗周、成

---

① 《宋史》，中华书局 1977 年版，第 11999—12000 页。

② 潘明娟：《秦咸阳的"俗都"地位》，《唐都学刊》2005 年第 5 期；潘明娟、吴宏岐：《秦的圣都制度和都城体系》，《考古与文物》2008 年第 1 期；潘明娟：《西周都城体系的演变与岐周的圣都地位》，《陕西师范大学学报（哲学社会科学版）》2008 年第 4 期；潘明娟：《圣都与俗都：晋国都城体系的演变》，《中原文化研究》2021 年第 2 期。

周的正确关系应是三都并存的关系，即周人在宗周建立都城之后，并未放弃岐周旧都，宗周成为周人灭商的前线都城，岐周作为周人的根据地逐渐确立了其圣都地位。武王伐纣使周人成为天下共主，基于"择中立都"的原则和统治东方的需要，成王时期营建了成周洛邑，成周继宗周之后成为前线都城。成周建成之后，周人仍然继续建设岐周。岐周、宗周、成周依次向东，三都分别成为圣都、主都、新都（也是陪都），宗周居三都之中，向东依赖成周洛邑统治商人的原势力范围并对东夷、南夷进行征战；向西则有岐周这个周人发迹之地和手工业中心，岐周的宫室、宗庙和手工作坊不仅是周人的精神支柱，也是宗周的经济支柱。从时间段上来说，岐周的圣都地位，是从它与宗周并存的时期开始的。①

从圣都俗都的角度来看，岐周的都城地位变化有三个阶段：单一为都阶段，这一时期，岐周是周政权唯一的都城；圣都时期，从文王作丰开始到西周中期；圣都地位明显下降时期，从西周中期到西周灭亡。

（一）岐周单一为都时期的都城地位

岐周是周人立国的都城，《史记·周本纪》："（古公亶父）乃与私属遂去豳，度漆、沮，逾梁山，止于岐下。豳人举国扶老携弱，尽复归古公于岐下。及他旁国闻古公仁，亦多归之。于是古公乃贬戎狄之俗，而营筑城郭室屋，而邑别居之。作五官有司。"② 这条文献很明显地记载了早周时期古公亶父在岐地设置政治中心、大置宫室、设立属官的史实。《史记·周本纪·集解》有："皇甫谧云：邑于周地，故始改国曰周。"③ 可见周原之"周"对古公亶父建立"周"政权的影响。因此，岐周之地不仅是周人的第一座都城，也是"周"之国号的由来。建都之后，直到文王迁丰，岐周单一为都的时

---

① 潘明娟：《西周都城体系的演变与岐周的圣都地位》，《陕西师范大学学报（哲学社会科学版）》2008年第4期。

② 《史记》，中华书局1959年版，第114页。

③ 《史记》，中华书局1959年版，第114页。

间在一百年左右。①

从都城规制来说，岐周的都城要素非常完备。《史记》记载古公亶父在岐周"营筑城郭室屋"。《诗·大雅·绵》记载了营筑的过程："乃召司空，乃召司徒，俾立室家。其绳则直，缩版以载，作庙翼翼。捄之陾陾，度之薨薨，筑之登登，削屡冯冯，百堵皆兴，鼛鼓弗胜。乃立皋门，皋门有伉。乃立应门，应门将将。乃立冢土，戎丑攸行。"② 其中，"皋门"应该是宫门，"应门"应该是朝门，"冢土"应该是大社。由此可知，岐周城在初建时已经有了朝寝、宗庙、社稷之类的大型建筑，都城规制是非常完备的。

从政治方面来说，《国语·周语》中有："周之兴也，鸑鷟鸣于岐山。"③ 周人在这里形成了初具规模的国家制度，且迅速发展。到季历时代开始连续向外扩张，《古本竹书纪年》记载：商王武乙"三十五年，周王季征西落鬼戎，俘二十翟王"④；商王大丁"二年，周人伐燕京之戎，周师大败。……四年，周人伐余无之戎，克之。周王季命为殷牧师。七年，周人伐始呼之戎，克之。十一年，周人伐翳徒之戎，捷其三大夫"⑤。到姬昌时期，被商政权封为"西伯"，⑥ 最终形成"三分天下而有其二"⑦ 的战略格局。

从经济方面来说，周人在岐周发扬以农立国的传统，大力发展农业生产。《诗·大雅·绵》记载的"乃疆乃理，乃宣乃亩，自西徂东，周爰执事"⑧ 就是自西向东大规模地开发农田，修田界、筑田沟，促进了农地的开发和收成的提高。手工业方面，岐周考古发掘

---

① 在文王迁丰之前，在岐周的有太王（即古公亶父）、王季、文王三代。《史记》记载，在文王去世的前一年，才徙都于丰，而"西伯盖即位五十年"，以太王、王季在位各三十年计算，岐周单一为都的时间在一百年左右。
② 《十三经注疏·毛诗正义》，艺文印书馆 2001 年版，第 548—549 页。
③ 徐元诰撰，王树民、沈长云点校：《国语集解》，中华书局 2002 年版，第 29 页。
④ 范祥雍编：《古本竹书纪年辑校订补》，上海人民出版社 1962 年版，第 22 页。
⑤ 范祥雍编：《古本竹书纪年辑校订补》，上海人民出版社 1962 年版，第 23 页。
⑥ 《史记》，中华书局 1959 年版，第 116 页。
⑦ 《十三经注疏·论语注疏》，艺文印书馆 2001 年版，第 72 页。
⑧ 《十三经注疏·毛诗正义》，艺文印书馆 2001 年版，第 548 页。

出大量包括青铜冶炼等在内的手工业遗址，其重要性不言而喻。

（二）岐周的圣都地位

岐周的圣都地位，应该是从它与宗周并存的时期开始的。笔者试根据上文归纳的圣都的两个含义进行分析。

1. 岐周是先王发迹的地方

岐周是周人建国后的第一个都城。古公亶父建都岐周在周族发展史上意义重大，故《诗·鲁颂·泮宫》有言："后稷之孙，实维大王。居岐之阳，实始剪商。至于文武，缵大王之绪。"① 这里的"大王"即古公亶父。因此，岐周被称为周族发迹的地方并不为过。不管是岐周单一为都时期，还是岐周与宗周并存时期，岐周都是使周人一步步走向强盛的根据地。

至于岐周之后的都城宗周，学者认为"最初应该是东进的指挥中心"②，许倬云也认为"最初也许是经营东方的指挥中心，渐渐变为行政中心"③。在伐商的政治、经济等因素的迫切要求下，西周建立宗周的目的应该是为了周族政治势力的向东扩张。因此，至少在文王、武王时期，宗周的军事地位是较为突出的。这一时期的旧都岐周应该是政治、经济、宗教的根据地和大本营。

2. 岐周是西周时期重要的祭祀中心

首先，岐周是文王、武王、周公等重要政治人物的埋葬之地。

根据文献记载，西周初年的几位政治家并未埋葬在宗周附近，而是归葬周人的根据地岐周，使岐周成为祭祀"先王""先祖"的重要地点。《史记·周本纪》记载："九年，武王上祭于毕。"④《逸周书·作雒解》："九年夏六月，葬武王于毕。"⑤《史记·鲁周公世

---

① 《十三经注疏·毛诗正义》，艺文印书馆2001年版，第777页。
② 文物编辑委员会编：《文物考古工作三十年（1949—1979）》，文物出版社1979年版，第121页。
③ 许倬云：《西周史》，生活·读书·新知三联书店1994年版，第90页。
④ 《史记》，中华书局1959年版，第120页。
⑤ 黄怀信、张懋镕、田旭东撰：《逸周书汇校集注》，上海古籍出版社1995年版，第550页。

家》："周公既卒，成王亦让。葬周公于毕，从文王……"① 由此可知，文王、武王、周公应该是都埋葬在"毕"这个地方。可见，"毕"应该是周人重要的祭祀地点之一。关于"毕"及相关地名的地望，学界有很多观点。② 罗西章先生提出，毕原与毕不是一地，埋葬周文王、周武王、周公等政治家的"毕"可能在岐周附近的黄堆。③ 笔者同意这个观点。因为《逸周书·作雒解》不仅有"九年夏六月，葬武王于毕"的记载，还有"武王既归，成岁十二月崩镐，肂于岐周"④ 的说法，则"毕"应在岐周的某个地方无疑。

成王时"有岐阳之蒐"，以成功祭告祖庙。⑤ 高卣铭文有："佳十有二月，王初䭼旁，唯还，在周，辰才庚申，王饮西宫。"据唐兰先生解释，这是指康王在岐周之西宫举行饮酒礼，这是一种重要祭祀活动。⑥ 据金文记载，岐周都邑内设有周宫、周庙、成宫、康宫、康庙、康寝、大庙及康宫中的诸王宫庙等，多是历代周天子的祖庙。这些铭文记录集中体现了"周"作为周人圣都，以祭祀为主要功能的宗教地位。

以上记载说明，在西周时期，岐周的政治地位很高，周王不断到岐周举行各种高规格的祭祀活动。

---

① 《史记》，中华书局1959年版，第1522页。

② 张鸿杰、司少华指出毕原从本义上来说指现在的咸阳原，从广义上来看，境域很广，指咸阳附近的渭河南北岸区域；（张鸿杰、司少华：《毕原与周陵》，《咸阳师范学院学报》2008年第3期）杨宽认为："毕之封国，在今咸阳市东北十里杜邮亭以北。"（杨宽：《杨宽古史论文选集》，上海人民出版社2003年版，第168—168页）卢连成认同杨东晨的观点，认为毕原在今西安市西南、镐京东南祝村、郭村镇一带。（卢连成：《西周丰镐两京考》，《中国历史地理论丛》1988年第3期）雍继春认为毕当在丰镐附近，地跨渭水南北。（雍继春：《毕原与岑京》，《文博》2017年第6期）

③ 罗西章：《西周王陵何处寻》，《文博》1997年第2期。

④ 黄怀信、张懋镕、田旭东撰：《逸周书汇校集注》，上海古籍出版社1995年版，第548页。

⑤ 《左传·昭公四年》曰："周武有孟津之誓，成有岐阳之蒐，康有丰宫之朝。"（杨伯峻编著：《春秋左传注》，中华书局1981年版，第1250—1251页）《国语》有类似记载。（徐元诰撰，王树民、沈长云点校：《国语集解》，中华书局2002年版，第30页）

⑥ 唐兰：《西周青铜器铭文分代史徵》，中华书局1986年版，第133页。

其次，岐周有高规格的宗庙建筑。

对于岐周的宗庙建筑，文献资料几乎没有记载，我们只能借助考古资料来探讨。

岐周有凤雏建筑基址，这是一座结构严谨的大型建筑，[①] 建于西周早期，沿用到中晚期。学界对这组建筑的性质持不同的观点。有学者认为凤雏建筑群基址应是青铜器窖藏主人的宅院，[②] 有学者认为凤雏建筑群基址有很大可能是属于周天子的，[③] 周原地区东自下樊、召陈，西至董家、凤雏乃是西周都城岐邑的宫室宗庙分布区。[④] 也有学者认为凤雏建筑基址应该是属于西周的宗庙建筑。[⑤] 笔者也认为凤雏基址应该是高规格的宗庙建筑。

第三，岐周是西周时期众多贵族的居住之地。

西周初期大部分贵族在岐周拥有封邑，居于岐周的各贵族之家，也要祭祀他们的祖先。根据周原出土的窖藏青铜器铭文记载及青铜器的纹饰图样，笔者判断周原主要的贵族有：函皇父家族、梁其家族、中氏家族、散伯车家族、裘卫家族、微氏家族等十几个家族。张光直先生认为："中国古代青铜器突出的特征，在于它的应用：青铜器几乎很少使用于农业生产或灌溉；相反，主要铸造成各种造型的礼器和兵器，即与维护王权的政治、军事和宗教活动等关系密切。"[⑥] 那么，在周原出土的各种造型的青铜礼器及由此显示出来的多个贵族家族，也表明岐周在西周时期显赫的宗教祭祀地位。

---

① 杨鸿勋：《西周岐邑建筑遗存的初步考察》，《文物》1981 年第 3 期。

② 丁乙：《周原的建筑群遗存和铜器窖藏》，《考古》1984 年第 4 期；郭明：《周原凤雏甲组建筑"宗庙说"质疑》，《中国国家博物馆刊》2013 年第 11 期。

③ 王恩田：《岐山凤雏村西周建筑群基址的有关问题》，《文物》1981 年第 1 期。

④ 陈全方：《早周都城岐邑初探》，《文物》1979 年第 10 期。

⑤ 傅熹年：《陕西岐山凤雏西周建筑遗址初探——周原西周建筑遗址研究之一》，《文物》1981 年第 1 期；辛怡华：《岐山凤雏西周建筑基址为"周庙"说》，《西部考古》2016 年第 2 期；孙庆伟：《凤雏三号建筑基址与周代的亳社》，《中国国家博物馆刊》2016 年第 3 期。

⑥ ［美］张光直撰，明歌编译：《宗教祭祀与王权》，《华夏考古》1996 年第 3 期。

正是由于周族兴盛于岐周，又在岐周的支持下灭商，因此可能对当时人们的意识有着深刻的影响，特别是对贵族阶层的意识，他们把这块宫室所在的兴盛故地看作圣地倍加敬仰。而且当时社会的思想意识也要求王室贵族前往岐周宫室、宗庙祭祀祖先，寻求神灵保佑。因此，岐周成为周王朝的圣都。

（三）岐周圣都地位下降时期

都城地位随着国内外政治形势的变化而不断变化。[1] 西周初期岐周是周人的圣都，它不仅支持周人在宗周成为天下共主，还在周人东进成周时成为周人的根据地，因此，岐周的政治地位相对较高。到西周中晚期，随着国内外政治势力的消长，岐周的圣都地位开始明显地下降。

《史记·周本纪》记载昭王时"王道微缺"，穆王时"王道衰微"，懿王时"王室遂衰"，明显地表示出"王道"衰落的三个阶段。[2] 因此，《汉书·匈奴列传》记载懿王时"戎狄交侵，中国被其苦，诗人始作，疾而歌之曰：靡室靡家，猃允之故。岂不日戒，猃允孔棘"[3]。应该是这时西周国力衰微，西北的游牧民族开始入侵。到后来，"西戎反王室，灭犬丘大骆之族。周宣王即位，乃以秦仲为大夫，诛西戎。西戎杀秦仲。秦仲立二十三年死于戎……周宣王乃召庄公昆弟五人，与兵七千人，使伐西戎，破之。于是复予秦仲后，及其先大骆地犬丘并有之，为西垂大夫"[4]。秦人与西戎的惨烈斗争持续几代，互有胜负，可见岐周之地已经几乎成为与西戎交战的前线。周幽王举烽火以博妃子一笑，虽然很戏剧化，但也反映了战火烽烟时常直抵宗周都下的紧张局势。

王室衰弱还伴随着诸侯势力强大。《周本纪》载："懿王崩，共

① 许正文：《中国历代政区划分与管理沿革》，陕西师范大学出版社1990年版，第9页。
② 《史记》，中华书局1959年版，第134、134、140页。
③ 《汉书》，中华书局1962年版，第3744页。
④ 《史记》，中华书局1959年版，第178页。

王弟辟方立，是为孝王。孝王崩，诸侯复立懿王太子燮，是为夷王。"① 西周确立的继承方式是"立嫡以长不以贤，立子以贵不以长"②。然而周懿王崩后，先是懿王的叔叔即位，继而又传回懿王之子，传承顺序发生了很大的变化，应该是有缘故的。这里出现了"诸侯复立"的记载，可能有势力强大的诸侯（小宗）开始操纵王室（大宗）。《礼记·郊特牲》有："觐礼，天子不下堂而见诸侯。下堂而见诸侯，天子之失礼也，由夷王以下。"③ 郑玄注："夷王，周康王之玄孙之子也。时微弱，不敢自尊于诸侯也。"④ 夷王时期的"微弱"应该是指国势衰微，王室不能自专，周王由诸侯拥立，这样当然"不敢自尊于诸侯"。宗法制开始出现混乱，则与宗法相关的宗庙、祭祀之事也开始薄弱，以高规格祭祀为主要内容的圣都地位亦随之下降。

岐周圣都地位下降的表现主要有以下几点：首先，如前所述，从考古发掘来看，岐周的宗庙建筑只沿用到西周中晚期，而没有完全延续到西周灭亡，这说明西周中晚期后，岐周的祭祀地位大大下降了。其次，在西周中后期，岐周已不是贵族聚居地。目前周原出土的诸多青铜窖藏就证明这一点。这些铜器一般埋藏在居住遗址的近旁，是同一家族不同时期的器物，而且埋藏时没有完整的体系，因此，学者认为这是岐周贵族在国势"微弱"之后，为了临时避难而将无法带走的贵重铜器仓促埋藏，并且这些贵族再未归来重新使用这些铜器。⑤ 这就说明这些贵族再没回到岐周，不同家族的多起窖藏表明岐周已不再是贵族聚居的地方。没有了政治地位较高的贵族，岐周的地位当然会下降。圣都应该是保持较高宗教意义的都城，又是先王发迹之地。随着祭祀地位和政治地位的衰落，纵然岐周仍是

---

① 《史记》，中华书局 1959 年版，第 141 页。
② 《十三经注疏·春秋公羊传注疏》，艺文印书馆 2001 年版，第 11 页。
③ 《十三经注疏·礼记注疏》，艺文印书馆 2001 年版，第 486 页。
④ 《十三经注疏·礼记注疏》，艺文印书馆 2001 年版，第 486 页。
⑤ 杨宽：《西周史》，上海人民出版社 2003 年版，第 847—848 页。

几百年前的先王发迹之地，其圣都地位也会逐渐下降。

（四）结论

依据目前的资料，笔者可初步勾勒出岐周作为周人圣都的政治地位。一方面，在西周初期甚至到中期，岐周"为周人精神上和宗教上的中心"[1]，是周人的发迹之地，又是西周时期的主要祭祀场所和政治活动中心。简言之，岐周是周人的圣都。相对而言，宗周和成周是西周的俗都。到西周中晚期，随着西周政治中心的逐渐东移，岐周的圣都地位明显下降。另一方面，岐周是陪都。由于周王长居宗周处理政务，宗周具有行政上的主要权力，是主要都城。另外，虽然岐周居住有众多贵族，但在宗法制度盛行的西周时期，异姓贵族的地位远不如姬姓贵族，尤其是居住在岐周的异姓贵族大部分是殷人，所以与宗周相比，岐周实际的政治地位要低一些，从这个角度来说，岐周是陪都，而宗周是主都。

二　晋国的圣都俗都制度

晋国都城发展史上，标志性事件主要是以下三个：叔虞封唐、晋昭侯封桓叔于曲沃及六十七年后曲沃武公列为晋侯、晋景公迁都新田。由这三个标志性事件，可以把晋都城体系的发展分为三个阶段：第一个阶段是从叔虞封唐开始到曲沃武公成为晋武公，这一时期晋国实行单一都城制度，都城由唐迁至绛，文献中出现的翼，与绛应该是同地异名的关系（见本书第五章第一节）。第二个阶段是从晋武公开始到晋景公迁都新田止，这一时期，晋国有两座都城存在：绛与曲沃。第三个阶段从晋景公弃绛迁新田开始（前585年）至晋亡，这一阶段，晋国仍然有两座都城：新田与曲沃。

本书论述的是晋国都城发展的第二和第三阶段，拟用圣都俗都理论对晋国都城体系做全面的考察，涉及曲沃、绛、新田三座都城。其中，曲沃一直处于陪都地位，是宗教祭祀中心，是圣都；在晋国

---

[1] 许倬云：《西周史》，生活·读书·新知三联书店1994年版，第90页。

都城体系发展的第二阶段，绛为晋国主都，是俗都；在第三阶段，绛被废弃，新田是晋国主都，是俗都。

（一）曲沃的圣都地位

从晋昭侯元年（前745）到晋侯缗二十八年（前679），曲沃为晋国割据政权的都城。之后，曲沃是晋国的圣都。

1. 曲沃是晋武公一支的发迹之地

春秋初期晋出现了两个相互对抗的政权，绛是晋中央政权的都城，曲沃是割据政权的政治中心。

晋昭侯元年（前745）封成师于曲沃，号桓叔，成为晋小宗之强宗。昭侯七年（前739），晋大夫潘夫弑昭侯而立桓叔，晋人攻桓叔，桓叔败还曲沃，晋人立孝侯。从此，曲沃与绛公开对抗，成为晋侯时期晋国的割据政权。经过曲沃桓叔、曲沃庄伯和曲沃武公三代67年的经营，相继杀掉了晋昭侯、孝侯、哀侯、鄂侯、小子侯、晋侯缗，终于列为晋公①。

表4-1 曲沃与绛的对立

时间	以曲沃为政治中心的割据政权	以绛为都城的晋国政权	双方行动	出处
晋昭侯元年（前745）	曲沃桓叔	昭侯	昭侯元年，封文侯弟成师于曲沃	《史记·晋世家》②《左传·桓公二年》③
晋昭侯七年（前739）	曲沃桓叔	昭侯、孝侯	七年，潘父杀昭侯预迎桓叔，国人立孝侯	《史记·晋世家》，《左传·桓公二年》
晋孝侯八年（前732）	曲沃桓叔、曲沃庄伯	孝侯	桓叔卒，曲沃庄伯立	《史记·晋世家》

① 文献记载中，在小宗取代大宗成为诸侯之前，晋国君主是称"侯"的。在小宗取代大宗成为诸侯之后，晋国君主始称"晋公"。

② 《史记》，中华书局1959年版。

③ 杨伯峻编著：《春秋左传注》，中华书局1981年版。

续表

时间	以曲沃为政治中心的割据政权	以绛为都城的晋国政权	双方行动	出处
晋孝侯十六年（前724）	曲沃庄伯	孝侯、鄂侯	庄伯弑其君晋孝侯，国人立鄂侯	《左传·隐公五年》，《史记·晋世家》
晋鄂侯六年（前718）	曲沃庄伯	鄂侯、哀侯	庄伯伐晋，鄂侯奔随城。周桓王使虢公伐庄伯，庄伯走保曲沃，晋人立哀侯	《左传·隐公五年》，《史记·晋世家》
晋哀侯二年（前716）	曲沃庄伯、曲沃武公	哀侯	曲沃庄伯卒	《史记·晋世家》
晋哀侯八年（前710）	曲沃武公	哀侯、小子侯	陉廷与曲沃武公谋，九年，伐晋于汾旁，虏哀侯。晋人立小子侯	《左传·桓公二年》，《史记·晋世家》
晋小子侯四年（前706）	曲沃武公	小子侯、缗	曲沃武公诱召晋小子杀之。周桓王使虢公伐曲沃，周室立晋侯缗	《史记·晋世家》
晋侯缗二十八年（前679）	曲沃武公	缗	曲沃武公又伐晋侯缗而灭之，尽以其宝器赂周厘王，厘王使虢公命曲沃武公以一军，为晋侯，更名为晋武公，尽并晋地而为晋君，列为诸侯矣	《史记·晋世家》

曲沃三代 67 年志在夺取晋政权，分别于晋昭侯七年（前 739）、晋孝侯十六年（前 724）、晋鄂侯六年（前 718）、晋哀侯八年（前 710）、晋小子侯四年（前 706）发动四次推翻大宗的活动，但均被阻。前三次是因为"国人"的阻碍，后一次则由于周桓王的干涉。曲沃政权屡败屡战，每次侵绛不成，则退保曲沃。可以说曲沃是这个割据政权不可或缺的政治中心。

到晋侯缗二十八年（前 679），曲沃武公灭掉晋侯，同时贿赂周厘王，终于得到认可，列为诸侯，因此，曲沃又是新政权的发迹之地。

曲沃的这种政治地位也受到后来晋的新政权的高度重视。曲沃与绛的关系，和《左传》记载的鲁隐公元年（前 722）时郑都与京的关系相似。《左传·隐公元年》载："都，城过百雉，国之害也。"① 只不过郑的京邑小于郑都，而晋之曲沃大于晋都。② 曲沃本是晋之小宗的封地，因为桓叔"好德，晋国之众皆附焉"③，成为晋国境内的一个割据政权，对原来的大宗政权形成较大威胁。由于曲沃的城邑规模较大，对于晋公新政权来说也比较重要，因此，晋献公在灭掉"桓庄之族"的第二年，任命士蒍为大司空，大肆扩建绛都，广益旧宫，以压曲沃。④ 同时在曲沃建造宗庙，不再将曲沃封赐亲属和臣下。

2. 曲沃拥有宗教祭祀上的崇高地位

按照晋献公的说法，曲沃是"吾先祖宗庙所在"⑤。

首先，至少表 4-1 中的曲沃桓叔和曲沃庄伯应是葬在曲沃的，因为以当时小宗曲沃与大宗晋对抗的情况，二人不可能葬在绛的晋侯公墓之中或是其他地方。

---

① 杨伯峻编著：《春秋左传注》，中华书局 1981 年版，第 11 页。
② 《史记》，中华书局 1959 年版，第 1638 页。
③ 《史记》，中华书局 1959 年版，第 1638 页。
④ 杨伯峻编著：《春秋左传注》，中华书局 1981 年版，第 234 页。
⑤ 杨伯峻编著：《春秋左传注》，中华书局 1981 年版，第 240—241 页。

其次，曲沃代绛的开国君主晋武公（曲沃武公）之庙武宫应该
也在曲沃，理由有三：一，史籍记载重耳"丙午入于曲沃，丁未朝
于武宫"①，那么，武宫的地望应该就在曲沃，或者应该在曲沃附
近。二，曲沃是晋武公的根据地。从桓叔、庄伯、武公三代数次击
翼不成即退守曲沃来看，曲沃是割据政权不可或缺的根据地，是最
后的退路，因此，曲沃在武公及其儿子献公心目当中，其被重视程
度是不言而喻的。三，武公至绛后次年即卒，绛的反曲沃势力不可
能迅速被清除一空，在这种情况下，武公卒后不可能安葬在绛，只
能归葬曲沃。而庙是与墓连在一起的。献公时期有"曲沃，吾先祖
宗庙所在"的记载，以武宫的被重视程度理当是"先祖宗庙"中最
重要的。

再次，晋文公卒后，殡于曲沃②，这是有文献明确记载的。上文
已经论证晋武公葬在曲沃，而文献又没有其他晋公殡于绛的记载，
因此，至少可以推测晋武公至晋文公之间的晋献公、晋惠公，可能
皆归葬曲沃。

最后，除上述重要宗庙之外，曲沃应该还有其他重要人物的祭
祀场所，包括齐姜（申生之母）庙、申生庙等，见表4-2。

曲沃既是宗庙所在，又开国君主晋武公的武宫所在，因此成为
晋的新政权重要的祭祀之地，凸显出曲沃的宗教祭祀功能，表4-2
汇集晋武公到晋景公时期到曲沃的政治人物，主要包括晋公、太子、

表4-2　　　晋武公至晋景公时期政治人物在曲沃的行为

时间	到曲沃的政治人物及其行为	背景	曲沃祭祀设施
晋武公三十八年（前678）	晋武公始都晋国，前即位曲沃③	曲沃代绛	

① 杨伯峻编著：《春秋左传注》，中华书局1981年版，第413页；《史记》，中华书局1959年版，第1661页。

② 杨伯峻编著：《春秋左传注》，中华书局1981年版，第489页。

③ 《史记》，中华书局1959年版，第1640页。

续表

时间	到曲沃的政治人物及其行为	背景	曲沃祭祀设施
晋献公十二年至献公二十一年（前665—前656）	献公十二年，以"曲沃，吾先祖宗庙所在"为由，"使太子申生居曲沃"。十六年"为太子城曲沃"。二十一年有"'君梦齐姜，必速祭之。'大子祭于曲沃，归胙于公"的记载①		申生之母齐姜庙
晋惠公元年（前650）	狐突适下国（集解：一曰曲沃有宗庙，故谓之下国；在绛下，故曰下国也）②	惠公即位，大臣狐突至曲沃改葬申生	恭太子申生庙
晋文公元年（前636）	壬寅，重耳入于晋师，丙午，入于曲沃，丁未，朝于武宫。即位为晋君，是为文公；襄王使太宰文公及内史兴赐晋文公命，上卿逆于境，晋侯效劳，馆诸宗庙，馈九牢，设庭燎。及期，命于武宫，设桑主③	重耳在秦国的帮助之下重返晋国，是为文公	武宫
晋文公九年（前628）	晋文公卒……将殡于曲沃。出绛，柩有声如牛		文公墓及庙
晋成公元年（前606）	（成公）壬申，朝于武宫	赵穿袭杀灵公，赵盾迎居于周的公子黑臀，是为成公	武宫

---

① 杨伯峻编著：《春秋左传注》，中华书局1981年版，第240—241，258，297页；《史记》，中华书局1959年版，第1641—1646页；《国语》，上海古籍出版社1978年版，第274—292页。

② 杨伯峻编著：《春秋左传注》，中华书局1981年版，第334页；《史记》，中华书局1959年版，第1651页。

③ 《国语》，上海古籍出版社1978年版，第41页。

重臣等，除申生在曲沃经营的十年时间之外，从晋惠公开始，文献提及曲沃都是因为埋葬国君太子及朝拜武宫，这些都属于宗教祭祀的行为。

曲沃的宗教祭祀功能主要包括两个方面：一方面，晋公每年孟冬之月要到曲沃宗庙举行烝礼。[①] 这是常制。因为按照周代制度，天子或诸侯国君每年冬祭宗庙，谓之"大饮烝"[②]。《国语》记载晋献公时期，"烝于武宫，公称病不与，使奚齐莅事"[③]。这种不符合礼制的做法，引起朝臣及太子申生的猜疑，因此被文献记载下来。另一方面，非正常顺序即位的国君，要到曲沃进行朝祭活动，以获得宗法礼制上的支持。如公元前636年，晋文公重耳被秦师送回晋国要"朝于武宫"；公元前607年，赵穿袭杀晋灵公，执政的赵盾从周迎回公子黑臀即位为成公，也要先"朝于武宫"。[④] 甚至晋国晚期非正常顺序即位的悼公、平公也要到曲沃拜祭，见表4-5。

可以说，曲沃是重要的祭祀场所，拥有宗教祭祀上的崇高地位。

曲沃是晋武公一支的发迹之地，同时又是先祖宗庙及武宫所在，晋公及一些高级臣僚常到曲沃进行政治和宗教活动，因此，曲沃成为晋的圣都。

（二）绛的主都地位

笔者在本书第五章第一节论述春秋前期晋国都城翼与绛为同地异名，本部分在此结论基础上论证绛（翼）的主都地位。

① 杨伯峻解释："烝，冬祭名，杜《注》所谓'万物皆成，可荐者众，故烝祭宗庙'。烝祭宜在冬十月行之，昭元年《传》云：'十二月，晋既烝。'周正十二月乃夏正十月，足证晋亦孟冬烝祭。《春秋》书烝者，唯桓公八年正月己卯，夏五月丁丑义烝，两烝左氏皆无《传》，《春秋》书之者，以为非礼。若孟冬之烝，乃常祀，则不书。"见杨伯峻编著《春秋左传注》，中华书局1981年版，第107页。
② 《十三经注疏·礼记注疏》，艺文印书馆2001年版，第343页。
③ 《国语》，上海古籍出版社1978年版，第265页。
④ 杨伯峻编著：《春秋左传注》，中华书局1981年版，第663页；《史记》，中华书局1959年版，第1676页。

1. 与曲沃对抗时期的翼都（绛）地位

曲沃与翼对抗时期，翼为晋国君主大宗晋侯所在地，是当之无愧的晋国都城，"翼，晋君都邑也"①。

首先，曲沃作为割据政权，以翼为对抗的主体。《左传》记载的"曲沃庄伯伐翼""曲沃庄伯以郑人、邢人伐翼""曲沃武公伐翼"（见表4－3），说明翼是晋国的政治中心。《国语》也有"武公伐翼"②"兼翼"③ 的说法。这些记载，均昭示了翼作为晋侯时期政治中心的地位。

其次，翼为晋侯所在地。晋孝侯在翼被弑、晋哀侯在翼被立，也说明了翼是晋侯时期的政治中心。

表4－3　　　　　　　　　　《左传》记载的晋都翼

出处	时间	都城	国君	记载
《左传·桓公二年》	前724年	翼	晋孝侯、鄂侯	（鲁）惠（公）之四十五年，曲沃庄伯伐翼，弑孝侯。翼人立其弟鄂侯
《左传·隐公五年》	前718年	翼	晋鄂侯	曲沃庄伯以郑人、邢人伐翼，王使尹氏、武氏助之。翼侯奔随
《左传·隐公五年》	前718年	翼	晋哀侯	曲沃叛王。秋，王命虢公伐曲沃，而立哀侯于翼
《左传·桓公二年》	前710年	翼	晋哀侯	哀侯侵陉庭之田。陉庭南鄙启曲沃伐翼
《左传·桓公三年》	前709年	翼	晋哀侯	三年春，曲沃武公伐翼，次于陉庭。……逐翼侯于汾隰

2. 晋献公之后绛的政治地位

晋献公时期，翼改名为绛。绛是晋献公至晋景公时期的晋公常居

---

①　《史记》，中华书局1959年版，第1638页。
②　《国语》，上海古籍出版社1978年版，第251页。
③　《国语》，上海古籍出版社1978年版，第275页。

地，是行政中心，是主都。

首先，绛是晋公所在地，是晋国政治中心。绛有晋公所居的宫殿，公元前 668 年"士蒍城绛，以深其宫"①，应该是大肆扩建都城及宫殿的行为。晋献公二十一年（前 656），《左传·僖公四年》记载申生"祭于曲沃，归胙于公"，同一件事，《国语·晋语二》记载"祭于曲沃，归福于绛"②，则表明晋献公常居于绛。公元前 636 年，晋文公"入绛，即位"③，到公元前 628 年，晋文公卒于绛，也说明大部分晋公应该是常居于绛。

其次，绛与秦国的都城雍是相提并论的。《左传·僖公十三年》记载的公元前 647 年的泛舟之役，"秦于是输粟于晋，自雍及绛相继"（见表 4–4），这里的"秦"与"晋"均为诸侯国，"雍"为秦之主都，按照对等原则，"绛"为晋的行政中心无疑。

最后，绛的政治地位高于曲沃。《左传·庄公二十八年》记载，晋献公"使大子居曲沃，重耳居蒲城，夷吾居屈。群公子皆鄙，唯二姬之子在绛"（见表 4–4）。这里，出现了晋国四座重要的城市——曲沃、蒲城、屈、绛。其中，按照骊姬所言："曲沃君之宗也"；"蒲与二屈，君之疆也"。晋献公将自己的三个较大的儿子分别安排在曲沃、蒲城、屈，而留下骊姬与少姬的儿子奚齐和卓子在绛，则表明这条文献提到的四座城市的政治地位，由高向低排列应该是：绛、曲沃、蒲城和屈。与这条文献相关的记载也表明，与曲沃相比，绛的政治地位高于曲沃。如《左传·闵公元年》记载，晋献公为申生城曲沃，士蒍认为："大子不得立矣。分之都城，而位以卿，先为之极，又焉得立？"④《史记》也有类似记载。⑤ 其中，"都城"是指曲沃，曲沃有先君宗庙。《左传·庄公二

① 杨伯峻编著：《春秋左传注》，中华书局 1981 年版，第 234 页。
② 《国语》，上海古籍出版社 1978 年版，第 289 页。
③ 《国语》，上海古籍出版社 1978 年版，第 367 页。
④ 杨伯峻编著：《春秋左传注》，中华书局 1981 年版，第 258 页。
⑤ 《史记》，中华书局 1959 年版，第 1641 页。

十八年》有："凡邑，有宗庙先君之主曰都，无曰邑。"① 则士蒍所说的
"都城"是指有先君宗庙的城。晋献公以"曲沃，吾先祖宗庙所在"为
由，"使大子申生居曲沃"，这就说明两个问题：曲沃是都城；曲沃不是
晋公常住的行政中心。因此，申生出居曲沃，只能表明他已远离晋的政
治核心，而曲沃虽为"都城"，并不是主都。另外，《国语》记载，申生
祭其母齐姜的时候，"祭于曲沃，归福于绛"②，表现了绛高于曲沃的都
城地位。晋惠公元年（前650），狐突到曲沃改葬申生，史籍称为"狐
突适下国"③，陪都"下国"与主都"上国"相对，更明确了曲沃的陪
都地位。则政治地位高于曲沃的绛应是主都无疑。

表4-4 《左传》记载的晋都绛

出处	时间	都城	国君	记载
《左传·庄公二十六年》	前668年	绛	晋献公	二十六年春，晋士蒍为大司空。夏，士蒍城绛，以深其宫
《左传·庄公二十八年》	前666年	绛	晋献公	夏，使大子居曲沃，重耳居蒲城，夷吾居屈。群公子皆鄙，唯二姬之子在绛
《左传·僖公十三年》	前647年	绛	晋惠公	秦于是输粟于晋，自雍及绛相继。命之曰"汜舟之役"
《左传·僖公三十二年》	前628年	绛	晋文公	冬，晋文公卒。庚辰，将殡于曲沃，出绛，柩有声如牛
《左传·文公十七年》	前610年	绛		郑子家使执讯而与之书，以告赵宣子，曰："夷与孤之二三臣相及于绛，虽我小国，则蔑以过之矣。"
《左传·宣公八年》	前601年	绛	晋成公	晋人获秦谍，杀诸绛市，六日而苏

① 杨伯峻编著：《春秋左传注》，中华书局1981年版，第242页。
② 《国语》，上海古籍出版社1978年版，第289页。
③ 杨伯峻编著：《春秋左传注·僖公十年》，中华书局1981年版，第334页。

（三）新田与绛、曲沃的关系

晋景公十五年（前585）迁都新田，改新田为绛。晋都于此，直至灭亡。这是晋国都城发展史的第三个阶段。在本书中，为与故绛区别，称晋景公之后的都城为新田。

1. 新田与绛的关系

绛为晋献公至晋景公时期的晋国主都，新田是晋景公至晋国灭亡时期的主都，二者应该是前后相继的关系。

晋景公迁都新田完全是出于政治、经济、军事方面的需要。

从政治方面来说，晋灵公于公元前607年被赵穿杀死之后，晋国公室与世卿贵族以及世卿贵族之间的政治斗争就此起彼伏，不绝如缕，统治者之间矛盾激化、将佐不和。绛的私家势力盘根错节，不易动摇，只有迁都才能摆脱私家势力的纠缠。

从军事方面来说，晋迁新田时，正是晋国霸业处于低潮时期。公元前597年的晋楚邲之战，晋师败北，楚国开始号令诸侯，齐也趁机摆脱了晋的控制，赤狄诸部蠢蠢欲动。因此，必须对内、外采取一系列措施，才能重整霸业，而迁都新田就是一系列措施中的一个重要环节。

迁都新田还有经济方面的考虑。春秋中期的经济方式主要是农业，则土地是建立都城的首要条件，新田附近的土壤条件很好，正如《左传·成公六年》所载："新田，土厚水深，居之不疾，有汾、浍流其恶。"① 再加上气候适宜，使得新田在春秋中晚期成为适宜农业生产的区域。② 迁都新田，可以进一步开发新土地，增强晋国的经济实力。

晋迁新田之后，其都城体系发生了巨大变化。新田成为晋的行政中心和军事中心，其主都地位是无可置疑的。对绛来说，从上述政治、经济、军事的角度来看，迁都新田之后，再维系绛的都城地

---

① 杨伯峻编著：《春秋左传注》，中华书局1981年版，第828页。
② 马保春：《晋汾隰考——兼说晋都新田之名义》，《考古与文物》2006年第3期。

位实无必要。因为绛既是私家势力盘踞、景公亟欲离开的都城，则景公离开之后，晋的国君不可能再回到这里。

这一时期，文献记载绛的次数甚至不如曲沃，仅有两条。一是成公十八年（前573），"晋栾书、中行偃使程滑弑厉公"，晋厉公被葬在"翼（绛）东门之外，以车一乘"，其葬礼完全不是国君的规格；[1] 二是晋悼公时期，文献记载提到了年长的绛县人，[2] 应该是绛改称为县了。除上述两条记载之外，文献上再无提及，这时的故绛应该是已经被废弃了。

2. 新田与曲沃的关系

晋景公之后，文献提及曲沃四次，见表4-5。

曲沃是宗庙所在地，尤其是晋国的开国君主晋武公的武宫所在，在晋景公迁都新田之后仍发挥其宗教祭祀功能。所以，相对于主都新田来说，曲沃仍然是圣都。

但曲沃的圣都地位已明显下降。景公之后，包括厉公、悼公、平公、昭公、顷公、定公、出公、敬公、幽公、烈公、桓公，到曲沃朝拜的只有悼公和平公。与晋景公之前的晋公（晋献公、晋惠公、晋文公、晋襄公、晋灵公、晋成公）几乎均亲自或派人到曲沃祭祀相比，曲沃明显不受晋公重视，其祭祀地位显著下降。

表4-5　　　　晋景公之后到曲沃的政治人物及其行为

时间	到曲沃的政治人物及其行为	背景
晋悼公元年（前572）	智罃迎公子周来，至绛，刑鸡与大夫盟而立之，是为悼公，辛巳，朝武宫，二月乙酉，即位③	栾书、中行偃杀厉公，智罃迎公子周，立为晋悼公

① 杨伯峻编著：《春秋左传注》，中华书局1981年版，第906页。
② 杨伯峻编著：《春秋左传注》，中华书局1981年版，第1170—1172页。
③ 《史记》，中华书局1959年版，第1681页。

续表

时间	到曲沃的政治人物及其行为	背景
晋平公三年（前555）	改服，修官，烝于曲沃①	晋悼公葬后，平公即位，晋政权人事有较大变动，出现新的气象
晋平公八年（前550）	八年，齐庄公微遣栾逞于曲沃，以兵随之……栾逞从曲沃中反，袭入绛②	栾逞获罪，出走于齐。齐庄公派栾逞到曲沃发动政变，控制曲沃后准备攻击新绛
晋幽公时期（前433—前416）	幽公之时，晋畏，反朝韩、赵、魏之君，独有绛、曲沃，余皆入三晋③	春秋末战国初年，韩、赵、魏三公势大，晋君卑

注：表中的绛是指新田。

在曲沃的圣都地位逐渐降低的同时，新田的祭祀设施进一步完善。《左传·文公二年》有"祀，国之大事也"④的记载，而都城的建设顺序，应是"君子将营宫室，宗庙为先，厩库为次，居室为后"⑤。因此，新田营建伊始，应该就包含了祭祀设施的规划和建造。虽然没有文献记载，但是从考古发掘来看，侯马晋都已经发现9个地点的祭祀遗址群。这些祭祀遗址群规模较大，时代均为晋文化晚期，其中"位于牛村古城和台神古城南部的3处祭祀遗址与新田都城的社稷祭祀活动有着直接的关系，而分布在呈王路庙寝建筑遗址周围的6处祭祀遗址，与文献中的宗庙相吻合，故为祭祀宗庙遗址当无大问题"⑥。而密布于遗址周围的祭祀坑、坑内祭祀内容的不同及多组的打破关系，都说明频繁的祭祀活动延续时间

---

① 杨伯峻编著：《春秋左传注》，中华书局1981年版，第1026页。
② 《史记》，中华书局1959年版，第1683页。《左传·襄公二十三年》有详细记载，"栾逞"作"栾盈"。
③ 《史记》，中华书局1959年版，第1686页。
④ 杨伯峻编著：《春秋左传注》，中华书局1981年版，第524页。
⑤ 《十三经注疏·礼记注疏》，艺文印书馆2001年版，第75页。
⑥ 李永敏：《晋都新田的祭祀遗址》，《文物世界》2000年第5期。

较长。

宗教祭祀地位的下降，导致曲沃的政治地位也降低。曲沃原本规模大于都城翼，以小宗身份与大宗晋侯对抗 67 年，最终取得胜利。由此足见曲沃的政治实力及影响力。但是，晋平公八年（前550），栾逞在齐国的支持之下，控制曲沃之后企图攻击都城新田。晋国君臣在得知曲沃被控制之后并无惊慌失措的表现，栾逞的叛乱被迅速平息。这在一定程度上表明曲沃的政治地位与之前相比在不断降低。

因此，晋景公迁都新田之后晋国的都城体系发生了变化，一方面，主都由绛迁到新田，绛与新田是前后相继的关系；另一方面，新田与曲沃是同时存在的两座都城，新田是主都，曲沃是陪都、圣都，随着晋人经营新田的时间增长以及新田礼制建筑的增多，曲沃宗教祭祀的地位在逐渐下降。

三 秦国的圣都俗都制度

关于秦国都城设置，学界讨论较多，如王国维曾作《秦都邑考》[1]，徐卫民有《秦都城研究》[2]，李自智有《秦九都八迁的路线问题》[3] 等，但大部分是从都城迁徙的角度进行研究，或者着重研究秦的多都并存问题，笔者《秦的圣都制度和都城体系》[4] 在整理相关资料的基础之上，从多都并存的角度研究秦的圣都制度。

秦数次迁都，最后定都咸阳。学术界基本认定，秦有九个都城，即：秦邑、西垂（西犬丘）、汧、汧渭之会、平阳、雍、泾阳[5]、栎阳、咸阳。其中，秦邑为秦未封诸侯时的居所，本书暂不讨论。笔者认为，秦的都城体系是圣都俗都体系。

① 王国维：《秦都邑考》，《观堂集林》卷十二，中华书局 1959 年版。
② 徐卫民：《秦都城研究》，陕西人民教育出版社 2000 年版。
③ 李自智：《秦九都八迁的路线问题》，《中国历史地理论丛》2002 年第 2 期。
④ 潘明娟、吴宏岐：《秦的圣都制度和都城体系》，《考古与文物》2008 年第 1 期。
⑤ 徐卫民：《泾阳为秦都考》，《中国历史地理论丛》1998 年第 1 期。

（一）秦的圣都及其地位

根据本章第一节对圣都和俗都所下的定义，笔者的讨论从秦封诸侯后第一个都城西垂开始。

1. 西垂的圣都地位

西垂、犬丘、西犬丘、西应该是同地异名的关系，具体论证见本书第五章第一节。

西垂是秦人称"秦"之前就居住的地方，非子就是"居犬丘"，后因养马有功，周孝王"分土为附庸，邑之秦，使复续嬴氏祀，号曰秦嬴"①。但是，经过秦侯、公伯、秦仲，到庄公时，又"居其故西犬丘"。在西垂，庄公被封为西垂大夫，其子襄公以诸侯的身份建立西畤祭天。可以说，西垂是秦人跻身诸侯之列的开端，是秦人开始发迹的地方。襄公营建汧都，并没有完全放弃西垂，他在西垂设置了秦的第一座祭天建筑西畤，②开创了秦人祭天的传统。襄公死后，葬于西垂，其继承人文公"居西垂宫"，三年后才重新征战，"以兵七百人东猎"。这足以说明西垂在秦人心目中的地位。西垂在秦人的祭祀活动中占有一定的地位。这里有秦襄公在此设置的祭天的西畤，有"先王宗庙"，有"数十祠"，③还有秦几位先公的陵寝。④同时，秦人离开西垂之后，并没有在汧、汧渭之会和平阳布设宗庙及祭天建筑，秦人的祭祀活动还是在西垂举行，西垂有着"祭仪上的崇高地位"，是秦的第一座圣都。

---

① 《史记》，中华书局1959年版，第177页。

② 《史记·秦本纪》记载："襄公于是始国，与诸侯通使聘享之礼，乃用骝驹、黄牛、羝羊各三，祠上帝西畤。"（《史记》，中华书局1959年版，第179页）《史记·秦始皇本纪》记载："襄公立，享国十二年。初为西畤。葬西垂。"（《史记》，中华书局1959年版，第285页）

③ 《史记》，中华书局1959年版，第1375页。

④ 《史记·秦本纪》"五十年，文公卒，葬西山。……（秦宁公）立十二年卒，葬西山。"（《史记》，中华书局1959年版，第180—181页）

表 4 - 6　　　　　　　　　秦早期都邑

都城	经历的国君	做政治中心（主要都城）的起止年代	建都时间	礼制建筑	都城地位
西垂	庄公、襄公、文公	庄公元年（前821年）—襄公二年（前770年）、文公元年（前765年）—文公三年（前763年）	55年	西畤、宗庙、陵墓	西垂是秦人开始发迹的地方，是张光直先生所谓"最早的都城"，是圣都
汧	襄公	襄公二年（前770年）—襄公十二年（前766年）	11年	未见记载	俗都
汧渭之会	文公、宁公	文公四年（前762年）—宁（宪）公二年（前714年）	48年	未见记载	俗都
平阳	宁公、出公、武公	宁（宪）公二年（前714年）—武公二十年（前678年）	36年	未见记载	俗都

　　但是，由于秦早期国力弱小，都城规模也不大，仅有一两个宫殿或宗庙而已。秦在西垂（西犬丘）仅有西垂宫，[1] 到平阳时也仅只有一个"平阳封宫"[2] 而已。受到都城规模的限制，西垂的礼制建筑，规模并不大，数量也不是很多。

　　2. 雍城的礼制建筑

　　先秦时代是崇尚鬼神、祖先的时代，祭祀天地、鬼神与祖宗在国家政治中占有重要地位。这种思想，反映到都城的营建上，就有了"凡帝王徙都立邑，皆先定天地社稷之位，敬恭以奉之。将营宫

---

① 《史记》，中华书局1959年版，第179页。
② 《史记》，中华书局1959年版，第182页。

室，则宗庙为先，厩库次之，居室为后"①的顺序。

秦德公时迁都雍城，到秦灵公建都泾阳时，雍城作为秦都城已达254年，在秦都城发展中具有里程碑的作用。可以说，雍城是秦人修建的第一座大规模的都城，以至于西戎人由余在观看了秦都城后不禁叹言："使鬼为之，则劳神矣；使人为之，亦苦民矣。"②这样大规模的都城，礼制建筑就比较庞杂了。

因此，雍在秦人的礼制建筑中拥有独特而重要的地位。

姚家岗遗址的大郑宫是一座以宗庙为主的建筑。姚家岗遗址发现了牛羊祭祀坑及祭祀用玉器，说明了这一点。

在雍城，还发现了独立的宗庙建筑——马家庄一号建筑群遗址。根据遗址祭祀中出土的遗物、建筑的总体布局及有关史籍记载，初步认为马家庄一号建筑群的建筑年代应为春秋中期，废弃时间应在春秋晚期。③可以说，一号建筑群是包括祖庙、昭庙、穆庙、祭祀坑等在内的一座较完整的大型宗庙遗址。马家庄一号宗庙遗址是迄今发现规模较大、保存较完整的先秦高级建筑。

雍城还有许多祭祀天地鬼神的建筑。《史记·封禅书》记载："自古以雍州积高，神明之隩，故立畤郊上帝，诸神祠皆聚云。"④秦人祭上帝，立有"四畤"，且这四畤都在雍都。雍四畤，已经有一些学者做过实地踏查与文献考证。⑤其中，有鄜畤，秦文公立，祠白帝；密畤，秦宣公立，祠青帝；吴阳上畤，秦灵公立，祠黄帝；吴阳下畤，秦灵公立，祠炎帝。除此之外，雍还有其他祠庙。如"雍有日、月、参、辰、南北斗、荧惑、太白、岁星、填星、（辰星）、二十八宿、风伯、雨师、四海、九臣、十四庙、诸布、诸严、诸逑

---

① 《十三经注疏·礼记注疏》，艺文印书馆2001年版，第75页。

② 《史记》，中华书局1959年版，第192页。

③ 韩伟、尚志儒、马振智等：《凤翔马家庄一号建筑群遗址发掘简报》，《文物》1985年第2期。

④ 《史记》，中华书局1959年版，第1359页。

⑤ 参见王学理《咸阳帝都记》，三秦出版社1999年版，第164、165—166、168、171页。

之属，百有余庙"①。

雍城还是自德公以后二十几位国君的陵寝所在地。

可以说，雍城的礼制建筑规模大、规格高。这足以说明雍都在秦人心目中的崇高地位。根据前述张光直先生关于"圣都"的概括，"保持祭仪上的崇高地位的国都"可以称之为"圣都"。是否可以把雍看作秦的另一个圣都呢？我们需要考察秦人离开雍之后，在泾阳、栎阳及咸阳各都城建造的礼制建筑的规格、规模以及雍在祭祀方面的重要性等问题。

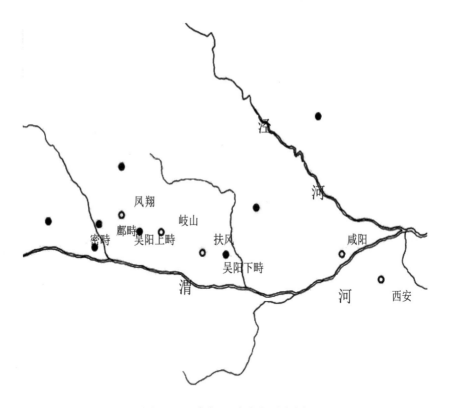

图 4 - 1　雍都四畤分布示意图

① 《史记》，中华书局 1959 年版，第 1375 页。

3. 雍在秦都泾阳、栎阳时期的圣都地位

一般认为，泾阳和栎阳是秦为了对付东方的魏国而修建的临时性都城，其目的纯粹是为了应对东方的战争，其建都的目的很明显就是为了同东方的魏国争夺河西之地。具体论述见本书第二章第四节。

泾阳、栎阳因为是临时性都城。由于建都的临时性目的及建都时间较短的现实，这两座都城在建设上较为简单，规模不大。据考古发掘，栎阳城东西长约 2500 米，南北宽约 1600 米，3 条东西向干道横贯全城，东西城墙各辟有 3 个城门，3 条南北向干道有 2 条通向城外，南北城墙相应各辟有 2 个城门。城内发现大型建筑基址 10 处，但宫殿所在难以判定。① 据记载，泾阳没有礼制建筑，秦灵公在居泾阳时，在雍附近设立吴阳上畤、吴阳下畤，这说明虽然泾阳为政治军事中心，但雍仍保持着宗教祭祀上的优势；而栎阳也只是因为"栎阳雨金，秦献公自以为得金瑞，故作畦畤栎阳而祀白帝"。② 因此，从礼制建筑的规模和规格来说，这两个都城在祭祀方面并不完备，可以说是设备不完全的都城。在这两座城附近并没有发现大型墓葬，说明这一时期的秦王死后并未埋葬于此。据尚志儒《秦陵及其陵寝制度浅论》"雍城墓地……葬德公以下，献公前的 20 位国君（其中包括未享国的太子 1 人），历时近 300 年"③，可以看出，泾阳、栎阳时期，国君还是归葬雍城的。那么，在秦国国君的心理上，雍与泾阳、栎阳相比还是有一定分量的。

既然泾阳、栎阳在祭祀、礼制方面没有履行其都城职能，我们可以推断，原来的都城雍可能一直保持着祭仪上的崇高地位，雍是泾阳、栎阳时期的圣都。

当然，雍的圣都地位在泾阳时期和栎阳时期是不一样的。秦灵

---

① 刘庆柱、李毓芳：《秦汉栎阳城遗址的勘探和试掘》，《考古学报》1985 年第 3 期。
② 《史记·封禅书》，中华书局 1959 年版，第 1364 页。
③ 尚志儒：《秦陵及其陵寝制度浅论》，《文博》1994 年第 6 期。

公居泾阳时,还在雍附近设立吴阳上畤、吴阳下畤,而且从雍城的马家庄一号建筑遗址的使用年代来看,它的下限延续至春秋晚期,即泾阳时期。这说明在泾阳时期雍的圣都地位比较牢固。到了栎阳时期,一方面,没有考古发现证明雍的宗庙建筑继续使用;另一方面,秦献公在栎阳设立畦畤这种礼制建筑,则预示着雍的圣都地位有了下降的趋势。

4. 西垂、雍与咸阳的关系

在咸阳建都期间,咸阳礼制建筑得到了前所未有的发展。

秦人祭天的主要地点有咸阳之郊、雍四畤、甘泉宫圜丘、泰山等。其中"咸阳之郊"在咸阳,秦人"三年一郊。秦以十月为岁首,故常以十月上宿郊见,通权火,拜于咸阳之旁,而衣上白,其用如经祠。……西畤、鄜畤,祠如其故"①。这说明秦始皇在咸阳之旁郊天已成定制,但西垂之"西畤"、雍城之"鄜畤"等仍然发挥其祭祀作用。

宗庙祭祀在秦代备受重视。秦始皇曾经明确表示:"赖宗庙之灵,六王咸服其辜,天下大定。"② 秦之咸阳的宗庙,主要包括秦始皇及其以前诸位秦王所修的"诸庙"和秦始皇时期新修、由秦二世定名的"极庙"。"诸庙"的位置,文献有记载:"诸庙、章台、上林皆在渭南。"③ 其中,秦昭王庙的位置有较具体的记载:

> 樗里子卒,葬于渭南章台之东,曰:"后百岁,是当有天子之宫夹我墓。"樗里子疾室在于昭王庙西渭南阴乡樗里,故俗谓之樗里子。至汉兴,长乐宫在其东,未央宫在其西,武库正直其墓。④

---

① 《史记·封禅书》,中华书局1959年版,第1377页。
② 《史记》,中华书局1959年版,第236页。
③ 《史记》,中华书局1959年版,第1377页。
④ 《史记》,中华书局1959年版,第2310页。

整理各建筑的位置，应当是：樗里子墓在长乐宫、未央宫之间，压在武库遗址之下，樗里子疾室当在其东不远的地方，而秦昭王庙在其东侧。长乐宫、未央宫、武库的位置今已勘察清楚，① 因此，秦昭王庙的大致位置是汉长安城的东南部一带。秦代诸庙的位置可能也在附近区域。

秦始皇极庙原名"信宫"，建于秦始皇二十七年（前220），秦二世改名"极庙"，尊其为"始皇庙"，以礼进祠，为"帝者祖庙"。② 其位置也应该在渭河以南。

《史记·李斯列传》记载，秦二世时期，有"立社稷，修宗庙"的举措。③ 汉兴，"除秦社稷，立汉社稷"④。刘庆柱推测"汉初之社可能是在秦咸阳城的秦社基础之上建成的"⑤，则秦社的位置应该在汉社稷所在的汉长安城南郊。

尽管咸阳的礼制地位不断上升，但是在秦定都咸阳期间，西垂和雍的地位仍不可小觑。直到秦二世时期，仍是"先王庙或在西雍，或在咸阳"⑥ 的格局。在以咸阳为主都时期，雍城的宗庙仍旧维持着高规格的奉祀制度。文献记载，秦昭襄王"五十四年，王郊见上帝于雍"。⑦ 秦始皇九年（前238）"四月，上宿雍。己酉，王冠带剑"⑧。这是秦王嬴政按照当时的礼制传统到雍都旧地的祖庙行"冠礼"。这些史实都反映了圣都在礼制上的重要地位。通过这些史实也可以看出，随着秦人经营咸阳的时间增长以及咸阳的礼制建筑增多，圣都的地位也在逐渐下降。对于西垂来说，秦人的政治中心离开这

---

① 刘庆柱：《汉长安城的考古发现及相关问题研究——纪念汉长安城考古工作四十年》，《古代都城与帝陵考古学研究》，科学出版社2000年版，第125—141页。

② 《史记》，中华书局1959年版，第266页。

③ 《史记》，中华书局1959年版，第2561页。

④ 陈直校证：《三辅黄图校证》，陕西人民出版社1980年版，第124页。

⑤ 刘庆柱：《汉长安城的考古发现及相关问题研究——纪念汉长安城考古工作四十年》，《古代都城与帝陵考古学研究》，科学出版社2000年版，第135页。

⑥ 《史记》，中华书局1959年版，第266页。

⑦ 《史记》，中华书局1959年版，第218页。

⑧ 《史记》，中华书局1959年版，第227页。

里已经近五百年了，其圣都地位下降得最厉害。雍城虽然还能保持
"祭仪上的崇高地位"，但与泾阳、栎阳时期相比较，咸阳时期的秦
王已经在咸阳附近祭天、建社稷，也不再归葬雍城，种种迹象表明
雍城的圣都地位在咸阳时期已大大下降。

表 4 – 7　　　　　　　　　雍及以后都城的礼制建筑及地位

都城	作为主要都城经历的国君	都城起止年代	建都时间	礼制建筑	地位
雍	德公、宣公、成公、穆公、康公、共公、桓公、景公、哀公、惠公、悼公、厉共公、躁公、怀公	德公元年（前677年）—秦亡（前207年）	471年	大郑宫以宗庙为主的建筑、马家庄一号独立的宗庙建筑、雍四畤、先王庙、陵寝等	圣都
泾阳	灵公、简公、惠公、出子	灵公元年（前424年）—出子二年（前384年）	41年		俗都
栎阳	献公、孝公	献公元年（前384年）—惠文王十三年（前349年）	36年	畦畤	俗都
咸阳	孝公、惠文王、武王、昭王、孝文王、庄襄王、秦王政、秦二世	惠文王十三年（前349年）—秦亡（前207年）	143年	咸阳之郊祭天建筑、诸庙、秦始皇极庙、社稷	俗都

　　说明：1. "经历的国君"和"都城起止年代"根据方诗铭编《中国历史纪年表》
（上海辞书出版社1980年版）相关资料整理；"礼制建筑"根据相关考古资料整理。

　　2. 计算雍的建都时间，从秦德公建雍（公元前677年）开始，但不应结束于秦灵公
元年（前424）迁都泾阳时，而应计算后来雍作为"圣都"的时间。这样，雍作为都城
的时间下限为秦灭亡（公元前207年），其建都时间为471年。雍独立为都的时间为
254年。

（二）秦圣都与俗都的关系

总结秦的圣都——西垂和雍城——与其他俗都的地域组合关系和功能互补关系，可以得出以下几点规律。

第一，在秦向东扩展的过程中，圣都充当秦的大后方，是永久性都城，而俗都是为军事目的而建的，是暂时性都城。

随着秦向东的逐步扩展，都城也由西向东逐步推进。在秦的大部分时期，东方是向前扩展的疆域，俗都是前线都城，圣都则是根据地，是永久性都城。前期的圣都西垂是汧、汧渭之会、平阳的后方，后期的雍城是泾阳、栎阳、咸阳的后方。

圣都在军事性都城的后方，主要发挥着国家宗教祭祀职能。

同时，春秋战国时期，秦的国家政权机构较为简单，基层组织尚不健全。而秦基层组织是在商鞅变法之后逐渐完善起来的。因此，不能仅仅在中心区域建立一个都城实施对全国的统治和治理，不然会存在鞭长莫及的现象。而秦又不停地开疆拓土，其中心区位在不断变化，这样，仅依靠一个都城，很难对国家进行有效治理，以保障国家在对外战争中的实力。设置几个政治中心，对原有统治区和新辟统治区分别进行管理，是一个行之有效的办法。

图 4-2 秦都城分布图

说明：本图据李自智《秦九都八迁的路线问题》（《中国历史地理论丛》2002 年第 2 期）改绘。

第二，秦的圣都经过精心经营，较之俗都规模宏大、规划整齐。

由于缺乏相关资料，西垂的都城规模和规划情况我们已无从知

晓。但通过比较雍城及其后的栎阳，我们仍可以看出圣都与俗都的
诸多差别。见表4-8。

表4-8　　　　　　　　雍城和栎阳规模表

都城	雍城	栎阳
规模大小	3300×3200 m²	2500×1600 m²
城门遗址	发现3座城门，推测有16座城门	发现三座城门，推测有10座城门
道路	8条道路纵横城内，通向城门	6条道路，其中有三条东西横贯全城
大型夯土遗址、手工业作坊及市的遗址	城内有三座宫殿群遗址和一座宗庙遗址及其他大型夯土遗址，手工业作坊多处，"市"的遗址等	有属于战国秦汉时代的遗址（包括夯土遗址，手工业作坊、居址）十处
墓葬遗址	有秦公陵园及贵族墓地四十余处	平民小型墓葬五十多座

说明：1. 泾阳城尚未发掘，故不与雍城相比较。

2. 由于咸阳的礼制地位上升很快，加之咸阳后来成为是统一帝国的都城，其规模不能与其他都城混为一谈，故上表不列咸阳。

资料来源：陕西省文管会雍城考古队：《秦都雍城钻探试掘简报》，《考古与文物》1985年第2期；刘庆柱、李毓芳：《秦汉栎阳城遗址的勘探和试掘》，《考古学报》1985年第3期。

从表4-8可以看出，无论从城圈规模、城门多少、道路多寡，还是从城内建筑及墓葬等级等方面相比，雍城的规模无疑比栎阳大得多。

第三，圣都独立为都的时间较长，而俗都建都时间相对较短。

根据表4-6、表4-7的数据，我们可以清楚地看到这一点。西垂作为秦人的发迹之所，有55年为政治中心（主都），而西垂之后的都城，汧作为政治中心时时间只有11年，汧渭之会48年，平阳36年。雍城独立为都的时间是254年，泾阳只有41年，栎阳36年，

咸阳自建立到秦灭亡，也只有 143 年的时间。从公元前 821 年庄公"居其故西犬丘"开始，到公元前 207 年秦灭亡为止，共六百多年的时间，西垂和雍城独立为都的时间加起来超过其半数。而作为祭祀性都城，这两座都城对秦王朝的影响是自始至终的。从经营都城的国君数量来看，前后有三位国君以西垂为政治中心，十四位国君以雍为政治活动的舞台。当然，国君的数量多少并不能完全说明都城的重要性，但国君的数量与都城的建都时间相结合，我们可以感受到一座都城对于一个王朝的重要与否。可以说，圣都是秦人经营时间比较长的都城，在秦人的都城史上占有重要的地位。

四　上述三种圣都俗都体系的比较

圣都与俗都应该是功能互补的关系，完全符合"国之大事，在祀与戎"的要求。先秦时期的都城作为国家的政治中心，承担着"祀"与"戎"两种主要都城功能，但经过区域空间权衡之后，新定的首都无法同时发挥这两种都城功能之时，就自然而然地导致祭祀性都城与军事性（或行政性）都城的出现，即圣都与俗都。圣都的主要功能是宗教祭祀之"祀"，俗都的主要功能是军国大事之"戎"，圣都与俗都的有效配合，便于对内统治以及向外扩张。另外，圣都和俗都组成的都城体系能够使一个政权有较大的回旋余地，其中，圣都作为一个政权的旧都和根据地，可以支持前线都城全力外向，导致进可攻、退可守的局面。

圣都在主要都城和军事性都城的后方，主要发挥着国家宗教祭祀职能。如西周时期的岐周，[①] 春秋时期晋国的曲沃，春秋战国时期秦国的西垂与雍城。[②] 圣都不变，俗都常徙，也会导致一个结果，即：随着主都的礼制建筑祭祀设施逐渐增加，都城功能不断完善，

---

① 潘明娟：《西周都城体系的演变与岐周的圣都地位》，《陕西师范大学学报（哲学社会科学版）》2008 年第 4 期。

② 潘明娟、吴宏岐：《秦的圣都制度和都城体系》，《考古与文物》2008 年第 1 期。

圣都的宗教祭祀功能被取代，其地位也会下降。上述西周的岐周与晋国曲沃、秦国的西垂和雍城的发展轨迹是类似的，其政治地位都在逐渐下降。

比较西周、晋国、秦国的圣都俗都体系，会发现它们之间有所不同。

西周的圣都俗都体系是三座都城在西周时期同时存在。从都城功能来看，岐周是宗教祭祀意味较为浓厚的都城，是圣都；宗周承担着主要都城的功能，是行政性都城；成周主要承担前线都城的功能，是军事性陪都。从都城的政治地位来看，在整个西周时期，宗周一直是主都，岐周、成周均处于陪都地位，只不过到西周中晚期岐周、宗周政治地位逐渐下降，成周的政治地位愈加重要。

晋国的都城体系与西周类似，但也有细微的差异。晋国春秋时期的三座都城曲沃、绛和新田不是同时存在的，曲沃自始至终应该都是陪都与圣都地位，绛与新田则是前后相继的关系，没有同时并存。曲沃的发展轨迹与岐周相似，它们都是具有敌对关系的两个政权中相对弱小政权的都城，即西周相对于商、小宗曲沃相对于大宗晋国。随着政权实力的变化，以岐周和曲沃为都的割据政权打败了敌对政权，疆域迅速扩大至原来的数倍。为便于统治扩大了的疆域，政权的行政中心迁移了，西周迁至丰镐，晋迁至绛，则原来的都城岐周和曲沃就成为政权的根据地。根据地埋葬有划时代的政治人物，岐周有文王、武王、周公等，曲沃有晋武公、晋文公，因此，这样的根据地都城就成为重要的祭祀地点，成为圣都。岐周与曲沃独立为都的时间不长，同时由于当时的割据政权较为弱小，从营建规模上来讲，可能也不能与后来的俗都相提并论。

与西周、晋国相比，秦国的圣都俗都体系有很大不同。秦国在春秋战国时期有八座都城：西垂、汧、汧渭之会、平阳、雍、泾阳、栎阳、咸阳。从时间上来看，这些都城有同时并存的，也有前后相继的。秦国的圣都有两座：西垂与雍。张光直论述的三代"圣都"是"最早的都城"，"保持着祭仪上的崇高地位"，这样的"永恒基地"只有一座,其他都是暂时性的俗都。从这个意义上讲,西垂是当之无愧的秦国圣都。但是,随着秦离开西垂时间的增长,西垂的圣都地位在不断下降。这一点西垂与岐周、曲沃是相同的。与岐周、曲沃、西垂相比,雍不是秦国政权最早的都城。在雍为主都时期,秦人的都城体系中,西垂为圣都,雍为俗都。同时,秦人经营雍城二百多年,雍的祭祀设施及都城规模都已经超过西垂,因此,在秦人的行政中心离开雍城,到了泾阳、栎阳、咸阳之后,雍仍然是秦人的宗教祭祀中心,即圣都。雍的圣都地位的确立,在很大程度上是因为经营时间长、都城规模大,堪为秦人的根据地和祭祀中心。这样,与西周、晋国相比,秦国的都城制度发展了圣都俗都体系。

表4-9　　　　西周、晋国、秦国圣都俗都体系比较

政权	时间	建都顺序	都城地位
西周	西周时期	岐周、宗周、成周	岐周:圣都、陪都
			宗周:俗都、主都
			成周:俗都、陪都
晋国	西周晚期、春秋时期	曲沃与绛、新田	曲沃:圣都、陪都
			绛:俗都、主都
			新田:俗都、主都
秦国	春秋战国时期	西垂、汧、汧渭之会、平阳、雍、泾阳、栎阳、咸阳	西垂:由主都转变为圣都、陪都
			汧:俗都,与西垂并存
			汧渭之会:俗都,与西垂并存
			平阳:俗都,与西垂并存
			雍:由主都转变为圣都,与西垂并存
			泾阳:俗都,与雍、西垂并存
			栎阳:俗都,与雍、西垂并存
			咸阳:俗都,与雍、西垂并存,战国中晚期的主都

第三节 军事性陪都制度

在主都与陪都体系中，有一种陪都是比较特殊的，即军事性陪都，是主要执行军事功能的陪都。

一 商代前期的军事性陪都——偃师商城

偃师商城的陪都性质，笔者曾有研究，[1] 但在《从郑州商城和偃师商城的关系看早商的主都和陪都》一文中，笔者的关注点在于从都城体系的角度看主都和陪都并存制度，得出的结论是：早商时期，郑州商城是主都，偃师商城的陪都。

在本书中，笔者拟主要探讨偃师商城的军事性。从军事功能来看，偃师商城的军事意图强于郑州商城。偃师商城的城市设计及布局均体现了浓厚的军事防御及制敌思想。

（一）偃师商城的选址

偃师商城的选址应该是从军事角度出发来考虑的。在本书第二章第三节，笔者讨论过偃师商城的选址问题。从大的区域来看，偃师商城所在的洛阳盆地"东有成皋，西有崤黾，倍河，向伊雒，其固亦足恃"[2]。从微地形来看，偃师商城北面环山，东北、东南、南部傍水，只有西南部面向以前的夏都斟鄩——二里头遗址。这种地形特征，既可以避免偃师商城四面受敌，又可以命令驻扎在偃师商城的军事力量快速出击夏都的反抗势力。

（二）偃师商城的军事构造

偃师商城在构造上的军事特点，也表现出浓厚的防御思想。

第一，三重城垣。

---

① 潘明娟：《从郑州商城和偃师商城的关系看早商的主都和陪都》，《考古》2008 年第 2 期。

② 《史记》，中华书局 1959 年版，第 2043 页。

偃师商城的城垣格局，是由外向内的三重城垣，分别为大城、小城、宫城，其中作为统治中心的宫城位于小城中部，地势较高，这里应该是偃师商城最安全的地方。

第二，小城城墙的马面式设计。

偃师商城小城的北城墙南凹，西墙东凹，东墙东凸，南城墙目前尚不清楚。"小城东、北、西三面城墙皆有两处'Z'字形转角"。以北城墙为例，直线距离全长740米，因转角而将其分成三段，中段向南凹进了8—10米，从而使北城墙形成了四个直角拐弯，其中西段城墙长约180米，东段城墙长约200米，中段也就是凹进部分长约360米，约占北城墙总长度的一半。东、西城墙与北墙相似。从整体上看，小城城墙人为地设计成非直线走向。发掘者认为，这样可以"增加城墙曲度，达到压缩防御距离的效果，在防御时利用城墙转角来增加局部地点的战斗人数，强化杀伤能力"。城墙的这种设计方式类似后世的"马面"。① 因此，也有研究者认为，偃师商城的小城城墙就是马面的滥觞。②

马面，也称"行城"，《墨子·备高临》有："行城三十尺。"《墨子·备梯》也有："守为行城，杂楼相见，以环其中。"③ 马面凸出或凹进城墙，在战争中可以与城墙互为作用来消除城下的防守死角，进而有效攻击敌人。

第三，布设有较大的府库。

偃师商城的小城内发掘有Ⅱ号基址。从位置来看，Ⅱ号建筑群遗址位于大城的西南部，Ⅱ号建筑群遗址即宫城的西南，与Ⅰ号建筑群遗址即宫城一样处于偃师商城地势较高的地方，且Ⅱ号建筑群遗址距离宫城不足百米；从建筑形式来看，这座基址"有宽近3米的围墙环绕包围，与外界隔开，足见其封闭性极强"。围墙内是大型

---

① 王学荣、杜金鹏、岳洪彬：《河南偃师商城小城发掘简报》，《考古》1999年第2期。

② 杜金鹏：《偃师商城初探》，中国社会科学出版社2003年版，第58页。

③ 吴毓江撰、孙启治点校：《墨子校注》，中华书局1993年版，第839、845页。

建筑夯土基址，由下至上叠压三层建筑遗迹，都是规整有序的排房式建筑，"排列整齐，结构紧凑"。三层建筑之中的各层，尤其是下层和中层建筑，同层的单体建筑结构、布局、相互间距皆惊人地相似，这说明三层建筑的变化，是人为地按照原有的规模、布局和结构重新翻建。考古学者还发现，Ⅱ号建筑群"整个遗址围墙范围以内皆干干净净，整洁异常，无零乱杂物散落或堆积，也无用火痕迹"①。总结Ⅱ号基址的特征，可以发现：与宫城一样位于地势较高的地方，距离宫城很近；3米宽的围墙；排房式的建筑；不是人类活动频繁的地方，也不是普通人能够进入和使用的地方。可见，Ⅱ号建筑群遗址与宫室关系非同一般，发掘者认为这是府库仓储类建筑。②

在小城东墙外，还有一座方形的Ⅲ号建筑群基址。因未经正式发掘，推测这个建筑群应该是由若干长条形建筑组成的，性质可能与Ⅱ号建筑群相同，该组建筑的年代或许是扩建大城时新建的。从Ⅲ号建筑群基址与宫城的位置关系来看，它与宫城的关系相当密切。

Ⅱ号建筑群遗址与Ⅲ号建筑群遗址是两组性质相同的建筑群，一在西南一在东北呈掎角之势拱卫着宫城。这种布局上的对应关系，应该说明了宫城与府库之间的内在联系。

综上，可以认定偃师商城具有明显的军事意图，有学者认为偃师商城就是早商的一座军事重镇。③

与偃师商城同时期的郑州商城也体现出一定的军事防御思想。如建造外郭城，城墙有坡度较缓的"护城坡"，在地势较高的地方修建宫城并筑有城墙，等等。但是，相对偃师商城来说，郑州商城的军事防御色彩要淡薄得多。因此，笔者认为在早商时期，偃师商城

---

① 中国社会科学院考古研究所河南第二工作队：《偃师商城第Ⅱ号建筑群遗址发掘简报》，《考古》1995年第11期。

② 中国社会科学院考古研究所河南第二工作队：《偃师商城第Ⅱ号建筑群遗址发掘简报》，《考古》1995年第11期。

③ 郑杰祥：《关于偃师商城的性质与年代》，《中原文物》1984年第4期。

就是一座军事性陪都，商人极有可能在克夏后，于夏人故地设置一座陪都，以镇抚夏遗民。①

二　西周时期的军事性陪都——成周洛邑

笔者在《从郑州商城和偃师商城的关系看早商的主都和陪都》文末，联系西周初年的军事性陪都来分析早商时期的偃师商城陪都地位，认为"成周在建城之后，成为周人在东方地区的政治统治据点，同时，也是周人在东方的军事据点"。

（一）成周建立的背景

成周洛邑是西周时期重要的都城，是西周统治者在东方的一个政治、经济、军事等方面的统治中心。成周洛邑是在一个社会背景的基础之上建立的，即：灭商后周人的疆域迅速向东、南方向扩大，而都城宗周相对来说较为偏西，为了有效统治迅速扩大的疆域，必须建立在此疆域中心建立一个统治据点，不仅镇抚以殷人为主的中原地区，还能借此确立在南方和东方的统治。

成周的位置，从整个天下的视角来看，是作为"天下之中"出现的，因此在本书第二章第二节中，笔者探讨了西周初期从新都洛邑选址实践体现出来的"天下之中"选址观；从微地理环境来看，笔者在本书第二章第三节中比较了岐周、宗周、成周的地理环境，认为三座都城的选址均为依山傍水型，是背山环水的微地理格局。因此，成周的地理位置极其重要。杨宽先生认为："虽然西周的君王常住在宗周镐京，有时到东都成周来处理政务，但实际上由于地理位置的关系，成周的重要性超过了宗周。"②从都城关系的角度来分析，这句话的意思是：一、成周是西周时期的陪都；二、成周的地理位置较之宗周要优越得多，也重要得多。笔者认为这是非常正确

---

① 潘明娟：《从郑州商城和偃师商城的关系看早商的主都和陪都》，《考古》2008年第2期。

② 杨宽：《中国古代都城制度史研究》，上海人民出版社2003年版，第44页。

的论断。

（二）成周的军事功能及陪都地位的演变

成周都城地位的演变，应该经历了三个时期：西周初期，成周是统治东方、统治殷顽民的政治、经济和军事据点；到西周中晚期，随着西方戎狄的入侵，宗周逐渐残破，政治中心逐渐东移，同时，西周军事活动的重心也从镇抚殷顽民到对付更东的"东夷"和江南的"南淮夷"，因此成周的都城地位日益重要。许倬云先生认为："自从昭穆之世，周人对于东方南方，显然增加了不少活动。昭王南征不复，为开拓南方的事业牺牲了生命，穆王以后，制服淮夷，当是周公东征以后的另一件大事。西周末年，开辟南国，加强对淮夷的控制，在东南持进取政策。东都成周，遂成为许多活动的中心。"① 发展到东周初年，由于戎狄入侵和宗周的残破，成周终于成为主要都城。

第一，成周是周王朝在全国范围内除宗周之外的一个重要统治据点。

有学者认为"周初营建洛邑是空间治理均衡性的需要"②，这无疑是正确的论断。洛邑名为"成周"，是与"宗周"相对应的，"名为成周者，周道始成，王所都也"③。这昭示了成周这座都城对于西周政权的重要性。《尚书·洛诰》记载周公"来相宅，其作周匹休"④，也就是要营建一座与"周"相匹配的都城。《尚书·召诰》评价洛邑的地位："其作大邑，其自时配皇天，毖祀于上下，其自时中乂。"⑤ 足见成周重要的政治地位。到西周后期，《国语·郑语》记载史伯对郑桓公说："当成周者，南有荆蛮、申、吕、应、邓、

---

① 许倬云：《西周史》，生活·读书·新知三联书店 1994 年版，第 292 页。

② 李麦产：《周初营建洛邑是空间治理均衡性的需要——兼论政治新伦理对都城择定的影响》，《河南科技大学学报（社会科学版）》2015 年第 3 期。

③ 《史记·鲁周公世家·集解》，中华书局 1959 年版，第 1519 页。

④ 《十三经注疏·尚书正义》，艺文印书馆 2001 年版，第 225 页。

⑤ 《十三经注疏·尚书正义》，艺文印书馆 2001 年版，第 221 页。

陈、蔡、随、唐，北有卫、燕、狄、鲜虞、潞、洛、泉、徐蒲，西有虞、虢、晋、隗、霍、杨、魏、芮，东有齐、鲁、曹、宋、滕、薛、邹、莒。"① 这也在一定程度上反映了成周作为东方政治中心的地位。

从《尚书》的《洛诰》《召诰》《多士》②《康诰》③ 等记载来看，成周的选址与建设是西周初年政治生活中的一件大事。周公、成王利用营建洛邑的机会召集诸侯，号令侯、甸、男、采、卫及百官和边远地区的臣民为周王室服务，借此树立起新政权的权威，加强西周中央与诸侯国之间的统属关系。因此，《左传·昭公三十二年》说："昔成王合诸侯，城成周以为东都，崇文德焉。"④

第二，成周具有较高的军事职能。

成周的军事地理位置非常优越，地处"天下之中"，向西可通周人的关中根据地，向东可到齐鲁一带，向北能达燕地，向南可逼荆楚，因此军事地理位置极其便利。周人打败黄河下游的殷商之后，其政治影响力向东方、北方、南方继续扩展，就必定要以洛邑为出发点。成周的交通条件很好，水路可沿河水而下，入济水即可到达齐鲁；从洛邑东南经汝水、颍水，又可入淮水；陆路也修建了联络宗周与成周的"周道"。《诗·小雅·大东》记载："周道如砥，其直如矢，君子所履，小人所视。"⑤《诗·桧风·匪风》也有"周道"的记载。⑥ "周道"应该是一条联系各个据点的重要军用公路。成周

① 徐元诰撰，王树民、沈长云点校：《国语集解》，中华书局2002年版，第462页。
② 《尚书·多士》有："惟王三月，周公初作新邑洛，用告商王士。"见《十三经注疏·尚书正义》，艺文印书馆2001年版，第236页。
③ 《尚书·康诰》记载："惟三月哉生魄，周公初基，作新大邑于东国洛，四方民大和会。侯甸男邦，采卫白工，播民和见，土于周。"见《十三经注疏·尚书正义》，艺文印书馆2001年版，第200页。
④ 《十三经注疏·春秋左传正义》，艺文印书馆2001年版，第932页。
⑤ 《十三经注疏·毛诗正义》，艺文印书馆2001年版，第438页。
⑥ 《诗·桧风·匪风》："匪风发兮，匪车偈兮。顾瞻周道，中心怛兮。匪风飘兮，匪车嘌兮。顾瞻周道，中心吊兮。谁能亨鱼？溉之釜鬵。谁将西归？怀之好音。"见《十三经注疏·毛诗正义》，艺文印书馆2001年版，第265页。

通向东方、南国也有大道。《中方鼎》记载:"惟王令(命)南宫伐反虎方之军,王令先省南或(国)橐行。""橐"即串、贯。省南国贯行,也就是循省南国而贯通其道路。可见,周王城修建有通向东方、通向"南国"的"军用公路"。

这样便利的水陆交通条件对以成周为中心的军事活动来说非常重要。以成周为基地,西周政权与东夷、徐戎、淮夷等方国部落之间不断发生战争。这在青铜器铭文中记载很多。

西周时期,中央直接指挥的军队共有三支,即"成(周)八师""殷八师""西六师",分别驻扎于成周、殷故都、西都丰镐。如禹鼎铭文有:"亦唯噩(鄂)侯驭方率南淮夷东夷广伐南国、东国、至于历内,王乃命西六师、殷八师曰:'伐噩侯驭方……'"曶壶铭文有:"王乎(呼)尹氏册命曶曰:更(赓)乃祖考作冢妇土于成周八师。"兢卣铭文有:"隹伯迟父以成师即东,命伐南夷。"西六师驻守镐京,是周王的禁军,主要担任保卫王室、抵御西北的鬼方和猃狁的任务。殷八师是由殷人组成的军队,驻殷人故地,主要用以镇抚东夷。成周八师驻成周,用以对付殷顽民和镇抚南淮夷。周初拓疆于东夷、淮夷、荆楚,多有战事,成周地处天下之中,交通发达,成周八师是可供周王调遣的重要武装力量。杨宽认为:"'成周八师'不仅用于征伐不服从的诸侯和夷戎部落,而且是巩固统治的一种威慑力量。"[1]

三 齐国的军事性陪都

春秋中后期及战国时期,齐在临淄之外,还陆续设置了四座次要的都城即陪都,与临淄一起称为"五都"。《战国策·燕策一·燕王哙既立》及《史记·燕召公世家》记载,齐湣王"因令章子(章

---

[1] 杨宽:《中国古代都城制度史研究》,上海人民出版社2003年版,第54页。

郸）将五都之兵，以因北地之众以伐燕"①。

学界一般认定齐国是实行五都制的，② 但是"五都"包括哪五座都城，学界有不同意见。钱林书先生认为齐国的五都是临淄、高唐、平陆、博、郳殿。③ 杨宽先生认为："齐国到战国时期还设有五都的制度，除国都临淄以外，四境设有别都，平陆、高唐、即墨、莒，都是别都。"④ 韩连琪认为齐国的五都不包含主都临淄，除临淄之外，齐国有"西北方临近燕赵的高唐、平陆，南方临近楚国的南城，西南方临近赵魏的阿和东方与夷族接壤的即墨"⑤ 五座陪都。临淄为齐国主都，属于"五都"之一应无疑义。⑥ 除临淄之外，上述学者均认可的陪都是高唐和平陆，其余被提名的还有博、郳殿、南城、阿、即墨、莒等。

（一）高唐

在春秋时期，高唐是齐国的宗邑，应该设置有一定的宗庙建筑，可以举行较高级别的祭祀活动。《左传·襄公二十五年》记载齐庄公死后，"祝佗父设祭于高唐"⑦。杜预注曰："高唐有齐别庙也。"⑧ 因此，高唐应该在春秋时就已是齐国的陪都了。

高唐是田齐兴盛之地。《左传·昭公十年》有记载："（齐景）公与桓子莒之旁邑，辞。穆孟姬为之请高唐，陈氏始大。"⑨ 田氏代

---

① 《战国策》，上海古籍出版社 1985 年版，第 1061 页；《史记》，中华书局 1959 年版，第 1557 页。

② 当然，也有学者认为齐的五都制度不是都城制度，而是齐国中央对地方的统治制度，齐"建有五都制度可以代替郡的职能"。见钱林书《春秋战国时期齐国的疆域及政区》，《复旦学报（社会科学版）》1996 年第 6 期。

③ 钱林书：《战国齐五都考》，中国地理学会历史地理专业委员会《历史地理》编委会编《历史地理》第五辑，上海人民出版社 1987 年版，第 115—118 页。

④ 杨宽：《战国史》，上海人民出版社 2003 年版，第 39 页。

⑤ 韩连琪：《先秦两汉史论丛》，齐鲁书社 1986 年版，第 220 页。

⑥ 《史记·燕召公世家·索隐》："临淄是五都之一也。"见《史记》，中华书局 1959 年版，第 1557 页。

⑦ 杨伯峻编著：《春秋左传注》，中华书局 1981 年版，第 1097 页。

⑧ 《十三经注疏·春秋左传正义》，艺文印书馆 2001 年版，第 619 页。

⑨ 杨伯峻编著：《春秋左传注》，中华书局 1981 年版，第 1318 页。

齐，列为诸侯之后，高唐作为田氏的封邑，当然仍为齐国的陪都，这一点可参见本章第一节晋国曲沃与绛的关系。钱林书、杨宽、韩连琪诸位先生都认为高唐应为齐国五都之一。

高唐是齐国西部的军事重镇，因此，高唐的政治地位应该是齐国的军事性陪都。

高唐位于古黄河之东，济水、漯水之西，春秋战国时期，高唐以北有平原邑，其南有博陵、博望两邑，向东可直达临淄，向西控扼晋、秦门户。因此，高唐的交通非常便利。高唐长期位于齐国西界，是西方各国进攻齐国的首选门户。

发生在高唐的军事事件有：公元前553年，即齐庄公元年，"晋闻齐乱，伐齐，至高唐"①。公元前548年，"晋因齐乱，伐败齐于高唐去，报太行之役也"②。《左传·哀公十年》记载公元前485年晋赵鞅帅师伐齐，"取犁及辕，毁高唐之郭，侵及赖而还"③。可见，春秋时期，晋若侵齐必伐高唐。而高唐作为军事重镇，防御设施也比较齐全，有城有郭。

到了战国时期，三家分晋，赵国与齐国接壤，高唐仍是赵国进攻齐国的必经之地。公元前344年，即赵肃侯六年，赵国"攻齐，拔高唐"④。公元前333年，即齐威王二十四年，齐威王与魏惠王比宝时曾说："吾臣有盼子者，使守高唐，则赵人不敢东渔于河。"⑤公元前284年，即燕昭王二十八年，为报破燕之仇，燕将乐毅率燕、秦、韩、魏及赵五国之兵伐齐，应该就是从赵齐边境攻击高唐，之后攻入齐国，很快攻下齐都临淄，导致齐几乎亡国，"齐城之不下者，独唯聊、莒、即墨，其余皆属燕，六岁"⑥。公元前274年，

① 《史记》，中华书局1959年版，第1500页。
② 《史记》，中华书局1959年版，第1684页。
③ 杨伯峻编著：《春秋左传注》，中华书局1981年版，第1656页。
④ 《史记》，中华书局1959年版，第1802页。
⑤ 《史记》，中华书局1959年版，第1891页。
⑥ 《史记》，中华书局1959年版，第1558页。

"燕周将,攻昌城、高唐取之"①。其后高唐在近二十年的时间里是赵国重镇,一直到公元前256年,即赵孝成王元年,高唐才重归齐国。《战国策·赵策四》有:"燕封宋人荣蚡为高阳君,使将而攻赵。赵王因割济东三城令卢、高唐、平原陵地城邑市五十七,命以与齐,而以求安平君而将之。"②

除上述战争之外,齐魏桂陵之战前,也提到了齐国高唐,并且与齐都临淄相提并论。"忌子招孙子而问曰:'事将何为?'孙子曰:'都大夫孰为不识事?'曰:'齐城、高唐。'"③ 这里的"都大夫"既是都的行政长官,又是"五都之兵"的主将。在后来的桂陵之战中,齐城临淄和高唐的两位都大夫在行军路上大败,应是其"不识事"的一个后果。

综上,可以看出高唐作为齐国西部边境上的军事性陪都,对齐国的重要性是不言而喻的,晋与齐、赵与齐在高唐都有过激烈的争夺。

(二) 平陆

平陆为齐国的军事性陪都之一,应是毫无疑问的。《孟子·公孙丑下》记载了平陆的陪都地位:"孟子之平陆,谓其大夫(孔距心)曰:'子之持戟之士,一日而三失伍,则去之否乎?'……曰:'此则距心之罪也。'他日,见于王曰:'王之为都者,臣知五人焉。知其罪者,惟孔距心。'"④ 可见,齐国之都大夫应该有五个人,平陆大夫孔距心应该是"都大夫",是陪都的军事将领。

春秋时期,平陆尚不见记载。战国时期的平陆,是齐国西南边境上的军事重镇,南可防鲁,西可御魏。《战国策·齐策四·苏秦谓齐王》有记载,齐国"有阴、平陆,则梁门不启"⑤。这里的"梁"

---

① 《史记》,中华书局1959年版,第1821页。
② 《战国策》,上海古籍出版社1985年版,第750—751页。
③ 张震泽撰:《孙膑兵法校理》,中华书局1984年版,第1—2页。
④ 《四书章句集注》,中华书局1983年版,第244页。
⑤ 《战国策》,上海古籍出版社1985年版,第424页。

指的是魏都大梁，可见平陆如果属齐，则可以直接威胁魏国国都的安全。

发生在平陆的军事事件有：公元前389年，"鲁败齐平陆"①。燕昭王时期，齐与魏在平陆有争夺。《战国策·齐策六·燕攻齐取七十余城》记载鲁仲连与燕将书曰："楚攻南阳，魏攻平陆，齐无南面之心。"鲁仲连后来又说："且弃南阳，断右壤，存济北，计必为之。"其中的"右壤"，鲍标注曰："谓平陆。"②可见平陆军事地位的重要性。

（三）博

博在齐国的南部，地处泰山山脉及鲁山山脉之间，其南为齐国边疆重镇阳关。

博南有阳关。"《括地志》：阳关故城在兖州博城县南二十九里。"③阳关是齐国、鲁国之间的重要关隘，向北可通齐国，向南可通鲁、吴等国。春秋时期，齐攻鲁国，应该就是从阳关而入。阳关在春秋时为鲁所控制，《史记·鲁周公世家》定公八年（前502）："三桓共攻阳虎，阳虎居阳关。"《集解》引服虔曰："阳关，鲁邑。"④后来，阳关属齐，《通鉴》周烈王三年（前373）："鲁伐齐，入阳关。"⑤应该从周烈王三年（前373）开始，阳关成为齐南方的重要关隘。《博物志》卷一云："齐南有长城、巨防、阳关之险，北有河、济，足以为固。"⑥

博在阳关以北十多公里，若阳关失守，可退保博邑，如果博邑不保，则直接威胁齐都临淄。《左传·哀公十一年》记载，公元前

① 《史记》，中华书局1959年版，第1886页。
② 《战国策》，上海古籍出版社1985年版，第452—454页。
③ 《资治通鉴·周纪一·胡三省注》引。见《资治通鉴》，中华书局1956年版，第37页。
④ 《史记》，中华书局1959年版，第1544页。
⑤ 《资治通鉴》，中华书局1956年版，第37页。
⑥ 《博物志》，清道光指海本，第17页，

484 年"为郊战故，公会吴子伐齐。五月，克博"①。记载的是吴齐之间的艾陵之战，吴国大败齐师，齐举国震动。因此，博的军事地位非常重要，它可以防止吴、鲁等南方国家对齐的进攻，也可以作为齐对这些国家的军事据点。

（四）郱殿

钱林书认为郱殿为五都之一。郱殿为齐国陪都，《左传·襄公二十八年》："与晏子郱殿，其鄙六十。"杜预注："郱殿，齐别都也。"②

春秋时郱殿为齐东部边境的战略要地。郱殿以东，为莱夷族活动之地，齐曾与莱夷族发生过多次战争。《左传·宣公七年》："公会齐侯伐莱。"③《左传·宣公九年》："齐侯伐莱。"④ 杨伯峻注："李廉《春秋诸传会通》云：'东莱有莱山，从齐之小国也。齐自七年会鲁伐之，今年又伐之，卒于襄六年而灭之矣。'"⑤ 李廉记载的"齐自七年会鲁伐之"就是鲁宣公七年（前 602）齐鲁联合伐莱之事。之后，《左传·襄公二年》记载在公元前 571 年"齐侯伐莱，莱人使正舆子赂夙沙卫以索牛马，皆百匹，齐师乃还"⑥。到鲁襄公六年（前 567）"十有二月，齐侯灭莱"⑦。因此，可以看出，郱殿是进攻或防御莱夷族的军事据点。

郱殿的军事地位十分重要，同时这一带的经济地位也比较高。上文《左传·襄公二十八年》记载齐王"与晏子郱殿，其鄙六十。弗受"。晏子解释自己不接受的原因时说："庆氏之邑足欲，故亡。吾邑不足欲也，益之以郱殿，乃足欲。足欲，亡无日矣。在外，不

---

① 杨伯峻编著：《春秋左传注》，中华书局 1981 年版，第 1661 页。
② 《十三经注疏·春秋左传正义》，艺文印书馆 2001 年版，第 656 页。
③ 杨伯峻编著：《春秋左传注》，中华书局 1981 年版，第 690 页。
④ 杨伯峻编著：《春秋左传注》，中华书局 1981 年版，第 699 页。
⑤ 杨伯峻编著：《春秋左传注》，中华书局 1981 年版，第 699 页。
⑥ 杨伯峻编著：《春秋左传注》，中华书局 1981 年版，第 699 页。
⑦ 杨伯峻编著：《春秋左传注》，中华书局 1981 年版，第 946 页。

得宰吾一邑。不受郉殿,非恶富也,恐失富也。"① 可见郉殿也是十分富饶的。

到战国时期,郉殿的记载就几乎没有了,主要原因应该是春秋以后,齐的东疆有向今山东半岛中部、东部发展,莱夷族也基本被齐制服,郉殿原来作为战略要地的作用减小,这一带基本无事。但郉殿仍是临淄通往东部沿海各地的中转站,仍是齐国在东方地区的大邑。所以,战国时期,郉殿应该仍继承其在春秋时期的陪都称号,是战国齐的五都之一。

(五)齐设军事性陪都的原因思考

纵观齐国五都,主都临淄居中,四境除北面临海外分设四座军事性陪都,即西面的高唐、西南的博与平陆、东方的郉殿。四都均在交通方便之地、军事冲要之所,具有边防重镇的性质。

齐国的五都制应该是控制边疆的一种手段。在边疆的军事重镇设立宗庙,建成都城,提高这些地区的政治地位,由国君直接控制,都大夫统兵御敌,对国家边疆的安宁及国家的长治久安非常重要。这种"一座主都—多座军事性陪都"的统治模式,既是都城制度,又是边疆控制手段。战国时楚的别都陈、蔡、东西不羹等应该也是这种类型。

四 楚国的军事性陪都

陈、蔡、东西不羹应该是楚国的军事性陪都,其作用可能与齐国的高唐、平陆、博与郉殿一样。《国语·楚语上》:"灵王城陈、蔡、不羹,使仆夫子晳问于范无宇,曰:'吾不服诸夏而独事晋何,唯晋近我远也。今吾城三国,赋皆千乘,亦当晋矣。又加之以楚,诸侯其来乎?'……"韦昭注:"三国,楚别都也。"② 说明了陈、蔡、不羹的陪都地位。

---

① 《十三经注疏·春秋左传正义》,艺文印书馆2001年版,第656页。
② 徐元诰撰,王树民、沈长云点校:《国语集解》,中华书局2002年版,第497页。

（一）陈

陈封于西周初年，为妫姓诸侯国。楚国在庄王、灵王、惠王时，先后三度灭陈。《左传》对此有明确记载。宣公十一年载："冬，楚子为陈夏氏乱故，伐陈。谓陈人'无动，将讨于少西氏。'遂入陈，杀夏征舒，轘诸栗门，因县陈。"①昭公八年云："九月，楚公子弃疾帅师奉孙吴围陈，宋戴恶会之。冬十一月②壬午，灭陈。"③哀公十七年："楚白公之乱，陈人恃其聚而侵楚。楚既宁，将取陈麦。……秋七月已卯，楚公孙朝帅师灭陈。"④

从考古资料来看，陈故城在今河南省淮阳县城关一带。陈城建于春秋时代，有多次修复的痕迹。出土有板瓦、筒瓦、鬲、豆等陶器残片及蚁鼻钱等遗物。⑤

从所处的地理位置来看，陈位于淮北颍水中游一带，地当楚、夏之交，是楚向中夏出兵的军事要冲。因此，陈应该是楚国的军事性陪都。但文献记载较少，无法详细研究。公元前278年，秦将白起攻破楚之郢都，楚顷襄王"东北保于陈城"，陈城遂成为楚的首都，史称"郢陈"。⑥

（二）上蔡

蔡封于西周初年，姬姓诸侯国。公元前531年和前447年，蔡国两度被楚所灭。第一次灭亡三年之后，蔡平侯复国，迁都于吕亭，取名新蔡。蔡昭侯时将国都东迁到吴国境内的州来，取名下蔡。《春秋·昭公十一年》："冬十有一月丁酉，楚师灭蔡，执蔡世子有以

---

① 杨伯峻编著：《春秋左传注》，中华书局1981年版，第713—714页。

② 《春秋》："东丨月壬午，楚师灭陈。"见杨伯峻编著《春秋左传注》，中华书局1981年版，第1300页。

③ 杨伯峻编著：《春秋左传注》，中华书局1981年版，第1304页。

④ 杨伯峻编著：《春秋左传注》，中华书局1981年版，第1708—1709页。

⑤ 曹桂岑：《楚都陈城考》，《中原文物》，1981年特刊。

⑥ 《史记·秦始皇本纪》：二十三年"秦王游至郢陈"。见《史记》，中华书局1959年版，第234页。

归，用之。"① 同年，楚灵王扩建上蔡城，史称"国有大城"，楚由此开始以上蔡为陪都。

上蔡故城在今河南省上蔡县城关一带。考古资料显示，城址平面略呈长方形，城垣周长 10490 米，东墙 2490 米、南墙 2700 米、西墙 3187 米、北墙 2113 米，城墙残高 4—11 米，城墙的夯层厚 8—14 厘米。城外有明显的护城河遗迹。上蔡城门应该有 4 座，城门附近的城墙厚度与其他部位的城墙相比，明显增宽，并且城内的右侧出现有凹成 U 字形深龛的部分，考古学者认为应是守门兵士的住地。城内西南部有"二郎台"，东西 1200 米、南北 1000 米，高出周围地面 6—7 米，考古学者认为这应是宫殿区所在。②

上蔡位居汝水中游，地当方城之外。顾栋高《春秋大事表·春秋时楚始终以蔡为门户论》云："楚在春秋北向以争中夏，首灭吕、灭申、灭息，其未灭而服属于楚者曰蔡。……蔡自中叶以后，于楚无役不从，如虎之有伥，而中国欲攘楚，必先有事于蔡。盖蔡居淮汝之间，在楚之北，为楚屏。"③ 上蔡应该是楚在伏牛山脉以北、淮汝之间的军事屏障。

（三）不羹

不羹有两处：位于河南省舞阳县东北的东不羹；位于河南省襄城县东南的西不羹。不羹是西周初年的封国，后被楚所灭。

从考古资料来看，东不羹故城位于河南省舞阳县北舞渡西北一带，城垣周长 5500 米，北城墙不规则，略呈凸字形。城内东北部的后古城寨附近地势较高，发现有建筑基址，考古学者认为这可能是宫殿遗址。④ 西不羹的情况还不清楚。

---

① 杨伯峻编著：《春秋左传注》，中华书局 1981 年版，第 1322 页。
② 尚景熙：《蔡国故城调查记》，《中原文物》1980 年第 2 期。
③ （清）顾栋高辑，吴树平、李解民点校：《春秋大事表》，中华书局 1993 年版，第 2024 页。
④ 朱帜：《河南舞阳北舞渡古城调查》，《考古通讯》1958 年第 2 期。

《左传·昭公十一年》："……楚子城陈、蔡、不羹，使弃疾为蔡公。"①《左传·昭公十二年》载，楚灵王曾对右尹子革说："昔诸侯远我而畏晋，今我大城陈、蔡、不羹，赋皆千乘，子与有劳焉。诸侯其畏我乎？"子革对曰："畏君王哉，是四国者，专足畏也。又加之以楚，敢不畏君王哉！"②东西不羹、陈、上蔡，被称为"四国"，这应该明确了陈、蔡、不羹的军事性陪都地位。则楚国以不羹为陪都，始于楚灵王十年，即公元前531年。

综上，陈、蔡、不羹的形制、规模和分布情况均具有明显的军事功能，设在楚国的北部边疆，自南而北逐渐向中原推移，表明楚国进取中原的宏图雄心。

五 燕国的军事性陪都

下都武阳是燕国的军事性陪都。《水经注·易水》记载："易水又东迳武阳城南……故燕之下都，擅武阳之名。"③《元和郡县志》卷十八易州易县："武阳故城，县东南七里，故燕之下都。"④ 以上资料，可以肯定的是武阳故城被称为燕下都，既称"下"都，则明确表示了武阳的陪都地位。

战国中后期，燕国一度出现混乱，燕王哙将君位禅让国相子之，导致燕国大乱，齐国趁虚而入，占领燕都。公元前312年齐师从燕境退兵以后，燕昭王营建下都，"燕昭创之于前，子丹踵之于后"⑤。考古工作者通过对燕下都文化遗存的考察，燕下都的营建时间与此记载也基本相符。

---

① 杨伯峻编著：《春秋左传注》，中华书局1981年版，第1327页。
② 杨伯峻编著：《春秋左传注》，中华书局1981年版，第1340页。
③ （北魏）郦道元著，陈桥驿校证：《水经注校证》，中华书局2007年版，第280页。
④ （唐）李吉甫撰，贺次君点校：《元和郡县图志》，中华书局1983年版，第516页。
⑤ （北魏）郦道元著，陈桥驿校证：《水经注校证》，中华书局2007年版，第281页。

下都武阳的政治地位也是不容忽视的。昭王即位后，由于联合强赵对付齐国的需要，把政治重心移至下都，在下都有所营建，以致燕国末年一些重要政治事件发生在下都。如燕太子丹在下都蓄养宾客，意欲遣荆轲刺秦应该就发生在下都。①

燕下都在今河北省易县城东南，介于北易水和中易水之间。在河北平原的西北角上，西北经紫荆关可抵涞源，北通浑源、大同，西趋代州，南可往曲阳、邯郸等地。燕下都西倚太行山，南临易水，东部迤连于河北平原，地势险要，居高临下，便于防守。从燕下都的地理形势和所处的地理位置看，它是燕上都通向齐、赵等国的咽喉要地，为燕国南部的政治、经济和军事重镇。

燕下都的地理位置导致其具有重要的军事意义，是燕国对付中原各国的重要场所。燕下都有城墙、护城河等防御设施。其西城是东城的附属建筑，一般认为可能是为军事防御需要而增建的城，城址内遗存较少。在燕下都遗址中，发现不少作战用的武器和军事装备，如铜戈、铜剑、弩机、铜镞、铁矛、铁戟、铁剑、铁胄、铁甲等，城内还发现有制桶、制铁等手工业作坊遗址，而且武器出土的数量比较集中，如在 23 号遗址中，一次就出土铜戈 108 件。② 1965年，在燕下都武阳台附近发掘了一个丛葬坑，墓中出土文物 1480件，其中铁制兵器，如剑、矛、戟以及铁盔、铁甲散片占绝大多数。经过对其中剑、矛、戟等 7 种其 9 件兵器的分析，其中 6 件为纯铁或钢制品，3 件为经过柔化处理或未经处理的生铁制品。③

与齐国、楚国军事性陪都相比，燕下都的政治地位要高一些。

---

① 《史记》，中华书局 1959 年版，第 1561 页。

② 河北省文物管理处：《燕下都第 23 号遗址出土一批铜戈》，《文物》1982 年第8 期。

③ 中国历史博物馆考古组：《燕下都城址调查报告》，《考古》1962 年第 1 期；河北省文物研究所：《河北易县燕下都第 13 号遗址第一次发掘》，《考古》1987 年第 5 期；许宏：《燕下都营建过程的考古学考察》，《考古》1999 年第 4 期；瓯燕：《试论燕下都城址的年代》，《考古》1988 年第 7 期；河北省文物管理处：《河北易县燕下都 44 号墓发掘报告》，《考古》1975 年第 4 期。

在燕昭王时期，燕下都几乎成为行政性中心。燕昭王在这里延揽宾客，接待各国投奔燕国的贤士，《战国策·燕策一》①《史记·燕召公世家》②等史籍有详细记载。《水经注》卷十一也有："昭王礼宾，广延方士，至如郭隗、乐毅之徒，邹衍、剧辛之俦，宦游历说之民，自远而屈者多矣。不欲令诸侯之客，伺隙燕邦，故修建下都，馆之南垂。"③形成"乐毅自魏往，邹衍自齐往，剧辛自赵往"的"士争趋燕"的局面。④同时，燕昭王"吊死问孤，与百姓同甘苦"，迅速恢复和发展了燕国战争之后的经济。

六　军事性陪都的功能

先秦的军事性陪都均是在战略要地营建的区域性政治中心，主要执行的是军事职能。从文献记载来看，西周时期的成周虽然是军事性陪都，但其地位与主都宗周相近，其营建是西周初期的重大政治事件，周天子包括成王、宣王等会到成周驻跸。到春秋战国时期，军事性陪都地位下降，尤其是从齐国、楚国的都城体系来看，仅在边疆地区军事重镇设置军事性陪都，除了具体征战之外，这些陪都对整个政权的政治影响力几乎没有。燕下都作为军事性陪都，是战国后期一个特殊现象，它诞生于燕国国破、经历战争摧残之后，处于燕国恢复期，虽然燕下都是燕昭王长期驻跸的行政性中心，但在一定程度上更像是一座暂时性都城，且燕下都的军事防御设施较之其他同时期的都城是最为明显的，尤其是它的西城是作为驻扎军队而存在的。

---

① 《战国策》，上海古籍出版社1985年版，第1064页。
② 《史记》，中华书局1959年版，第1558页。
③ （北魏）郦道元著，陈桥驿校证：《水经注校证》，中华书局2007年版，第281页。
④ 《史记》，中华书局1959年版，第1558页。

第四节　多都并存制度的阶段性

先秦时期多都并存已经形成一个"体系"，由历史表象行为上升至制度层面的规则。根据本章第二、三节对多都并存制度的研究，本节讨论先秦多都并存制度发展的阶段。

制度是一个动态的体系，而不是静态的，它有产生、变革、完善、消亡的发展过程，随着相关制度或现象的不断变化而不断变革，不断完善。先秦多都并存制度大致可以分为以下三个阶段。

一　滥觞时期——夏商

夏商时期由部族过渡到国家发展的初期阶段，诸多政治制度还未完善，都城的设置、营建、规划等问题都没有解决，主要表现是随机性较强，根据政权对内对外政治军事斗争的需要或者是都邑周遭自然环境的变化而随意设置。因此，都城较多，多都并存现象比较普遍，多都并存制度处于一个滥觞时期。也就是说，虽然这一时期没有多都并存的文献记载，但是，多都并存这一都城设置现象是广泛而普遍地存在着，因此，相关的制度逐渐形成。

夏代的都城设置情况由于记载比较模糊，无法理清头绪，但夏代多座都城同时存在是毫无疑问的。商代的都城设置更加复杂。根据对考古资料和文献资料的分析，笔者认为，偃师商城就是商代前期的陪都，是以军事功能为主的都城，郑州商城则是商代前期的主都，以行政功能为主。到商代中期，都城还出现了圣都与俗都的差别，许多学者认为商的圣都在商丘，[①] 俗都迁徙频繁，但圣都不移，这一时期的都城体系可能是比较明显的圣都与俗都体系。商代后期，安阳殷墟与成汤之故居同时并存了一段时间，安阳殷墟为主都，成汤之故居为陪都。这样，较之夏代的都城体系，商代都城体系明显

---

① ［美］张光直：《考古学专题六讲》，文物出版社 1986 年版，第 110—126 页。

复杂了许多，不仅出现了都城政治地位的差别，形成主都与陪都的不同，还可以根据都城功能的区别，分辨出行政性都城俗都和祭祀性都城圣都，以及行政性都城主都和军事性都城陪都。可以看出，商代都城等级明显、主次分明、体系健全，大部分都城经过统治者有意识地设置和规划，主都和陪都的都城规模大小不同，行政性都城、祭祀性都城、军事性都城等都城功能也各有侧重，而且从商代前期到中期、后期，均有多都并存的现象，并且不曾中断。

夏商时期的多座都城已经形成了一个"体系"，可以把这一时期的多都并存看作一种不成文的政府行为，即都城制度。

二　确定时期——西周

与夏商时期相比，西周时期的都城制度面临诸多新问题：第一，西周时期，与都城制度相关联的政治制度发生了变化。商周之间，政治制度发生很大变化。由于许多重要制度的大变革，政治领域的都城制度也出现了较夏商不同的情况。比如，从宗法角度来讲，周人确立的嫡庶等级制度，反映到都城体系上，会出现不同等级不同政治地位的都城。因此，从统治伦理来看，周代的都城体系中不仅要区分圣都和俗都，还要区分根据地都城和前线都城。第二，与夏商相比，周人能够开发和统治的疆域更加辽阔，但是周族人口较少，这就需要建立更多的"点"来控制疆域的"面"。这是夏商时期不能比拟的。因此，从政治统治的角度来讲，多都并存制度更有其存在的必要性。第三，从制度的传承角度考虑，夏商时期多都并存的传统也为周人正式确立多都并存制度提供了渊源。第四，从择都观念考虑，西周时期明确出现了"天下之中"的选址观念，岐周、宗周、成周就是西周政权在"天下"疆域扩大的情况下，不断进行区位选择的结果。疆域的扩大造成都城设置的变动，都城的变动造成政治重心的转移，这也导致多都并存现象的出现。

与夏商时期相比，多都并存这一制度在西周时期有了长足的进步。其表现主要有两点：

第一，西周时期的多都并存制度在文献记载中明显确定下来。从文献来看，西周时期正式记载了多都并存制度。首先，从青铜铭文来看，西周前期的铜器士上盉、西周中后期铜器小克鼎、史颂鼎的铭文均同时提到宗周与成周，而根据笔者的结论，宗周是西周时期的主都、成周为西周时期的陪都，二者具有不同的政治地位。金文中"宗周""成周"的同时出现及其不同的含义，说明西周时期已经明确记录了多都并存的制度。其次，从文献记载来看，《尚书》等文献中称呼洛邑为"新邑""新大邑""东都"，其中，"新邑""新大邑"和与之相对的"旧都"是以营建时间的晚与早来区分的，"东都"和与之相对的"西（或南、北）都"是以都城方位来区分的，这也明确昭示着西周时期多个都城同时存在制度的确立。

第二，这一时期同时存在的多座都城均是根据国家政治、军事、统治的需要而有意识地设置的，有了明显的规划性。周人在营建岐周之后，向东发展，文王后期营建了丰京，接着"文王使世子发营镐"，这是周王朝有意识营建与旧都并存的新都的第一条文献记载。周成王时期，周王朝更加周详谨慎地进行了成周洛邑的营建工作，新都洛邑的营建工作由当时的最高领导者周公（文献记载周公营建洛邑之后才归政成王）主持规划，经过仔细勘察地形，画出地图，进呈成王，由成王决策，最后举行盛大祭祀仪式开始营建，营建成功后，成王亲至洛邑举行盛大仪式。① 这些都说明了西周政权对新都的设置有明确的规划，新都的营建具有明确的目的性，这样建设起来的都城体系也是完善的，多都并存制度迅速确定。

西周的三座都城，依次向东为岐周、宗周、成周，其中岐周为周人的圣都，是他们的根据地都城，宗周是西周王朝的行政性都城，是主都，成周是周向东向南继续发展的军事性都城，是陪都。

----

① 相关记载见《尚书·洛诰》《尚书·召诰》及《史记·周本纪》《史记·鲁周公世家》等。

三 发展时期——春秋战国

春秋战国是多都并存制度的发展流变时期。一方面，由于西周多都并存传统的影响，大部分诸侯国也采用多都并存制度进行有效的政治统治和军事占领；另一方面，由于社会经济的迅速发展、宗教观念的逐渐淡薄及其他政治制度与经济制度的变化，导致春秋战国时期的都城制度也出现了发展与变化，主要表现如下。

第一，圣都地位逐渐下降。

春秋战国时期，与西周时期相比，宗教观念、宗法观念逐渐淡薄，导致都城体系中祭祀地位较高的圣都的政治地位在逐渐下降。

西周时期的圣都岐周是周人的根据地，有周王长期居住，有高规格的祭祀设施及周王主持的大型祭祀活动，有大批贵族居住。春秋时期的圣都地位远远不如西周。

春秋时期的圣都主要有两座，为晋国的曲沃和秦国的西垂。晋国的曲沃从一开始就不是全国的行政性主都，而秦的西垂做行政中心只有五十多年的时间，其后就不再是主都。春秋时期的曲沃和西垂没有国君长期居住，也没有大批有影响的贵族居住，西垂甚至在整个春秋时期未见有秦公朝拜祭祀的记载。当然，春秋时期西垂没有秦公朝拜祭祀的记载，也有可能是因为相关文献记载失传而造成的，但西垂在春秋时期文献中的缺失也从另一个角度说明其圣都地位不被重视。

到了战国时期，宗法观念进一步淡薄，凸显祭祀地位的圣都政治地位更加下降。战国时期的圣都有两座，即秦国的西垂和秦国的雍城。对于秦国圣都西垂来说，秦人的政治中心离开这里已经近五百年了，相关文献记载中只出现了一次西畤[①]和一次在西垂祭祀的记

---

① 《史记·封禅书》记载，秦统一之后"西畤、畦畤，祠如其故，上不亲往"。见《史记》，中华书局1959年版，第1277页。

载。① 雍城虽然是战国时期秦国新出现的圣都，保持着"祭仪上的崇高地位"，但其圣都地位在泾阳、栎阳、咸阳时期都是在不断下降的。秦灵公居泾阳时，还在雍附近设立吴阳上畤、吴阳下畤，而且从雍城的马家庄一号建筑遗址的使用年代来看，它的下限延续至春秋晚期，即泾阳时期。这说明在泾阳时期雍的圣都地位比较牢固。到了栎阳时期，一方面，没有考古发现证明雍的宗庙建筑继续使用；另一方面，秦献公在栎阳设立畦畤这种礼制建筑，则预示着雍的圣都地位有了下降的趋势。咸阳时期的秦王已经在咸阳附近祭天、建社稷，也不再归葬雍城，种种迹象表明雍城的圣都地位在咸阳时期更是大大下降。

战国时期，只有秦国沿用春秋时期的传统，继续采用圣都制度，在雍的主都地位丧失后，保留其祭祀规格和宫殿、陵墓、祭祀等建筑，使之成为新一座圣都。相较于秦国，其他实施多都并存制度的政权如楚、齐、燕等，均未出现圣都，表示这些政权不采用圣都俗都制度，这也显示出这一制度的没落。

第二，军事性都城地位降低。

西周时期，丰镐的建立原因就是为了集中精力对付商人在关中中部和东部的势力，因此，丰镐在建立伊始是军事性陪都，是周政权的前线都城。在武王伐纣之后，丰镐迅速成为全国的行政中心，成为主要都城，其都城地位随着周政权对商王朝策略的成功而迅速升高；灭商后修建的洛邑是为了对付殷顽民而修建的，是周向东向南扩展的前线都城，并逐渐成为周政权在东方的政治代理据点及经济中心。可以看出，西周时期的军事性都城均为独当一面的前线都城，虽为陪都，但政治地位较高。

春秋时期，晋国没有出现军事性都城，秦国的汧、汧渭之会、平阳以及迁泾阳之前的雍城等军事性都城，往往上升为主都。

战国时期，各诸侯国的军事性都城地位普遍较低。如齐国的五

① 《史记》，中华书局1959年版，第266页。

都，除临淄之外都是位于边疆地带的军事性都城，文献记载较少，从记载来看，发生在主都临淄的政治变动几乎没有影响其他四都，甚至在齐国被燕国所灭的危急时刻，才有记载齐湣王"因令章子（章邯）将五都之兵，以因北地之众以伐燕"。反过来说，四都对齐国的政治局势也似乎没有影响，除临淄之外的四都可能只是由于其边疆军镇的地位而强称都名。楚国的军事性陪都如鄢、陈、蔡、不羹等也是如此，只作为军事重镇守护一方，并没有对中央的政治局势及对外策略产生影响。当然，军事性都城若有国君长期居住，其行政地位会比较高，有可能在一定时期成为行政中心即主都。如燕国的下都武阳，在战国后期有燕昭王长期居住，成为燕国向南防守的重要据点，可是由于时间较短，并未上升至行政主都地位。

比较来看，西周和春秋时期的军事性都城往往成为主都，如西周的丰镐，秦国的汧、汧渭之会、平阳以及迁泾阳之前的雍城等都城，而到战国时期，军事性都城仅仅作为陪都存在，甚至有的军事重镇没有"都"的名号。这可能主要是由于西周和春秋时期战争相对较少，政权能够集中精力对付一个敌对政权，而战国时期战争较多，各国之间争端不断，政权在边疆地带四面受敌或向四面发展，而不能集中于一个方向。从军事性都城的数量来看，西周春秋时期各政权的军事性都城在一段时期内一般只有一座，而到战国时期，军事重镇的设置越来越多，军事性陪都越设越多。齐国的军事性陪都有四座，楚国有鄢、陈、蔡、东西不羹等，数量较多。因此，军事性都城的政治地位下降是必然的。同时，由于社会经济的发展，主要都城对边疆地区的控制能力逐渐增强，不必再通过设置陪都去统治一片疆域，这也会影响军事性陪都的地位。

第三，一些诸侯国不再实行多都并存制度。

虽然在春秋战国时期存在着广泛而普遍的多都并存现象，但在都城设置方面，多都并存并不是唯一的选择。这一现象，在春秋时期某些疆域较小的政权中就已存在，由于统治地域较小，一座都城完全可以进行有效的控制和管理，而且，多座都城的建立，对于实力较弱的诸侯国来说负担也相对较大。所以，一都制度是疆域较小、实力较弱的政权的较好选择。到了战国时期，在政权较为稳定、实力较强的诸侯国也出现了一都制度的实施现象。如赵、魏、韩等国。赵、魏、韩虽然均有多座都城，但各城作为都城的时间是前后相继的，政治中心的转移是随着都城的迁徙和都城名号的前后相继而完成的，政治中心迁至新都之后，随即放弃旧都的都城地位，不做保留，没有多座都城同时存在的现象。

赵国都城主要有三座：晋阳、中牟、邯郸。其中，晋阳为都经历了赵襄子、赵献侯两君，为都时间五十余年；中牟经历献侯、烈侯、武公，为都时间三十余年；赵敬侯继赵武公之后即位，始都邯郸，此后，直到赵国灭亡，邯郸一直为赵国都城。

魏国政治中心也有三座：悼子治霍邑（今山西省霍县），魏绛治安邑（今山西省运城市安邑镇附近）。直到三家分晋，魏一直以安邑为都，大约200年。到魏惠王九年（前362），魏国徙都大梁，直至魏国灭亡。

韩的开国君主为韩景侯，公元前403年被周威烈王承认为诸侯。韩国位于今山西东南河南中部，介于魏、秦、楚三国之间，是兵家必争之地。韩原都平阳（今山西临汾西北），因地处平水之阳而得名。韩武子时迁都宜阳（今河南宜阳西），南临洛水。韩正式立国后，先后有阳翟和新郑两座都城。

因此，赵、魏、韩等政权的都城是前后相继的形式，没有多座都城同时存在的现象，属于一都独大的都城设置形式。

一都制的实施，在春秋时期主要是因为统治地域的狭小和国家实力的弱小造成的，而在战国时期，在赵、魏、韩这样疆域较大、实力较强、政权较稳定的诸侯国出现，表明了都城制度出现了多都并存与一都独大的不同发展途径。不管是多都并存还是一都独大，都是以政权在都城能够有效控制全国为基础而实施的，一都独大现象的出现，说明随着社会生产力的进步以及政权机构的逐步完善，都城的社会控制力在逐渐增加。

第四，出现多元的空间分异特征。

钱穆先生说："我们讨论一项制度，固然应该重视其时代性，同时又该重视其地域性。推扩而言，我们应重视其国别性。在这一国家，这一地区，该项制度获得成立而推行有利，但在另一国家与另一地区，则未必尽然。"① 春秋战国时期，多都并存制度在各国施行过程中，出现较为细微的差异。我们可以通过比较分析春秋战国时期的晋、秦、燕、齐、楚五个多都并存案例，来研究这一时期多都并存制度多元的空间分异特征。

1. 晋国的多都并存制度特点

晋国实行圣都俗都制度，在都城设置上，有作为祭祀中心的圣都曲沃，有作为行政管理中心的俗都绛，后来俗都迁至新田。

晋在春秋初期出现小宗取代大宗成为诸侯的重大政治事件，成为晋国都城体系变更的一个分水岭。在此之前，可能是翼、唐并存的都城体系，在此之后，晋国的都城体系中包括圣都曲沃和俗都绛。曲沃原本是小宗割据政权的政治中心，与大宗都城绛是政治对立关系，在小宗取代大宗成为诸侯之后，曲沃并未取代绛成为全国的行政中心即主都，而是由原来的割据政权政治中心上升为晋国新政权的圣都。把曲沃设置为圣都的原因可能有两个：一方面是因为曲沃为晋公②发迹之地及曲沃桓叔、曲沃庄公到曲沃武公（后称晋武公）三代先祖宗庙所在；另一方面，也因为曲沃是小宗取代大宗的根据地，曲沃桓叔、曲沃庄公到曲沃武公在曲沃辛苦经营五十多年，对原来的大宗政权形成较大威胁，需要提防。因此，在曲沃武公打败晋国大宗，称"晋武公"之后，曲沃成为晋国的祭祀中心，有重要祭祀建筑武宫（晋武公之庙）。文献记载中，非正常情况即位的晋公都要到曲沃祭拜，甚至晋公死后要归葬曲沃（文献明确记载晋文公

――――――――

① 钱穆：《中国历代政治得失》，生活·读书·新知三联书店 2001 年版，前言第7页。

② 在小宗取代大宗成为诸侯之前，晋国君主称"晋侯"。在小宗取代大宗成为诸侯之后，晋国君主始称"晋公"。

死后归葬曲沃)。但圣都只能行使宗教祭祀职能,从绛和曲沃的都城主次地位来看,曲沃自始至终都未能成为全国的行政中心,它只是陪都。这一点,曲沃的设置与秦国的圣都西垂和雍城不同,西垂和雍城都是长期担任秦国的行政管理中心,行政设施和祭祀设施相对齐全,在对外形势变化,秦的行政中心迁到新都之后,西垂和雍城作为旧都并未被放弃,而是被继续使用,成为秦国的圣都。因此,与秦国的西垂和雍城相比,曲沃的发展历程不同,其都城职能并不健全。

2. 秦国的多都并存制度特点

与晋国一样,秦国也实行圣都俗都制度,但是秦国圣都的数量、圣都的设置、圣都的地位与晋国有明显不同。从数量来看,秦国的圣都有两座,西垂是秦政权的第一座都城,也是秦成为诸侯、能够继续发展的都城,雍城是秦迅速强大起来的都城。从都城设置来看,不论是西垂还是雍城,均是由主都转化而来的,而不是像晋曲沃一样由割据政权根据地转变而来。从都城政治地位来看,在秦国政治发展过程中,西垂与雍城由于作为主都的时间较长,祭祀设施较为齐全,因此,在原来的行政管理功能逐渐淡化之后,祭祀功能还一直存在并且相对明显,成为圣都。

秦国在疆域扩展的过程中,都城区位不断选择,不断迁移,随时放弃军事性都城如汧、汧渭之会、平阳以及战国初期的泾阳和栎阳;但始终不放弃有宗教意义的圣都即西垂和雍城。秦国在都城迁移过程中出现圣都与军事性主都并存的局面,圣都担负着宗教祭祀任务,军事性都城泾阳、栎阳则由国君长期居住,是暂时的行政管理中心,是前线都城。

秦国的圣都俗都制度表现出处于迅速扩张时期政权的都城体系特点。

3. 楚国的多都并存制度特点

楚国的都城制度表现为:随着都城区位的不断选择,都城有前后相继的迁移现象,也有多座都城的并存现象。随着楚国疆域的不断扩大，在都城区位选择的过程中，楚国的都城体系非常复杂。一方面包括主要都城的前后迁徙，如主都丹阳在西周至春秋初期的动态迁移，由丹江上游的今陕西省商县迁至丹江下游的河南淅川，再迁至沮漳河流域，出现异地同名现象。又如春秋战国时期，楚国主要都城由沮漳河流域的丹阳而迁于南郢，战国末期楚国主都再由南郢而迁至陈郢再迁至寿郢的前后相继的迁徙过程。另一方面，楚国的都城体系还包括特定时期的多都并存，主要表现在南郢时期多座军事性陪都鄢（郢）、陈、蔡、东西不羹等都城的设置。

需要说明的，楚国军事性都城的都城地位是陪都性质，没有国君长期居住，与秦国的军事性都城汧、汧渭之会、平阳及迁泾阳之前的雍城和雍城以后的泾阳、栎阳、咸阳相比，楚国军事性都城的政治地位不如秦国的军事性主都地位高。而且，与秦国都城体系相比，楚国并未实行圣都俗都制度，没有祭祀地位较高的圣都。

4. 齐国、燕国的多都体系特点

齐、燕的都城体系有一些相似之处，都是主要都城基本未曾迁移（这里强调的是"基本"二字，因为，齐、燕的主都都有过较短时间的都城迁移，如齐胡公迁薄姑，燕桓侯徙都临易，但均在二三十年后又迁回原都。由此也可以看出，齐、燕的临淄和蓟城的区位选择较好，都城控制力较强）。主都的为都时间较长，政治地位较高，而陪都基本设置是在边疆地带，是军事性都城，对政局影响不大，政治地位较低。也因为军事性陪都的政治地位较低，在齐、燕两国的都城体中，主都、陪都政治地位差别较大，能够明确区分其主次关系。在齐国，主都临淄的政治地位自始至终不变，同时，在军事要塞设置军事性陪都以确保中央政权对边疆的有效控制，但未见国君亲到陪都或陪都发生重大政治事件的相关记载。在燕国，蓟城为行政中心的时间很长，只是在北部山戎或南方各诸侯国对燕国造成威胁时，会在边疆重镇设置军事性陪都，或者在战国后期，燕国希望向南扩张时，也会设置军事性陪都下都武阳，因此，虽然燕昭王时期长居武阳，使武阳一度成为行政管理的中心地带，但"下都"之称还是限制了武阳的都城地位，蓟城仍是与"下都"相对的主要都城。

相对而言，在齐国、燕国的多都体系中，主都、陪都的政治地位差异是比较明显的。

第五节 多都并存的影响因素

先秦时期多都并存已经形成一个制度"体系"，由历史表象行为上升至制度层面的规则。这种制度显示其逐步完善的过程，也表现一定的发展与变化的轨迹，反映出一定的变化规律。通过对多都并存现象的实证研究，我们可以确定先秦时期存在多都并存制度。

多都并存制度形成的原因是多方面的。因为都城的设置、发展、变化与废省，关系许多方面，有自然方面的因素，也有社会方面的因素，政治基础、经济基础、社会基础、文化基础的不均衡都有可能导致多个都城同时并存。

一 都城功能裂变导致多都并存

先秦时期都城的主要功能是政治功能、祭祀功能、军事功能。其中，政治功能表现为：国家的建立需要政权机构中枢，以便管理其境内事务或公共事务，同时代表国家及人民以对外。先秦的文献多次记载诸侯的朝觐以及大型宗教祭祀活动和军事检阅活动，如《左传·昭公四年》记载的"夏启有钧台之享，商汤有景亳之命，周武有孟津之誓，成有岐阳之薮"等，均强烈表现出都城强大的政治功能。祭祀功能在《荀子·礼论》中论述得非常清楚："祭者，志意思慕之情也，忠信爱敬之志矣，礼节文貌之盛矣，苟非圣人，莫之能知也。圣人明知之，士君子安行之。官人以为守，百姓已成俗。其在君子，以为人道也；其在百姓，以为鬼事也。"① 都城的祭祀功能就是要引导人民的宗教意识，组织人们的宗教活动。"国家大事，在祀与戎"，祭祀诸神、祖先是先秦时期国家政权必不可少的活动之一。同样，"国家大事，在祀与戎"的表述也强调了都城的军事功能，无论是外患还是内乱，均以占领都城为主要鹄的，此鹄的一旦达到，原有国家及其政权便算是被推翻，如曲沃代翼事件，在曲沃武公打入晋国都城翼之后，原来晋侯的统治即告结束；又如武王伐纣，在武王进入纣的离宫朝歌之后，殷商的统治也即崩溃；燕国的统治，在燕王喜放弃蓟城之后即告结束。因此，都城的军事功能尤其是军事防御功能成为必不可少的都城功能之一。

多功能型的都城集中了所有或大部分重要的功能，包括政治、经济、军事、文化等各方面。都城功能裂变就形成单一功能都城，某一种功能相对特别突出，而其他功能相对减弱。这种功能的裂变模式将都城功能分散于两个或多个都城中，就形成多都制度。

都城功能裂变可能由以下几个因素造成：第一，祭祀因素。对先人祖居地、先祖宗庙所在地、政权发迹地的敬仰和尊重，会出现祭祀中心。第二，军事因素。由于开疆拓土或守卫边疆的需要，国君长期亲临前线指挥作战，形成一个前线指挥中心。第三，传承因素。政权比较弱小时的行政中心，或前朝的行政中心，会成为特殊的政治中心。第四，政治控制因素。在疆域较为广大而都城政治控制力无法控制整个疆域的情况下，会出现次一级的政治中心，以协助主都进行疆域控制。

祭祀因素形成的祭祀中心应该就是圣都，如西周政权的岐周、秦国的西和雍；军事因素形成的军事性都城包括军事性陪都，如齐的四都、燕下都等；传承因素形成的特殊政治中心一般会成为圣都，如西周时期的岐周、晋国的曲沃等；由于主都政治控制力较弱而出

---

① （清）王先谦撰，沈啸寰、王星贤整理：《荀子集解》，中华书局2012年版，第366页。

现的次一级政治中心包括西周初期的成周洛邑等。

二 空间权衡导致多都并存

国都定位属于区域空间现象，是区域空间权衡的结果。在国都的设置问题上，区域空间权衡实际上表现为两种方式，一是都城的迁移，二是多都制的实施。其中，都城的迁移是国家大事，同时也是复杂的系统工程，涉及诸多方面。如需要大兴土木从事国都建设，需要配以完善的交通通讯设施，需要特殊的京畿制度等。频繁的迁移都城，耗费大量人力物力，对国家实力是非常大的损耗。因此，先秦时期一般在都城迁移之后，产生了新的都城，但仍然要保存原有的都城，这样不仅可以作为后方根据地，还可以节省建都开支。因此，不管是有利地点多元化还是政治中心的转移，都会导致多都制的产生。这里有两个问题需要注意。

第一，"择中立都"表现的空间秩序。

笔者在本书第二章第一节及第二节探讨了都城选址的择中立都观念，畿服制以王都为中心，向外依次为甸服、侯服、绥服、要服、荒服等各服，这是一种理想化择中立都的思想。西周初年，成周洛邑成为周人选择"天下之中"的选址实践。

国都定位属于区域空间现象，是区域空间权衡的结果。以择中立都为原则的空间秩序也是一种空间选择，即都城必须处于统治区域的几何中心。然而，这个"几何中心"所在的区域空间必须是均质的理想空间，"几何中心"才能同时为"重心"，才能达到"均教道、平往来"的目的。而区域的广域性和非均质性，导致区域必然存在多个中心可以供我们进行区域权衡，即一个区域内，可以有多个核心，任何一个核心都有可能布设都城。

根据不同时期的社会背景以及各社会因素诸如经济、军事、政治、人口等在不同时期的轻重缓急的考量差别，不同的核心会出现主次之分，其中的主核心就是首都，次核心就是陪都。国土越大，"择中立都"需要考量的因素就越多，其核心也会越来越多。一般来说，主核心是政治、经济控制型的核心，是根据地；次核心是开发型的，是前方堡垒。

第二，疆域变化导致的空间权衡。

随着疆域的变化，以"择中立都"为原则的建都方式就要重新调整。调整的方式主要有两种类型，一种是随着扩大了的疆域重新寻找国土之中，出现国都的迁移或多都并存的状态；另一种调整方式就是不改变原来的都城，在扩大了的边疆地带建立新的陪都。

第一种类型以西周的都城设置最为明显。西周在武王克商之后疆域变化最为明显，灭商前先有"西土"，灭商后据有"东土"，其后又开辟了"南土"和"北土"。岐周原为"西土"中心，丰镐为前线都城；随着疆域向东急剧扩展，周人要在洛邑寻求新的"天下之中"的核心位置。

第二种调整方式以齐国的都城设置为代表。齐国初封诸侯，疆域不过百里，[①] 到齐桓公时期，"方三百六十里"[②] 或"方五百里"[③]，战国时期，"齐南有太山，东有琅玡，西有清河，北有渤海，此所谓四塞之国也。齐地方二千里"[④]。苏秦的话是策士之言，不可尽信，然孟子也说："海内之地千里者九，齐集有其一。"[⑤] 可见，战国时期齐国的疆域至少在方千里以上。然而齐国都城的空间权衡与西周不同，临淄作为政治重心自始至终没有移动。春秋末期至战国时期齐国在边境的主要军事重镇设置了几座军事性陪都，以弥补主要都城临淄对边境的鞭长莫及之感，加强国家权力机构对边境的有效控制。

---

① 《孟子·告子》中有："太公之封于齐也，亦为方百里也。"（《四书章句集注》，中华书局1983年版，第345页）

② 黎翔凤撰，梁运华整理：《管子校注》，中华书局2004年版，第424页。

③ 《管子·轻重丁》记载至桓公末期，管子问桓公："敢问齐方几何里？"桓公曰："方五百里。"见黎翔凤撰，梁运华整理《管子校注》，中华书局2004年版，第1500页。

④ 《战国策》，上海古籍出版社1985年版，第337页。

⑤ 《四书集注章句》，中华书局1983年版，第211页。

三　文化、制度的传承导致多都并存

王晖认为："除了巨大的变动之外，在夏商西周时期的历史运转中还存在着许多方面的承继和发展的内容，并且从某种角度来看，甚至可以说承继多于变动。"①

第一，文化和制度的变动对多都并存制度的影响。

先秦时期文化和制度经历了两次大的变革，一次是在商周之际，另一次是在春秋战国时期。晁福林也认为西周时期的政治格局与夏商时期相比，有了很大的不同，"如果说夏商王朝的政治格局是内聚型的话，那么，周王朝则是开放性的。在融汇了宗法精神的分封制度下，周王朝并不太看重对于方国部落的凝聚力量的增强，并不像夏商王朝那样极力将尽量多的方国部落容纳于自己王朝的旗帜之下，而是将尽量多的王室成员分封出去，遍布于周王朝的势力所能够达到的最广大的区域。如果把夏商时期的方国部落联盟比喻为一堆相互间没有太多联系的马铃薯的话，那么周代的封邦建国则是一只装满马铃薯的大口袋，它使松散的马铃薯有了较多的接触和联系"②。到春秋战国时期，政治制度和经济制度的再次变革成为都城体系变化的又一次分水岭。春秋战国时期是我国历史上大动荡的时期之一，国家统治制度逐渐走向专制集权，经济制度逐渐变成地主经济，赋役制度也随之变化，"作为宗法封建制核心的井田制度在春秋时期趋于没落，这是明显的事实"③，"春秋时期各诸侯国土地赋役制度的变革是社会经济基础正在发生巨大运转的比较直接的表现"④。

这些变革要求都城的政治控制力不断增加，其中最主要的措施就是寻找国土的中心点建都和实行主陪都制度。西周的三个都城歧

---

① 转引自晁福林《夏商西周的社会变迁》，北京师范大学出版社1996年版，自序第1页。
② 晁福林：《夏商西周的社会变迁》，北京师范大学出版社1996年版，第269页。
③ 晁福林：《夏商西周的社会变迁》，北京师范大学出版社1996年版，第286页。
④ 晁福林：《夏商西周的社会变迁》，北京师范大学出版社1996年版，第287页。

周、宗周、成周，依次向东，正是在疆域迅速扩大后重新寻找国土中心点的结果。到春秋战国时期，虽然各诸侯国的国土疆域并不大，但战争频发的社会现象导致疆域变化无常，都城已不能再像商周时期那样坚持寻找国土的中心点，军事性陪都在齐、楚、燕等国成为常态。

第二，历史传承对多都并存制度的影响。

在本书第二章第四节，笔者探讨了传承对都城选址的影响。在多都并存制度方面，虽然没有明确文献记载，但传承因素对多都并存制度的影响应该也是比较大的。

例如，商灭夏初期，在夏原来的政治中心建立了监管夏遗民的偃师商城作为陪都，周灭商之后，也即在商地建立了成周洛邑，由此可见商的都城制度对西周的影响。

再如，秦的都城体系与西周都城体系也有着明显的传承关系。从历史发展来看，秦人的发展轨迹与周人的发展轨迹有着惊人的相似，都是先占据关中西部，再逐渐经营，发展到关中中部今西安地区，由此，进一步统一天下。从周、秦的都城区位来看，周的岐周在今周原一带，秦的雍城在岐周西南，均属关中西部；周的政治中心后来离开岐周，到了丰镐，在今关中中部，西安市西南一带，秦的政治中心离开雍城后，先试探至泾阳、栎阳（关中东部），秦孝公时又回到关中中部，在现在的咸阳一带建都。从都城地位来看，西周的岐州是周人势力强大的地方，同时也是周人重要的祭祀场所，因此，在周人离开之后，岐周作为圣都存在，是周人的根据地。秦的雍城与岐周地位一样，它是秦人发迹之地，是秦政权得以强大的地方，其祀神祀祖设施规格高、规模大，是秦政权的圣都；秦咸阳与西周丰镐一样，在建立之初，均为前线都城，统一天下之后，成为主要都城。

第六节　本章小结

实证案例研究表明，先秦时期多都并存现象已经普遍存在。一方面，从文献上来看，先秦出现同一政权的不同都城名称，有"下国""五都"等记载，昭示多都并存制度的存在；另一方面，从实证案例来看，夏、商、西周、晋国、秦国、楚国、齐国、燕国等政权都均同时设置多座都城，这样就逐渐成为一种约定俗成的都城制度，由历史表象行为上升至制度层面的规则。本章主要关照两组都城：圣都与俗都、行政性主都与军事性陪都。

本章第一节廓清了相关概念，包括多都并存制度、圣都与俗都、主都与陪都等。圣都与俗都、主都与陪都两组概念所显示的都城地位是相对的，有俗都才能显示出圣都的地位，有陪都才能显示出主都地位的重要。总而论之，主都与陪都、圣都与俗都的关系比较复杂。主都一般是行政性都城，也可能是军事指挥中心，祭祀地位不高，一般为俗都；陪都则相反，如果是根据地都城，则可能为圣都，当然，如果是军事性陪都，则一定是俗都而非圣都。

本章第二、三节论述先秦都城制度的实证案例。其中，第二节研究先秦时期实行圣都俗都制度的西周、秦国、晋国的都城体系。西周的圣都为岐周，是周人立国的都城。岐周的祭祀设施包括重要政治家文王、武王、周公等人的埋葬之地和高规格的宗庙建筑，岐周也是众多贵族的居住之地。岐周的都城地位变化经历了三个阶段：商晚期的单一为都阶段、西周初期的圣都时期、西周中晚期的圣都地位明显下降时期。晋国的圣都是曲沃。曲沃是晋武公一支的发迹之地，拥有宗教祭祀上的崇高地位，因为曲沃是晋武公一支的先祖宗庙所在，是重要政治人物包括晋文公的埋葬之地。曲沃的都城地位变化也经历了三个阶段：与晋侯对抗时期的割据政权政治中心、晋武公之后的陪都圣都、晋景公之后圣都地位下降时期。秦国的圣都有两座，即西垂和雍城。西垂是秦人称"秦"之前就居住的地方，是秦的第一座圣都，有西畤、先王宗庙、"数十祠"和秦几位先公的陵寝。雍城是秦的第二座圣都，是秦人称霸西戎的地方，其宗教祭祀建筑拥有独特而重要的地位，不仅有许多祭祀天地鬼神的建筑，还是自德公以后二十几位国君的陵寝所在，规模大、规格高。总之，圣都均为政权的重要都城，是发迹之地，宗教祭祀地位突出，但是随着主都地位的丧失，时间越久，圣都的地位也会随之下降。

　　第三节研究军事性陪都，实证案例包括商代前期偃师商城、西周时期成周洛邑，齐国五都，楚国陈、蔡、不羹以及燕国下都。偃师商城是早商的军事性陪都，其选址、城市设计及布局均体现了浓厚的军事防御及制敌思想。成周洛邑是西周初年周人在东方地区的政治统治及军事据点，其军事地理位置极其便利，军事职能非常重要，都城地位逐渐提升。齐国实行五都制，除主都临淄外，还在边境军事要塞设置四座陪都，高唐是齐国西部边境上的军事要塞，对春秋时期的晋和战国时期的赵防御作战；平陆是齐国西南边境上的军事重镇，南防鲁，西御魏；博是齐国南部的军事要塞，防止吴、鲁进攻；邯殿是齐东部边境的战略要地，是齐对莱夷族战争的要塞。楚国的陈、蔡、不羹也是设置在边疆地区的军事要塞。燕下都作为军事性陪都比较特殊，它的地位与成周洛邑比较相似，在一定程度上体现政权的战略意图。总之，军事性陪都是主要执行军事功能的，一般设置在战略要地。

　　第四节研究先秦多都并存制度的阶段性。夏商、西周、春秋战国三个时期，是先秦多都并存制度发展的三个时期。其中，夏商可以说是多都并存制度的滥觞期，存在多都都城应该是无疑问的，俗都迁徙频繁，圣都不移。但是由于文献记载模糊，没有明确的文献记载。西周是多都并存制度的确定期，文献明确记载了多都都城同时存在的现象，且不同都城的政治地位高低不同，都城功能各有侧重。春秋战国时期是多都并存制度的发展时期，圣都俗度制度与西周相比有了很大变化，圣都地位明显下降；军事性都城设置增多，但政治地位也在下降；在多都并存制度的实施过程中，各国根据具体情况有不同程度的调整，出现多元空间分异特征，甚至有的诸侯国开始实行一都独大的都城制度。

第五节研究多都并存制度的影响因素。导致多都并存制度的原因有很多，主要原因有三个：都城功能裂变导致多都并存，在国家发展初期，大部分都城的功能并不健全，需要多座都城承担不同功能。空间权衡导致多都并存，"择中立都"应该是一个政权的本能反应，然而一方面区域的广域性和非均质性导致区域必然存在多个中心以供权衡；另一方面，随着疆域的不断变化，"择中立都"也在不断调整，这些都导致多座都城的存在。文化、制度的传承导致多都并存，传承因素对多都并存制度的影响也是比较大的。

第五章　都城的名实关系

先秦都城的命名非常复杂，文献记载了商政权的都城"商"、周政权的都城"周"等都城名称以及特定都城的多个名称和多座都城的同一名称。从文献记载来看，先秦都城的命名已经形成了一定的观念，同时有不同的命名实践。因此，笔者认为先秦都城的名实关系在一定程度上已经形成约定俗成的命名制度。

一般而言，地名指一个地域的名字，或某一个不能再继续划分的地理实体的名称，是客观存在的对象。正如《地名学基础教程》所说，地名的概念主要存在着两种不同的说法："一是地名是个体地理实体的指称，一是地名是个体地域的指称。"[①] 这是它的地理学意义。然而，地名又是人类认知活动的产物，为一个地方取名，是社会交际的需求。

从地名的地理学意义来看，它一定要包含特定名称所指定的地理定位和地域范围；从地名的社会学意义及人们的社会交往来看，地名是一种语言代号，是由于人们交往的需要，来表示的特定的地方。《荀子·正名篇》"名"与"实"有经典的论述："名无固宜，约之以命，约定俗成谓之宜，异于约谓之不宜，名无固实，约之以命，约定俗成谓之实名。"[②] 这在一定程度上揭示了事物命名过程中

---

① 褚亚平、尹钧科、孙冬虎：《地名学基础教程》，中国地图出版社 1994 年版，第 8 页。
② （清）王先谦撰，沈啸寰、王星贤整理：《荀子集解》，中华书局 2012 年版，第 406—407 页。

约定俗成的道理，指出了名实关系上凸显约定性、俗成性，而不注重理据性的特点。

关于先秦地名的同地异名和同名异地现象，自古已有诸多学者关注。晋代京相璠《春秋土地名》①被认为是我国历史上第一部地名词典。②魏晋时期杜预在《春秋释例》就已经记载了同地异名或同名异地的现象："然书契以来，历代七百，余年数千，其名号处所，因缘改变。加以四方之语，音声有楚夏，文字有异同，或一地二名，或二地一名，或他国之人错得他国田邑，县（悬）以为己属。既难综练，且多缪误疑阙。"③

到清代，古史地理研究蔚然成风，蒋廷锡（1669—1732）作《尚书地理今释》④为《尚书》地理研究开拓性著作；江永（1681—1762）⑤在研究春秋地理的时候，特别关注地名的变迁；高士奇（1645—1704）⑥、程廷祚（1691—1767）⑦、沈钦韩（1775—1832）⑧、范士龄（?）⑨、沈淑（?—1730）⑩等均有春秋时期地名研究的专著。到了近代，钱穆先生有意治古史地理，作《史记地名考》三十四卷。⑪顾颉刚先生去世后，其未刊之地名论作被整理为《春秋地名考》⑫八册出版。

都城名称是特殊的地名，其名实关系非常复杂。首先，政权名称与都城名称互相影响，有都城名称与政权名称一致的现象，也有

---

① （晋）京相璠撰，（清）黄奭辑：《春秋土地名》，《黄氏逸书考》，汉学堂丛书本。
② 徐兆奎、韩光辉：《中国地名史话（典藏版）》，中国国际广播出版社2016年版，第61页。
③ （晋）杜预：《春秋释例》，《丛书集成》本，中华书局1985年版，第104页。
④ （清）蒋廷锡：《尚书地理今释》，式古居汇钞本（道光重编）。
⑤ （清）江永：《春秋地理考实》，《皇清经解》第二五二至二五五卷，学海堂版。
⑥ （清）高士奇：《春秋地名考略》，影印文渊阁《钦定四库全书》本，经部第176册。
⑦ （清）程廷祚《春秋地名辨异》，商务印书馆1939年版。
⑧ （清）沈钦韩：《春秋左氏传地名补注》，商务印书馆1936年版。
⑨ （清）范士龄：《左传释地》，清道光六年（1826）刻本。
⑩ （清）沈淑：《春秋左传分国土地名》，商务印书馆1939年版。
⑪ 钱穆：《史记地名考》，商务印书馆2004年版。
⑫ 顾颉刚编著，王煦华整理：《春秋地名考》，北京图书馆出版社2006年版。

二者不同的现象。其次，都城名称有同地异名现象。一地可有多名
或多种写法，本书称之为"同地异名"。最后，都城名称也有同名未
必一地的现象，本书称之为"同名异地"。

第一节　政权名称与都城名称

政权名称影响都城名称，有都城名称与政权名称一致的情况，
也有二者不同的情况。

一　商政权与都城商

都城名称与政权名称一致的现象，有"商"。商之得名，钱穆先
生认为："'章'、'商'声近，商即以漳得名，贾说是。后人皆之宋
为商丘，遂不知商之在漳矣。"①

"商"作为政权名称的记载。在商代初年，"有商"是一个政治
势力的名称。在《尚书·商书·盘庚》之前，几乎每一篇中都提到
"有商"这一政权。如《仲虺之诰》记载："帝用不臧，式商受命，
用爽厥师。……民之戴商，厥惟旧哉！"②《伊训》记载："惟我商
王，布昭圣武，代虐以宽，兆民允怀。"③《太甲中》记载："皇天眷
佑有商，俾嗣王克终厥德，实万世无疆之休。"④《咸有一德》："非
天私我有商，惟天佑于一德；非商求于下民，惟民归于一德。"⑤ 这
里的"商"应该均指政权，因为在这些记载中还明确提到了商的
都城"亳"。如《尚书·商书·汤诰》有："汤既黜夏命，复归于
亳。"⑥《尚书·商书·太甲中》有"惟三祀十有二月朔，伊尹以冕

---

① 钱穆：《史记地名考》，商务印书馆2004年版，第264页。
② 《十三经注疏·尚书正义》，艺文印书馆2001年版，第111页。
③ 《十三经注疏·尚书正义》，艺文印书馆2001年版，第114页。
④ 《十三经注疏·尚书正义》，艺文印书馆2001年版，第118页。
⑤ 《十三经注疏·尚书正义》，艺文印书馆2001年版，第120页。
⑥ 《十三经注疏·尚书正义》，艺文印书馆2001年版，第112页。

服奉嗣王归于亳。"① 直到商代末年，"商"仍为政权名称。《国语·周语·祭公谏穆王征犬戎》："商王帝辛大恶于民。"② 《史记·周本纪》："今殷王纣维妇人言是用……以奸轨于商国。"③ 《史记·周本纪》："昔伊、洛竭而夏亡，河竭而商亡。"④

"商"作为都城名称的记载。《史记·殷本纪》："契……封于商，赐姓子氏。"⑤ 《集解》有："相土就契，封于商。《春秋左氏传》曰'阏伯居商丘，相土因之。'"《正义》："《括地志》云：'宋州宋城县古阏伯之墟，即商丘也。'"⑥ 《史记·周本纪》："二月甲子昧爽，武王朝至于商郊牧野，乃誓。"⑦ 《史记·周本纪》："武王徵九牧之君，登豳之阜，以望商邑。"⑧ 《史记·卫康叔世家》："周公……以武庚殷余民封康叔为卫君，居河、淇间故商墟。"⑨ 明确"商邑""商丘""商墟"是作为都城存在的。当然，契和相土所居之商，与武王所灭的"商邑""商墟"并不是一个地方。作为都城的"商"可能是同名异地。

二 周政权与都城周

都城名称与政权名称一致的现象，以周政权与周都城最为典型。"周"字原为岐山之南周原的名称。《史记·鲁世家·索隐》："周，地名，在岐山之阳，本太王所居，后以为周公之采邑，故曰周公。即今扶风雍东北故周城也。"⑩ "皇甫谧云：邑于周地，故始改国曰

① 《十三经注疏·尚书正义》，艺文印书馆 2001 年版，第 117 页。
② 徐元诰撰，王叔民、沈长云点校：《国语集解》，中华书局 2002 年版，第 5 页。
③ 《史记》，中华书局 1959 年版，第 122 页。
④ 《史记》，中华书局 1959 年版，第 145—146 页。
⑤ 《史记》，中华书局 1959 年版，第 91 页。
⑥ 《史记》，中华书局 1959 年版，第 92 页。
⑦ 《史记》，中华书局 1959 年版，第 122 页。
⑧ 《史记》，中华书局 1959 年版，第 128 页。
⑨ 《史记》，中华书局 1959 年版，第 1589 页。
⑩ 《史记》，中华书局 1959 年版，第 1515 页。

周。"① 应该是此地本名"周"，古公亶父带领族人定居周地后，以"周"作为政权名称。

《国语·周语·芮良夫论荣夷公专利》："荣公若用，周必败。"②《国语·周语·西周三川皆震伯阳父论周将亡》有："周将亡矣！……十一年，幽王乃灭，周乃东迁。"③《国语·周语·内史过论神》："周之兴也，鸑鷟鸣于岐山，其衰也，杜伯射王于鄗。"④ 这里的每一个"周"指的都是周政权。

"周"作为西周政权三座都城的名称，文献上也有诸多记载，仅《史记》就有："太王亶父亡走岐下，豳人悉从邑焉，作周。"⑤ 这里的"周"应该是周人最初的都城岐周。《周本纪》："武王至于周，自夜不寐。"⑥《鲁周公世家》："成王朝步自周，至丰。"⑦ 这里的"周"应该是周武王营建的都城镐京。⑧《周本纪》："营周居于雒邑而后去。"⑨《刘敬列传》："群臣皆山东人，争言不如都周。"⑩ 这里的"周"应该指的是成周洛邑。

可见，"周"既可视为周政权的名称，又是周政权的都城名称。

三　秦国与都城秦

"秦"以"强伯"⑪ 之名，在大部分情况下指的是政治势力，是政权。《史记·秦本纪》关于"秦"的记载，少数指的是秦邑，大

---

① 《史记·周本纪·集解》。见《史记》，中华书局1959年版，第114页。

② 徐元诰撰，王树民、沈长云点校：《国语集解》，中华书局2002年版，第14页。

③ 徐元诰撰，王树民、沈长云点校：《国语集解》，中华书局2002年版，第26—27页。

④ 徐元诰撰，王树民、沈长云点校：《国语集解》，中华书局2002年版，第29页。

⑤ 《史记》，中华书局1959年版，第2882页。

⑥ 《史记》，中华书局1959年版，第129页。

⑦ 《史记》，中华书局1959年版，第1519页。

⑧ 《史记·周本纪·正义》："周，镐京也。武王伐纣，还自镐京，忧未定天之保安，故自夜不得寐也。"见《史记》，中华书局1959年版，第129页。《史记·鲁周公世家·集解》："马融曰：'周，镐京也。'"见《史记》，中华书局1959年版，第1519页。

⑨ 《史记》，中华书局1959年版，第129页。

⑩ 《史记》，中华书局1959年版，第2717页。

⑪ 《史记》，中华书局1959年版，第1344页。

部分指的是秦政权。《史记·苏秦列传》也有："秦四塞之国，被山带渭……"①《史记·留侯世家》②《史记·刘敬列传》③均有类似记载。《史记·天官书》："秦、楚、吴、越，夷狄也。"④

"秦"同时也是秦政权早期的都城名称。《史记·秦本纪》记载，周孝王召非子，使主马于汧、渭之间，分土为附庸，"邑之秦"⑤。《正义》："括地志云：'秦州清水县本名秦，嬴姓邑。'"《史记·天官书·正义》也有"秦祖非子初邑于秦，地在西戎"⑥的说法。

因此，秦可能也是政权名称与都城名称一致的情况。

除上述政权名称与都城名称一致的现象之外，先秦时期还有很多都城名称与政权名称不一致的现象，如齐国及其都城临淄，晋国及其都城绛、新田，⑦燕国及其都城蓟，楚国及其都城京宗、郢等，秦国及其都城西垂、雍城、咸阳等。兹不赘述。

第二节　先秦都城的同地异名

同地异名，即一地多名的现象，"是指一个地理区域存在两个或两个以上的名称代号，亦称为'同地异名'"⑧。先秦时期都城的同地异名现象非常普遍。

一　商代末年的纣都名称
商代末年纣都极有可能是同地异名。

---

① 《史记》，中华书局 1959 年版，第 2242 页。
② 《史记》，中华书局 1959 年版，第 2044 页。
③ 《史记》，中华书局 1959 年版，第 2716 页。
④ 《史记》，中华书局 1959 年版，第 1344 页。
⑤ 《史记》，中华书局 1959 年版，第 177 页。
⑥ 《史记》，中华书局 1959 年版，第 1345 页。
⑦ 晋国原为唐。叔虞封唐时，国名与都城应该是一致的。
⑧ 高晓军：《〈尚书·周书〉所载地名与殷周间史实关联研究》，曲阜师范大学硕士学位论文，2020 年，第 27 页。

妹邦。《尚书·周书·酒诰》有："明大命于妹邦"。①

沫。《诗·墉风·桑中》："爰采唐矣，沫之乡矣。"②

牧。"牧"名主要出现于《史记》，与"野"连称牧野。《史记》记载周武王伐纣事件，出现"牧野"之地，如《史记·殷本纪》有："周武王于是遂率诸侯伐纣。纣亦发兵距之牧野。"③《史记·周本纪》："二月甲子昧爽，武王朝至于商郊牧野，乃誓。……诸侯兵会车者四千乘，陈师牧野。"④《史记·鲁周公世家》："十一年，伐纣，至牧野，周公佐武王，作牧誓。"笔者认为《史记》记载的"牧野"应该是"牧之野"的简称，表示"牧"之郊区，郑玄解释："牧野，纣南郊地名也。"⑤ 则"牧"应该是纣都。

朝歌。《史记·周本纪·正义》："朝歌在卫州东北七十三里。"⑥

上述朝歌、妹邦、沫、牧四个地名似乎均为纣之都，应为一地。

第一，妹邦、沫、牧三个地名的发音相似，因此，三者可能为一地。王先谦认为："沫邑之沫，即妹邦之妹，皆转音解字。其本字当为牧，即牧野也。"⑦ 马瑞辰更深入地解释了三个地名的读音："沫，妹均从未声，未、牧双声，故马融《尚书注》：'妹邦即牧养之地。'盖谓妹邦即牧野也。妹、牧、母亦双声，牧《说文》作坶。沫，妹均从未声，未、牧双声，故马融《尚书注》：'妹邦即牧养之地。'盖谓妹邦即牧野也。妹、牧、母亦双声，牧《说文》作坶。"⑧ 则妹邦、沫、牧应该是同地异名的关系。

第二，妹邦、沫、牧三个地名与朝歌的关系，应该是同为一地。首先，朝歌与妹邑应该是同属一地，《尚书正义》解释："妹，地名，纣所

---

① （清）孙星衍撰，陈抗、盛冬铃点校：《尚书今古文注疏》，中华书局1986年版，第375页。

② 《十三经注疏·毛诗正义》，艺文印书馆2001年版，第113页。

③ 《史记》，中华书局1959年版，第108页。

④ 《史记》，中华书局1959年版，第122—123页。

⑤ 见《史记·殷本纪·集解》。《史记》，中华书局1959年版，第109页。

⑥ 《史记》，中华书局1959年版，第123页。

⑦ （清）王先谦：《诗三家义集疏》，中华书局1987年版，第531页。

⑧ （清）马瑞辰：《毛诗传笺通释》，中华书局1989年版，第178页。

都朝歌以北是。"①《括地志》有记载:"纣都朝歌在卫州东北七十三里朝歌故城是也。本妹邑,殷王武丁始都之。"② 其次,朝歌与沫的关系也很清晰,《毛诗正义》有:"正义曰:酒诰注云:沫邦,纣之都所处也,于《诗》国属鄘,故其风有沫之乡,则沫之北沫之东,朝歌也。然则沫为纣都……故言卫邑纣都朝歌,明朝歌即沫也。"③ 最后,朝歌与牧野的关系非常清晰,朝歌在牧野东北七十三里之处。《括地志》记载:"郦元注《水经》云自朝歌至清水,土地平衍,据皋跨泽,悉牧野也。"④《史记·鲁周公世家·正义》则记载了牧野与朝歌的区位关系:"卫州即牧野之地,东北去朝歌七十三里。"⑤

清人王先谦、马瑞辰均已注意到纣都同地异名的问题。王先谦说:"《水经注·淇水篇》云:泉源水有二源,一水出朝歌城西北,其水南流,东屈,进朝歌城南。《晋书·地道记》曰:本沫邑也。《诗》云:爰采唐矣,沫之乡矣。殷王武丁,始迁居之为殷都也。此沫邑即朝歌之证。"⑥ 马瑞辰也有:"《后汉书·郡国志》'朝歌南有牧野',正与妹在鄘地居纣都之南者合。《左传》:'郑人侵卫牧',杜注:'牧,卫邑。'牧邑即沫邑也。《酒诰》郑注:'妹邦,纣之都所处也。于《诗》国属鄘,故其《风》有'沫之乡',则沫之北、沫之东,朝歌也。'据说沫之北、沫之东为朝歌,则不谓朝歌即沫明矣。其说'妹邦,纣都所处'者,纣都之郊牧亦可以纣都统之也。此诗孔疏'纣都朝歌',名朝歌即沫也,犹郑君以妹邦为纣都,亦统言之耳。"⑦

二 周代初年的都城名称

周代初年,有三座都城,岐周、宗周和成周。几乎每座都城都

---

① 《十三经注疏·尚书正义》,艺文印书馆 2001 年版,第 206 页。

② 转引自《史记·周本纪·正义》。《史记》,中华书局 1959 年版,第 123 页。

③ 《十三经注疏·毛诗正义》,艺文印书馆 2001 年版,第 114 页。

④ 转引自《史记·周本纪·正义》。《史记》,中华书局 1959 年版,第 123 页。

⑤ 《史记》,中华书局 1959 年版,第 1515 页。

⑥ (清)王先谦:《诗三家义集疏》,中华书局 1987 年版,第 531 页。

⑦ (清)马瑞辰:《毛诗传笺通释》,中华书局 1989 年版,第 178—179 页。

有几个不同的名称，同地异名现象最为显著的应该是岐周和成周。

（一）岐周的同地异名

岐周是周人作为一方诸侯时期的政治中心，是周族发迹的都城，在文王迁丰甚至武王灭商后仍作为都城存在，是周人的圣都。岐周在文献中有不同的称呼。

岐下、岐阳。这两个地名指代的是都城的方位。《诗·大雅·绵》有："古公亶父，来朝走马，率西水浒，至于岐下。"①《史记·周本纪》："（古公亶父）乃与私属遂去豳，度漆、沮，逾梁山，止于岐下。豳人举国扶老携弱，尽复归古公于岐下。"②《史记·匈奴列传》："亶父亡走岐下，而豳人悉从亶父而邑焉，作周。"③《诗·鲁颂·閟宫》有："后稷之孙，实维大王。居岐之阳，实始剪商。"④《左传·昭公四年》记载："周武有孟津之誓，成有岐阳之蒐，康有丰宫之朝。"⑤《国语·晋语八》也有"昔成王盟诸侯于岐阳"的记载。⑥

岐周、周。《孟子·离娄下》："文王生于岐周，卒于毕郢，西夷之人也。"⑦《逸周书·作雒解》也有记载："武王既归，成岁十二月崩镐，祗于岐周。"⑧《史记·鲁世家·索隐》："周，地名，在岐山之阳，本太王所居，后以为周公之采邑，故曰周公。即今扶风雍东北故周城也。"⑨此地本名"周"，是周人得名之地。⑩"岐周"之名可能是区别"宗周""成周"，指在岐下或岐阳的"周"。岐周是

① 《十三经注疏·毛诗正义》，艺文印书馆2001年版，第547页。
② 《史记》，中华书局1959年版，第114页。
③ 《史记》，中华书局1959年版，第2882页。
④ 《十三经注疏·毛诗正义》卷二十，艺文印书馆2001年版，第777页。
⑤ 杨伯峻编著：《春秋左传注》，中华书局1981年版，第1250—1251页。
⑥ 徐元诰撰，王树民、沈长云点校：《国语集解》，中华书局2002年版，第30页。
⑦ 《四书章句集注·孟子集注》，中华书局1983年版，第289页。
⑧ 黄怀信、张懋镕、田旭东撰：《逸周书汇校集注》，上海古籍出版社1995年版，第548页。
⑨ 《史记》，中华书局1959年版，第1515页。
⑩ 《史记·周本纪·集解》："皇甫谧云：邑于周地，故始改国曰周。"见《史记》，中华书局1959年版，第114页。

西周政权的圣都，具有崇高的祭仪性地位。

(二) 成周的同地异名

成周是西周时期的陪都，有新大邑或新邑、洛或雒、成周、周等不同的名称。

新大邑或新邑。成周刚建成之初，被周人称为"新大邑""新邑"，这里的"新"应是与旧都丰镐相对应而言的。《尚书·康诰》："惟三月哉生魄，周公初基，作新大邑于东国洛。"①《尚书·多士》："惟三月，周公初于新邑洛，用告商王士。"② 另外，青铜铭文也有记载"新邑"。鸣士卿尊铭文也记载了："丁巳，王才新邑。"王奠新邑鼎铭文有："王来奠新邑。"卿鼎铭文："公违省自东，才新邑，臣卿易（锡）金。"

洛或雒。洛之名大概是从洛水而来。《尚书·康诰》："惟三月哉生魄，周公初基，作新大邑于东国洛。"③《尚书·召诰》："成王在丰，欲宅洛邑，使召公先相宅。"④《尚书·多士》："惟三月，周公初于新邑洛，用告商王士。"⑤《史记·周本纪》："武王营周居于雒邑而后去""成王在丰，使召公复营洛邑，如武王之意。"⑥《史记·鲁周公世家》："成王七年二月，使太保召公先之雒相土。其三月，周公往营成周雒邑，卜居焉，曰吉，遂国焉。"⑦

成周。在整个西周时期，洛邑有个正式的称呼，即"成周"。《尚书·洛诰》："召公既相宅，周公往营成周，使来告卜。"⑧《尚书·多士》："成周既成，迁殷顽民。"⑨《史记·鲁周公世家》有：

① 《十三经注疏·尚书正义》，艺文印书馆2001年版，第200页。
② 《十三经注疏·尚书正义》，艺文印书馆2001年版，第236页。
③ 《十三经注疏·尚书正义》，艺文印书馆2001年版，第200页。
④ 《十三经注疏·尚书正义》，艺文印书馆2001年版，第218页。
⑤ 《十三经注疏·尚书正义》，艺文印书馆2001年版，第236页。
⑥ 《史记》，中华书局1959年版，第129、133页。
⑦ 《史记》，中华书局1959年版，第1519页。
⑧ 《十三经注疏·尚书正义》，艺文印书馆2001年版，第224页。
⑨ 《十三经注疏·尚书正义》，艺文印书馆2001年版，第236页。

"周公营成周雒邑。"①《史记·卫康叔世家》："管叔、蔡叔疑周公，乃与武庚禄父作乱，欲攻成周。"②《史记·鲁周公世家》："周公在丰，病，将没，曰：'必葬我成周，以明吾不敢离成王。'周公既卒，成王亦让，葬周公于毕，从文王，以明不敢臣周公也。"③ 成周作为都城名称，是一个政治性地名，"成"的意思，用晋叔向的话来说："是道成王之德也。……其始也，翼上德让而敬百姓。其中也，恭俭信宽，帅归于宁。其终也，广厚其心以固和之。始于德让，中于信宽，终于固和，故曰成。"④ 所以，"成周"作为西周政权的都城，蕴含"周道始成"⑤ 之意。

周。《史记·刘敬叔孙通列传》："群臣皆山东人，争言周王数百年，秦二世即亡，不如都周。"⑥ 这里的"周"应指洛邑成周。

除此之外，还有指称成周方位的名称，如"土中"⑦"中国"⑧ 等。

三　秦国初期的都城名称

秦国初期的都城在今甘肃天水地区的礼县、清水县和张家川县一带，有犬丘、西犬丘、西垂、西、秦等不同的名称。

犬丘、西犬丘。《史记·秦本纪》记载："非子居犬丘。""西戎反王室，灭犬丘、大骆之族。……周宣王乃召（秦）庄公昆弟五人，与兵七千人，使伐西戎，破之。于是复予秦仲后，及其先大骆地犬

---

① 《史记》，中华书局1959年版，第1519页。
② 《史记》，中华书局1959年版，第1589页。
③ 《史记》，中华书局1959年版，第1522页。
④ 徐元诰撰，王树民、沈长云点校：《国语集解》，中华书局2002年版，第103—104页。
⑤ 《史记·鲁周公世家·集解》。中华书局1959年版，第1519页。
⑥ 《史记》，中华书局1959年版，第2717页。
⑦ 《尚书·召诰》记载："王来绍上帝，自服于土中。"［（清）孙星衍撰，陈抗、盛冬铃点校：《尚书今古文注疏》卷一八，中华书局1986年版，第397页。］《逸周书·作雒解》有："周公……及将致政，乃作大邑成周于土中。"（黄怀信、张懋镕、田旭东撰：《逸周书汇校集注》卷五，第559—560页）
⑧ 1963年出土的何尊铭文出现了"中国"一词："余其宅兹中或（国），自之义民。"

丘并有之，为西垂大夫。""庄公居其故居西犬丘。"① 秦人的首领非子、庄公均居于犬丘，可见犬丘在秦国初期较长一段时间内都是秦的政治中心。犬丘地望，《史记·秦本纪·集解》记载："徐广曰：今槐里也。"②《括地志》亦有："犬丘故城一名槐里，亦曰废丘，在雍州始平县东南十里。《地理志》云扶风槐里县，周曰犬丘，懿王都之，秦更名废丘，高祖三年更名槐里也。"③

西垂。《史记·秦本纪》记载："中潏，在西戎，保西垂""中潏……保西垂，西垂以其故和睦。"秦庄公伐破西戎后，周宣王"复予秦仲后，及其先大骆地犬丘并有之，为西垂大夫。""文公元年，居西垂宫。"④《史记·封禅书》："秦襄公既侯，居西垂。"⑤《史记·秦始皇本纪》记载，秦襄公和秦文公皆"葬西垂""文公立，居西垂宫"⑥。可见，中潏、秦庄公、秦襄公、秦文公皆居西垂，甚至秦襄公和秦文公皆葬于西垂。联系上文庄公居西犬丘的记载，则可以认定：西垂即西犬丘。

西。《史记·秦本纪》："五十年，文公卒，葬西山。"⑦《史记·秦始皇本纪》又有秦文公葬西垂的记载，则可证西即西垂。关于"西"的记载，秦宁公亦葬于西，"（秦宁公）立十二年卒，葬西山"⑧。《史记·封禅书》："西亦有数十祠。"《史记·封禅书·索隐》："西即陇西之西县，秦之旧都，故有祠焉。"⑨

关于西垂、西犬丘、犬丘三个不同的名称，王国维先生认为："余疑犬丘、西垂本一地，自庄公居犬丘号西垂大夫，后人因名西犬

① 《史记》，中华书局 1959 年版，第 177、178、178 页。
② 《史记》，中华书局 1959 年版，第 177 页。
③ 见《史记·秦本纪·正义》。《史记》，中华书局 1959 年版，第 177 页。
④ 《史记》，中华书局 1959 年版，第 174、17、178、179 页。
⑤ 《史记》，中华书局 1959 年版，第 1358 页。
⑥ 《史记》，中华书局 1959 年版，第 285 页。
⑦ 《史记》，中华书局 1959 年版，第 180 页。
⑧ 《史记》，中华书局 1959 年版，第 181 页。
⑨ 《史记》，中华书局 1959 年版，第 1375 页。

丘为西垂耳。"① 徐中舒先生认为："西犬丘又称西垂。"② 何清谷先生认为："西垂大夫应是以今甘肃天水市一带为食邑，治所在西犬丘，所以西犬丘又名西垂。"③ 则三个名称作为秦早期的都城是指向同一个地方的。

三位先生的论断，笔者完全赞成。但是三位先生没有提到"西"，笔者认为"西"应该是秦都城的方位指称，或者可能是"西犬丘、西垂"的简称。《秦始皇本纪》中有秦文公葬西垂的说法，《秦本纪》又有葬西山之说，则西垂与西应为一地。因此，秦初期都城犬丘、西犬丘、西垂、西应是同地异名的关系。

四　晋国都城的同地异名

晋国都城同地异名现象比较复杂，在晋国发展的不同时期均有都城的同地异名现象。

（一）翼与绛

翼为晋国前期都城。《左传·隐公五年》："曲沃庄伯以郑人、邢人伐翼，王使尹氏、武氏助之。翼侯奔随。"桓公二年"惠之四十五年，曲沃庄伯伐翼，弑孝侯。翼人立其弟鄂侯。鄂侯生哀侯。哀侯侵陉庭之田。陉庭南鄙启曲沃伐翼"。桓公三年"春，曲沃武公伐翼，次于陉庭"④。

《史记·晋世家》有："昭侯元年，封文侯弟成师于曲沃。曲沃邑大于翼。翼，晋君都邑也。"索隐曰："翼本晋都也，自孝侯已（以）下一号翼侯。""曲沃庄伯弑其君晋孝侯于翼。"⑤

绛亦为晋国前期都城。《左传·庄公二十六年》："夏，士蒍城

---

① 王国维：《秦都邑考》，《观堂集林》卷十二，中华书局 1959 年版，第 530 页。
② 徐中舒：《先秦史论稿》，巴蜀书社 1992 年版。
③ 何清谷：《嬴秦族西迁考》，秦始皇兵马俑博物馆研究室编《秦文化论丛》第一集，西北大学出版社 1993 年版。
④ 杨伯峻编著：《春秋左传注》，中华书局 1981 年版，第 45、95、97 页。
⑤ 《史记》，中华书局 1959 年版，第 1638、1638、1638 页。

绛。以深其宫。"庄公二十八年"群公子皆鄙。唯二姬之子在绛"。僖公十三年"秦于是乎输粟于晋，自雍及绛相继"。成公六年"晋人谋去故绛"①。

《史记·晋世家》记载："八年……而城聚都之，命曰绛，始都绛。"索隐："春秋庄公二十六年传'士蒍城绛'是也。"②《史记·秦本纪》："秦与晋粟，以船漕车转，自雍相望至绛。"③

钱穆先生认为"（翼）即故绛"④。现代学者也有类似观点。⑤ 笔者认为这一论点无疑是正确的，《先秦多都并存制度研究》详细探讨了这个问题，⑥ 兹不赘述。

（二）曲沃、下国、新城

曲沃是晋公一支与晋侯对立时期的割据政权的政治中心，也是其后晋国的陪都。曲沃也有明显的同地异名现象。

曲沃。《左传·桓公二年》："惠之二十四年，晋始乱，故封桓叔于曲沃。"⑦ 由沃为晋献公一支的先祖宗庙所在，因此《左传·庄公二十八年》载："夏，使大子居曲沃，重耳居蒲城，夷吾居屈。"⑧《史记·晋世家》："昭侯元年，封文侯弟成师于曲沃。"⑨ 曲沃的政治地位很高，为晋献公之后的晋国圣都。⑩

下国。《史记·晋世家》："狐突之下国。"《史记·晋世家·集解》："服虔曰：晋所灭国以为下邑。一曰曲沃有宗庙，故谓之下国；在绛下，

---

① 杨伯峻编著：《春秋左传注》，中华书局 1981 年版，第 234、240—241、345、827 页。
② 《史记》，中华书局 1959 年版，第 1641 页。
③ 《史记》，中华书局 1959 年版，第 188 页。
④ 钱穆：《史记地名考》，商务印书馆 2004 年版，第 491 页。
⑤ 李孟存、常金仓：《唐改国号一解》，《山西师院学报》1984 年第 2 期。
⑥ 潘明娟：《先秦多都并存制度研究》，中国社会科学出版社 2018 年版，第 144—148 页。
⑦ 杨伯峻编著：《春秋左传注》，中华书局 1981 年版，第 93 页。
⑧ 杨伯峻编著：《春秋左传注》，中华书局 1981 年版，第 240—241 页。
⑨ 《史记》，中华书局 1959 年版，第 1368 页。
⑩ 潘明娟：《圣都与俗都：晋国都城体系的演变》，《中原文化研究》2021 年第 2 期。

故曰下国。"① 说明了曲沃的政治地位在绛以下。则曲沃的另一名称为"下国"无疑。"下国"一名，应是注重曲沃的陪都地位。

新城。《史记·秦本纪》："晋太子申生死新城。"《史记·秦本纪·正义》："韦昭云：曲沃，新为太子城。括地志云：绛州曲沃县有曲沃故城者，土人以为晋曲沃新城。"② 联系《史记·晋世家》"昭侯元年，封文侯弟成师于曲沃"③ 的记载，"新城"一名，可能是与晋文侯之都翼相对应产生的。

（三）新田与绛

晋景公十五年，公元前 599 年，晋迁都新田。新田与绛应该是同地异名的关系。

新田。《左传·成公六年》："晋人谋去故绛，诸大夫皆曰：'必居郇瑕氏之地，以沃饶近盐，国利君乐……。'（韩献子）对曰：'不可，郇瑕氏土薄水浅，其恶易觏。……不如新田，土厚水深，居之不疾，有汾、浍以流其恶，且民从教，十世之利也。……'公说，从之。夏四月丁丑，晋迁于新田。"④ 可见晋景公时期的新都"新田"应是地理区域概念。这一区域位于河、汾之东，夹于汾、浍之间，在西周时期本为地势较低的湿地，但是因为受两河河水泛滥的影响，加上汾浍的水位下降，导致这一区域逐渐被开发成为肥田沃野。"新田"之意，很明显为新开垦的田地。⑤

绛。《左传·襄公二十三年》载，晋平公时期"四月，栾盈帅曲沃之甲，因魏献子以昼入绛"。昭公九年"晋荀盈如齐逆女，还，六月，卒于戏阳。殡于绛"。定公十三年"十二月辛未，赵鞅入于绛，盟于公宫"⑥。《史记·晋世家》："智罃迎公子周来，至绛，刑鸡与

---

① 《史记》，中华书局 1959 年版，第 1651 页。
② 《史记》，中华书局 1959 年版，第 186—187 页。
③ 《史记》，中华书局 1959 年版，第 1638 页。
④ 杨伯峻编著：《春秋左传注》，中华书局 1981 年版，第 827—829 页。
⑤ 吉琨璋：《晋国迁都新田的历史背景和考古学观察》，《文物世界》2005 年第 1 期。
⑥ 杨伯峻编著：《春秋左传注》，中华书局 1981 年版，第 1074、1311、1591 页。

大夫盟而立之，是为悼公，辛巳，朝武宫，二月乙酉，即位。"①
"八年，齐庄公微遣栾逞于曲沃，以兵随之……栾逞从曲沃中反，袭
入绛。"② 这里的"绛"是春秋中晚期的晋国都城，是新田。晋迁新
田后，仍名之为"绛"，又称"新绛"，相对于旧都"绛"而言。

除上述案例之外，鲁都曲阜与少昊之虚③应该也是同地异名的关
系，不再赘述。

第三节　先秦都城的同名异地

先秦都城的同名异地现象也非常明显。

一　商的"亳"都

汤都"亳"见于多种文献：

"伊尹奔夏，三年，反报于亳。"（《吕氏春秋·慎大览》）

"汤放桀而复薄。"（《逸周书·殷祝解》）

"汤既黜夏命，复归于亳。"（《尚书·汤诰序》）

"惟三祀十有二月朔，伊尹以冕服奉嗣王归于亳。"（《尚书·太甲中》）

"汤始居亳，从先王居，作帝诰。……绌夏命，还亳。"（《史
记·殷本纪》）

"汤始居亳，从先王居。"（《书序》）

"汤以亳，武王以鄗，皆不过百里而有天下。"（《战国策·楚策四》）

"汤封于亳，绝长继短，方地百里。"（《墨子·非命上》）

"汤居亳，武王居鄗，皆百里之地也。"（《荀子·正论篇》）

---

① 《史记》，中华书局1959年版，第1681页。
② 《史记》，中华书局1959年版，第1683页。《左传·襄公二十三年》有详细记载，作"栾盈"。
③ 《史记·周本纪》有："武王封弟周公旦于曲阜，曰鲁。"（《史记》，中华书局1959年版，第128页）《史记·鲁周公世家》："封周公旦于少昊之虚曲阜，是为鲁公。"（《史记》，中华书局1959年版，第1515页）则少昊之虚与曲阜似乎应为同地异名关系。

"桓公问管子曰：'夫汤以七十里之薄，兼桀之天下，其故何也?'"（《管子·轻重篇甲》）

"汤处亳，七十里。"（《淮南子·泰族训》）

"禹兴于西羌，汤起于亳，周之王也以丰镐伐殷。"（《史记·六国年表》）

"文学曰：……桀纣有天下，兼于滈亳。"（《盐铁论·险固》）

"造攻子鸣条，朕哉自亳。"（《尚书·伊训》）

"汤居亳，与葛为邻。葛伯放而不祀……汤使亳众往为之耕，老弱馈食。"（《孟子·滕文公下》）

"伊尹去亳适夏，既丑有夏，复归于亳，入自北门。"（《书序》）

以上"亳""薄"等都城的地望，后世不断有新的研究，出现了多种说法，主要有"杜亳说"①"南亳说"②"北亳说"③"垣亳说"④

<hr />

① "杜亳说"认为成汤之亳在关中西安一带。《史记·六国年表》有："夫作事者必于东南，收功实者常于西北。故禹兴于西羌，汤起于亳。"《集解》引徐广曰："京兆杜县有亳亭。"但关中到目前为止，没有发现大面积先商、早商遗存。已有多位学者从考古发掘的实物资料入手，并结合文献记载，论证了汤都杜亳说的不合理性。见邹衡《论汤都郑亳及其前后的迁徙》，《夏商周考古学论文集》（第二版），科学出版社2001年版，第171—202页。

② "南亳说"为西晋皇甫谧首创："殷有三亳，二亳在梁国，一亳在河南。南亳、偃师，即汤都也。"（《太平御览》卷一五五引《帝王世纪》）"梁国穀熟为南亳，即汤都也。"（《史记·殷本纪·集解》引皇甫谧）南亳地望在今河南商丘一带，这里分布有先商早商文化遗存。然南亳说不见于先秦文献，王国维等人已否定。（王国维：《说亳》，《观堂集林》卷十二，中华书局1959年版，第518—522页）

③ 王国维力主"北亳说"，认为商汤之亳乃汉山阳县，在今山东省曹县境内。（王国维：《说亳》，《观堂集林》卷十二，中华书局1959年版，第518—522页）丁山先生和邹衡先生皆非之。（丁山：《商周史料考证》，龙门联合书局1960年版；邹衡：《论汤都郑亳及其前后的迁徙》，《夏商周考古学论文集（第二版）》，科学出版社2001年版，第171—202页）

④ 《太平寰宇记》卷四七河东道八绛州"垣县"条："古亳城在县西北十五里。《尚书·汤诰》'王归自克夏，至于亳，诞告四方'即此也。"（清光绪八年，金陵书局刻本）垣曲商城的发现，为"垣亳说"提供了考古学上的证据。（中国历史博物馆考古部等编著：《垣曲商城（一）：1985—1986年度勘察报告》，科学出版社1996年版）此说邹衡先生和王睿先生已非之，认为垣曲商城从考古发掘的资料分析，始建于二里岗下层偏晚阶段，晚于郑州商城和偃师商城的始建年代。（邹衡：《汤都垣亳说考辩》，袁行霈主编《国学研究》第一卷，北京大学出版社1993年版，第425—440页；王睿：《垣曲商城的年代及其相关问题》，《考古》1998年第8期）

"西亳说"①"郑亳说"② 等。③

　　以上每一种说法均有一定的道理，或有文献记载论证，或有考古资料支持。因此，早在西晋时期，皇甫谧就提出了调和"三亳"的说法，认为汤都是先南亳后西亳；唐代张守节附和《括地志》"宋州谷熟县西南三十五里南亳故城，即南亳，汤都也。宋州北五十里大蒙城为景亳，汤所盟地，因景山为名。河南偃师为西亳，帝喾及汤所都，盘庚亦徙都之"④ 形成"汤都南亳，后徙西亳"的观点；傅斯年先生提出"亳实一迁徙之名，应不止一地"⑤；陈梦家先生有"'亳'乃商都之通称"⑥ 之说。

---

　　① 偃师商城西亳说，是由勘探、发掘该遗址的几位先生提出来的。段鹏琦先生等在《偃师商城的初步勘探和发掘》（《考古》1984 年第 6 期）中即指出偃师商城很可能与商汤西亳有密切之联系。接着赵芝荃、徐殿魁先生在《1983 年秋季河南偃师商城发掘简报》（《考古》1984 年第 10 期）中"初步认为这座城址应是商汤所都的西亳"。后来，赵芝荃又在《关于汤都西亳的争议》（《中原文物》1991 年第 1 期）等文章中一再论证，重申了偃师商城西亳说。支持偃师商城西亳说的学者还有杜金鹏先生等。

　　② "郑亳说"同"西亳说""垣亳说"一样，有文献记载，也有考古发掘的论证，各位学者各持一词。有学者认为郑州商城为仲丁之隞（隞）都，见张文军、张玉石、方燕明《关于偃师尸乡沟商城的考古学年代和相关问题》，吉林大学考古学系编《青果集》，知识出版社 1993 年版，第 173—192 页；张文军、张玉石、方燕明《关于郑州商城的考古学年代及其若干问题》，河南省文物研究所编《郑州商城考古新发现与研究（1985—1992）》，中州古籍出版社 1993 年版，第 30—46 页；杨育彬《再论郑州商城的年代、性质及相关问题》，《华夏考古》2004 年第 3 期；李锋《郑州商城隞都说合理性辑补》，《郑州大学学报（哲学社会科学版）》2004 年第 4 期。有学者认为郑州商城为汤之亳都，见许顺湛《中国最早的"两京制"——郑亳与西亳》，《中原文物》1996 年第 2 期；张国硕《郑州商城与偃师商城并为亳都说》，《考古与文物》1996 年第 1 期。

　　③ 《史记·殷本纪·集解》："皇甫谧曰：'梁国谷熟为南亳，即汤都也。'"《史记·殷本纪·正义》："《括地志》云：'宋州谷熟县西南三十五里为南亳故城，即南亳，汤都也。宋州北五十里大蒙城为景亳，汤所盟地，因景山为名。河南偃师为西亳，帝喾及汤所都，盘庚亦徙都之。'"（《史记》，中华书局 1959 年版，第 93 页）邹衡《郑州商城即汤都亳说》（《文物》1978 年第 2 期）首先列举了历来学者关于汤都之亳的四种说法：杜亳说认为亳在西安市长安区、西亳说认为亳在洛阳偃师、南亳说认为亳在河南商丘、北亳说认为亳在山东曹县，之后提出郑亳说，认为亳在河南郑州。之后学界有诸多商榷文章。如裴明相《郑州商城即汤都亳新析》，《中原文物》1993 年第 3 期；石加《"郑亳说"再商榷》，《考古》1982 年第 3 期。

　　④ 《史记·殷本纪·正义》。见《史记》，中华书局 1959 年版，第 93 页。

　　⑤ 傅斯年：《夷夏东西说》，《庆祝蔡元培先生六十五岁论文集》下，中央研究院 1935 年版。

　　⑥ 陈梦家：《殷虚卜辞综述》，中华书局 1988 年版，第 32 页。

商代政治中心的迁移较为频繁，有"前八后五"之说，但亳之迁移，未见记载。所以，调和众"亳"的迁移说可能行不通。如果不考虑亳都的迁移因素，则众"亳"还有另一个可能："亳"是同名异地，是同时存在的多个都城。

就偃师商城和郑州商城来说，二者皆有"亳"名。

根据文献记载，偃师商城一带称为"亳"地，是东汉末年以后的事，① 东汉之前没有称"亳"的。《汉书·地理志》河南偃师县下有班固自注："尸乡，殷汤所都。"② 西汉董仲舒《春秋繁露·三代改制质文》中云："故汤受命而王……作宫邑于下洛之阳……文王受命而王……作宫邑于丰……武王受命，作宫邑于鄗……周公辅成王受命，作宫邑于洛阳。"③ 这里"下洛之阳"指偃师一带，与丰、鄗、洛阳一样为王都。

关于郑地之亳，见于文献记载的有：《春秋左传》襄公十一年"经"载："公会晋侯、宋公、卫侯、曹伯、齐世子光、莒子、邾子、滕伯、薛伯、杞伯、小邾子伐郑。秋七月己末，同盟于亳城北。"杜预注："亳城，郑地。"④ 同年《传》有："秋，七月，同盟于亳。"⑤ 而《春秋公羊传》《谷梁》也有襄公十一年的记载："秋，七月，己末，同盟于京城北。"⑥ 这说明"亳"与"京城"可能是同一个地方，而"京"在郑地。则至迟到春秋时期，还有一座亳城在郑州一带。

如此说来，偃师商城和郑州商城均为"亳"地，属于商代的同名异地现象。

二 西周的"周"都

西周的都城名称比较复杂，笔者在本章第一节探讨了岐周、成

---

① 东汉末年的郑玄明确指出："亳，今河南偃师县，有汤亭。"《书·胤征序》孔疏引。
② 《汉书》，中华书局1962年版，第1555页。
③ （汉）董仲舒：《春秋繁露》卷七，上海中华书局据抱经堂丛书本校刊，第40—41页。
④ 《十三经注疏·春秋左传正义》，艺文印书馆2001年版，第543页。
⑤ 《十三经注疏·春秋左传正义》，艺文印书馆2001年版，第545页。
⑥ 《十三经注疏·春秋公羊传注疏》，艺文印书馆2001年版，第247页；《十三经注疏·春秋谷梁传注疏》，艺文印书馆2001年版，第152页。

周的同地异名现象，这里研究其同名异地现象。

"周"作为西周都城的名称，文献上有诸多记载，然"周"似乎应为同名异地。

周为岐周，位于今陕西省岐山县、扶风县一带。《史记·匈奴列传》："太王亶父亡走岐下，豳人悉从邑焉，作周。"① 这里的"周"应为"岐周"。《史记·鲁周公世家·索隐》："周，地名，在岐山之阳，本太王所居，后以为周公之采邑，故曰周公。即今扶风雍东北故周城也。"②

周为镐京，位于今陕西省西安市长安区。《史记·周本纪·正义》解释"武王至于周，自夜不寐"时认为："周，镐京也。武王伐纣，还自镐京，忧未定天之保安，故自夜不得寐也。"③《史记·鲁周公世家》："成王朝步自周，至丰。"这里的"周"，《集解》解释："马融曰：'周，镐京也。'"④

周为成周，位于今河南省洛阳市。《史记·周本纪》："营周居于雒邑而后去。"⑤《史记·刘敬列传》："群臣皆山东人，争言不如都周。"⑥ 此"周"盖指成周。

可见，西周都城"周"应该是同地异名，各有指称。

三　楚国都城的同名异地

楚的都城迁移非常频繁，同名异地现象也比较复杂。

（一）"京宗"

清华简《楚居》提到楚国早期政治中心"京宗"："季连初降于騩山，抵于穴穷。前出于乔山，宅处爰陂。逆上汌水，见盘庚之子，处于方山，女曰妣佳，秉兹率相，詈由四方。季连闻其有聘，从及之盘，爰

---

① 《史记》，中华书局1959年版，第2882页。
② 《史记》，中华书局1959年版，第1515页。
③ 《史记》，中华书局1959年版，第129页。
④ 《史记》，中华书局1959年版，第1519页。
⑤ 《史记》，中华书局1959年版，第129页。
⑥ 《史记》，中华书局1959年版，第2717页。

生郢伯、远仲，毓徜徉，先处于京宗。穴酓迟徙于京宗，爰得妣列，逆流载水，厥状聂耳，乃妻之，生侸叔、丽季。丽不从行，溃自胁出，妣列宾于天，巫咸该其胁以楚，抵今曰楚人。至酓狂，亦居京宗。"①

这段文献出现了三处"京宗"的称谓，学界认为这应该是楚人早期的政治中心无疑。② 京宗在哪里，学界莫衷一是。周宏伟认为"京宗"是建筑物名称，其含义与西周金文中出现的京室、太庙相同，是楚人君主在其都城所在地建置的祭祀先祖的宗庙。③ 徐少华认为简文的两个"京宗"为同名而异地，穴酓的京宗可能在今河南省丹淅地区偏北一带，季连氏先处之京宗应该更靠近今河南省伏牛山南麓。④ 尹弘兵等也认为"京宗"很可能不是一个地点，而是楚传说时代末期居地的统一名称，⑤ 应该也是同名异地的意思。⑥

（二）丹阳

关于丹阳建都，文献一直有两种不同的记载：第一种说法是鬻熊居丹阳，《左传·桓公二年》孔颖达正义引《世本》："楚鬻熊居丹阳，武王徙郢。"⑦ 第二种说法是熊绎居丹阳。《史记·楚世家》："熊绎当周成王之时，举文、武勤劳之后嗣，而封熊绎于楚蛮，封以

① 清华大学出土文献研究与保护中心编：《清华大学藏战国竹简（壹）》，中西书局2010年版，第180页。

② 清华大学出土文献研究与保护中心编：《清华大学藏战国竹简（壹）》，中西书局2010年版，第183页；李学勤：《论清华简〈楚居〉中的古史传说》，《中国史研究》2011年第1期；李家浩：《谈清华战国竹简〈楚居〉的"夷"及其他——兼谈包山楚简的"人"等》，清华大学出土文献研究与保护中心编《出土文献》第2辑，中西书局2011年版，第55—66页；高崇文：《清华简〈楚居〉所载楚早期居地辨析》，《江汉考古》2011年第4期；笪浩波：《从近年出土新材料看早期楚国中心区域》，《文物》2012年第2期；周宏伟：《楚人源于关中平原新证——以清华简〈楚居〉相关地名的考释为中心》，《中国历史地理论丛》2012年第2期。

③ 周宏伟：《〈楚居〉"京宗"新释》，《中国史研究》2019年第3期。

④ 徐少华：《从〈楚居〉析楚先族南迁的时间与路线》，楚文化研究会编《楚文化研究论集》第十一集，上海古籍出版社2015年版，第310—317页。

⑤ 尹弘兵、吴义斌：《"京宗"地望辨析》，《江汉考古》2013年第1期。

⑥ 尹弘兵2017年发表文章《多维视野下的楚先祖季连居地》（《中国史研究》2017年第1期）又认为京宗是具体的地点，位置当在嵩山山脉以南的河南省中部地区。

⑦ 《十三经注疏·春秋左传正义》，艺文印书馆2001年版，第95页。

子男之田，姓芈氏，居丹阳。"①《汉书·地理志》："句容，泾，丹阳，楚之先熊绎所封，十八世。文王徙郢。"②《左传·桓公二年》孔疏有云："其后有鬻熊事周文王，早卒。成王封其曾孙熊绎于楚，以子男之田，居丹阳，今南郡枝江是也。"③

　　丹阳为楚国初期都城殆无疑义，但丹阳地望何在，一直是楚文化研究领域的疑案。关于丹阳地望，学界一直有诸多不同说法：秭归说④、宜昌说⑤、枝江说⑥、当阳说⑦、荆山说（南漳说）⑧、临沮

---

①　《史记》，中华书局1959年版，第1691—1692页。

②　《汉书·地理志》，中华书局1962年版，第1592页。

③　《十三经注疏·春秋左传正义》，艺文印书馆2001年版，第95页。

④　北魏郦道元最先提出秭归说。《水经注·卷三十四》"江水"："《经》：（江水）有东过秭归县之南。《注》：故《宜都记》曰：'秭归盖楚子熊绎之始国，而屈原之乡里也。'""江水又东经一城北，其城凭岭作固，二百一十步，夹溪临谷，据山枕江，北对丹阳城，城据山跨阜，周八里二百八十步，东北两面悉临绝涧，西带亭下溪，南枕大江，阴峭壁立，信天固也，楚子熊绎始封丹阳之所都也。……又楚之先王陵墓在其间。"此语出后，自唐以降，历代地理典籍多相沿用。如《括地志（辑校）·卷四》"归州"云："丹阳故国，归州巴东县也。""归州巴东县东南四里故城，楚子熊绎之始国也。有熊绎墓在归州秭归县。""归州秭归县丹阳城，熊绎之始国也。"《元和郡县志·阙佚意文·卷一》"归州"云："秭归县，汉置秭归县……丹阳城，在县东七里，楚之旧都也。周武王（按：应为周成王）封熊绎于荆丹阳之地，即此也。""夔子城，在县东二十里，西周成王封楚熊绎，初都丹阳，即此。"《舆地志》云："秭归县东有丹阳城，周回八里，熊绎始封也。"其他还有《太平寰宇记·归州·夔子城》《读史方舆纪要·归州》《大清一统志·宜昌城·古迹》等均以为丹阳在秭归。

⑤　《中国历史》的作者夏曾佑先生提出"楚初封之丹阳在今宜昌境内"，但未说明城之所在，亦无论证，故缺乏继续讨论的基础。

⑥　东汉颖容最早提出楚始都丹阳在今枝江说。唐张守节在《史记·楚世家·正义》中因颖容《传例》云："楚居丹阳，今枝江县故城是也。"唐孔颖达在《左传·桓公十二年》疏中引《世本》注者三国时期宋仲子（宋衷）云："丹阳在南郡枝江县。"刘宋裴骃在《史记·楚世家》集解中引晋宋间人徐广曰："（丹阳）在南郡枝江县。"可见，枝江说早于秭归说。唐余知故在《渚宫旧事》中沿用此说："成王即位，封其孙熊绎于楚，以子男之田，居丹阳，实枝江。"清光绪《江陵县志》："鬻熊孙熊绎始封，居丹阳，今枝江也。"今人宗德生支持此说，见宗德生《楚熊绎所居丹阳应在枝江说》，《江汉考古》1980年第2期。然对于枝江说，现代有许多否定的说法。

⑦　1974年在当阳境内发现一座规模甚大的故城遗址，高应勤、程耀庭著文《谈丹阳》（《江汉考古》1980年第2期）认为这就是丹阳故址。此地在1978年前还属于枝江，故"当阳说"仍可视为"枝江说"的派生说法。但是，就目前所见到的考古资料难以判断这座古城可早至西周初期。

⑧　周成王时的铜器"矢令簋"有："惟王伐楚白（伯），才（在）炎。"段渝认为这段铭文应是记载周成王南征之事。楚人战败后，被周室徙往荆山，处于西六师的直接监视之下。荆山方位当在今南漳县西北。王光镐（《楚文化源流新证》，武汉大学出版社1988年版，第275—376页）、张正明、喻宗汉［《熊绎所居丹阳考》，《楚学论丛》（《江汉论坛》1990年9月专刊），第8—21页］均主此说。

说①、江汉间说②、丹淅说③、淅川龙城说④、小丹阳说⑤。经过多年的研究和考辩，秭归说、宜昌说、枝江说、当阳说、临沮说、江汉间说、淅川龙城说、小丹阳说等观点已经被基本否定，研究者的意见大多集中到河南淅川、湖北南漳以及陕西商县。⑥

学界一般从都城迁徙的角度探讨楚早期的政治中心，有学者认为熊绎初封丹阳（今南漳县李庙区），康王徙都龙城（今淅川县南

① "临沮说"认为丹阳当在今南漳县治东南 6 千米的临沮村。"临沮说"有四个前提，缺一不可：一、熊丽始封，居丹阳；二、汉临沮县城是今南漳县临沮村；三、鄀在宜城；四、古沮、漳河为今蛮河。汉临沮城在荆山西南，故址在今远安县西北 17 千米，南齐时在当阳西；隋改临沮为南漳，唐时临沮在当阳西北，清代临沮故城应在南漳西南 60 千米。因此，汉临沮故城无论如何也到不了现在的南漳县治西南 6 千米的临沮村。故此说不足信。

② 刘和惠《楚丹阳考辨》（《江汉论坛》1985 年第 1 期）认为，"丹阳未曾称都""周初时楚尚不具备产生城的社会条件"，因此，"丹阳地望应在江汉间，而非他处"。此说没有指出丹阳具体的地望，因此，也无法进一步讨论。

③ 清人宋翔凤《楚鬻熊居丹阳、武王徙郢考》（《过庭录》卷四）认定《世本》所云"鬻熊居丹阳"应是在"丹水、析水入汉之处"的"丹淅"。钱穆《屈原居汉北为三闾大夫考》（《先秦诸子系年》上册，中华书局 1985 年版，第 387 页）、童书业《春秋左传研究·春秋初楚都》（上海人民出版社 1980 年版）及（《楚郢都辨疑》（《中国古代地理考证论文集》，中华书局 1962 年版，第 91—92 页）、冯永轩《说楚都》（《江汉考古》1980 年第 2 期）、顾颉刚（见谭其骧主编《中国历史地图集》）、张西显《浅说楚都丹阳在淅川》（《长江志季刊》2001 年第 1 期）、张正明《豫西南与楚文化》楚文化研究会编《楚文化研究论集》第四集，河南人民出版社 1994 年版，第 22—27 页）、赵世纲《从楚人初期活动看丹阳之所在》楚文化研究会编《楚文化研究论集》第四集，河南人民出版社 1994 年版，第 37—50 页）等均持此说。

④ 1979 年在河南省淅川县荆南部发现一座古城遗址，当地俗称龙城。丹阳在淅川龙城之说因而兴起。裴明相认为："楚丹阳自熊绎以来，并不在'丹淅之会'，而很可能在丹水下游的下寺龙城遗址。"（《楚都丹阳试探》，《文物》1980 年第 10 期）刘彬徽在其论文《试论楚丹阳和郢都的地望与年代》（《江汉考古》1980 年第 1 期）驳斥了这个观点。

⑤ 此说以为丹阳在今安徽省当涂县东五十里之小丹阳镇。《汉书·地理志·丹扬郡》有："故鄣郡，属江都。……县十七：……丹阳，楚之先熊绎所封。十八世，文王徙郢。"今人郭沫若（《大系》）、王玉哲（《楚族故地及其迁移路线》）均主此说。北魏郦道元已辨其非，《水经注·卷三十四·江水》："《地理志》以为吴之丹阳，论者云……是为非也。"

⑥ 石泉、徐德宽：《楚都丹阳地望新探》，《江汉论坛》1982 年第 3 期；石泉：《再论早期楚都丹阳地望——与"南漳说"商榷》，楚文化研究会编《楚文化研究论集》第四集，河南人民出版社 1994 年版，第 10—21 页。

部下寺东"龙城遗址");① 有学者认为楚人的政治中心起源荆山，始都磨山，旋徙季家湖古城，后徙郢；② 有学者认为始居商县之丹阳，次徙丹淅；③ 还有学者认为楚人始居丹淅，次居荆山。④ 尹弘兵《楚国都城与核心区探索》认为鬻熊、熊绎、熊渠的政治中心地点是不同的，均称丹阳。⑤ 这些观点为研究丹阳的同名异地提供了思路。

笔者认为"丹阳"随着楚人迁徙的轨迹而动态地移动，是一种同名异地现象，其迁徙过程应该是由丹江上游的今陕西省商县迁至丹江下游的河南淅川，再迁至沮漳河流域。⑥

（三）郢

周有恒说："（楚）国都曾六迁，凡五都，皆曰'郢都'，为郢、郐、陈、钜阳、寿春。"⑦ 虽然五都之名不一定准确，但楚都为郢，且"郢"所指不是一地，这是学界共识。

1. 纪南之郢

《史记·楚世家》："子文王熊赀立，始都郢。"楚平王十年（前519），吴伐楚，败陈、蔡。"楚恐，城郢"。吴攻楚灭钟离、居巢。"楚乃恐而城郢。"楚大败，"吴人入郢"之后，"昭王之出郢也，使申鲍胥请救于秦"。"楚昭王灭唐九月，归入郢。十二年，吴复伐楚，取番。楚恐，去郢，北徙都郧。"⑧《秦本纪》《吴世家》《伍子胥列传》等均有相应记载。

① 陈心忠：《楚国初期都城新探》，湖北省楚史研究会1985年年会论文。
② 高应勤：《再谈丹阳》，湖北省楚史研究会等合编《楚史研究专辑》武汉出版社1982年版，第60—65页。
③ 石泉、徐德宽：《楚都丹阳地望新探》，《江汉论坛》1982年第3期；石泉：《齐、梁以前古沮、漳源流新探——附荆山、景山、临沮、漳乡、当阳、麦城、校江故址考辨》，《武汉大学学报（社会科学版）》1982年第1、2期。
④ 张正明：《楚都辨》，《江汉论坛》1982年第4期。
⑤ 尹弘兵：《楚国都城与核心区探索》，湖北人民出版社2009年版。
⑥ 潘明娟：《先秦多都并存制度研究》，中国社会科学出版社2018年版，第204—205页。
⑦ 周有恒：《千年遗址，南国完璧——楚郢都漫话》，《文史知识》1989年第1期。
⑧《史记》，中华书局1959年版，第1695、1714、1714、1715、1716、1716页。

以上的"郢"应为纪南之郢，位于湖北省江陵市北部。《史记·楚世家·正义》："《括地志》云：'纪南故城在荆州江陵县北五十里。杜预云国都于郢，今南郡江陵县北纪南城是也。'《括地志》云：'又至平王，更城郢，在江陵县东北六里，故郢城是也。'"①

2. 鄢郢

《史记》记载了白起在楚顷襄王二十一年（前278）攻占楚都"郢"或"鄢郢"的事迹。如《楚世家》记载楚顷襄王二十一年（前278），白起攻楚，拔楚都郢；《六国年表》楚顷襄王二十一年（前278），"秦拔我郢，烧夷陵，王亡走陈"。《穰侯列传》："四岁，而使白起拔楚之郢，秦置南郡。"《李斯列传》记载李斯的《谏逐客书》有："惠王用张仪之计……南取汉中，包九夷，制鄢郢。"《苏秦列传》有："秦必起两军，一军出武关，一军下黔中，则鄢郢动矣。"《春申君列传》有："秦前已使白起攻楚……拔鄢郢，东至竟陵，楚顷襄王东徙治于陈县。"《平原君虞卿列传》："白起……一战而举鄢郢。"②

应该说，白起所攻之郢，一般称为"鄢郢"，与纪南之郢不是一地。《史记·苏秦列传·集解》解释："徐广曰：'今南郡宜城。'"③应处于湖北省宜城东南一带。

3. 陈郢

《史记·秦始皇本纪》："二十三年……秦王游至郢陈。"④ 这条记载明确这里的"郢"为陈地。陈是白起攻楚之后，楚顷襄王迁徙的新都。《史记·六国年表》："楚顷襄王二十一，秦拔我郢，楚王亡走陈。"《史记·楚世家》："楚襄王兵散，东北保于陈城。"《史记·春申君传》："顷襄王东徙治于陈县。"《史记·白起王翦列传》：

① 《史记》，中华书局1959年版，第1696页。
② 《史记》，中华书局1959年版，第1735、742、2325、2542、2260、2387、2367页。
③ 《史记》，中华书局1959年版，第2260页。
④ 《史记》，中华书局1959年版，第234页。

"楚王亡去郢，东走徙陈。"①

陈郢，位于今河南省淮阳县城关一带。

4. 寿郢

楚国末年，楚考烈王离开陈郢，迁都至寿春。《史记·春申君传》："楚于是去陈徙寿春。"寿春亦名"郢"。《史记·六国年表》"（考烈）王东徙都寿春，命曰郢。"《史记·楚世家》载，楚考烈王六年（前257），"楚东徙都寿春，命曰郢"②。

寿郢，在今安徽省寿县。

综上，"郢"同名异地的现象是非常明显的。

四 晋的"绛"都

晋国的"绛"都，区分比较明显，一为晋国前期的都城，即翼；另一为晋国后期的都城，又名新田。文献中有相关记载，也有区分"故绛"与新"绛"。

晋国前期的绛都，位于浍水中下游，今山西省曲沃县曲村镇的天马—曲村遗址，又名"翼"。《左传》有相关记载，庄公二十六年"晋士蒍为大司空。夏，士蒍城绛。以深其宫"，庄公二十八年"群公子皆鄙，唯二姬之子在绛"，僖公十三年"秦于是输粟于晋，自雍及绛相继"，成公六年"晋人谋去故绛"③。《史记·晋世家》也有："八年，城聚都之，命曰绛，始都绛。"索隐："春秋庄公二十六年传'士蒍城绛'是也。"④《史记·秦本纪》还有："秦与晋粟，以船漕车转，自雍相望至绛。"⑤

晋国后期的绛都，应位于今山西侯马，位于河、汾之东方百里，

① 《史记》，中华书局1959年版，第742、1735、2387、2331页。
② 《史记》，中华书局1959年版，第2396、752、1736、页。
③ 杨伯峻编著：《春秋左传注》，中华书局1981年版，第234、240—241、345、827页。
④ 《史记》，中华书局1959年版，第1641页。
⑤ 《史记》，中华书局1959年版，第188页。

夹于汾、浍之间，又名"新田"。《左传》襄公二十三年，晋平公时期"四月，栾盈帅曲沃之甲，因魏献子以昼入绛"。昭公九年"晋荀盈如齐逆女，还，六月，卒于戏阳。殡于绛……"定公十三年"十二月辛未，赵鞅入于绛，盟于公宫"①。《史记·晋世家》："智罃迎公子周来，至绛，刑鸡与大夫盟而立之，是为悼公，辛巳，朝武宫，二月乙酉，即位。"②"八年，齐庄公微遣栾逞于曲沃，以兵随之……栾逞从曲沃中反，袭入绛。"③ 这里的"绛"是春秋中晚期的晋国都城，是新田。

第四节　本章小结

研究先秦政权名称与都城名称的案例可以看出：政权名称与都城名称一致的现象主要存在商周时期。一般来说，一个部族的起源核心区就是国家最初的发展源地，④ 这个政权后来的版图就是在这个核心区的基础上进化而来的。而政治势力会用其早期所在的起源核心区的名称来命名自己政权的名称，如上述的商、周、秦。这可能与国家初期的起源核心区名称、政权名称、政治中心的名称使用尚不规范有很大关系。到春秋战国时期政权名称与都城名称重合的现象几乎不复存在。

研究先秦同地异名的案例可以看出：都城的同地异名现象主要存在于商代、西周时期（西周初年的岐周、西周初年的成周、秦国初期的都城、楚国初期的都城、晋国初期的都城）以及春秋时期（晋国中晚期都城）。战国时期各诸侯都城的同地异名现象几乎没

---

① 杨伯峻编著：《春秋左传注》，中华书局1981年版，第1074、1311、1591页。

② 《史记》，中华书局1959年版，第1681页。

③ 《史记》，中华书局1959年版，第1683页。《左传·襄公二十三年》有详细记载，作"栾盈"。

④ 潘塞认为国家的核心区统筹是中心或发源地区，在这个区域中，这个民族产生并且成长。见 Pearcy G. E. and Russel H. F, *World Political Geography*, NEW YORK：Crowell, 1948年版。

有。先秦都城同地异名现象出现的原因，学界已有探讨。钱穆先生
认为："地名沿革，大概腹地冲要，文物殷盛，人事多变之区，每有
新名迭起，旧名被掩，则地名之改革为多；而边荒穷陬，人文未启，
故事流传，递相因袭。"[①] 王明珂则总结认为同地异名现象不单单是
由于族群的迁徙，其中也有战争的蔓延、中国早期分封制的影响、
文字知识背后权力的渗透、族群所形成的共同历史记忆[②]等。同地异
名现象主要有两个原因：一是发音相似导致同地异名。如商纣之都
"妹邦""沫""牧"，由于文字及语音变迁的客观原因导致。二是有
意改名导致同地异名。从不同视角命名都城可出现多个名称，正如
人的"小名""大名""绰号"等称呼一样；如成周就属于钱穆先生
所谓"腹地冲要，文物殷盛，人事多变之区"的描述，它的名称也
有诸多变迁，有表示方位的"土中""中国"，有与旧都相对应的
"新邑""新大邑"，也有表示其政治地位的"成周"，还有标志其地
理要素的"洛"。秦的初期都城，与秦族旧居"犬丘""垂"对应就
有"犬丘""西犬丘""西垂""西"等不同的名称。晋的陪都曲
沃，本名"曲沃"，与旧都"翼"对应可称"新城"，与主都"绛"
对应又称"下国"。

同名异地现象主要存在商代、西周、春秋几个时期，战国时期
都城的同名异地现象以楚国郢都的迁徙为主。先秦都城同名异地现
象出现的原因，学界已有探讨。钱穆先生认为："一曰地名原始。其
先地名亦皆有意义可释，乃通名，非专名。……凡属异地而同名者，
因地名本属通义，可以名此，亦可以名彼也。二曰地名迁徙，必有
先后，决非异地同时可以得此名不谋而合也。地名迁徙之背景，盖
有民族迁徙之踪迹可资推说。一民族初至一新地，就其故居之旧名，
择其相近似而移以名其侨居之新土，故异地有同名也。"[③] 赵庆淼博

---

① 钱穆：《史记地名考》，商务印书馆 2004 年把，自序第 7 页。
② 王明珂：《华夏记忆：历史记忆与族群认同》，允晨文化 1997 年版。
③ 钱穆：《史记地名考》，商务印书馆 2004 年版，自序第 6—7 页。

士归纳了四种原因，分别为政治因素、经济因素、军事因素、自然环境因素。① 笔者认为，先秦同名异地出现的原因有二：一是由通名导致。地名由语词构成，分专有名词和普通名词，不少原是普通名词，后逐渐转化为专有名词。如晋都"绛"、楚都"郢"应该就是这种情况。"绛"，据邹衡先生研究："晋之绛地，字本作降，后世或不得其解而改为绛了，绛地名的本意又若何呢？我们初步想法是，必须结合晋文化遗址所处的地势来进行分析。"② 应该是晋国从早期到晚期都城数迁，地势从高到低，从山坡降到平地。"郢"，冯永轩认为，郢字从呈，又可省作邔，其中，壬字从土，像土上生物，且有高的含义。因此，以郢为都，其实就是选择高地作为都城，符合先秦统治者择高而居的习惯；③ 胡礼兴则认为"郢"是由"王"与"邑"组合而成的字，其意应为"王邑"，④ 因此，"郢"之通意大概就是"王都"，与春秋早期楚人称王密切相关。清华简《楚居》记载十几处"X郢"，可见"郢"是楚王居地的通名，"郢不是一个固定的地名，而是武王之后王居的通称，⑤ 尤西京、东京之京"⑥。二是政权迁徙导致。如商都"亳"、周都"周"应该都在随着族群的迁徙或政治中心的变化而导致的"故居之旧名"仍用于"侨居之新土"的现象。

总之，先秦时期都城的名实关系非常复杂，研究先秦都城需要认真考证名称及其地望，做到名实相符。

---

① 赵庆淼：《商周时期的族群迁徙与地名变迁》，南开大学博士学位论文，2016 年。

② 北京大学历史系考古专业山西实习组、山西省文物工作委员会：《翼城曲沃考古勘察记》，北京大学考古系《考古学研究（一）》，文物出版社 1992 年版，第 221 页。

③ 冯永轩：《说楚都》，《江汉考古》1980 年第 2 期。

④ 胡礼兴：《楚郢新说》，《江汉论坛》1991 年第 12 期。

⑤ 郭德维：《楚都纪南城复原研究》，文物出版社 1999 年版，第 4 页。

⑥ 清华大学出土文献研究与保护中心编：《清华大学藏战国竹简（壹）》，中西书局 2010 年版，第 187 页。

结　　语

一　先秦都城制度的阶段性

总而述之，通过本书第二、三、四、五章的实证案例复原研究，我们可以从表现形式看出先秦都城制度主要有两个发展阶段。

第一个阶段是都城制度的早期发展阶段——商周时期。

这一时期国家初步建立，部族传统仍有极大影响，许多政治制度尚未完善。都城制度也处于一个萌芽和确定期。夏代的都城设置情况由于记载比较模糊，无法理清头绪。商代应该是都城制度的萌芽期。从都城选址角度来看，主要遵循择中立都的原则；从都城建设来看，都城的诸多要素还未完善；从都城设置来看，出现了圣都与俗都的差别；从名实关系来看，商代都城的命名还比较混乱，有政权名称与都城名称一致、同地异名、同名异地等诸多现象。然而，由于没有明确的文献记载，我们可以把都城制度看作一种不成文的政府行为，这是制度的萌芽期。西周时期应该是制度的明确确定期。首先，与商相比，周人的疆域更加广阔，这就需要增强都城的社会控制力以加强政治统治。其次，从宗法角度来讲，周人确立的嫡庶等级制度，反映到都城制度上，会出现不同等级、不同政治地位的都城，影响都城的选址、建设、设置及名实关系。再次，从渊源方面考虑，商代萌芽的都城传统也为周人正式确立都城制度创造了条件。最后，从都城观念考虑，西周时期明确出现了"择中定都"及都城建设、都城命名的记载。从文献上来看，西周时期正式确立了制度。

第二个阶段是都城制度的发展演变时期——春秋战国时期。

如果说商周时期是都城制度的早期发展时期，春秋战国则是多都并存制度的发展流变时期。一方面，商周时期的传承对春秋战国时期的都城制度有很大影响；另一方面，社会的发展、宗教观念的淡薄及其他政治制度与经济制度的变化，导致春秋战国时期的都城制度也出现了发展与变化。从都城选址的角度来看，这一时期确定了"因天材，就地利"的选址观念和选址制度。《管子》明确记载了"因天材，就地利"的自然主义思想，其他文献如《列子》也有相关记载。同时，这一时期择中立都观念的影响越来越淡薄，大部分都城均遵循了"因天材，就地利"的思想。从都城建设的角度来看，无论是文献记载还是建城实践都表明：这一时期都城规模明显增大，城墙普遍修筑，有意识地进行了城市功能分区，官庙完全逐渐分离。从多座都城的同时设置来看，这一时期存在广泛而普遍的多都并存现象，但在都城设置方面，多都并存并不是唯一的选择。并且由于诸侯国较多，出现了显著的多元空间分异特征。

二　先秦都城制度的影响因素

影响都城制度的因素是多方面的。因为都城的选址、建设、设置、发展、变化与废省，关系许多方面，其中有自然方面的因素，纬度、气候、土壤、地形等都可能影响都城的选址与建设；有社会方面的因素，政治基础、经济基础、社会基础、文化基础的不均衡都有可能影响都城制度的发展与流变。

总的来说，先秦都城制度的影响因素包括以下五个方面。

第一，政治因素对都城制度的影响。无论在什么时代，都城的政治功能都是第一位的。政治制度、政治形势等政治因素对都城制度的影响的具体表现是多种多样的。

第二，地理环境对都城制度的影响。都城属于人类建设的地理空间，地理环境包括山川形势、自然气候、空间区位以及由此产生的交通、军事地形等都会对都城制度有不同程度的影响。①

第三，经济基础对都城制度的影响。经济因素在都城制度中起极大作用。英国地理学家 V. Cornish 于 1923 年在《大国都》中说，首都在自然方面有三个条件，其中第一个就是"自然仓库（natural storehouse）"，即首都附近资源丰富，粮食充裕，能满足首都的需要。②"自然仓库"强调的就是经济基础。

第四，历史、文化、民族等因素对都城制度的影响。都城不仅是行政中心、经济中心、军事中心，往往还是一个政权的历史、文化象征。同时，都城往往是占重要地位民族的人口集中地。

第五，都城功能对都城制度的影响。先秦时期的都城承担着诸多功能，包括统治管理功能、祭祀祭祖功能、军事防御功能、经济中心功能及社会文化功能等。

三　先秦都城制度的特点

在前面的章节里，笔者已经确认并不断论证"先秦是有都城制度的"，且都城制度与都城一样，经历了起源、形成和发展的历史过程。先秦都城制度有如下特点。

第一，都城制度从不规范到相对规范。

由于生产力和生产关系的问题，先秦时期尤其是夏商时期的各项制度都具有原始性和简单性。这是早期国家的共性，都城制度也不例外。随着国家的不断成熟，都城制度也逐渐从不规范到相对规范。如择中立都的选址制度就是一个从夏商时期模糊到西周时期逐渐清晰、逐渐确立的过程。

第二，都城制度不断演变又相对固定。

---

① 英国地理学家 V. Cornish 于 1923 年在《大国都》中说，首都在自然方面有三个条件：其中两个就是叉道（cross way）和要塞（strongholds），叉道就是首都应处在交通要道，交通便利；要塞就是首都所在的位置要便于防守。见 V. Cornish. *The Great Capitals*. London：1923。

② V. Cornish, *The Great Capitals*, London, 1923.

正如钱穆先生所言："某一制度之创立，决不是凭空忽然地创立，它必须有其渊源，早在此制度创立之先，已有此项制度之前身，渐渐地在创立。某一制度之消失，也决不是无端忽然地消失了，它必有流变，早在此项制度消失之前，已有此项制度之后影，渐渐地在变质。"① 制度既有传承，又有创新。都城制度不断演变又相对固定的特点，具体表现就是制度有其阶段性。

第三，先秦都城制度从多元到一统。

中华文明就是多元起源共同发展并最终融合在一体的。早期都城制度的发展也具有这样的特点，是从多元到一统的过程。

20 世纪 80 年代前后，苏秉琦先生将国家产生之前的新石器时代文化划分为六大区，各区之间在文化内涵、发展道路和源流方面都存在差异，② 之后学界普遍认为中国文明从"满天星斗"到多元一体。早期国家的都城制度也应该与文明起源相适应，是从多元到一统的过程。"多元"具体表现为都城制度的区域性，然而本书中涉及夏商时期都城的样本量较少，因此，都城制度的区域性并不明显；到春秋战国时期趋向"一统"，都城制度的区域性就更不明显了。

---

① 钱穆：《中国历代政治得失》，生活·读书·新知三联书店 2001 年版，前言第 5 页。

② 苏秉琦、殷玮璋：《关于考古学文化的区系类型问题》，《文物》1981 年第 5 期。

参考文献

一 古籍及古籍整理类

《战国策》，上海古籍出版社 1985 年版。

《竹书纪年》，四库全书版。

（汉）司马迁：《史记》，中华书局 1959 年版。

（汉）董仲舒撰，（清）凌曙注：《春秋繁露》，中华书局 1975 年版。

（汉）王充：《论衡》，《四库丛刊初编》影印本，上海商务印书馆 1919 年版。

（东汉）班固：《汉书》，中华书局 1962 年版。

（东汉）刘熙：《释名》，江南图书馆藏明嘉靖翻宋八卷本。

（曹魏）王弼注，楼宇烈校释：《老子道德经注》，中华书局 2011 年版。

（晋）杜预：《春秋释例》，《丛书集成》本，中华书局 1985 年版。

（晋）常璩：《华阳国志》，四库丛刊景明钞本。

（晋）京相璠撰，（清）黄奭辑：《春秋土地名》，《黄氏逸书考》，汉学堂丛书本。

（晋）张华：《博物志》，清道光指海本。

（南朝梁）萧统：《文选》，中华书局 1997 年版。

《元和郡县志》，中华书局 1983 年版。

《太平御览》，中华书局 1960 年版。

《资治通鉴》，中华书局 1978 年版。

《太平寰宇记》，中华书局 2010 年版。

（北宋）张载：《张载集》，中华书局 2012 年版。

（南宋）朱熹：《四书章句集注》，中华书局 1983 年版。

（南宋）王应麟：《通鉴地理通释》，光绪十年成都志古堂精刊版。

（明）董说：《七国考》，中华书局 1956 年版。

（清）陈昌治校刊：《说文解字》大徐本，中华书局 1968 年版。

（清）陈立撰，吴则虞点校《白虎通疏证》，中华书局 1994 年版。

（清）程廷祚：《春秋地名辨异》，商务印书馆 1939 年版。

（清）戴震：《考工记图》，昭代丛书，世楷堂藏版。

（清）段玉裁：《说文解字注》，上海古籍出版社 1981 年版。

（清）范士龄：《左传释地》，清道光六年刻版。

（清）高士奇：《春秋地名考略》，影印文渊阁《钦定四库全书》本。

（清）顾栋高辑，吴树平、李解民点校：《春秋大事表》，中华书局
　　1993 年版。

（清）顾炎武：《历代宅京记》，中华书局 1984 年版。

（清）顾炎武著，黄汝成集释：《日知录集释》，上海古籍出版社
　　1985 年版。

（清）顾祖禹撰，贺次君、施和金点校：《读史方舆纪要》，上海书店
　　出版社 1998 年版。

（清）江永：《春秋地理考实》，《皇清经解》第二五二至二五五卷，
　　学海堂版。

（清）蒋廷锡：《尚书地理今释》，式古居汇钞本（道光重编）。

（清）刘宝楠撰，高流水点校：《论语正义》，中华书局 1990 年版。

（清）马瑞辰撰，陈金生点校：《毛诗传笺通释》，中华书局 1989
　　年版。

（清）皮锡瑞：《今文尚书考证》，中华书局 1989 年版。

（清）皮锡瑞：《尚书大传疏证》，上海古籍出版社影印版。

（清）邵晋涵：《邵晋涵集》，浙江古籍出版社 2016 年版。

（清）沈淑：《春秋左传分国土地名》，商务印书馆 1939 年版。

（清）孙星衍撰，陈抗、盛冬铃点校：《尚书今古文注疏》，中华书局

　　1986 年版。

（清）孙诒让撰，王文锦、陈玉霞点校：《周礼正义》，中华书局
　　1987 年版。

（清）王先谦：《诗三家义集疏》，中华书局 1987 年版。

（清）王先谦撰，沈啸寰、王星贤整理：《荀子集解》，中华书局
　　2012 年版。

（清）王先慎撰，钟哲点校：《韩非子集解》，中华书局 1998 年版。

（清）张琦：《战国策释地》，广雅书局丛书版。

（清）洪亮吉：《春秋左传诂》，中华书局 1987 年版。

《十三经注疏·春秋公羊传注疏》，艺文印书馆 2001 年版。

《十三经注疏·春秋谷梁传注疏》，艺文印书馆 2001 年版。

《十三经注疏·春秋左传正义》，艺文印书馆 2001 年版。

《十三经注疏·尔雅注疏》，艺文印书馆 2001 年版。

《十三经注疏·乐记注疏》，艺文印书馆 2001 年版。

《十二经注疏·礼记注疏》，艺文印书馆 2001 年版。

《十三经注疏·论语注疏》，艺文印书馆 2001 年版。

《十三经注疏·毛诗正义》，艺文印书馆 2001 年版。

《十三经注疏·孟子注疏》，艺文印书馆 2001 年版。

《十三经注疏·尚书正义》，艺文印书馆 2001 年版。

《十三经注疏·周礼注疏》，艺文印书馆 2001 年版。

（清）陈立撰，吴则虞点校：《白虎通疏证》，中华书局 1994 年版。

陈奇猷校释：《吕氏春秋新校释》，上海古籍出版社 2002 年版。

陈桥驿校证：《水经注校证》，中华书局 2007 年版。

范祥雍：《古本竹书纪年辑校订补》，上海人民出版社 1957 年版。

何清谷校注：《三辅黄图校注》，三秦出版社 2006 年版。

（唐）李泰等著，贺次君辑校：《括地志辑校》，中华书局 1980
　　年版。

黄怀信、张懋镕、田旭东撰：《逸周书汇校集注》，上海古籍出版社
　　1995 年版。

黎翔凤撰，梁运华整理：《管子校注》，中华书局 2004 年版。

吴毓江撰，孙启治点校：《墨子校注》，中华书局 1993 年版。

吴则虞编著：《晏子春秋集释》，中华书局 1962 年版。

徐元诰撰，王树民、沈长云点校：《国语集解》，中华书局 2002
年版。

杨伯峻编著：《春秋左传注》，中华书局 1981 年版。

杨伯峻撰：《列子集释》，中华书局 1979 年版。

袁珂校译：《山海经校译》，上海古籍出版社 1985 年版。

张震泽撰：《孙膑兵法校理》，中华书局 1984 年版。

周生春撰：《吴越春秋辑校汇考》，上海古籍出版社 1997 年版。

二 古文字类

陈梦家：《西周铜器断代》，中华书局 2004 年版。

陈梦家：《殷虚卜辞综述》，中华书局 1988 年版。

董作宾：《甲骨文断代研究例》，"中央研究院"历史语言研究所编
《庆祝蔡元培先生六十五岁论文集》，商务印书馆 1933 年版。

方濬益：《缀遗斋彝器款识考释》，涵芬楼影印本 1935 年版。

高明：《古文字类编》，中华书局 1980 年版。

郭宝钧：《商周铜器群综合研究》，文物出版社 1981 年版。

郭沫若：《卜辞通纂》，科学出版社 1978 年版。

郭沫若：《金文丛考》，《郭沫若全集·考古编》第五卷，科学出版社
2002 年版。

郭沫若：《两周金文辞大系考释》，科学出版社 1957 年版。

郭沫若：《殷周青铜器铭文研究》，科学出版社 1961 年版。

李学勤：《新出青铜器研究》，文物出版社 1990 年版。

罗振玉：《三代吉金文存》，中华书局 1983 年版。

罗振玉：《殷虚书契》全三册，中国青年出版社 1999 年版。

清华大学出土文献研究与保护中心编：《清华大学藏战国竹简》（1—
11 册），中西书局 2010 年版。

容庚、张维持：《殷周青铜器通论》，科学出版社 1958 年版。

唐兰：《西周青铜器铭文分代史征》，中华书局 1986 年版。

唐兰：《殷虚文字记》，中华书局 1981 年版。

王辉：《商周金文》，文物出版社 2006 年版。

王宇信：《西周甲骨探论》，中国社会科学出版社 1984 年版。

薛尚功：《历代钟鼎彝器款识法贴》，中华书局，1986 年影印明朱谋 垔刻本。

姚孝遂主编：《殷墟甲骨刻辞类纂》，中华书局 1989 年版。

赵诚：《甲骨文与商代文化》，辽宁人民出版社 2000 年版。

郑慧生：《甲骨卜辞研究》，河南大学出版社 1998 年版。

中国社会科学院历史研究所：《甲骨文合集》，中华书局 1983 年版。

三　今人论著与资料

《中国历史地图集》，中国地图出版社 1998 年版。

《中华人民共和国地图集·专题图》，地图出版社 1984 年版。

巴新生：《西周伦理形态研究》，天津古籍出版社 1997 年版。

北京市文物研究所：《琉璃河西周燕国墓地》，文物出版社 1995 年版。

蔡锋：《春秋时期贵族社会生活研究》，中国社会科学出版社 2004 年版。

晁福林：《夏商西周的社会变迁》，北京师范大学出版社 1996 年版。

陈伯中：《都市地理学》，三民书局 1984 年版。

陈桥驿主编：《中国都城辞典》，江西教育出版社 1999 年版。

陈全方：《周原与周文化》，上海人民出版社 1998 年版。

陈旭：《商周考古》，文物出版社 2001 年版。

陈正祥：《中国文化地理》，生活·读书·新知三联书店 1983 年版。

成一农：《中国城市史研究》，商务印书馆 2020 年版。

程平山：《夏商周历史与考古》，人民出版社 2005 年版。

丁山：《商周史料考证》，龙门联合书局 1960 年版。

杜金鹏、王学荣主编:《偃师商城遗址研究》,科学出版社 2004
　　年版。

杜金鹏:《偃师商城初探》,中国社会科学出版社 2003 年版。

段宏振:《赵都邯郸城研究》,文物出版社 2009 年版。

段振美:《殷墟考古史》,中州古籍出版社 1981 年版。

傅熹年:《中国古代城市规划、建筑群布局及建筑设计方法研究》,
　　中国建筑工业出版社 2001 年版。

傅熹年主编:《中国古代建筑史·第二卷》,中国建筑工业出版社
　　2001 年版。

高介华、刘玉堂:《楚国的城市与建筑》,湖北教育出版社 1995
　　年版。

顾朝林等:《中国城市地理》,商务印书馆 1999 年版。

顾德融、宋顺龙:《春秋史》,上海人民出版社 2003 年版。

顾颉刚:《史林杂识初编》,中华书局 1963 年版。

顾颉刚著,王煦华整理:《春秋地名考》,国家图书馆出版社 2006
　　年版。

郭德维:《楚都纪南城复原研究》,文物出版社 1999 年版。

郭沫若:《中国古代社会研究》,河北教育出版社 2004 年版。

韩连琪:《先秦两汉史论丛》,齐鲁书社 1986 年版。

何光岳:《楚灭国考》,上海人民出版社 1990 年版。

河北省文物研究所编:《燕下都》,文物出版社 1996 年版。

河南省文物研究所、中国历史博物馆考古部编:《登封王城岗与阳
　　城》,文物出版社 1992 年版。

河南省文物考古研究所编著:《新郑郑国祭祀遗址》,大象出版社
　　2006 年版。

河南省文物考古研究所编著:《郑州商城——1953—1985 年考古发掘
　　报告》,文物出版社 2001 年版。

河南省文物研究所编:《郑州商城考古新发现与研究(1985—
　　1992)》,中州古籍出版社 1993 年版。

贺业钜：《考工记营国制度研究》，中国建筑工业出版社 1985 年版。

侯仁之：《历史地理学四论》，中国科学技术出版社 1994 年版。

侯甬坚：《区域历史地理的空间发展过程》，陕西人民教育出版社
　1995 年版。

胡厚宣：《甲骨学商史论丛初集》，河北教育出版社 2002 年版。

胡厚宣：《殷墟发掘》，上海学习生活出版社 1955 年版。

黄建军：《中国古都选址与规划布局的本土思想研究》，厦门大学出
　版社 2005 年版。

黄亚平：《城市空间理论和空间分析》，东南大学出版社 2002 年版。

黄中业：《三代纪事本末》，辽宁人民出版社 1999 年版。

翦伯赞：《中国史纲要》，人民出版社 1962 年版。

江林昌：《夏商周文明新探》，浙江人民出版社 2001 年版。

姜波：《汉唐都城礼制建筑研究》，文物出版社 2003 年版。

李发林：《战国秦汉考古》，山东大学出版社 1991 年版。

李济：《安阳》，河北教育山版社 2000 年版。

李洁萍：《中国历代都城》，黑龙江人民出版社 1994 年版。

李孟存、常金仓：《晋国史纲要》，山西人民出版社 1988 年版。

李民：《夏商史探索》，河南人民出版社 1985 年版。

李孝聪：《历史城市地理》，山东教育出版社 2007 年版。

李学勤：《东周与秦代文明》，上海人民出版社 2007 年版。

李学勤：《中国古代文明与国家形成研究》，云南人民出版社 1997
　年版。

李雪山：《商代分封制度研究》，中国社会科学出版社 2004 年版。

李玉洁：《楚史稿》，河南大学出版社 1988 年版

临淄文物志编辑组：《临淄文物志》，中国友谊出版公司 1990 年版。

刘继刚：《中国灾害通史·先秦卷》，郑州大学出版社 2008 年版。

刘沛林：《风水——中国人的环境观》，上海三联书店 1995 年版。

刘庆柱：《古代都城与帝陵考古学研究》，科学出版社 2000 年版。

刘叙杰：《中国古代建筑史·第一卷》，中国建筑工业出版社 2003

年版。

刘玉堂:《楚国经济史》，湖北教育出版社 1995 年版。

刘源:《商周祭祖礼研究》，商务印书馆 2004 年版。

刘泽民主编:《山西通史·先秦卷》，山西人民出版社 2001 年版。

洛阳市文物工作队编:《洛阳考古四十年》，科学出版社 1996 年版。

洛阳文物考古队:《洛阳北窑西周墓》，文物出版社 1999 年版。

吕思勉:《中国制度史》，上海教育出版社 2002 年版。

吕文郁:《周代的采邑制度》，社会科学文献出版社 2006 年版。

吕振羽:《史前期中国社会研究》，河北教育出版社 2000 年版。

马正林:《中国城市历史地理》，山东教育出版社 1998 年版。

潘谷西主编:《中国建筑史》，中国建筑工业出版社 2003 年版。

潘明娟:《先秦多都并存制度研究》，中国社会科学出版社 2018
年版。

潘明娟:《周秦时期关中城市体系研究》，人民出版社 2008 年版。

彭邦炯:《商史探微》，重庆出版社 1988 年版。

彭兴业:《首都城市功能研究》，北京大学出版社 2000 年版。

钱穆:《史记地名考》，商务印书馆 2004 年版。

钱穆:《中国历代政治得失》，生活·读书·新知三联书店 2001
年版。

钱耀鹏:《中国史前城址与文明起源研究》，西北大学出版社 2001
年版。

邱文山、张玉书、张杰等:《齐文化与先秦地域文化》，齐鲁书社
2003 年版。

曲英杰:《古代城市》，文物出版社 2003 年版。

曲英杰:《齐都临淄城》，齐鲁书社 1997 年版。

曲英杰:《齐国故都临淄》，山东文艺出版社 2004 年版。

曲英杰:《史记都城考》，商务印书馆 2007 年版。

曲英杰:《先秦都城复原研究》，黑龙江人民出版社 1981 年版。

任伟:《西周封国考疑》，社会科学文献出版社 2004 年版。

山东省文物考古研究所:《临淄齐故城》,文物出版社 2013 年版。

山东省文物考古研究所等编:《曲阜鲁国故城》,齐鲁书社 1982 年版。

山西省考古研究所侯马工作站编:《晋都新田》,山西人民出版社 1996 年版。

陕西省考古研究所:《镐京西周的宫室》,西北大学出版社 1995 年版。

沈长云等:《赵国史稿》,中华书局 2000 年版。

史念海:《中国古都和文化》,中华书局 1998 年版。

宋镇豪:《夏商社会生活史》,中国社会科学出版社 1994 年版。

孙淼:《夏商史稿》,文物出版社 1987 年版。

唐嘉弘:《先秦史新探》,河南大学出版社 1989 年版。

滕铭予:《秦文化:从封国到帝国的考古学观察》,学苑出版社 2003 年版。

田昌五、藏知非:《周秦社会结构研究》,西北大学出版社 1996 年版。

王彩梅著:《燕国简史》,紫禁城出版社 2001 年版。

王阁森、唐致卿:《齐国史》,山东人民出版社 1992 年版。

王光中等:《中国城市社会空间结构研究》,科学出版社 2000 年版。

王国维:《观堂集林》,中华书局 1959 年版。

王晖:《商周文化比较研究》,人民出版社 2000 年版。

王健:《西周政治地理结构研究》,中州古籍出版社 2004 年版。

王立新:《早商文化研究》,高等教育出版社 1998 年版。

王学理:《秦都咸阳》,陕西人民出版社 1985 年版。

王学理:《咸阳帝都记》,三秦出版社 1999 年版。

王玉哲,《中国上古史纲》,上海人民出版社 1959 年版。

王震中:《商代史·商代都邑》,中国社会科学出版社 2010 年版。

王震中:《中国文明起源的比较研究》,陕西人民出版社 1994 年版。

文物编辑委员会:《文物考古工作三十年（1949—1979）》,文物出版社 1979 年版。

吴松弟:《中国古代都城》,中共中央党校出版社 1991 年版。

吴泽:《中国历史大系·古代史》,棠棣出版社 1949 年版。

夏商周断代工程专家组编著:《夏商周断代工程 1996—2000 年阶段成果报告·简本》,世界图书出版公司北京公司 2000 年版。

谢维扬:《中国早期国家》,浙江人民出版社 1995 年版。

徐卫民:《秦都城研究》,陕西人民教育出版社 2000 年版。

徐扬杰:《家族制度与前期封建社会》,湖北人民出版社 1999 年版。

徐中舒:《先秦史论稿》,巴蜀书社 1992 年版。

许宏:《大都无城:中国古都的动态解读》,生活·读书·新知三联书店 2016 年版。

许宏:《先秦城市考古学研究》,北京燕山出版社 2000 年版。

许宏:《先秦城邑考古》,西苑出版社 2017 年版。

许倬云:《西周史》,生活·读书·新知三联书店 1994 年版。

杨宝成:《殷墟文化研究》,武汉大学出版社 2002 年版。

杨宽:《西周史》,上海人民出版社 1999 年版。

杨宽:《战国史》,上海人民出版社 2003 年版。

杨宽:《中国古代都城制度史研究》,上海人民出版社 1993 年版。

杨权喜:《楚文化》,文物出版社 2000 年版。

杨育彬:《郑州商城初探》,河南人民出版社 1985 年版。

叶骁军:《中国都城发展史》,陕西人民出版社 1988 年版。

叶骁军:《中国都城研究文献索引》,兰州大学出版社 1988 年版。

殷涤非:《商周考古简编》,黄山书社 1986 年版。

尹弘兵:《楚国都城与核心区探索》,湖北人民出版社 2009 年版。

尹盛平:《西周史征》,陕西师范大学出版社 2004 年版。

张光明等:《夏商周文明研究》,中国文联出版社 1999 年版。

张光直:《古代中国考古学》,辽宁教育出版社 2002 年版。

张光直著,张良仁、岳红彬、丁晓雷译:《商文明》,辽宁教育出版社 2002 年版。

张广志、李学功:《三代社会形态》,陕西师范大学出版社 2001 年版。

张广志:《西周史与西周文明》,上海科学技术文献出版社 2007 年版。

张国硕:《夏商时代都城制度研究》,河南人民出版社 2001 年版。

张国硕:《中原地区早期城市综合研究》,科学出版社 2018 年版。

张思吉主编:《城市功能研究》,武汉工业大学出版社 1988 年版。

张午时、冯志刚:《赵国史》,河北人民出版社 1996 年版。

张晓虹:《匠人营国:中国历史上的古都》,江苏人民出版社 2020 年版。

张晓虹:《文化区域的分异与整合》,上海书店出版社 2004 年版。

张有智:《先秦三晋地区的社会及法家文化研究》,人民出版社 2002 年版。

张正明:《楚史》,湖北教育出版社 1995 年版。

张洲:《周原环境与文化》,三秦出版社 1998 年版。

赵丛苍、郭妍利:《两周考古》,文物出版社 2004 年版。

赵树文、燕宇:《赵都考古探索》,当代中国出版社 1993 年版。

中国科学院考古研究所:《沣西发掘报告》,文物出版社 1962 年版。

中国历史博物馆考古部等编著:《垣曲商城(一):1985—1986 年度勘察报告》,科学出版社 1996 年版。

中国社会科学院考古研究所:《洛阳发掘报告(1955—1960 年洛阳涧滨考古发掘资料)》,北京燕山出版社 1989 年版。

中国社会科学院考古所:《殷墟青铜器》,文物出版社 1985 年版。

中国社会科学院考古研究所、陕西省考古研究院、西安市周秦都城遗址保护管理中心编著:《丰镐考古八十年》,科学出版社 2016 年版。

中国社会科学院考古研究所、陕西省考古研究院、西安市周秦都城遗址保护管理中心编著:《丰镐考古八十年·资料篇》,科学出版社 2018 年版。

中国社会科学院考古研究所：《殷墟的发现与研究》，科学出版社
　　1994年版。

中国社会科学院考古研究所：《中国考古学·两周卷》，中国社会科
　　学出版社2004年版。

中国社会科学院考古研究所：《中国考古学·夏商卷》，中国社会科
　　学出版社2003年版。

周书灿：《西周王朝经营四土研究》，中州古籍出版社2000年版。

朱彦民：《殷墟都城探论》，南开大学出版社1999年版。

邹衡：《夏商周考古学论文集》，文物出版社1980年版。

邹衡：《夏商周考古学论文集》（续集），科学出版社1998年版。

四　学术论文

北京大学、河北省文化局邯郸考古发掘队：《1957年邯郸发掘简
　　报》，《考古》1959年第10期。

雷兴山、王鑫、赵福生：《1995年琉璃河遗址周代居址发掘简报》，
　　《文物》1996年第6期。

蔡全法：《新郑郑国祭祀遗址考古亲历记》，《河南文史资料》2006
　　年第1期。

曹慧奇、王学荣、谷飞等：《河南偃师商城宫城第八号宫殿建筑基址
　　的发掘》，《考古》2006年第6期。

陈昌远：《商族起源的地望发微——兼论山西垣曲商城发现的意义》，
　　《历史研究》1987年第1期。

陈朝云：《顺应生态环境与遵循人地关系：商代聚落的择立要素》，
　　《河南大学学报（社会科学版）》2004年第6期。

陈光唐：《赵邯郸故城》，《文物》1981年第12期。

陈国梁：《宅兹中国：聚落视角下洛阳盆地西周遗存考察》，《考古》
　　2021年第11期。

陈国英：《秦都咸阳考古工作三十年》，《考古与文物》1988年第5、
　　6期合刊。

陈隆文：《"有夏之居"考辨》，《古代文明》2011 年第 1 期。

陈民镇：《"二里头商都说"的再检视》，《华夏考古》2020 年第 2 期。

陈明远：《殷商王朝的权力和官制》，《社会科学论坛》2015 年第 6 期。

陈平：《燕亳与蓟城的再探讨》，《北京文博》1997 年第 2 期。

陈全方：《早周都城岐邑初探》，《文物》1979 年第 10 期。

陈筱、孙华、刘汝国：《曲阜鲁国故城布局新探》，《文物》2020 年第 5 期。

陈旭：《郑州小双桥商代遗址即隞都说》，《中原文物》1997 年第 2 期。

陈云鸾：《西周蒡京新考》，《中华文史论丛》1980 年第 1 期。

程妮娜：《金代京、都制度探析》，《社会科学辑刊》2000 年第 3 期。

笪浩波：《从近年出土新材料看早期楚国中心区域》，《文物》2012 年第 2 期。

邓玉婷、肖国增：《楚都纪南城布局与规划理念的探究》，《规划设计》2021 年第 18 期。

丁邦钧：《寿春城考古的主要收获》，《东南文化》1991 年第 2 期。

丁海斌：《中国古代陪都十大类型论》，《辽宁大学学报（哲学社会科学版）》2011 年第 4 期。

丁乙：《周原的建筑群遗存和铜器窖藏》，《考古》1984 年第 4 期。

徐殿魁、王晓田、戴尊德：《山西夏县东下冯遗址东区、中区发掘简报》，《考古》1980 年第 2 期。

董琦：《论证汤亳的学术标准》，《中国历史文物》2003 年第 5 期。

董振华、毛曦：《"河西"何在：政治地理变迁与河西范围演变》，《历史教学》2019 年第 6 期。

杜金鹏、王学荣、张良仁：《试论偃师商城小城的几个问题》，《考古》1999 年第 2 期。

杜鹏飞、钱易：《中国古代的城市排水》，《自然科学史研究》1999

年第 2 期。

杜勇：《周初东都成周的营建》，《中国历史地理论丛》1997 年第 4 辑。

杜瑜：《中国古代城市的起源与发展》，《中国史研究》1983 年第 1 期。

段鹏琦、杜玉生、肖淮雁：《偃师商城的初步勘探和发掘》，《考古》 1984 年第 6 期。

方酉生：《商汤都亳（或西亳）在偃师商城》，《武汉大学学报（人 文科学版）》2001 年第 2 期。

芳明：《殷商为什么屡次迁都》，《历史教学》1956 年第 7 期。

冯汉骥：《自〈尚书·盘庚〉看殷商社会的演变》，《文史杂志》第 五卷 5—6 期。

冯璐：《〈管子〉城市规划思想对生态都市主义的启发》，《建筑与文 化》2015 年第 1 期。

冯时：《〈保训〉故事与地中之变迁》，《考古学报》2015 年第 2 期。

冯时：《河南濮阳西水坡 45 号墓的天文学研究》，《文物》1990 年第 3 期。

冯永轩：《说楚都》，《江汉考古》1980 年第 2 期。

付仲扬：《西周都城考古的回顾与思考》，《三代考古》2006 年第 5 期。

傅熹年：《陕西岐山凤雏西周建筑遗址初探——周原西周建筑遗址研 究之一》，《文物》1981 年第 1 期。

傅振伦：《燕下都发掘品的初步整理与研究》，《考古通讯》1955 年 第 4 期。

郎树德：《甘肃秦安大地湾 901 号房址发掘简报》，《文物》1986 年 第 2 期。

高崇文：《从夏商周都城建制谈集权制的产生》，《中原文化研究》 2018 年第 3 期。

高崇文：《清华简〈楚居〉所载楚早期居地辨析》，《江汉考古》

2011 年第 4 期。

龚胜生：《试论我国"天下之中"的历史源流》，《华中师范大学学报》1994 年第 1 期。

郭璐：《〈管子·乘马〉国土规划和城邑规划思想研究》，《城市规划》2019 年第 1 期。

郭璐：《从〈晏子春秋〉谈对中国古代城市轴线的认识》，《北京规划建设》2012 年第 2 期。

郭璐：《基于辨方正位规划传统的秦咸阳轴线体系初探》，《城市规划》2017 年第 10 期。

郭明：《周原凤雏甲组建筑"宗庙说"质疑》，《中国国家博物馆馆刊》2013 年第 11 期。

郭声波：《从圈层结构理论看历代政治实体的性质》，《云南大学学报（社会科学版）》2018 年第 2 期。

郭声波：《中国历史政区的圈层架构研究》，《江汉论坛》2014 年第 1 期。

郭玮：《地理文化环境与殷都安阳的兴起》，《中州大学学报》2007 年第 4 期。

郭正忠：《城郭·市场·中小城镇》，《中国史研究》1989 年第 3 期。

果鸿孝：《游农与殷人迁居再探》，《中国古代经济史论丛》1984 年第 4 期。

乐庆森、常波、刘勇：《邯郸市东庄遗址试掘简报》，《文物春秋》2006 年第 6 期。

韩伟、曹名檀：《陕西凤翔高王寺战国铜器窖藏》，《文物》1981 年第 1 期。

韩伟、焦南峰：《秦都雍城考古发掘研究综述》，《考古与文物》1988 年第 5、6 期。

韩伟：《马家庄秦宗庙建筑制度研究》，《文物》1985 年第 2 期。

郝红暖：《赵国定都邯郸的主要因素分析》，《邢台学院学报》2014 年第 2 期。

何驽:《山西襄汾陶寺城址中期王级大墓 IIM22 出土漆杆"圭尺"功能试探》,《自然科学史研究》2009 年第 3 期。

何毓灵、岳洪彬:《洹北商城十年之回顾》,《中国国家博物馆馆刊》2011 年第 12 期。

罗平:《河北邯郸赵王陵》,《考古》1982 年第 6 期。

孙德海、刘来成、唐煜:《河北邯郸涧沟村古遗址发掘简报》,《考古》1961 年第 4 期。

河北省文物管理处:《河北易县燕下都 44 号墓发掘报告》,《考古》1975 年第 4 期。

河北省文物管理处:《燕下都第 23 号遗址出土一批铜戈》,《文物》1982 年第 8 期。

河北省文化局文物工作队:《河北易县燕下都故城勘察和试掘》,《考古学报》1965 年第 1 期。

河北省文物研究所:《河北易县燕下都第 13 号遗址第一次发掘》,《考古》1987 年第 5 期。

河南省博物馆、郑州市博物馆:《郑州商代城址试掘简报》,《文物》1977 年第 1 期。

河南省文物研究所:《郑州商城内宫殿遗址区第一次发掘报告》,《文物》1983 年第 4 期。

侯强:《赵都邯郸城市规划管窥》,《城市研究》1996 年第 5 期。

胡礼兴:《楚郢新说》,《江汉论坛》1991 年第 12 期。

湖北省博物馆:《楚都纪南城的勘察与发掘》（上）,《考古学报》1982 年第 3 期。

湖北省博物馆:《楚都纪南城的勘察与发掘》（下）,《考古学报》1982 年第 4 期。

杨权喜:《1988 年楚都纪南城松柏区的勘查与发掘》,《江汉考古》1991 年第 4 期。

中国历史博物馆考古组:《燕下都城址调查报告》,《考古》1962 年第 1 期。

黄盛璋：《驹父盨盖铭文研究》，《考古与文物》1983 年第 4 期。

黄世杰：《"天下之中"在广西大明山新考》，《思想战线》2009 年第 5 期。

吉琨璋：《晋国迁都新田的历史背景和考古学观察》，《文物世界》2005 年第 1 期。

中国社会科学院考古研究所洛阳发掘队：《洛阳涧滨东周城址发掘报告》，《考古学报》1959 年第 2 期。

黎耕、孙小淳：《陶寺 IIM22 漆杆与圭表测影》，《中国科技史杂志》2010 年第 4 期。

黎虎：《殷都累迁原因试探》，《北京师范大学学报》1982 年第 1 期。

李伯谦：《论晋国始封地》，《文物》1995 年第 7 期。

李德保：《河南新郑出土的韩国农具范与铁农具》，《中原文物》2003 年第 1 期。

李德保：《河南新郑郑韩故城制陶作坊遗迹发掘简报》，《华夏考古》1991 年第 3 期。

李锋：《"郑亳说"不合理刍议》，《华夏考古》2005 年第 3 期。

李锋：《郑州商城隞都说合理性辑补》，《郑州大学学报（哲学社会科学版）》2004 年第 4 期。

李锋：《中国古代宫城概说》，《中原文物》1994 年第 2 期。

李国华、郭华瑜：《燕下都遗址的城水格局研究》，《遗产与保护研究》2018 年第 12 期。

李久昌：《周公"天下之中"建都理论研究》，《史学月刊》2007 年第 9 期。

李玲玲：《三代居洛与先秦都城择址理念的发展》，《中州学刊》2017 年第 9 期。

李令福：《论秦都咸阳西城东郭之不能成立》，《中国历史地理论丛》1999 年第 1 期。

李令福：《周秦都邑迁徙的比较研究》，《中国历史地理论丛》2000 年第 4 期。

李麦产:《周初营建洛邑是空间治理均衡性的需要——兼论政治新伦理对都城择定的影响》,《河南科技大学学报(社会科学版)》2015 年第 3 期。

李孟存、常金仓:《唐改国号一解》,《山西师院学报》1984 年第 2 期。

李民:《关于盘庚迁殷后的都城问题》,《郑州大学学报(哲学社会科学版)》1988 年第 1 期。

李民:《何尊铭文补释——兼论何尊与〈洛诰〉》,《中州学刊》1982 年第 1 期。

李民:《释斟寻》,《中原文物》1986 年第 3 期。

李宪堂:《九州、五岳与五服——战国人关于天下秩序的规划与设想》,《齐鲁学刊》2013 年第 5 期。

李学勤:《论清华简〈楚居〉中的古史传说》,《中国史研究》2011 年第 1 期。

李学勤:《青铜器与周原遗存》,《西北大学学报(哲学社会科学版)》1981 年第 2 期。

李永敏:《晋都新田的祭祀遗址》,《文物世界》2000 年第 5 期。

李勇:《晷影测年:以陶寺疑似圭尺为例》,《自然科学史研究》2016 年第 4 期。

李自智:《东周列国都城的城郭形态》,《考古与文物》1997 年第 3 期。

李自智:《略论中国古代都城的城郭制》,《考古与文物》1998 年第 2 期。

李自智:《秦九都八迁的路线问题》,《中国历史地理论丛》2002 年第 2 期。

李自智:《先秦陪都初论》,《考古与文物》2002 年第 6 期。

李自智:《中国古代都城布局的中轴线问题》,《考古与文物》2004 年第 4 期。

连劭名:《〈兮甲盘〉铭文新考》,《江汉考古》1986 年第 4 期。

连劭名：《殷墟卜辞所见商代的王畿》，《考古与文物》1995 年第5 期。

梁云：《战国都城形态的东西差别》，《中国历史地理论丛》2006 年第 4 期。

刘敦愿：《春秋时期齐国故城的复原与城市布局》，中国地理学会历史地理专业委员会《历史地理》编委会编《历史地理》创刊号，上海人民出版社 1981 年版。

刘和惠：《楚丹阳考辨》，《江汉论坛》1985 年第 1 期。

刘洪涛：《〈考工记〉不是齐国官书》，《自然科学史研究》1984 年第 4 期。

刘继刚：《周初营建洛邑的资源环境因素分析》，《殷都学刊》2017 年第 1 期。

刘莉、陈星灿：《城：夏商时期对自然资源的控制问题》，《东南文化》2000 年第 3 期。

刘庆柱：《论秦咸阳城布局形制及其相关问题》，《文博》1990 年第 5 期。

刘庆柱：《中国古代都城考古学研究的几个问题》，《考古》2000 年第 7 期。

刘琼：《商汤都亳研究综述》，《南方文物》2010 年第 4 期。

刘荣庆：《秦都栎阳本属史实》，《考古与文物》1986 年第 5 期。

刘绪：《漫谈偃师商城西亳说的认识过程——以始建年代为重点》，北京大学中国考古学研究中心、北京大学震旦古代文明研究中心编《古代文明》第 10 卷，上海古籍出版社 2016 年版。

刘雨：《金文䢴京考》，《考古与文物》1982 年第 3 期。

卢连成：《西周金文所见䢴京及相关都邑讨论》，《中国历史地理论丛》1995 年第 3 期。

鲁西奇、马剑：《空间与权力：中国古代城市形态与空间结构的政治文化内涵》，《江汉论坛》2009 年第 4 期。

徐治亚：《洛阳北窑村西周遗址 1974 年度发掘简报》，《文物》1981

年第 7 期。

杨洪钧：《洛阳瀍水东岸西周窑址清理简报》，《中原文物》1986 年
　第 2 期。

叶万松、张剑：《1975——1979 年洛阳北窑西周铸铜遗址的发掘》，
　《考古》1983 年第 5 期。

顾雪军等：《洛阳北窑西周车马坑发掘简报》，《文物》2011 年第
　8 期。

高虎等：《洛阳林校西周车马坑发掘简报》，《洛阳考古》2015 年第
　1 期。

马保春：《“有汾、浍以流其恶”之“恶”解》，《晋阳学刊》2006
　年第 6 期。

马保春：《晋汾隰考——兼说晋都新田之名义》，《考古与文物》2006
　年第 3 期。

马俊才：《郑、韩两都平面布局初论》，《中国历史地理论丛》1999
　年第 2 辑。

马骏华、高幸：《〈考工记〉与城市形态演变》，《建筑与文化》2013
　年第 1 期。

马赛：《从手工作坊看周原遗址西周晚期的变化》，《中国国家博物馆
　馆刊》2016 年第 2 期。

马世之：《关于楚之别都》，《江汉考古》1985 年第 1 期。

马正林：《汉长安城兴起以前西安地区的自然环境》，《陕西师范大学
　学报（哲学社会科学版）》1979 年第 3 期。

牛世山：《〈考工记·匠人营国〉与周代的城市规划》，《中原文物》
　2014 年第 6 期。

瓯燕：《试论燕下都城址的年代》，《考古》1988 年第 7 期。

潘明娟、吴宏岐：《秦的圣都制度和都城体系》，《考古与文物》
　2008 年第 1 期。

潘明娟：《从郑州商城和偃师商城的关系看早商的主都和陪都》，《考
　古》2008 年第 2 期。

潘明娟：《地中、土中、天下之中的演变与认同：基于西周洛邑都城选址实践的考察》，《中国史研究》2021 年第 1 期。

潘明娟：《畿服制与择中立都》，《中国历史地理论丛》2022 年第 1 辑。

潘明娟：《西周都城体系的演变与岐周的圣都地位》，《陕西师范大学学报（哲学社会科学版）》2008 年第 4 期。

裴明相：《郑州商城即汤都亳新析》，《中原文物》1993 年第 3 期。

裴雯等：《西汉以前城市南北中轴线是否具雏形——〈关于中国古代城市中轴线设计的历史考察〉一文之商榷》，《建筑师》2009 年第 4 期。

彭林：《〈周礼〉畿服制所见中央与地方的关系》，《史学月刊》1990 年第 5 期。

齐义虎：《畿服之制与天下格局》，《天府新论》2016 年第 4 期。

钱林书：《"鄹郢"解》，《江汉论坛》1981 年第 1 期。

钱玄：《井田制考辨》，《南京师大学报（社会科学版）》1993 年第 1 期。

秦文生：《殷墟非殷都考》，《郑州大学学报（哲学社会科学版）》1985 年第 1 期。

曲英杰：《楚都寿春郢城复原研究》，《江汉考古》1992 年第 3 期。

曲英杰：《齐都临淄城复原研究》，《中国历史地理论丛》1991 年第 1 期。

曲英杰：《赵都邯郸城研究》，《河北学刊》1992 年第 4 期。

曲英杰：《周代都城比较研究》，《中国史研究》1997 年第 2 期。

阙维民：《"北京中轴线"项目申遗有悖于世界遗产精神》，《中国历史地理论丛》2018 年第 4 期。

群力：《临淄齐国故城勘探纪要》，《文物》1972 年第 5 期。

山东省文物管理处：《山东临淄齐故城试掘简报》，《考古》1961 年第 6 期。

陕西省社会科学院考古研究所渭水队：《秦都咸阳故城遗址的调查和

试掘》，《考古》1962 年第 2 期。

陕西省文管会雍城考古队：《秦都雍城钻探试掘简报》，《考古与文物》1985 年第 2 期。

陕西省雍城考古队：《1982 年凤翔雍城秦汉遗址调查简报》，《考古与文物》1984 年第 2 期。

韩伟、尚志儒、马振智等：《凤翔马家庄一号建筑群遗址发掘简报》，《文物》1985 年第 2 期。

陕西周原考古队：《扶风云塘西周骨器制造作坊遗址试掘简报》，《文物》1980 年第 4 期。

陕西周原考古队：《陕西岐山凤雏村西周建筑基址发掘简报》，《文物》1979 年第 10 期。

陕西周原考古队：《陕西周原遗址发现西周墓葬与铸铜遗址》，《考古》2004 年第 1 期。

尚景熙：《蔡国故城调查记》，《中原文物》1980 年第 2 期。

沈骅：《从"族天下"到"家天下"——先秦公私观念的历史考察》，《求索》2021 年第 6 期。

沈长云：《论禹治洪水真象兼论夏史研究诸问题》，《学术月刊》1994 年第 6 期。

沈长云：《禹都阳城即濮阳说》，《中国史研究》1997 年第 2 期。

石加：《"郑亳说"再商榷》，《考古》1982 年第 3 期。

石泉、徐德宽：《楚都丹阳地望新探》，《江汉论坛》1982 年第 3 期。

石泉：《楚都何时迁郢》，《江汉考古》1984 年第 4 期。

石泉：《齐、梁以前古沮、漳源流新探——附荆山、景山、临沮、漳乡、当阳、麦城、校江故址考辨》，《武汉大学学报（社会科学版）》1982 年第 1、2 期。

史建群：《中国古代都城的城与郭》，《中州学刊》1990 年第 4 期。

史念海：《先秦城市的规模及城市建置的增多》，《中国历史地理论丛》1997 年第 3 期。

史念海：《周原的历史地理与周原考古》，《西北大学学报（哲学社会科学版)》1978 年第 2 期。

宋江宁:《对周原遗址凤雏建筑群的新认识》,《中国国家博物馆馆刊》2016 年第 3 期。

宋江宁等:《陕西宝鸡市周原遗址凤雏六号至十号基址发掘简报》,《考古》2020 年第 8 期。

苏畅、周玄星:《〈管子〉营国思想于齐都临淄之体现》,《华南理工大学学报(社会科学版)》2005 年第 1 期。

苏畅、周玄星:《来自城市建设经验的〈管子〉营城思想》,《华中建筑》2007 年第 2 期。

孙华:《夏代都邑考》,《河南大学学报(社会科学版)》1985 年第 1 期。

孙丽娟、李书谦:《〈考工记〉营国制度与中原地区古代都城布局规划的演变》,《中原文物》2008 年第 6 期。

孙庆伟:《凤雏三号建筑基址与周代的亳社》,《中国国家博物馆馆刊》2016 年第 3 期。

滕铭予:《秦雍城马家庄宗庙遗址祭祀遗存的再探讨》,《华夏考古》2003 年第 3 期。

田广林等:《从多元到一体的转折:五帝三王时代的早期"中国"认同》,《陕西师范大学学报(哲学社会科学版)》2018 年第 1 期。

田亚岐、陈爱东:《凤翔雍山血池遗址初步研究》,《考古与文物》2020 年第 6 期。

田亚岐、张文江:《秦雍城置都年限考辨》,《文博》2003 年第 1 期。

田亚岐:《秦都雍城布局研究》,《考古与文物》2013 年第 5 期。

田亚岐等:《陕西凤翔雍山血池秦汉祭祀遗址考古调查与发掘简报》,《考古与文物》2020 年第 6 期。

万明:《明代两京制度的形成及其确立》,《中国史研究》1993 年第 1 期。

王邦维:《"洛州无影"与"天下之中"》,《四川大学学报(哲学社会科学版)》2005 年第 4 期。

王恩田：《岐山凤雏村西周建筑群基址的有关问题》，《文物》1981
年第 1 期。

王富臣：《城市形态的维度：空间和时间》，《同济大学学报（社会科
学版）》2002 年第 1 期。

王贵民：《浅谈商都殷墟的地位和性质》，《殷都学刊》1989 年第
2 期。

王晖：《汤都偃师新考——兼说"景亳"、"郼亳（郑亳）"及西亳之
别》，《中国历史地理论丛》2003 年第 2 辑。

王晖：《西周蛮夷"要服"新证——兼论"要服"与"荒服"、"侯
服"之别》，《民族研究》2003 年第 1 期。

王晖：《周武王东都选址考辨》，《中国史研究》1998 年第 1 期。

王健：《帝辛后期迁都朝歌殷墟试探》，《郑州大学学报（哲学社会科
学版）》1988 年第 2 期。

王鲁民：《宫殿主导还是宗庙主导——三代、秦、汉都城庙、宫布局
研究》，《城市规划学刊》2012 年第 6 期。

王睿：《垣曲商城的年代及其相关问题》，《考古》1998 年第 8 期。

王维坤：《试论中国古代都城的构造与里坊制的起源》，《中国历史地
理论丛》1999 年第 1 期。

王学荣、张良仁、谷飞：《河南偃师商城东北隅发掘简报》，《考古》
1998 年第 6 期。

王学荣：《偃师商城第 II 号建筑群遗址发掘简报》，《考古》1995 年
第 11 期。

王子今：《早期中西交通线路上的丰镐与咸阳》，《西北大学学报（哲
学社会科学版）》2015 年第 1 期。

文超祥：《从〈周礼〉看西周时期的城市建设制度》，《规划师》
2006 年第 11 期。

吴布林、丁阳：《秦三易都城之区域背景考察》，《管子学刊》2011
年第 4 期。

吴隽宇：《井田制与中国古代方形城制》，《古建园林技术》2004 年

第 3 期。

武廷海、戴吾三：《"匠人营国"的基本精神与形成背景初探》，《城市历史研究》2005 年第 2 期。

谢励斌：《楚纪南城和燕下都河道系统规划对比探究》，《荆楚学刊》2017 年第 1 期。

熊义民：《略论先秦畿服制与华夷秩序的形成》，《东南亚纵横》2002 年第 3 期。

徐斌、武廷海、王学荣：《秦咸阳规划中象天法地思想初探》，《城市规划》2016 年第 12 期。

徐良高：《丰镐手工业作坊遗址的考古发现与研究》，《南方文物》2021 年第 2 期。

徐良高等：《陕西扶风云塘、齐镇西周建筑基址 1999—2000 年度发掘简报》，《考古》2002 年第 9 期。

徐团辉：《战国时期韩国三大都城比较研究》，《中原文物》2011 年第 1 期。

徐卫民：《泾阳为秦都考》，《中国历史地理论丛》1998 年第 1 期。

徐锡台、孙德润：《秦都雍城遗址勘查》，《考古》1963 年第 8 期。

徐杨杰：《马家庄秦宗庙遗址的文献学意义》，《文博》1990 年第 5 期。

徐昭峰、李云：《试论夏商周都城宫城及其相关问题》，《中原文化研究》2018 年第 6 期。

徐昭峰、孙章峰：《亳都地望考》，《中国历史地理论丛》2001 年第 4 期。

徐昭峰、朱磊：《洛阳瞿家屯东周大型夯土建筑基址的初步研究》，《文物》2007 年第 9 期。

徐昭峰：《从城郭到城郭——以东周王城为例的都城城市形态演变观察》，《文物》2017 年第 11 期。

徐昭峰：《试论东周王城的城郭布局及其演变》，《考古》2011 年第 5 期。

许宏：《"围子"的中国史——先秦城邑7000年大势扫描（之六）》，《南方文物》2018年第2期。

许宏：《大都无城——论中国古代都城的早期形态》，《文物》2013年第10期。

许宏：《燕下都营建过程的考古学观察》，《考古》1999年第4期。

许顺湛：《夏都"河南"在偃师》，《中原文物》2008年第6期。

许顺湛：《中国最早的"两京制"——郑亳与西亳》，《中原文物》1996年第2期。

闫海文、胡春丽：《"定保天室"——周初"东都洛"之再考察》，《兰州学刊》2008年第5期。

晏昌贵、江霞：《楚国都城制度初探》，《江汉考古》2001年第4期。

杨宝成：《殷墟为殷都辩》，《殷都学刊》1990年第4期。

杨恒、章倩励：《〈考工记〉建筑设计理论研究——匠人建国、营国的设计思想》，《设计》2007年第9期。

杨鸿勋：《西周岐邑建筑遗存的初步考察》，《文物》1981年第3期。

杨宽：《商代的别都制度》，《复旦学报（社会科学版）》1984年第1期。

杨升南：《殷墟与洹水》，《史学月刊》1989年第5期。

杨锡璋：《殷墟的年代及性质问题》，《中原文物》1991年第1期。

杨旭莹：《楚都纪南城与渚宫江陵区位考析》，《湖北大学学报（哲学社会科学版）》1988年第4期。

杨育彬：《再论郑州商城的年代、性质及相关问题》，《华夏考古》2004年第3期。

伊世同：《北斗祭——对濮阳西水坡45号墓贝塑天文图的再思考》，《中原文物》1996年第2期。

尹弘兵、吴义斌：《"京宗"地望辨析》，《江汉考古》2013年第1期。

尹弘兵：《楚都纪南城探析——基于考古与出土文献新资料的考察》，《历史地理研究》2019年第2期。

尹弘兵:《多维视野下的楚先祖季连居地》,《中国史研究》2017 年第 1 期。

尹盛平:《扶风召陈西周建筑群基址发掘简报》,《文物》1981 年第 3 期。

尹夏清、尹盛平:《西周的"京宫"与"康宫"问题》,《中国史研究》2020 年第 1 期。

余霄:《先王之制——以"周公营洛"为例论先秦城市规划思想》,《城市规划》2014 年第 8 期。

俞伟超:《中国古代都城规划的发展阶段性——为中国考古学会第五次年会而作》,《文物》1985 年第 2 期。

岳红琴:《〈禹贡〉五服制与夏代政治体制》,《晋阳学刊》2006 年第 5 期。

[美] 张光直:《关于中国初期"城市"这个概念》,《文物》1985 年第 2 期。

[美] 张光直:《夏商周三代都制与三代文化异同》,《"中央研究院"历史语言研究所集刊》第五十五本(1984 年)第一部分。

[美] 张光直著,明歌编译:《宗教祭祀与王权》,《华夏考古》1996 年第 3 期。

张国硕:《〈竹书纪年〉所载夏都斟寻释论》,《郑州大学学报(哲学社会科学版)》2009 年第 1 期。

张国硕:《郑州商城与偃师商城并为亳都说》,《考古与文物》1996 年第 1 期。

张建锋:《从丰镐到长安——西安咸阳地区都城选址与地貌环境变迁的关系初探》,《南方文物》2020 年第 3 期。

张蓉:《〈考工记〉营国制度新解——与规划模数相关的内容》,《建筑师》2008 年第 10 期。

张惟捷:《从卜辞"亚"字的一种特殊用法看商代政治地理——兼谈"殷"的地域性问题》,《中国史研究》2019 年第 2 期。

张学海:《浅谈曲阜鲁城的年代和基本格局》,《文物》1982 年第

12 期。

张正明：《楚都辨》，《江汉论坛》1982 年第 4 期。

张利军：《五服制视角下西周王朝治边策略与国家认同》，《东北师大学报（哲学社会科学版）》2017 年第 6 期。

赵立瀛、赵安启：《简述先秦城市选址及规划思想》，《城市规划》1997 年第 5 期。

赵芝荃、徐殿魁：《1983 年秋季河南偃师商城发掘简报》，《考古》1984 年第 10 期。

赵中枢：《城市规划的地理学渊源》，《城市规划》1992 年第 1 期。

郑国奇：《夏商时期都城选址简析》，《文物鉴定与鉴赏》2019 年第 15 期。

郑杰祥：《关于偃师商城的性质与年代》，《中原文物》1984 年第 4 期。

郑杰祥：《郑韩故城在中国都城发展史上的地位》，《黄河科技大学学报》2008 年第 2 期。

郑卫、丁康乐、李京生：《关于中国古代城市中轴线设计的历史考察》，《建筑师》2008 年第 8 期。

唐际根等：《河南安阳市洹北商城宫殿区 1 号基址发掘简报》，《考古》2003 年第 5 期。

赵芝荃、刘忠伏：《1984 年春偃师尸乡沟商城宫殿遗址发掘简报》，《考古》1985 年第 4 期。

王学荣、杜金鹏、岳洪彬：《河南偃师商城小城发掘简报》，《考古》1999 年第 2 期。

赵芝荃、刘忠伏：《河南偃师尸乡沟商城第五号宫殿基址发掘简报》，《考古》1988 年第 2 期。

刘庆柱、李毓芳：《秦汉栎阳城遗址的勘探和试掘》，《考古学报》1985 年第 3 期。

钟春晖：《从"西土"到"中国"——周初天下观的形成和实践》，《紫禁城》2014 年第 10 期。

钟林书:《春秋战国时期齐国的疆域及政区》,《复旦大学学报(社会科学版)》1996 年第 6 期。

周宏伟:《〈楚居〉"京宗"新释》,《中国史研究》2019 年第 3 期。

周宏伟:《楚人源于关中平原新证——以清华简〈楚居〉相关地名的考释为中心》,《中国历史地理论丛》2012 年第 2 期。

周宏伟:《西周都城诸问题试解》,《中国历史地理论丛》2014 年第 1 期。

周原考古队:《陕西扶风县云塘、齐镇西周建筑基址 1999—2000 年度发掘简报》,《考古》2002 年第 9 期。

周原考古队:《陕西岐山凤雏村西周建筑遗址发掘简报》,《文物》1979 年第 10 期。

朱凤瀚:《从周原出土青铜器看西周贵族家族》,《南开学报(哲学社会科学版)》1988 年第 4 期。

朱活:《从山东出土的齐币看齐国的商业和交通》,《文物》1972 年第 5 期。

邹衡:《论早期晋都》,《文物》1994 年第 1 期。

邹衡:《偃师商城即太甲桐宫说》,《北京大学学报(社会科学版)》1984 年第 4 期。

邹衡:《郑州商城即汤都亳说》,《文物》1978 年第 2 期。

[日] 伊藤道治著,蔡凤书译:《西周王朝与雒邑》,《华夏考古》1994 年第 3 期。

[日] 佐原康夫撰,赵丛苍摘译:《春秋战国时代的城郭》,《文博》1989 年第 6 期。

五 学位论文

艾虹:《燕国城市考古学研究》,硕士学位论文,河北大学,2016 年。

毕重阳:《东周楚国城邑类型和分布研究》,硕士学位论文,南京大学,2020 年。

陈思:《文化视角下的西周镐京都城遗址保护利用规划研究》,硕士学位论文,北京建筑工程学院,2012年。

高晓军:《〈尚书·周书〉所载地名与殷周间史实关联研究》,硕士学位论文,曲阜师范大学,2020年。

谷健辉:《曲阜古城营建形态演变研究》,博士学位论文,山东大学,2013年。

何海斌:《三晋都城迁徙及其地缘战略初探》,硕士学位论文,山西师范大学,2009年。

贾鸿源:《齐都临淄复原研究》,硕士学位论文,陕西师范大学,2015年。

李海明:《郑韩故城历史城市地理研究》,硕士学位论文,陕西师范大学,2015年。

李海霞:《齐国都邑营建考略》,硕士学位论文,华侨大学,2006年。

林献忠:《赵国发展战略研究》,硕士学位论文,华中师范大学,2007年。

唐由海:《先秦华夏城市选址研究》,博士学位论文,西南交通大学,2020年。

陶新伟:《新郑郑韩故城研究》,硕士学位论文,湘潭大学,2008年。

万军卫:《郑韩故城城市形态研究》,硕士学位论文,河南大学,2018年。

王广腾:《战国赵都邯郸地理研究》,硕士学位论文,陕西师范大学,2019年。

王豪:《夏商城市规划和布局研究》,硕士学位论文,郑州大学,2014年。

王龙霄:《夏都斟寻研究》,硕士学位论文,郑州大学,2013年。

王震:《西周王都研究》,博士学位论文,陕西师范大学,2009年。

吴长川:《先秦陪都功能初论》,硕士学位论文,西北大学,

2008 年。

赵庆淼:《商周时期的族群迁徙与地名变迁》,博士学位论文,南开大学,2016 年。

郑钦龙:《郑韩故城考古发现与初步研究》,硕士学位论文,郑州大学,2007 年。

周海峰:《燕文化研究——以遗址、墓葬为中心的考古学考察》,博士学位论文,吉林大学,2011 年。

六 译著

[德] 约翰·冯·杜能:《孤立国同农业和国民经济的关系》,吴衡康译,商务印书馆 1986 年版。

[美] 阿摩斯·拉普卜特:《建成环境的意义——非言语表达方法》,黄兰谷等译,中国建筑工业出版社 2003 年版。

[美] 卡斯腾·哈里斯:《建筑的伦理功能》,申嘉、陈朝晖译,华夏出版社 2001 年版。

[美] 凯文·林奇:《城市意象》,方益萍、何晓军译,华夏出版社 2001 年版。

[美] 凯文·林奇:《城市形态》,林庆怡、陈朝晖、邓华译,华夏出版社 2001 年版。

[美] 刘易斯·芒福德:《城市发展史——起源、演变和前景》,宋俊岭、倪文冲译,中国建筑工业出版社 2005 年版。

[美] 塞缪尔·亨廷顿:《变化社会中的政治秩序》,王冠华等译,生活·读书·新知三联书店 1989 年版。

[美] 施坚雅主编:《中华帝国晚期的城市》,叶光庭等译,中华书局 2000 年版。

[日] 菊地利夫:《历史地理学的理论与方法》,辛德勇译,陕西师范大学出版社 2014 年版。

[日] 平冈武夫:《长安与洛阳》,杨励三译,陕西人民出版社 1957 年版。

［日］山鹿诚次:《城市地理学》，朱德泽译，湖北教育出版社 1986年版。

［意］安东尼奥·阿马萨里:《中国古代文明——从商朝甲骨刻辞看中国上古史》，刘儒庭、王天清、齐明译，社会科学文献出版社1997年版。

［英］R. J. 约翰斯顿:《哲学与人文地理学》，蔡运龙、江涛译，商务印书馆 2001年版。

［英］阿诺尔德·汤因比:《历史研究》，曹未风等译，上海人民出版社 1959年版。

［英］彼得·伯克:《历史学与社会理论》，姚朋、周玉鹏、胡秋红等译，上海人民出版社 2001年版。

后　记

　　这本小书是我主持的 2018 年国家社科基金项目"先秦都城制度研究"最终结项成果基础上修订而成的，是我到目前为止对于先秦都城研究的最新成果。

　　1993 年，我开始跟随马正林先生攻读硕士研究生，专业方向为城市历史地理，当时的选题是《成都历史地理研究》。虽然在之后近三十年的研究生涯中放弃了成都相关研究，但当时关于成都"与咸阳同制"的思考（《秦成都"与咸阳同制"分析》，《中国历史地理论丛》1995 年第 4 辑）使我对早期城市的关系产生了浓厚兴趣。2004 年攻读"历史城市地理与中国古都学"方向的博士学位，在吴宏岐先生支持下，毫不犹豫地以先秦城市的相互关系作为研究选题。之后，遵从王社教先生的指导，逐渐收束研究范围，确定了先秦多都并存制度的研究方向。2009 年出版的《周秦时期关中城市体系研究》算是对这个研究方向的一个试探吧。博士期间，在《考古》《考古与文物》《陕西师范大学学报》等刊物发表了数篇以都城体系、都城地位为研究对象的论文，最终汇成博士毕业论文《先秦多都并存制度研究》，几经周折于 2018 年出版。博士答辩时，有学者对先秦时期是否存在多都并存制度提出诸多疑问，促使我思考相关"制度"问题，即：先秦是否有都城制度？如果有，先秦时期的都城制度除了多都并存制度之外，还有哪些？带着这些思考，我申请了 2018 年国家社会基金项目"先秦都城制度研究"，试图解决诸多疑问。经过四年的不断摸索，"先秦都城制度研究"项目的结项及这本小书的出版，算是一个回应吧。我认为先秦时期的都城，有着方方面面的制度，包括都城选址、都城建设、都城设置甚至都城命名、都城管理等。其中，都城选址制度是本书的第二章内容，择中立都和因天材就地利的选址观念应该形成了一定的制度，并且在一定程度上影响着具体都城的选址；第三章内容是都城建设制度的探索，包括先秦时期都城的规划文献、营建记录及都城形态所显示的城郭关系、功能分区、轴线等问题；第四章内容是关于多都并存制度的探讨，我没有按照原本的《先秦多都并存制度研究》的体例去写，而是在此基础上，从"圣都俗都制度""军事性陪都制度"两个方面总结，尽力去提炼、提升；第五章我写了都城的名实关系，因为先秦时期同地异名、同名异地现象非常普遍，但是，都城的命名可能并未上升到制度层面。关于都城管理的相关制度，由于文献资料较少，考古资料也无法支撑，在本书中我没有涉及，这应该是我之后要努力的方向。

在研究过程中，部分章节的内容作为阶段性成果发表于《中国史研究》《中国历史地理论丛》《中原文化研究》《唐都学刊》等刊物，感谢各刊物评审专家的建议及责任编辑老师的精心编校；我提交的国家社科基金结项材料，评审专家提出了中肯的意见，感谢五位匿名专家高屋建瓴的指导；感谢中国社会科学出版社编审宋燕鹏先生的真诚帮助和辛勤付出；感谢学界各位师长、友朋的支持与鼓励，尤其要感谢我的博士导师王社教先生，这么多年他一直不遗余力地指导、护持我们这些学生走学术之路，他拨冗作序，为拙作增色良多。

学海无涯，真心期待学界同仁和读者诸君不吝赐教。

潘明娟

2024 年 3 月